여행이둥이
미국 동부&
알래스카·하와이 USA

여행이좋아 **미국 동부&
알래스카·하와이**

2011년 7월 15일 초판 1쇄 발행
2014년 1월 29일 초판 2쇄 발행

지은이 | LA중앙일보
기획 및 편집 책임 | 이종호
편집 진행 | 정설아
디자인 | 남혜승
원고 정리 | 최주미
사진 | 백종춘, 곽태형, 나종성
자료 제공 | 미국 연방 국립공원관리국, 각 주 관광청 및 주요 도시 관광국

펴낸이 | 김우연, 계명훈
마케팅 | 함송이, 김미영
표지 디자인 | Design Group All
인쇄 | 미래프린팅
펴낸곳 | forbook
주소 | 서울시 마포구 공덕동 105-219 정화빌딩 3층
등록 | 2005년 8월 5일 제2-4209호
판매 문의 | 02-753-2700(에디터)

값 | 15,000원
ISBN | 978-89-93418-34-7 14980
(세트) 978-89-93418-35-4

여행이좋아

미국 동부&
알래스카·하와이
USA

LA중앙일보 **지음**

for
book

일러두기

1 이 책은 미국 50개 주를 11개 지역으로 나누어 소개하였습니다. 상대적으로 한인들의 많이 찾지 않는 7개 주(미시시피, 네브래스카, 노스캐롤라이나, 사우스캐롤라이나, 델라웨어, 앨라배마, 오클라호마)는 생략하였습니다.

2 세부 목차는 각 주의 특성에 따라 대도시 중심으로, 또는 동서남북의 지역 구분을 병행하여 사용하였습니다. 따라서 책의 세부 목차가 해당 지역의 관광지로서의 비중과 동일한 것은 아닙니다.

3 주요 관광지의 주소, 전화번호, 입장 시간 및 입장료, 홈페이지 주소 등은 2010년 12월 기준으로 확인된 정보이며, 해당 기관의 사정에 따라 변경된 경우가 있을 수 있습니다.

4 관광지의 영문 표기는 외래어 표기법에 따르는 것으로 하였으나 현지 발음과 현저히 다른 경우나 미주 한인들에게 익숙해져 널리 통용되는 표기는 그대로 사용하였습니다.

5 이 책에 사용된 대부분의 사진은 LA중앙일보 지면에 게재된 사진이며, 직접 찾아가지 못한 일부 지역의 사진은 사진 전문 라이브러리에서 구입해 사용하였습니다.

6 일부 지도에는 국립공원(National Park)은 NP로, 준국립공원(National Momument)은 NM으로, 국유림(National Forest) 등은 NF로 표기했습니다.

7 이 책에 사용된 모든 기사와 사진의 저작권은 LA중앙일보에 있으며 무단 복사, 전재하거나 변형하여 사용할 수 없습니다.

2권 동부 & 알래스카 · 하와이

대평원 지역

5대호 연안

뉴욕 & 뉴저지

워싱턴 D.C. & 미들 애틀랜틱

뉴잉글랜드

남부 지역

하와이

알래스카

샌프란시스코

다운타운 / 노스 비치 / 피셔맨스 워프 / 골든게이트 브리지 / 소마 / ▲포인트레이즈 국립 해안 공원

북가주

오클랜드 / 버클리 / 실리콘 밸리 / 나파 밸리 / ▲레드우드 국립공원

캘리포니아 사막

팜 스프링스 & 데저트 핫 스프링스 / ▲조슈아 트리 국립공원 / ▲데스 밸리 국립공원 / ▲안자 보레고 주립공원 / ▲이스트 모하비 국립풍치지구

시에라 네바다

▲라바 베즈 내셔널 모뉴먼트 / ▲래슨 볼캐닉 국립공원 / ▲레이크 타호 / ▲요세미티 국립공원 / ▲인요 국립 삼림지 / ▲마운틴 휘트니 / ▲화이트 마운틴 / ▲데블스 포스트파일 내셔널 모뉴먼트 / ▲세쿼이아 & 킹스 캐년 국립공원 / ▲팰리세이드 글레이셔

태평양 북서부

워싱턴

시애틀(다운타운, 노스 시애틀, 시애틀 인근 내륙) / 워싱턴 주의 해안 / 워싱턴 주의 주요 도시(타코마, 올림피아) / ▲올림픽 국립공원 / ▲노스 캐스케이즈 국립공원 / ▲마운트 레이니어 국립공원 / ▲세인트 헬렌스 화산 준국립공원

오리건

포틀랜드 240 / 오리건 중동부 / ▲존 데이 화석층 내셔널 모뉴먼트 / ▲마운트 후드 국유림 / 컬럼비아 강 협곡 / 오리건 해안 / 오리건 남부 / 윌래멋 밸리(유진/ 세일럼) / ▲크레이터 레이크 국립공원

남서부

네바다

라스베이거스 / 라스베이거스 인근(라플린/ 리노) / 네바다 서부(카슨 시티, 버지니아시티) / ▲그레이트 베이슨 국립공원 / ▲레이크 미드 국립 휴양지 & 후버댐

유타

솔트레이크 시티 / 솔트레이크 시티 인근 / ▲자이언 국립공원 / ▲브라이스 캐년 국립공원 / ▲캐피털 리프 국립공원 / ▲캐년랜즈 국립공원 / ▲아치스 국립공원 / 다이노소어내셔널 모뉴먼트

애리조나

피닉스 / 세도나 / ▲코코니노 국유림 / 투산 / 레이크 하바수 시티 / ▲사구아로 국립공원/ ▲그랜드 캐년 국립공원 / ▲글랜 캐년 국립 휴양지 & 레이크 파웰 / ▲모뉴먼트 밸리 나바호 부족 공원 / ▲화석림 국립공원

뉴멕시코

▲화이트 샌즈 내셔널 모뉴먼트 / 샌타페이 / ▲반델리어 내셔널 모뉴먼트 / ▲엘 모로 & 엘 맬피스 내셔널 모뉴먼트 / ▲칼스배드 캐번스 국립공원 / ▲보스케 델 야파치 국립 야생 보호 구역

텍사스

대초원과 호수(댈러스, 포트워스) / 힐 컨트리 & 남부 평원(오스틴, 샌안토니오, 휴스턴) / 빅 벤드 컨트리(엘파소) / ▲과달루페 국립공원 / ▲빅 벤드 국립공원 / 팬핸들 평원

로키 마운틴

콜로라도
덴버 / 콜로라도 스프링스 / ▲로키 마운틴 국립공원 / ▲그레이트 샌듄 내셔널 모뉴먼트 / ▲콜로라도 내셔널 모뉴먼트 / ▲블랙 캐년 국립공원 / ▲메사버디 국립공원

와이오밍
샤이엔 / 와이오밍 북부 & 서부 / ▲화석 뷰트 내셔널 모뉴먼트 / ▲옐로스톤 국립공원 / ▲그랜드 티턴 국립공원 / ▲데블스 타워 내셔널 모뉴먼트

아이다호
보이시 / ▲달 분화구 내셔널 모뉴먼트 / ▲소투스 국립 휴양지 / ▲헬스 캐년 국립 휴양지

몬태나
헬레나 / ▲글레이셔 국립공원

색인

미국은 본토 48개 주와 하와이, 알래스카를 합쳐 모두 50개 주로 구성된 나라입니다. 인구는 약 3억 명이며, 러시아와 캐나다, 중국에 이어 세계에서 네 번째로 넓은 땅덩이를 가지고 있습니다.

또한 미국은 이민자의 나라입니다. 세계 각국의 이민자들이 만들어낸 역사와 문화, 풍속이 그만큼 다양하다는 말입니다. 뿐만 아니라 열대 사막에서부터 극한의 기후대에까지 펼쳐져 있는 광대한 자연은 미국에서만 볼 수 있는 다양한 볼거리로 전 세계 관광객들을 불러 모으고 있습니다.

미국에는 200만 명 이상의 한인 이민자들이 살고 있습니다. 로스앤젤레스를 중심으로 한 서부 캘리포니아와 동부 뉴욕, 뉴저지, 워싱턴 D.C. 일대, 그리고 시카고, 애틀랜타, 샌프란시스코 등은 한인들이 밀집해 살고 있는 지역들입니다.

요즘 한국 사람치고 가족이나 친척, 친구 중 한두 명쯤 이런 지역에 살고 있지 않은 사람이 없을 정도입니다. 때문에 이런저런 기회로 미국을 방문하는 기회도 갈수록 많아지고 있습니다.

이 책은 그런 분들을 위한 책입니다. 미국에서 생활하고 있는 한인들은 물론 친지, 친구, 가족 방문을 위해 미국을 찾아오시는 분들, 나아가 유학생으로, 주재원으로 미국에 오시는 분들에게 좀 더 미국을 느낄 수 있도록 실제로 미국에 사는 사람들은 어떤 곳을 찾아 여행하는지를 보여주고자 했습니다.

이 책은 오랫동안 미주 한인들의 사랑을 받아 온 LA중앙일보 발행 『미국 여행 가이드(USA Tour

Guide)』를 완전히 개정하여 다시 만들었습니다. 이를 위해 LA중앙일보 여행 가이드 TF팀을 중심으로 레저 전문기자, 사진작가 등이 참여한 가운데 1년 여의 수정 작업을 거쳤습니다. 각 여행지의 달라진 정보를 일일이 확인하여 수정하였고, 좀 더 읽기 쉽고 찾기 편하도록 사진과 편집 형식도 완전히 바꾸었습니다.

그 과정에서 LA중앙일보 각 지사의 방대한 취재망을 활용하였고, 미주 각 지역 중앙일보 레저 면에 게재된 색다른 여행 안내 기사도 적극 수록하였습니다. 따라서 이 책은 기존에 출간된 국내외 그 어떤 미국 여행 안내서보다 많은 정보가 수록되어 있으며, 정확도 면에서도 으뜸이라고 자부합니다.

이 책은 미국에 살고 있는 한인들뿐만 아니라 미국을 찾는 많은 방문자들에게도 미국의 과거와 현재를 그대로 보여주는 훌륭한 미국 여행 길라잡이가 되어 줄 것이라 확신합니다.

감사합니다.

LA중앙일보 미국 여행 가이드 편집팀

미국은 어떤 나라인가?

미국은 북미 대륙의 48개 주와 본토 밖의 알래스카 및 하와이를 합쳐 총 50개의 주로 구성된 연방공화국이다. 국가의 정식 명칭은 '미합중국(United States of America)'이며, 수도는 워싱턴 D.C.에 있다.

미국은 마치 한 주가 한 나라를 방불케 하는 광활한 대지, 다양한 지형과 기후, 다민족, 다문화의 결합 등으로 다양성과 특수성이 공존하는 가운데 융합과 조화를 추구하는 나라이다.

일찍이 종교적 박해를 피해서 또는 전쟁과 가난에서 벗어나기 위해 세계 도처에서 각기 다른 희망과 꿈을 품고 머나먼 대륙을 건너와 삶의 터전을 열었던 미국의 이민 역사를 반영하듯, 미국은 실로 다양한 민족이 한데 어울려 사는 '자유와 기회의 땅'이다.

간추린 미국 역사

서구의 관점에서 봤을 때 개척과 이민의 역사로 요약될 수 있는 미국의 형성 과정은 1492년에 이탈리아의 탐험가 크리스토퍼 콜럼버스(Christopher Columbus)가 스페인 서쪽으로 항해하던 중 신대륙을 처음 발견한 데서 출발한다.

그러나 북아메리카와 남아메리카 대륙에는 2만5천 년 전부터 1만 년 전, 아시아 대륙에서 베링 해협을 건너 온 아메리카 토착 원주민들이 있었다.

그들의 선조들은 미국 대륙 각지로 흩어졌다. 따뜻한 기후 아래서 여유 있고 단조로운 생활을 하던 원주민들, 또는 혹독한 자연 조건 아래서 살아야 하는 부족 등 다양한 문화를 이루며 살았다. 그들은 의식주를 손쉽게 해결할 수 있어서 사회도 단순했고 다툼을 모르는 평화주의자들이었다. 16세기에 유럽의 백인들이 상륙할 때까지 약 1만 년 동안 그러한 삶은 계속되었다.

13개 식민지의 독립선언

초기 정착 원주민에 이어 세계 각지에서 수세기에 걸쳐 많은 사람들이 이주하여 척박한 땅에 뿌리를 내렸다.

신대륙의 발견이 유럽에 알려지면서 1600년대 초반부터 영국의 식민 지배가 시작되었고, 1620년에는 청교도가 메이플라워 (Mayflower) 호를 타고 대륙으로 건너와 13개 식민지를 건설했다.

영국에 의한 식민지 수탈이 심해짐에 따라 서서히 독립의 기운이 일기 시작하고, 마침내 1773년 보스턴 차사건(Boston Tea Party)을 계기로 독립전쟁이 발발, 1776년에 동부의 13개 식민지가 독립을 선언함에 따라 미합중국의 첫 13개 주가 탄생했다.

1787년에는 연방헌법이 제정되었고, 1788년에 조지 워싱턴(George Washington)이 초대 대통령으로 선출된다. 이후 1846년에서 1848년 사이에 일어난 멕시코와의 전쟁에서 승리하여 캘리포니아 주, 뉴멕시코 주, 애리조나 주 등이 미국 영토로 편입되었다.

또한 1867년에 러시아로부터 알래스카를 사들이고, 1898년에 하와이를 병합함으로써 미국은 현재의 50개 주를 형성하기에 이른다.

남북전쟁과 노예해방

지리적 특성상 무역 및 공업이 발달한 북부와 농업 위주의 산업이 발달한 남부 사이에 노예 문제로 인한 대립이 격렬해지면서 1861년 남북전쟁이 일어났다. 민주주의 원칙에 입각하여 자유와 평등의 수호를 주장한 에이브러햄 링컨(Abraham Lincoln) 대통령은 노예해방을 선언하게 되고, 남북전쟁은 북부의 승리로 종결된다. 그리하여 플랜테이션 경제를 기반으로 하는 남부의 대농원 제도가 붕괴된다.

한편 북부는 상공업이 비약적인 발전을 이루지만 이는 점차 극심한 빈부 차이를 초래하게 되고, 이후 인종 차별의 문제로 이어져 현재까지 미국의 커다란 사회 문제로 남아 있다.

팍스아메리카나 후유증

두 번에 걸친 세계대전 및 소련과의 오랜 냉전을 겪으면서 미국은 자본주의 체제의 부흥 및 재건에 힘을 썼다. 이후 1989년 베를린 장벽의 붕괴와 동구권의 몰락으로 탈냉전시대에 접어들면서 팍스 아메리카나를 이룬 미국은 짧은 역사에도 불구하고 국제 정치, 경제, 사회, 문화를 이끄는 강대국으로서 전 세계적으로 막강한 힘을 행사하고 있다.

하지만 이러한 미국의 일방적인 독주는 2001년에 '9.11 테러'라는 대참사를 낳고 말았다. 이에 맞서 미국은 2003년 U.N.의 승인 없이 '예방전쟁(Preventive War)'이라는 명분 아래 이라크에 선제공격을 가하게 되고, 1991년에 이어 제2 걸프전을 주도함으로써 힘의 논리가 지배하는 국제 사회의 현실을 다시금 증명해 보였다.

뉴욕 항구에 있는 '자유의 여신' 상. 미국은 '이민자의 나라'임을 상징한다.

그러나 이라크전의 정당성을 부여해 주었던 대량 살
상 무기 (WMD : Weapons of Mass Destruction)의
정보 조작설 등을 비롯하여 전쟁의 장기화로 경제 불
황 및 사회적 불안이 가중되면서 명분 없는 무리한
전쟁이었다는 비난을 받고 있다.

인구

미국 연방 인구조사국의 '2010년 센서스' 조사 결
과에 따르면 2010년 4월 1일 현재 미국 인구는
308,745,538명으로 나타났다. 인구가 가장 많은 주
는 캘리포니아 주(37,253,956명)이며, 이어 텍사스
주(25,145,561명)와 뉴욕 주(19,378,102명)가 뒤를 이
었다. 반면에 인구가 가장 적은 주는 와이오밍 주로
서 563,626명에 그쳤다.
1970년대를 기점으로 출산율이 감소하고 있음에도
1970~1980년대를 전후로 시작된 이민 물결로 인해

미국의 인구는 꾸준히 증가하고 있으며, 인구 구성은
전반적으로 노령화, 도시화, 다양화를 보여준다.
1924년까지 유럽으로부터 대량으로 이민이 이루어
진 후 1965년에 개정된 이민법으로 아시아, 라틴 아
메리카 등 전 세계 각지로부터 많은 이민자들이 몰
려들었다. 이로부터 미국은 '인종의 도가니(Melting
pot)'라 불릴 정도로 글로벌 문화를 창출하고 있다.
특히 캘리포니아 주, 애리조나 주, 네바다 주 지역
은 아시아 및 라틴계 인구가 점차 백인 인구를 압도
하면서 인구 역전이 가속화되고 있는 추세다. 예컨
대, 캘리포니아 주의 경우 1980년대에는 10명 중 8명
이 백인이었으나 2000년대 들어서는 백인이 더 이
상 절대 우위를 차지하지 않게 되었다. 특히 소수 민
족의 인구가 우세를 보이는 로스앤젤레스의 경우, 영
어를 제외한 약 80여 개에 이르는 다양한 언어가 가
정에서 쓰이고 있다.

미국 연방 인구조사국이 2010년의 센서스를 바탕으로 발표한 인종 및 인구 이동 관련 자료를 보면 미국 내의 히스패닉 인구수는 5천만 명이 넘는 것으로 나타났다. 대신 최대 인종인 비히스패닉 백인 인구수는 1억9천680만 명으로 미국 전체 인구에서 차지하는 비율은 지난 10년 동안 69%에서 64%로 떨어졌다. 한편 점진적인 인구 이동이 진행되면서 국가의 정치적, 경제적 중심이 북동쪽에서 점차 남서쪽으로 이동하는 현상을 보여주고 있다. 1940년부터 현재까지 네바다 주, 캘리포니아 주, 플로리다 주, 애리조나 주는 급속한 인구 증가를 보여주고 있다.

미주 한인 200만 명으로 추산

2010년 미국 센서스 결과에 따르면 미국 내의 한인 인구는 1,423,784명으로 미국 전체 인구 가운데 약 0.5%를 차지하는 것으로 나타났다. 하지만 신분상의 문제 등으로 센서스에 집계되지 않은 한인을 감안한다면, 미국 내의 전체 한인 인구는 약 250만 명에 이르는 것으로 추산된다.

각 주별 한인 인구를 보면 로스앤젤레스와 샌프란시스코가 있는 캘리포니아 주에 가장 많은 한인들이 살고 있다(451,892명). 이어 뉴욕(140,994명), 뉴저지(93,679명), 버지니아(70,577명), 텍사스(67,750명) 순으로 한인들이 많이 거주하고 있다. 또 애틀랜타가 있는 조지아 주의 한인 인구 성장이 두드러지는데, 2000년에 비해 한인 인구는 82.4%가 증가하여 5만 명을 넘어선 것으로 나타났다.

지형과 기후

긴 산맥과 산지, 사막, 고원, 평야 등 다양한 지형으로 이루어진 미국의 국토는 알래스카와 하와이를 합친 총면적이 3,790,180마일에 이를 정도로 넓다. 예컨대 서부 로스앤젤레스에서 동부 뉴욕까지 이동할 경우 차로는 53시간이 소요되며, 대륙횡단철도를 이용해도 45시간 이상이 소요된다.

이렇듯 방대한 땅을 차지하고 있는 미국은 지역적 특성과 기후의 차이가 상당히 심한 편이다. 서부 지역은 계절의 차이가 크지 않아 1년 내내 따뜻하고 건조하며, 겨울에는 비가 많이 내리지만 여름에는 비가 거의 내리지 않는다. 한편 남부 지역은 여름이 길고 더운 대신 겨울은 그렇게 춥지 않은 편이다. 이에 비해 뉴욕과 시카고 등 대도시가 몰려 있는 북동부 지역은 봄과 가을이 짧은 반면 여름에는 덥고 습도가 높으며, 겨울에는 날씨가 춥고 눈도 많이 내린다.

시차

넓은 국토만큼이나 미국은 지역에 따라 다른 시간대를 가진다. 동쪽에서 서쪽으로 갈수록 1시간씩 늦어져 동부가 서부보다 아침을 먼저 시작하게 된다. 예컨대, EST가 오전 9시면 CST는 8시, MST는 7시, PST는 6시가 된다. 미국 본토 밖에 있는 알래스카의 경우 PST에서 1시간을 뺀 시간이 현지 시간이 되고, 하와이는 PST에서 2시간을 빼면 된다.

- 동부 시간대 : EST(Eastern Standard Time)
- 중부 시간대 : CST(Central Standard Time)
- 산악 시간대 : MST(Mountain Standard Time)
- 태평양 시간대 : PST(Pacific Standard Time)
- 알래스카 시간대: Alaska Time Zone
- 하와이–알류산 시간대 : Hawaii–Aleutian Time Zone

해가 일찍 뜨는 여름철에는 시간을 효율적으로 쓰기 위해 서머타임(Daylight Saving Time)이 실시된다. 애리조나 주와 하와이 주 일부 지역을 제외하고는 4월 첫째 주 일요일에서 10월 마지막 주 일요일까지 서머타임이 적용되어 1시간씩 앞당겨진다.

화폐 단위

미국의 화폐는 미국 재무부(U.S. Dept of the Treasury) 산하 Bureau of Engraving and Printing와 The United States Mint에서 각각 발행한다.

지폐의 경우 $1는 George Washington, $2는 Thomas Jefferson, $5는 Abraham Lincoln, $10는 Alexander Hamilton, $20는 Andrew Jackson, $50는 Ulysses Grant, $100는 Benjamin Franklin 등 10달러와 100달러짜리 지폐를 제외하고는 역대 대통령의 얼굴이 앞면에 그려져 있다.

동전도 예외가 아니어서 1센트는 Abraham Lincoln, 5센트는 Thomas Jefferson, 10센트는 Franklin D.Roosevelt, 25센트는 George Washington, 50센트는 John F. Kennedy의 얼굴이 새겨져 있다. 흔히 1센트는 페니(penny), 5센트는 니켈(nickel), 10센트는

다임(dime), 25센트는 쿼러(quarter), 50센트는 하프 달러(half-dollar)로 불린다.

- 섭씨(C) = (F-32)*5/9
- 화씨(F) = (C*9/5)+32

팁과 세금

미국에서는 식당, 호텔, 미용실, 택시 등을 이용할 때 팁을 내는 것이 관례처럼 되어 있다. 패스트푸드 점포 같은 셀프 서비스 업소를 제외하고는 기본적으로 15~20%의 팁을 지불해야 한다.

또한 몇몇 주를 제외하고는 모든 물건에 5~9% 안팎의 판매세가 부가된다. 흔히 가격표에는 세금이 포함되지 않은 금액이 명시되므로 물건을 구입할 때나 호텔을 예약할 때 세금 포함 유무를 확인해 보는 것이 좋다.

도량형과 온도

세계적으로 미터법(Metric System)이 보편화되고 있는 반면, 미국에서는 미터법을 사용하지 않는다. 각종 표지판 및 물건 등의 단위가 인치(inch), 피트(feet), 마일(mile), 갤런(gallon) 등으로 표기되어 있어 종종 불편하게 여겨질 수 있다. 길이, 무게 등 기본적으로 많이 쓰이는 단위는 알아두면 편리하다.

- 1인치 = 25.4센티미터
- 1피트 = 30.48센티미터
- 1마일 = 1.6킬로미터
- 1온스 = 28.3그램
- 1파운드 = 454그램
- 1갤런 = 3.785리터

온도의 경우도 섭씨(C) 대신 화씨(F)로 표시하여 빙점이 32도, 비등점은 212도가 된다. 예컨대 화씨 100도는 섭씨 38도, 화씨 70도는 섭씨 21도, 화씨 30도는 섭씨 0도가 된다.

전화

미국의 국가번호는 1번이며, 전화번호는 3자리 수의 지역 번호와 7자리의 번호로 이루어져 있다. 지역 번호가 같을 경우에는 7자리로 된 전화번호를 누르면 통화가 가능하지만, 다른 지역에서 장거리 전화를 할 경우에는 지역 번호 앞에 1번을 눌러야 된다. 국제 전화를 걸 때는 번호 앞에 011을 누르고, 해당 국가의 국가번호 및 전화번호를 누르면 된다.

한편 미국에서는 숫자 대신 알파벳을 이용한 전화번호를 많이 쓴다. 이는 번호를 쉽게 기억할 수 있도록 하기 위함이며, 전화기 버튼 위에 표시된 해당 알파벳(2-ABC, 3-DEF, 4-GHI, 5-JKL, 6-MNO, 7-PQRS, 8-TUV, 9-WXYZ)을 누르면 숫자로 인식하여 전화가 걸린다.

지역 번호가 800, 888, 877로 시작되는 번호는 수신자 부담 전화로서 무료 통화가 가능한 번호이다.

주요 도시 국제공항

애틀란타

Hartsfield-JacksonAtlanta International Airport(ATL)
- Phone : (404)209-1700, (800)897-1910

  www.atlanta-airport.com

보스턴

Logan International Airport(BOS)
- Phone : (617)428-2800, (617)561-1800

  www.massport.com/logan

시카고 Chicago

Chicago O'Hare International Airport(ORD)
- Phone : (773)686-3700, (800)832-6352

  www.ohare.com

댈러스 Dallas

Dallas–Fort Worth International Airport(DFW)

- Phone : (972)574–8888

  www.dfwairport.com

호놀룰루 Honolulu

Honolulu International Airport(HNL)

- Phone : (972)574–8888

  www.honoluluairport.com

휴스턴 Houston

George Bush International Airport(IAH)

- Phone : (281)230–3100

  www.fly2houston.com

로스앤젤레스 Houston

Los Angeles International Airport(LAX)

- Phone : (310)646–5252

  www.lawa.org

마이애미 Miami

Miami International Airport(MIA)

- Phone : (305)876–7000

  www.miami–airport.com

뉴욕 New York

John F. Kennedy International Airport(JFK)

- Phone : (718)244–4444

www.panynj.gov/airports

샌프란시스코 New York

San Francisco International Airport(SFO)

- Phone : (800)435–9736, (650)821–8211

  www.flysfo.com

시애틀 Seattle

Seattle–Tacoma International Airport(SEA)

- Phone : (800)544–1965, (206)787–5388

  www.portseattle.org

워싱턴 D.C. Seattle

Washington Dulles International Airport(IAD)

- Phone : (703)572–2700

  www.metwashairport.com

열차

알래스카 주, 하와이 주, 사우스다코타 주, 와이오밍 주를 제외한 46개 주에 걸쳐 미국 내 주요 도시를 연결하는 암트랙(Amtrak) 열차는 멋진 경관을 즐기면서 빠르고 편하게 이동할 수 있는 최상의 방법이 된다. 하지만 요금이 비싼 편이어서 멀리 장거리 여행을 떠날 경우에는 비행기를 이용하는 것이 더 저렴할 때가 많다.

버스

가장 저렴한 교통편을 제공하는 그레이하운드 (Greyhound)는 캐나다 및 멕시코 일부 지역을 포함하여 미국 본토 48개 주 3,600개 지역을 연결한다. 2002년 그레이하운드에서 밝힌 통계 자료에 의하면, 가장 승객이 많은 터미널 1위는 뉴욕, 2위는 워싱턴 D.C., 3위 로스앤젤레스, 4위 필라델피아, 5위 시카고, 6위 리치먼드, 7위 애틀랜타, 8위 댈러스, 9위 애틀랜틱 시티, 10위 샌 버나디노 순으로 나타났다.

• Phone : (800)229-9424
• 홈페이지 : www.greyhound.com

렌터카

끝없이 이어진 도로를 달리면서 광활한 대지를 느낄 수 있는 자동차 여행을 하지 않고서는 미국을 논할 수 없을 정도로 미국에서 자동차는 중요한 교통수단 이자 생활의 일부분을 차지한다.

대도시 공항 및 호텔 주변으로 렌터카 회사를 쉽게 찾을 수 있는데, 차를 빌릴 때는 운전면허증과 신용 카드가 필요하다.

빌린 차를 반납할 때는 빌린 장소에 관계없이 미국 전역에 소재해 있는 해당 렌터카 회사에 반납이 가능 하지만, 다른 주에서 반납하게 될 경우에는 수수료를 내야 하므로 가급적 차를 빌렸던 주와 동일한 주에서 되돌려 주는 것이 비용을 줄이는 방법이다.

흔히 '트리플 A'로 불리는 미국 자동차협회(AAA)에 회원으로 가입하면 도로상 지원을 비롯하여 미국 어 디에서나 비상시에 24시간 도움을 받을 수 있고, 여 행 자료 및 지도를 얻을 수 있다. 또한 호텔이나 모텔

이용시 할인 혜택도 받을 수 있다.

Alamo
• Phone : (800)462-5266 / www.alamo.com

AVIS
• Phone : (800)331-1212 / www.avis.com

Budget
• Phone : (800)527-0700 / www.budget.com

Dollar
• Phone : (800)800-3665 / www.dollar.com

Enterprise
• Phone : (800)261-7331 / www.enterprise.com

Hertz
• Phone : (800)654-3131 / www.hertz.com

National
• Phone : (800)227-7368 /www.nationalcar.com

Thrifty
• Phone : (800)846-4389 / www.thrifty.com

고속도로 체계

미국의 도로는 번호로 구분되며 각각의 도로 번호
는 일정한 규칙을 가지고 있다. 각 주를 이어 주는
고속도로의 경우 대개 두 자릿수로 되어 있는데, 홀
수로 된 번호는 남북으로 연결하고, 짝수로 된 번호
는 동서를 연결한다. 예컨대 10번, 80번, 90번 도로
는 동서로 대륙을 횡단하고, 5번, 15번, 35번, 65번,
75번, 95번 도로는 남북을 종단한다.

또한 고속도로에서 갈라지는 간선도로가 시의 경
계를 가를 경우 번호 앞에 한 자릿수의 짝수 번
호가 추가되고, 시를 관통할 경우에는 홀수 번호
가 앞에 붙는다. 예를 들어, 주와 주를 연결하는
80번 도로에 3개 도시가 걸쳐 있을 경우 도시 외
곽도로는 각각 280번, 480번, 680번이 된다. 그리
고 도시 내부의 도로는 각각 180번, 380번, 580번
이 되는 것이다.

루트 66따라 시간 여행

1920년대 들어 도로에 번호 체계가 도입되면서
미국 최초의 대륙횡단 도로인 'National Old Trails
Hwy.'도 'U.S. Route 66'으로 명명되었다. 존 스타
인벡(John Steinbeck)이 자신의 책 『분노의 포도
(The Grapes of Wrath)』에서 '마더로드(The Mother
Road)'로 표현하면서 더욱 널리 알려진 루트 66은
시카고에서 로스앤젤레스를 잇는 2,448마일의 구
간으로서 과거에 꿈을 찾아 서부로 향했던 이들의
옛 발자취가 남아 있는 미국의 역사적인 도로다.

1950년대 및 1960년대에 들어 새로이 도로가 확충되면서 루트 66은 지도상에서 자취를 감추었지만, 옛 기억을 찾아 시간 여행을 떠나는 이들의 발길이 현재까지도 이어지고 있다.

숙박

장소, 시기, 인원, 목적 등 여행의 내용에 따라 다양한 숙박 시설을 선택할 수 있는데, 무엇보다도 그에 따른 충분한 예산 및 사전 계획을 세우는 것이 가장 중요하다. 예컨대,

유스호스텔이나 캠핑장을 이용하면 여행 경비를 줄일 수 있고, 색다른 문화 체험을 기대할 수 있지만 장기간 여행할 경우에는 편안한 휴식을 취하지 못한 채 피로가 쌓여 힘든 일정이 될 수도 있기 때문이다.

자동차 여행의 본거지답게 사람 사는 곳이라면 어느 곳이든 도로가 이어지고, 마을 입구에는 어김없이 모텔이 늘어서 있을 정도로 미국에서 가장 흔한 숙박 시설은 모텔(Motel)이다.

모텔은 주로 도시 외곽 주변에 몰려 있는데, 호텔에 비해 가격도 저렴한데다 비교적 깨끗하고 편리한 숙박 시설을 제공한다.

주미 한국대사관 및 총영사관

- 주미 대한민국 대사관
  (Washington D.C) ☎(202)939−5600
- 주 뉴욕 대한민국 총영사관
  ☎(646)674−6000
- 주 로스앤젤레스 대한민국 총영사관
  ☎(213)385−9300
- 주 보스턴 대한민국 총영사관
  ☎(617)641−2830
- 주 샌프란시스코 대한민국 총영사관
  ☎(415)921−2251
- 주 시애틀 대한민국 총영사관
  ☎(206)441−1011
- 주 애틀란타 대한민국 총영사관
  ☎(404)522−1611
- 주 워싱턴 D.C 대한민국 총영사관
  ☎(202)939−5654
- 주 호놀룰루 대한민국 총영사관
  ☎(808)595−6109
- 주 휴스턴 대한민국 총영사관
  ☎(713)961−0186

캘리포니아 관광청에서 추천하는
멋진 여행 Best

캘리포니아 관광청 웹사이트에서 추천하는 테마 여행을 소개한다.

1 8일 간의 국립공원 및 세계 유산 만나기

1일 샌프란시스코 국제공항을 거쳐 맥나마라McNamara 공항에 도착하면 세계 유산으로 지정된 레드우드 국립공원의 신비로운 숲을 만난다. 레드우드 국립공원에 인접한 스미스 강에서 가을과 겨울에는 연어와 송어 낚시를 즐긴다.

2일 래슨볼캐닉 국립공원 관광의 날. 캐나다 국경에서 이어지는 케스케이즈 산맥 최남단에 위치한 활화산에서 눈을 이고 있는 산 정상과 호수, 아름다운 습원의 변화무쌍한 풍경을 즐길 수 있다.

3일 세계 문화유산 요세미티 국립공원 관광의 날. 시에라네바다 산맥 중심부를 이루는 요세미티 밸리, 세계 최대의 화강암 바위 엘 캐피탄, 미국 최대의 낙차를 자랑하는 요세미티 폭포 등 최고의 자연 속에서 황홀한 하루를 보낸다.

4일 요세미티의 절경을 관광하며 하이킹이나 사이클링 및 암벽 등반 등을 즐겨 보고, 세쿼이아 & 킹스 캐년 국립공원 관광에 나선다. 남쪽의 세쿼이아 국립공원은 미국에서 두 번째로 오래된 공원으로 '세계에서 가장 거대한 나무'로 알려진 샤먼 장군의 나무를 찾아보고,, 북쪽의 킹스 캐년 국립공원에서도 '미국의 크리스마스 트리'라고 불리는 80미터 높이의 그랜드 장군의 나무를 만나보자.

5일 세쿼이아와 킹스 캐년 국립공원에서 하이킹, 낚시 등 다양한 레저를 즐겨 보는 한낮의 시간을 만끽하고 오후 늦게 데스 밸리 국립공원으로 향한다.

6일 오전 시간에 거대한 사구가 줄이어 있는 '죽음의 계곡' 데스 밸리를 찾아보고, 오후에는 모하비 국립 풍지지구를 찾아가자. 풍부한 자연이 그대로 보존되어 있을 뿐만 아니라 진귀한 야생 동물을 직접 볼 수 있다.

7일 모하비의 하이킹과 승마를 즐기고, 오후에는 사막 특유의 동식물을 관찰할 수 있는 조슈아트리 국립공원에서 또 다른 자연의 절경을 만나 본다.

8일 마지막 날은 바다와의 조우로 마감하자. 채널아일랜즈 국립공원은 샌타바버러와 로스앤젤레스 앞바다의 섬으로 이루어진 국립공원으로 진귀한 동식물들과 너른 바다, 섬마다 색다른 볼거리들로 하루 해가 짧다.

2 예술과 문화에 흠뻑 젖는 5일 간의 여행

1일 로스앤젤레스 미술관LACMA에서 예술 감상부터 시작한다. 이곳은 미 서부 지역 최대 규모를 자랑하는 종합 미술관으로 이집트 유적지에서 발굴된 고대 미술에서부터 현대 작품까지를 소장하고 있는 곳이다. 오후에는 현대 미술관 모카MOCA에서 서부 최고 현대미술 컬렉션을 즐겨 보고, 저녁 시간에는 다운타운 디즈니 콘서트홀Disney Concert Hall에서 음악 감상으로 하루를 마감한다. 2003년에 개장한 콘서트 홀은 프랭크 게리Frank Owen Gehry가 설계한 독특한 건물 외관으로 주목받는 곳이며, 로스앤젤레스 필하모닉을 비롯한 유명한 세계적 예술들이 공연하는 로스앤젤레스의 대표 콘서트 홀이다.

2일 오전에는 게티 센터The Getty Center를 찾아보자. 1997년에 개장하였으며, 석유왕 폴 게티의 컬렉션에서부터 고흐의 '아이리스'까지 귀중한 미술 작품들을 감상할 수 있다. 리차드 마이어Richard Meier가 건축한 건물 디자인과 계절마다 꽃들이 만발하는 센트럴 가든도 볼거리다. 오후에는 고대 그리스, 로마 및 에트루리아Etruria의 고대 미술품을 전시한 미술관 게티 빌라

The Getty Villa에서 예술 감상과 함께 기원전 1세기 로마 건축 양식의 건물과 아름다운 정원을 즐겨 보자. 저녁 시간에는 1930년에 지어진 호화스러운 뮤지컬 극장 팬테이지 씨어터Pantages Theatre에서 뮤지컬 관람으로 마무리.

`3일` 오전에는 헌팅턴 라이브러리를 찾는다. 철도왕 헨리 헌팅턴의 저택으로 미술관, 희귀 서적들이 소장된 도서관과 식물원이 있으며 미술관에서는 게인스보로Gainsborough의 '블루보이blue boy', 로렌스Lawrence의 '핑키pinky'와 같은 명화를 감상해 보자. 오후는 미국 최대 규모의 유럽 회화 컬렉션을 자랑하는 노튼 사이먼 미술관을 찾아 고흐, 세잔느, 르누아르, 모네 등의 명작들을 만나보고, 저녁 시간은 도로시 챈들러 파빌리온Dorothy Chandler Pavilion에서 오페라 관람으로 마감한다.

`4일` 샌프란시스코로 이동하여 현대 미술관에서 예술 감상을 하고, 오후에는 아시아 미술관을 찾아본다. 아시아 미술 콜렉션은 미국에서 그리 흔하지 않은 것으로 아시아 전역에서 수집한 귀중한 미술 작품들을 감상할 수 있다. 저녁 시간에는 전쟁기념 오페라하우스에서 발레 관람을 즐겨 보자. 샌프란시스코 발레단은 뉴욕 아메리칸 발레단, 뉴욕 시립 발레와 쌍벽을 이루고 있는 미국 3대 발레단 중 하나로 고전 발레와 현대 발레 두 분야에서 최고의 기술력과 연기력으로 평가 받는 최고 수준을 자랑한다.

`5일` 샌프란시스코에서 가장 아름다운 미술관으로 알려진 명예의 전당 미술관에서 하루를 시작한다. 기원전 2500년부터 현대에 이르는 회화 3천 점, 장서 2천 권을 소장하고 있는 미술관이다. 오후에는 드 영 미술관을 찾아 조지아 오키프Georgia O'Keeffe, 에드워드 호퍼Edward Hopper 같은 거장들의 미국 회화 작품을 감상한다. 오세아니아와 아프리카의 미술 작품을 소장한 미술관으로도 유명하다. 저녁 시간에는 1911년에 설립된 미국 최고 수준의 오케스트라샌프란시스코 교향악단의 연주를 찾아본다.

미국 철도 여행

 앰트랙 패스

미국의 철도는'National Rail Passenger Corperation'(통칭 Amtrak)과 7백여 개의 철도 회사들로 이뤄지는데, 대부분의 여객과 화물 운송을 맡는 것은 앰트랙이다. 철도 여행자들을 위한 여행권인 앰트랙 패스(USA Rail Pass= Amtrack Pass)를 준비하면 미국 내 400여 개의 도시를 연결하는 앰트랙 전 노선을 정해진 기간 동안 이용할 수 있다. 앰트랙 패스는 외국인 여행자 전용권이다.

앰트랙의 노선도와 시간표
철도 운행 시간표Time Table는 현지 철도 회사의 안내소나 역에서 무료로 구할 수 있다. 한국에서는 앰트랙 패스를 판매하는 대리점에서 구입자들에게 지역별 시간표를 제공한다. 앰트랙의 홈페이지에서 출발 · 도착 도시와 날짜를 입력하면 열차 편명과 스케줄에 대한 상세한 정보를 볼 수 있으므로 여행 일정을 잡는데 편리하게 이용할 수 있다.

운행 스케줄과 계획
앰트랙은 노선이 연결되지 않는 곳도 많고, 운행 편수도 지역 편차가 커 운행 스케줄을 확실히 알고 있어야 한다. 연착되는 경우도 많으므로 다음 스케줄까지 시간 여유를 충분히 두어야 한다. 장거리 열차라면 최소 3시간 여유는 필수다.

예약과 승차
클럽차와 침대차는 예약이 필요하다. 취소는 발차 30분 전까지이며, 역이나 여행사 대리점으로 가거나 앰트랙 무료 전화를 이용한다.

요금 시스템
왕복권을 사면 돌아올 때의 요금이 30~50% 할인된다. 또 가족 요금Family Plan이 있어 가족 전체가 표를 사면 부부 중 한쪽의 티켓이 50% 할인되고, 어린이는 20%의 요금만 내면 된다. 단, 가족 요금은 메트로라이너를 이용할 수 없으며, 침대차를 사용하려면 추가 요금을 내야 한다.

승차권 구입과 개찰
역 티켓 카운터에서 구입하면 된다. 열차 내에서 살 때는 벌금을 물어야 한다. 개찰은 열차에 탈때 개찰구 또는 차량 입구에서 한다. 도중 하차는 승차권의 범위 내이면 몇 번이고 가능하다. 미국 내의 주요 철도역에서도 동일한 가격으로 구입할 수 있으며 여권을 제시해야 한다.

승차
2등석인 코치Coach는 자유석이므로 좋은 자리를 확보하려면 빨리 도착해야 한다. 승차 시에는 같은 열차라도 차량에 따라 목적지가 다르므로 열차 안내 방송을 잘 들어야 한다. 자리에 앉으면 승무원이 승차권을 확인하고 행선지 표시를 적어서 좌석 위에 꽂아 놓는다.

종류와 요금
앰트랙 패스는 지역과 구간별로 나누어져 있어 선택의 폭이 넓은 편이다. 특히 서부 레일 패스는 시애틀, 포틀랜드, 라스베이거스, 로스앤젤레스, 샌프란시스코, 리노 등의 태평양 연안 도시를 기간 내에 여러 번 이용할 수 있으므로 이 지역 여행자라면 활용하는 것도 좋다. 요금은 성수기와 비수기에 따라 달라지며 유효 기간은 발행일로부터 1년이다.

주의 사항
앰트랙 패스는 2등석인 코치Coach를 자유 이용하는 것이므로 침대차나 1등석, 메트로라이너를 탈 때는 추가 요금이 부과된다. 1회 이상 구간 열차를 탑승한 경우에는 환불이 되지 않으며, 분실과 도난시에도 재발급되지 않으므로 조심해야 한다.

패스 이용법
도시 사이를 연결하는 장거리 승차의 경우라면 사전에 반드시 예약해야 하며, 작은 역일 경우는 정차하지 않을 수도 있으니 구간구간을 미리 예약해 두는 것이 좋다. 패스를 역이나 여행사 대리점의 창구에 제시하고 사용 시작일과 종료일, 희망 구역을 예약하고 승차권을 받으면 된다. 휴가철이나 인기 노선의 경우는 되도록 하루라도 빨리 예약하는 것이 좋으며, 반드시 승차권 판매대에서 패스를 보이고 따로 승차권을 발부 받아 열차를 타야 한다. 열차에 오르고 나서는 패스를 제시해도 승차권이 없을 경우 정규 운임을 내야 한다.

2 열차의 시설과 이용

노선에 따라 시설과 좌석이 다른데 장거리 열차에는 보통 좌석차와 침대차, 뒷부분 식당차 등으로 나누어져 있다. 대부분 시설이 잘 되어 있어 사용하기 편하다.

코치Coach Car

2등석으로, 장거리를 제외하고는 예약이 필요 없다. 티켓에 좌석이 지정되어 있지 않으며 좌석 자체는 1등석과 큰 차이가 없는 안락의자로 앞뒤로 넓은 여유 공간이 있고 뒤로 젖힐 수도 있으며, 발판도 있어 침대처럼 사용할 만하다. 좌석은 양쪽에 두 줄씩으로 뒤편에는 전용 세면실과 화장실이 있다.

클럽Club Car

1등석으로 예약을 해야 한다. 접는 테이블이 좌석 옆에 붙어 있고 자리에서 식사나 음료 서비스를 받을 수 있다.

침대차

1~2박 이상 필요한 장거리용 열차에 설치되며 좌석 외에 침대권을 따로 사서 이용한다. 휴가철이나 연휴 때 숙박 시설을 찾기 힘들 경우라면 추가 요금을 내고 침대차로 숙박을 해결하는 것도 비용 절감의 방법이 된다. 시설은 보통에서 고급까지 다양한데 1인용 소형실(Slumber Coach Rooms)은 낮에는 1인용 좌석이지만 밤에는 벽에서 침대를 끌어내어 사용할 수 있다. 차마다 세면실이 있고, 조명과 에어컨을 조절할 수 있어 좋다. 조금 더 넓은 1인용(Roomette)과 2단(Double Slumber) 침대 칸, 어른 2인용(Average Bedroom)과 가족용도 있다.

미국 버스 여행

미국 내 장거리 버스 여행은 다른 교통 수단에 비해 미국을 가깝게 느낄 수 있는 장점이 있다. 미국은 도로망이 잘 정비되어 있어 어느 곳으로나 버스 여행이 가능하다. 여러 버스 회사의 패스를 이용하면 편리하고 저렴하게 여행할 수 있다.

1 북미 대륙 패스

미국의 각 도시를 운행하는 장거리 버스 회사는 여러 개가 있지만 최대의 노선망을 지닌 버스 회사는 그레이하운드Greyhound's Lines로, 알래스카를 포함한 미국 전역과 캐나다의 주요 도시까지 커버한다. 그레이하운드 장거리 버스를 탈 수 있는 승차권이 북미대륙패스North American Discovery Pass이며, 현지에서 보통 승차권을 구입하여 승차할 수도 있다.

북미대륙패스로는 그레이하운드와 제휴 회사들의 버스를 정해진 기간 내에서 자유롭게 탑승할 수 있는데, 일부 노선은 앰트랙과 연계 운행도 되고 있어 버스와 철도를 묶어서 여행 계획을 세울 수도 있다. 4일에서 연속 60일짜리까지 다양하며 처음 이용하는 날 도장을 찍으면서 날짜가 계산된다.

북미대륙패스 이용법

맨 처음 사용 시 시작일과 종료일의 해당 구간에 표시를 해주므로 표시된 날까지 자유롭게 사용할 수 있다. 버스에 탈 때는 여권과 패스를 운전기사에게 보여주기만 하면 되는데, 일부 버스 디포에서는 승차권이 필요한 경우도 있으므로 티켓 카운터에서 패스를 제시하고 승차권을 받아 탑승하면 된다.

북미대륙패스는 사용 기간 중 횟수에 제한 없이 자유롭게 사용할 수 있으나 동일한 두 도시를 3회 이상 왕복할 수는 없다. 사용 전에는 20달러의 서비스료를 내면 환불이 가능하지만 한 번이라도 사용했을 경우에는 환불되지 않는다. 또 분실과 사고 등에도 재발행은 전혀 되지 않는다.

버스 운행 시간표

버스 여행에서 빼놓을 수 없는 것이 시간표Time Table. 현지에 가면 어느 버스 디포나 터미널에서도 이용하려는 버스 노선의 시간표를 받아 볼 수 있다. 상세한 루트와 시간을 알고 싶다면 직원에게 버스 시간표The official bus guide를 요청한다. 패스 구입처에도 시간표가 구비되어 있으며, 그레이하운드 홈페이지에서는 출발·도착 도시와 날짜를 입력하면 버스 스케줄과 요금에 대한 상세한 정보를 볼 수 있다.

도시간 운행 스케줄

운행 횟수는 노선에 따라 다른데, 로스앤젤레스–샌프란시스코의 경우는 하루 20회 이상 있으며, 야간 버스도 있다. 로스앤젤레스–샌디에이고는 시간마다, 뉴욕–워싱턴은 30분 간격으로 출발하며, 대륙 횡단 노선은 1일 2~5회 있다. 작은 도시에서는 하루에 한 번만 장거리 버스가 출발하는 경우도 있으므로, 여행 일정을 잡을 때는 운행 횟수를 고려해 이동 시간에 여유를 두도록 한다.

2 버스 이용법

버스 터미널과 디포는 어느 도시든 도심의 번화가에 있다. 대도시의 버스 터미널은 우리 나라의 큰 철도역 정도이고, 그 안에 대합실은 물론 약국, 카페테리아, 세탁소, 선물가게 등이 있다. 버스 디포에도 대합실 외에 가게와 포스트하우스라 불리는 카페테리아, 매점 등이 있다.

예약과 승차

버스를 이용할 때는 장거리라도 예약은 필요 없다. 단, 각 도시마다 운영되는 그레이하운드 투어 버스를 이용할 때는 예외다. 성수기에는 1주일 전에 신청하지 않으면 정원 초과로 탈 수 없는 경우가 많으므로 미리 예약을 해두는 것이 좋다. 그 이외에는 타고 싶은 버스의 출발 시간 30분 전까지 버스 디포에 도착해 승차권을 구입하면 이용할 수 있다. 일반 승차권은 발매일로부터 편도는 1년간, 왕복은 2년간의 유효 기간이 있다. 또 2주일~1개월 전에 승차권을 구입할 때는 요금이 할인된다. 좌석은 정해져 있지 않으며 유리창은 앞 유리를 제외하고는 모두 색유리므로 전망 좋은 좌석은 맨 앞 줄의 오른쪽이다.

운행 스케줄과 휴식

장거리 버스는 2~3시간마다 휴식 시간과 아침, 점심, 저녁의 식사 시간이 스케줄에 포함되어 있고, 차내에 화장실과 공중전화가 있다. 주행 3시간마다 버스 디포나 터미널에서 15~20분간 휴식하며, 식사 시간에는 적당한 도시의 카페테리아 앞에 차를 세우고 1시간 정도의 시간을 준다. 휴식과 식사 시간이 끝나고 출발할 때는 운전기사가 일일이 승객 수를 확인한 후 출발한다. 승차권을 점검하는 경우도 있으므로 내릴 때는 패스나 승차권 등을 반드시 가지고 내린다.

야간 버스 이용

야간 버스를 이용할 때 주의할 점은 두 가지다. 하나는 냉방으로 인한 극심한 추위와 안전 문제. 버스에 오르기 전에는 반드시 긴 소매 셔츠와 재킷을 준비하고 운전사의 눈이 미치는 앞쪽 좌석에 타 위험을 미리 예방한다. 특히 야간에는 승객들의 화장실 이용 때문에 뒷좌석의 경우 잠을 못 잘 때가 많다.

리보딩 티켓

큰 도시에 도착하면 휴식 시간이 30분 이상일 경우가 있다. 이때는 버스에 따라서 운전기사가 재탑승 승차권Reboarding Ticket을 나눠 주기도 하는데 다시 버스에 탈 때 필요하다. 내렸던 승차 게이트로 돌아오면 같은 번호의 게이트가 두 개 있는 경우가 있다. 하나는 내렸다가 다시 타는 승객을 위한 것Reboarding Gate이고, 다른 하나는 거기서 처음 타는 승객을 위한 것Originated Gate. 재승차권이 있는, 먼저 타고 온 사람이 새로 승차하려는 사람보다 좌석 우선권이 있다.

차량 번호

휴식 시간이 끝나고 버스에 다시 탈 때 가장 중요한 것은 차량 번호. 앞 유리와 문, 차내 정면의 오른쪽 위에 적힌 네 자리 숫자가 차량 번호다. 휴식과 식사 등으로 밖으로 나갈 때는 차량 번호를 기억해 두어야 똑같은 모양의 버스가 나란히 있을 때도 당황하지 않게 된다.

짐을 맡길 때 주의할 점

버스에 넣을 수 있는 수화물은 2개, 무게로는 100파운드(45kg)까지가 무료. 현금과 귀중품의 분실은 책임지지 않으므로, 분실이 염려될 때는 가지고 타는 것이 최고다. 그레이하운드 버스는 차내의 선반이 꽤 넓으므로 웬만한 크기의 짐은 가지고 들어갈 수 있다. 특히 카메라나 식품 등 부서지기 쉬운 물건은 맡기는 짐 속에 넣지 말자.

캘리포니아 신대륙의 역사를 만나는
왕의 고속도로 따라가기

'왕의 고속도로'로 일컬어지는 엘 카미노 레알티 Camino Real은 캘리포니아에 남아 있는 최대의 유산이다. LA 의 101번 프리웨이를 비롯한 해안도로 곳곳에서 'El Camino Real'이라는 팻말을 붙이고 서 있는 녹슨 종을 본 적이 있는가. 이 녹슨 종들은 1683년부터 1834년까지 당시 멕시코와 캘리포니아 일대를 다스렸던 스페인의 종교적 전초기지로 세웠던 미션Mission과 요새 Presidios, 원주민 부락들Pueblos을 연결하였던 '왕의 고속도로'를 지키고 있는 것이다. 101번 프리웨이는 원래의 엘 카미노 레알을 좇아서 건설된 것으로 1906 카미노 레알 협회가 설립되어 프란시스코의 지팡이로 명명된 양치기용 지팡이에 1마일마다 종을 달았다고 한다.

샌디에이고부터 샌프란시스코까지 즐비한 21개의 미션들은 당연히 원주민들을 종교적으로 교화시켜 '신 스페인'의 시민으로 만드는 것이었는데, 이 와중에 피할 수 없었던 양측의 충돌로 학살과 약탈의 역사가 빚어지게 된다. 이 흔적들은 복구와 보존 덕분에 지금은 미국 내에서 가장 오래된 건축물이자 사적지로 변모했다. 표식을 위해 겨자씨를 뿌려 온통 노란 꽃들로 만발했던 이 길을 따라 1906년 450개의 종들이 들어섰다. 샌디에이고에서 샌프란시스코까지의 21개 미션들은 전체 600마일의 거리에 대략 30마일의 거리를 두고 세워졌는데, 이는 말을 타고 하루를 달릴 수 있는 거리를 계산한 것이었다. 이후 101번, 5번, 72번 등 현대적인 프리웨이가 그 위를 덮었고 어떤 구간은 비포장인 채로 남겨졌다.

1 샌 게이브리얼 미션 Mission San Gabriel Arcangel
428 South Mission Drive San Gabriel, CA 91776

LA에서 가까운 미션 중의 하나로 주니페로 세라Junipero Serra 신부에 의해 1771년에 세워졌다. 원래는 LA 다운타운에서 동쪽으로 9마일정도 떨어진 곳에 세워졌으나 이후 군대 주둔지와의 마찰로 5년 뒤 현재의 장소로 이전하였다. 멕시코와 북쪽의 미션으로의 교통 요지에 위치했기 때문에 초창기에는 주로 군대의 원정 출발지로서의 역할을 하여 미션들 중에서 가장 바쁜 미션이기도 했다. 당연히 미션 구석구석이 문화유산들로 가득차 있는데, 건물만 보더라도 고대 무어인 양식으로 초창기의 역할에 걸맞게 요새처럼 지어졌다. 건물들이 사각형으로 안 뜰을 둘

러싸 외침을 막는데 유리하도록 한 것이며, 벽과 벽 사이의 모자를 씌운 듯한 기둥은 스페인의 코로도바 대성당의 건축 양식과 비슷하다.

당시 미션들은 목축과 농업에 종사했던 농장Ranch의 역할을 겸해 영적이면서 경제적인 구심체 역할을 하기도 했다. 정면의 종루를 겸한 벽에는 모두 6개의 종이 걸려 있는데, 큰 종은 무려 1톤에 달하여 주조된 1830년 당시 최대의 종으로, LA의 원주민 부락 어디에서도 종소리를 들을 수 있었다고 한다.

박물관에는 그 당시의 유물들이 많으니 꼭 들러볼 곳이다. 교회와 박물관, 정원, 기념품점은 새해 첫날, 부활절, 독립기념일, 추수감사절과 크리스마스를 제외하고 오전 9시부터 오후 4시 30분까지 연중 무휴로 개방한다. 월요일부터 금요일까지 20명 이상일 경우 예약에 의해 가이드 투어를 할 수 있다.

LA에서 10번 프리웨이를 타고 5번을 지나 6마일쯤 가다가 뉴애비뉴New Avenue에서 내려 좌회전한다. 여기서 북쪽으로 가면 사우스라모나 스트릿S. Ramona St.으로 바뀌고 웨스트 미션 드라이브W. Mission Dr.를 지나면 정면에 미션 건물들이 보인다.

2 샌퍼낸도 미션 Mission San Fernando Rey de Espana
15151 San Fernando Mission Blvd L.A., CA 91345

LA북쪽 샌퍼낸도 밸리에 있는 이 미션은 엘 카미노 레알의 21개 미션 중에서 17번째로 1797년에 세워졌는데, 세인트 페르디난드 스페인 왕의 이름을 따서 명명되었다. 그로 인해 지명도 샌퍼낸도 밸리로 정해졌다. 1812년에는 지진 피해를 겪었고 이후 교회 건물의 세속화로 인해 지붕의 타일이 벗겨지기도 하고 건물은 방치됐다.

이 일대에서 금이 발견되어 금광 채굴자들이 교회 바닥을 파헤쳐 미션의 상당 부분이 수리 불가의 상태에 빠지기도 하는 등의 수난을 겪기도 했지만 할리우드가 가까워 수많은 영화의 촬영장으로 각광받고 있다.

한 때 이 미션은 교회와 막사, 집들이 들어서 인구가 1,000명에 이르기도 했다. 이후 교회가 건물에서 분리되어 20개의 아치와 기둥들을 가진 캘리포니아 최대의 어도비(adobe, 황토 벽돌로 짓는 건축 양식) 건축물로 자리잡았다. 미션에 딸린 과수원에는 3만 그루의 포도나무가 있었고 와인 양조장에서 생산된 와인은 짐승 가죽과 기름을 바꾸는데 이용했다. 당시 개종한 원주민들은 가죽으로 신발이나 옷, 안장 등을 만들었는데 건물을 둘러보다 보면 당시에 사용했던 기구들과 안장 등이 전시되어 있는 것을 볼 수 있다.

기념품점을 둘러보고 여기서 입장권을 사서 안으로 들어가면 사각형 건물들로 둘러싸인 거대

한 정원에 들어서게 된다. 당시의 모든 미션들의 역할이 선교와 요새의 역할을 겸했으니 외침을 막기 위한 구조로 보인다. 그래서 대부분의 미션들이 거의 동일한 구조로 짜여 있다. 안마당의 분수까지도 거의 같은 위치다. 예배를 보지 않는 시간에는 교회도 둘러 볼 수 있는데, 일요일 오후면 아이 세례를 위해 가족들이 줄을 서 있다.

LA에서 5번 프리웨이를 타고 샌 퍼낸도 밸리쪽으로 가다가 118번을 지나서 샌퍼낸도미션 불러바드San Fernando Mission Bl.에서 내려 서쪽으로 가다 5분도 채 지나지 않아서 오른쪽에 나타난다.

누구나 꿈꾸는 여행,
미국 대륙 횡단

자동차를 달려 광활한 미국 대륙을 가로지르는 여행 – 누구나 평생 한번쯤 도전해 보고 싶은 꿈의 여행이다. 유럽 국가 전체를 합친 것보다도 넓은 미국 대륙의 서부 해안에서 동부까지는 자동차로 쉬지 않고 운전해도 꼬박 4일, 비행기로는 5시간이 넘게 걸리는 거리다. 이 루트 안에서 여행자들은 4계절을 모두 만날 수 있고 온갖 다채로운 자연과 풍습을 경험할 수 있다. 대륙 횡단을 안전하고 효과적으로 하면서 그 맛과 멋을 제대로 즐기기 위해서는 계절과 기후에 따른 알맞은 루트 선택과 여행의 목적에 맞는 계획, 응급 장비 등 치밀한 사전 준비 작업이 필요하다. 미국대륙 횡단 코스는 출발 시점과 기후 상황, 여행의 목적에 따라 대개 4개의 루트로 나룰 수 있다. 텍사스 주 남부 지역을 지나 플로리다 주를 거쳐 동부 해안선을 타고 올라가는 루트 1과 오클라호마 시티 등 중부 지역을 관통해 최단 거리로 횡단하게 되는 루트 2, 콜로라도 주 로키 산맥을 넘어 시카고로 입성하게 되는 루트 3, 서해안을 올라 옐로스톤 국립공원을 거쳐 시카고로 들어가는 루트 4 등 네 가지 루트를 소개한다.

◆**루트 1** 남부 지역 순환 코스는 젊은층이 가장 선호하는 루트로 4개 루트 중 유일하게 플로리다 주를 경유한다. 남부 지역에 펼쳐지는 광활한 벌판을 만나고 싶다면 6월과 8월 사이에 출발하는 것이 가장 바람직하다. 플로리다 주 최남단에 위치한 키 웨스트 섬은 이 루트의 백미다. 루트 1은 국립공원 3개를 지나므로 자연 경관을 살피기에는 다소 아쉬운 코스다.

◆**루트 2** 중부 지역을 관통해서 일명' 미국의 젖줄 코스'라고 불리는 미국 최대 상업용 코스. 4개의 루트 중 최단 거리라는 점 때문에 시간이 부족하지만 전체를 횡단하는 체험을 맛보고 싶은 여행객들에게 적당한 코스다. 통과하게 되는 국립공원은 6개로 짧은 코스에 비해서는 다양한 자연 경관을 즐길 수 있다.

◆**루트 3** 로키 산맥을 관통하게 되므로 4개의 루트 중 가장 빼어난 자연 경관을 자랑한다. 로키 산맥이 단풍으로 물드는 9~10월이 여행의 최적기. 눈이 쌓이는 겨울철은 대단한 장관을 볼 수 있지만 다소 위험한 것이 흠이다. 10개의 국립공원을 경유하게 된다.

◆**루트 4** 서부 지역을 순환하여 시애틀에서 보스턴, 뉴욕으로 향하는 l-90 루트. 옐로스톤 국립공원을 비롯해 가장 많은 국립공원을 돌아볼 수 있지만 4개 루트 중 거리가 가장 길다. 퍼시픽 코스트 하이웨이를 거쳐 대륙을 횡단하는 이 코스는 미국 최대의 절경을 즐길 수 있는 매력이 있다. 봄과 가을이 루트 4 이용의 최적기다.

대륙 횡단을 위한 4개 루트

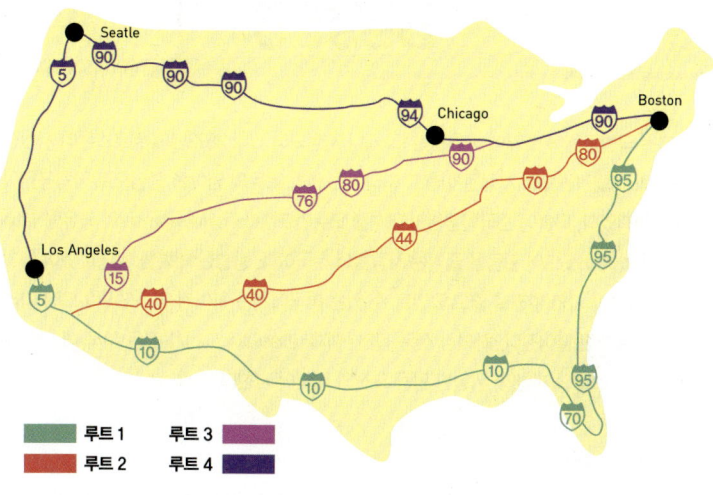

	루트 1		루트 3
	루트 2		루트 4

▶**루트 1** 남부 지역 순환, 총거리 4,527마일 15일 소요	LA 출발→(393M.) Phoeinix→(404M.) El Paso→(352M.) Ozna→(200M.) San Antonio→(201M.) Houston→(363M.) NewOrleans→(406M.) Tallahassee→(25M.) Tampa→(266M.) Miami→(156M.) Keywest(156M.) Miami→(369M.) jacksonville→(400M.) Florence→(374M.) Washington D.C→(235M.) NewYork
▶**루트 2** 중부 지역 관통, 총거리 2,873마일 8일 소요	LA 출발→(486M.) Flagstaff→(325M.) Alburquerque→(296M.) Amarillo→(260M.) Oklahoma City→(283M.) Springfiled→(468M.) Indianapolis→(363M.) Pittsburgh→(392M.) NewYork
▶**루트 3** 로키 산맥 경유 총거리 3,293마일 11일 소요	LA 출발→(293M.) LasVegas→(244M.) Salina→(197M.) Fruita→(220M.) Denver→(380M.) Kearney→(303M.) Des Moines→(362M.) Chicago→(345M.) Cleveland→(196M.) Buffalo→(480M.) Boston→(219M.) NewYork
▶**루트 4** 북부 지역 순환 총거리 4,772마일 15일 소요	LA 출발→(384M.) SanFrancisco→(381M.) Medford→(346M.) Portland→(175M.) Seattle→(276M.) Spokane→(384M.) Manhattan→(210M.) Cody→(350M.) Rapid City→(350M.) sioux Fall→(247M.) Minneapolis(429M.) Chicago→(345M.) Cleveland→(196M.) Buffalo→(480M.) Boston→(219M.) NewYork

미국의 고난이도 하이킹 코스
Best 5

미국에는 국립공원이 62개에 국유림이 152개나 지정되어 있다. 1872년에 옐로스톤이 사실상 세계 최초의 국립공원으로 지정된 이후로 미국에는 연방 소유의 임야를 중심으로 국립공원이 연이어 탄생되었다. 더불어 준국립공원인 내셔널 모뉴먼트National Monument와 국유림National Forest이 있어 아웃도어 활동을 즐기는 사람들의 천국이다. 광활한 대륙을 지니고 있어 각기 전혀 다른 지형과 자연 환경을 골고루 만날 수 있는 미국에서는 하이킹 명소도 난이도에 따라 수많은 리스트가 만들어진다. 하이킹 전문 잡지 「백패커Backpacker」가 꼽은 미국 내 가장 위험한 하이킹 코스를 소개한다. 위험한 만큼 도전의 매력이 넘친다.

◆미스트 트레일 Mist Trail – 요세미티

웅장한 요세미티 국립공원의 상징인 해프 돔은 누구나 오르기를 열망하는 곳이다. 성수기인 여름 주말에는 매일 2,500~3,000명 정도가 해프 돔 정상으로 이르는 7마일의 미스트 트레일에 몰린다. 8,836피트의 해프 돔 정상에 오르기 위해 사람들은 피로와 고소증, 탈수 증세와 싸우며 정상에 올라 긍지와 자부심을 느낀다. 그러나 이 트레일은 알고 보면 위험 천만한 곳, 비라도 내리면 순식간에 아수라장으로 변한다. 정상을 400피트 남겨 둔 곳부터는 철제 케이블에 의지해야 되는데, 요세미티 구조대에 따르면 매년 이곳에서 300건의 추락 사고가 빈발한다. 1995년에는 6명이 사망하기도 했다.

◆브라이트 앤젤 트레일 Bright Angel Trail – 그랜드 캐년

그랜드 캐년의 가장자리 South North Rim에서 내려다 보는 장관만으로 성이 차지 않는 사람들은 꼬불꼬불한 트레일을 따라 절벽 아래 콜로라도 강으로 내려가곤 한다. 9.5마일의 수직 고도 4,380피트를 견뎌 내야 하는데 문제는 다른 곳에 있다. 여름이면 110도를 예사로 오르내리는 폭염이다. 해마다 200건의 폭염과 관련한 사고가 일어나는 곳이 바로 이곳 브라이트 앤젤 트레일이다.

◆더 메이즈 The Maze – 캐년 랜즈

유타 주의 캐년 랜즈Canyonlands 국립공원에 있는 이 트레일은 그리스 신화의 크레타 왕 미

노스가 반인반우(半人半牛) 미노타우로스를 가두느라 만든 미궁에 비유되곤 한다. 이 트레일은 붉은 사암 절벽이 정글을 이루고 있어서 한 번 들어갔다가 길을 잃으면 심한 경우 레인저가 찾아 내는데 사흘이 걸릴 수도 있다. 오프 로드 자동차를 이용하거나 GPS와 지도를 같이 이용해야 되는 곳이다.

◆ 뮤어 스노필드 Muir Snowfield – 마운트 레이니어

시애틀 어디에서나 올려다 보이는 마운트 레이니어Mt. Rainier의 해질녘 풍경은 황홀하기까지 하다. 그래서 해마다 수천 명이 다녀가는 명산이다. 그러나 14,410피트의 정상은 고난이도의 알파인 등반을 필요로 하는 곳. 본격적인 등반이 시작되면 만나게 되는 뮤어 설원은 말 그대로 눈 천지다. 날씨 변화가 밥 먹듯 이루어지는 이곳이 종종 클라이머들의 무덤이 되곤 한다. 안개와 눈보라 때문에 사방을 분간할 수 없는 '화이트 아웃White Out'에 포위될 수 있다.

◆ 칼라라우 트레일 – Kalalau Trail – 하와이

하와이의 나팔리 해안 주립공원은 말 그대로 태평양 바다를 끼고 있는 아름다운 해안 공원이다. 깎아지른 절벽 아래 부서지는 하얀 포말은 누구나 한번쯤은 가보고 싶은 곳이다. 그래서 이 해안 절벽 위로 난 칼라라우 트레일은 인기 등산로가 됐다. 하지만 좁고 부서지기 쉬운 화산석으로 된 트레일은 위험하기 짝이 없다. 해안 절벽의 특성상 트레일은 젖어 있기 쉽고 그래서 미끄럽다. 300피트 아래 해안 절벽은 날카로운 갯바위로 이루어져 대형 사고의 위험이 높다.

이밖에 평균 고도가 가장 높은 콜로라도 주의 파이크스 피크Pikes Peak(6,800피트)의 바 트레일Barr Trail은 번개에 노출될 위험이 큰 곳으로 악명이 높다. 뉴햄프셔 주의 마운트 워싱턴Mt. Washington은 무서운 기록을 갖고 있다. 1934년 4월에는 시속 231마일의 풍속을 기록했다. 1849년 이래 137명의 인명을 앗아갔다. 바람에 날려간 것이 아니라 저체온증으로 사망했다. 겨울에만 국한된 기록이 아니다. 몬태나 주의 허클베리 마운틴Huckleberry Mountain은 그리즐리 곰에게 공격받을 가능성이 높기로 유명하다. 563마리가 서식하는 것으로 보고됐다.

유타 주의 벅스킨 걸치Buckskin Gulch는 약간의 소나기에도 물이 불어나 좁은 계곡의 모든 것을 쓸어가 버린다. 테네시 주의 에이브럼스 폭포Abrams Falls는 더운 여름날, 하이커들을 끌어 들인다. 그러나 1971년에 29명이 이 폭포에서 익사했다.

미국 국립공원 리스트

	이름	해당주	웹사이트	대표전화
1	Acadia NP	Maine	www.nps.gov/acad/	207-288-3338
2	NP of American Samoa	American Samoa	www.nps.gov/npsa/	684-633-7082
3	Arches NP	Utah	www.nps.gov/arch/	435-719-2299
4	Badlands NP	South Dakota	www.nps.gov/badl/	605-433-5361
5	Big Bend NP	Texas	www.nps.gov/bibe/	432-477-2251
6	Biscayne NP	Florida	www.nps.gov/bisc/	305-230-7275
7	Black Canyon of the Gunnison NP	Colorado	www.nps.gov/blca/	970-641-2337
8	Bryce Canyon NP	Utah	www.nps.gov/brca/	435-834-5322
9	Canyonlands NP	Utah	www.nps.gov/cany/	435-719-2313
10	Capitol Reef NP	Utah	www.nps.gov/care/	435-425-3791
11	Carlsbad Caverns NP	New Mexico	www.nps.gov/cave/	575-785-2232
12	Channel Islands NP	California	www.nps.gov/chis/	805-658-5730
13	Congaree NP	South Carolina	www.nps.gov/cosw/	803-776-4396
14	Crater Lake NP	Oregon	www.nps.gov/crla/	541-594-3000
15	Cuyahoga Valley NP	Ohio	www.nps.gov/cuva/	330-657-2752
16	Death Valley NP	California, Nevada	www.nps.gov/deva/	760-786-3200
17	Denali NP	Alaska	www.nps.gov/dena/	907-683-2294
18	Dry Tortugas NP	Florida	www.nps.gov/drto/	305-242-7700
19	Everglades NP	Florida	www.nps.gov/ever/	305-242-7700
20	Gates of the Arctic NP	Alaska	www.nps.gov/gaar/	907-692-5494
21	Glacier NP	Montana	www.nps.gov/glac/	406-888-7800
22	Glacier Bay NP	Alaska	www.nps.gov/glba/	907-697-2230
23	Grand Canyon NP	Arizona	www.nps.gov/grca/	928-638-7888
24	Grand Teton NP	Wyoming	www.nps.gov/grte/	307-739-3300
25	Great Basin NP	Nevada	www.nps.gov/grba/	775-234-7331
26	Great Sand Dunes NP	Colorado	www.nps.gov/grsa/	719-378-6399
27	Great Smoky Mountains NP	North Carolina, Tennessee	www.nps.gov/grsm/	865-436-1200
28	Guadalupe Mountains NP	Texas	www.nps.gov/gumo/	915-828-3251
29	Haleakala NP	Hawaii	www.nps.gov/hale/	808-572-4400

30	Hawaii Volcanoes NP	Hawaii	www.nps.gov/havo/	808–985–6000
31	Hot Springs NP	Arkansas	www.nps.gov/hosp/	501–624–2701
32	Isle Royale NP	Michigan	www.nps.gov/isro/	906–482–0984
33	Joshua Tree NP	California	www.nps.gov/jotr/	760–367–5500
34	Katmai NP	Alaska	www.nps.gov/katm/	907–246–3305
35	Kenai Fjords NP	Alaska	www.nps.gov/kefj/	907–422–0500
36	Kings Canyon NP	California	www.nps.gov/seki/	559–565–3341
37	Kobuk Valley NP	Alaska	www.nps.gov/kova/	907–442–3890
38	Lake Clark NP	Alaska	www.nps.gov/lacl/	907–644–3626
39	Lassen Volcanic NP	California	www.nps.gov/lavo/	530–595–4480
40	Mammoth Cave NP	Kentucky	www.nps.gov/maca/	270–758–2180
41	Mesa Verde NP	Colorado	www.nps.gov/meve/	970–529–4465
42	Mount Rainier NP	Washington	www.nps.gov/mora/	360–569–2211
43	North Cascades NP	Washington	www.nps.gov/noca/	360–854–7200
44	Olympic NP	Washington	www.nps.gov/olym/	360–565–3130
45	Petrified Forest NP	Arizona	www.nps.gov/pefo/	928–524–6228
46	Redwood NP	California	www.nps.gov/redw/	707–464–6101
47	Rocky Mountain NP	Colorado	www.nps.gov/romo	970–586–1206
48	Saguaro NP	Arizona	www.nps.gov/sagu/	520–733–5153
49	Sequoia NP	California	www.nps.gov/seki	559–565–3341
50	Shenandoah NP	Virginia	www.nps.gov/shen/	540–999–3500
51	Theodore Roosevelt NP	North Dakota	www.nps.gov/thro/	701–623–4730
52	Virgin Islands NP	U.S. Virgin Islands	www.nps.gov/viis/	340–776–6201
53	Voyageurs NP	Minnesota	www.nps.gov/voya/	218–283–6600
54	Wind Cave NP	South Dakota	www.nps.gov/wica/	605–745–4600
55	Wrangell–St. Elias NP	Alaska	www.nps.gov/wrst/	907–822–5234
56	Yellowstone NP	Idaho, Montana, Wyoming	www.nps.gov/yell/	307–344–7381
57	Yosemite NP	California	www.nps.gov/yose/	209–372–0200
58	Zion NP	Utah	www.nps.gov/zion/	435–772–3256

대평원 지역
GREAT PLAINS

'세계의 빵 바구니' 라는 별명을 지닌 대평원 지역은 미주리, 오클라호마, 캔자스, 아이오아, 네브라스카, 사우스 다코타, 노스 다코타의 7개 주를 아우르는 거대한 초목지이며 세계적인 농산물 생산지다. 원시 인디언 유목민 시절에서부터 토착민과의 영토 전쟁, 강제 이주와 카우보이 문화, 농업 발전 등의 역사가 미시시피 강과 미주리 강을 따라 이어져 왔고 지금은 드넓은 목초지 일부만 남아 농경지로 변모했다. 토네이도와 뇌우로 변덕스런 날씨가 짖궂게 관광객을 놀리지만 봄가을에는 행복한 여행을 즐길 수 있다. 국립공원과 주립공원이 몰려 있는 사우스 다코타와 노스 다코타에서 블랙홀처럼 끝을 알 수 없는 거대한 동굴 탐험과 수십만 마리 버팔로들이 연출하는 장관을 만끽해보자. 서부의 관문 세인트루이스의 게이트웨이 아치, 큰바위 얼굴로 알려진 마운트 러시모어와 크레이지 호스의 엄청난 스케일은 경이로움과 감탄을 자아낸다. 캔자스 시티에서 세계 제일의 바비큐를 즐기고, 영화 「파고」와 「오즈의 마법사」가 탄생한 현장을 찾아 흥미로운 시간을 만끽할 수도 있다. 협곡과 황무지, 숲과 초목 지대, 거친 바위산까지 다양한 모습의 자연미가 가는 곳마다 다르게 펼쳐지는 그레이트 플레인스 여행은 목적지보다는 길 위에서 만나는 그 모든 것에서 이곳의 진짜 얼굴을 만나는 일이다.

Inside Great Plains

사우스 다코타 수 폴스 / 피어 / 래피드시티 / 리드 & 데드우드 / ▲블랙힐스 국유림 /
▲마운트 러시모어 내셔널 메모리얼 / ▲커스터 주립공원 / 크레이지 호스 기념상 / ▲
윈드 케이브 국립공원 / ▲주얼 동굴 내셔널 모뉴먼트 / ▲배드랜즈 국립공원

노스 다코타 비스마크&만단 / 워시번 / 파고 / ▲시어도어 루스벨트 국립공원

미주리 세인트 루이스 / 캔자스시티

캔자스 위치토

SOUTH DAKOTA
사우스 다코타

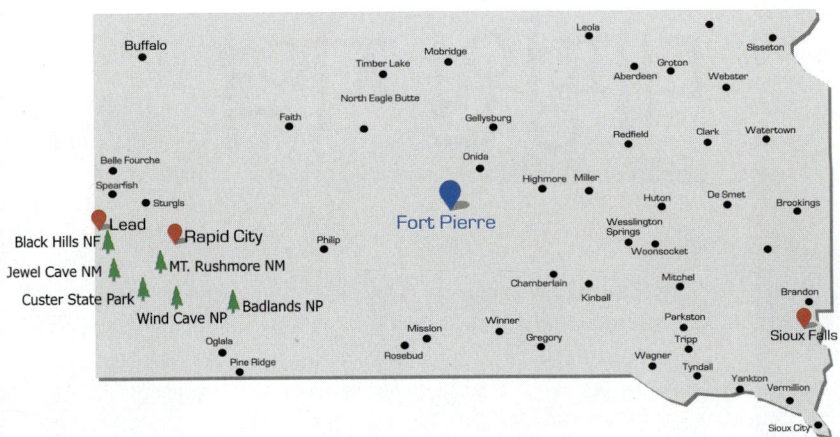

인디언 말로 '친구'를 의미하는 '다코타Dakota'라는 지명에서 드러나듯이 사우스 다코타는 조상으로부터 물려받은 땅을 지키려는 인디언 수Sioux족의 위대한 투쟁의 역사가 아로새겨진 곳이며, 아메리카 인디언과 서부 개척시대의 문화가 곳곳에 배어 있는 지역이다.

서쪽으로 와이오밍과 경계를 이루면서 광활한 산악 지대가 펼쳐지는 블랙힐스Black Hills와 래피드 시티Rapid City 주변에 명소가 많아 대평원 지대에서 가장 많은 관광객들이 찾는 관광 산업의 중심지이기도 하다.

미국의 탄생, 독립, 그리고 성장에 기여한 네 명의 대통령상, 이른바 '큰 바위 얼굴'이 새겨진 마운트 러시모어 내셔널 메모리얼Mount Rushmore National Memorial, 세계에서 가장 큰 기념비가 서 있는 크레이지 호스 메모리얼Crazy Horse Memorial, 동굴 벽을 따라 네일 같은 칼사이트가 보석처럼 매달려 있는 쥬얼 동굴 준국립공원Jewel Cave National Monument, 미국에서 가장 많은 들소 떼를 볼 수 있는 커스터 주립공원Custer State Park, 끝을 모르는 거대한 동굴이 거듭 이어지는 윈드 케이브 국립공원Wind Cave National Park, 험준한 산과 협곡으로 이루어진 배드랜즈 국립공원Badlands National Park 등 드넓은 평원 지대를 따라 경이로운 장관을 연출하는 자연의 피조물들이 가득하다.

주도 피어
별칭 Sunshine State, Mt. Rushmore State
명물 러시모어 산, TV 시리즈 「초원의 집」, 수족 인디언
사우스 다코타 주 관광청 605-773-3301, 800-732-5682, www.travelsd.com

Sioux Falls
수 폴스 1

인디언 수족의 이름에서 따온 사우스 다코타 최대 도시로서 지역 경제의 중심지다. '수 폴스Sioux Falls' 라는 이름
에는 인디언 수Sioux족의 항쟁의 자취가 남아 있다.

빅 수 강Big Soux River을 볼 수 있는 폴스 공원Falls Park(900 North Phillips Avenue, Sioux Falls, 605-367-
7430)에 전망대가 마련되어 있고, 올드 코트하우스 박물관Old Courthouse Museum(200 West 6th St, Sioux
Falls, 605-367-4210, www.siouxlandmuseums.com)에서는 인디언에 관한 자료들을 전시하고 있다. 인근 드
스멧De Smet을 찾으면 유명한 TV 시리즈 「초원의 집Little House on the Prairie」의 주인공 로라 잉걸스 와일더
가 살던 집인 와일더의 집Wilder homes(105 Olivet Avenue, De Smet, 605-854-3383, www.liwms.com)을 만
날 수 있다.

수 폴스 관광국

200 N. Phillips Ave, Suite #102, Sioux Falls, 605-336-1620, www.siouxfallscvb.com

2 Pierre 피어

사우스 다코타의 한가운데 위치하고 있는 주도 피어는 사라져 가는 옛 인디언 문화가 잘 보존되어 있는 도시다. 피어 북쪽 지역은 영화 「늑대와 춤을Dances with Wolves」 촬영 장소로 유명하다. 정교한 타일과 스테인드 글래스 장식이 멋스러운 주 의사당State of Capitol, 사우스 다코타 문화전통센터South Dakota Cultural Heritage Center(900 Governors Drive, Pierre, 605-773-3458)는 초기 수족 원주민과 유럽 개척민들의 문화 유산을 보존하고 있는 장소다. 팜 아일랜드에서 미주리 강을 가로지르는 곳에 위치한 포트 설리Fort Sully에는 옛 군 전초기지가 있다.

피어 관광국
800 West Dakota Avenue Pierre, SD 57501, 605-224-7361, www.pierre.org

3 Rapid City 래피드 시티

대평원 지대에서 블랙 힐스 산지로 들어가는 관문으로 사우스 다코타의 주요 관광지 중의 하나다. 행로 박물관 Journey Museum에서 블랙 힐스의 25억 년에 이르는 오랜 역사의 흔적을 알아볼 수 있으며, 주변에 인디언 보호구역과 인디언을 위한 문화 시설이 많다.

래피드 시티 관광국
www.visitrapidcity.com

시팅 불 크리스탈 동굴
Sitting Bull Crystal Caverns
255Texas Street, G-321, Rapid City
605-342-8129
래피드 시티 남쪽 10마일 지점에 위치한 동굴로서, 북미 대륙에서 가장 뛰어난 수정동굴로 이름난 곳이다.

지질 박물관 Museum of Geology
501 E Saint Joseph St, Rapid City
6~8월 월~금 9~17, 토 9~18, 일 12~17
9~5월 월~금 9~16, 토 10~16, 무료 입장
605-394-2467, www.museum.sdsmt.edu
래피드 시티 시내에 있는 지질 박물관에는 배드랜즈에서 출토된 다양한 화석들이 진열되어 있어 어린이들의 학습에 유익하다.

Lead & Deadwood
리드 & 데드우드 4

1874년에 금이 발견되면서 붐타운이 형성된 곳이다. 리드에는 지금도 계속 금을 채굴하는 홈스테이크 광산Home-stake Mine(160 West Main St, Lead, 성인 $7, 학생 $6.5, 605-584-3110, www.homestakevisitorcenter.com)이 가장 큰 금광으로 알려져 있다. 메인 스트리트에는 금광시대의 건축물들이 다수 복원되어 있고, 지금은 도박 산업으로 활발한 관광지의 모습을 보이고 있다. 5~9월까지 금광 투어를 할 수 있다. 캘리포니아의 유명 저택 허스트캐슬의 선조가 이 광산에 투자해서 돈을 벌었다고 한다.

힐 시티 & 키스톤 Hill City & Keystone

마운트 러시모어 서쪽에 있는 힐 시티Hill City부터 키스톤Key-stone 사이에는 1880년대의 기차가 당시의 선로 위에 운행되고 있다. 주로 6월부터 8월 말까지 여름철에 운행되지만 4월부터 10월 말까지는 손님 수에 따라 운행된다.(605-574-2222, www.1880train.com) TV 시리즈 「건 스모크Gunsmoke」가 여기서 촬영됐는데, 그 당시의 차량과 기구를 그대로 사용하고 있어 역사적으로도 흥미롭다.

블랙 힐스 국유림
Black Hills National Forest

신성한 인디언의 검은 성지

북미대륙 대초원 한가운데에 우뚝 서 있는 블랙 힐스 국유림Black Hills National Forest 일대를 수족 인디언들은 '검은 언덕' 이라고 불렀다. 와이오밍 주 동북부 코너에서 사우스 다코타 주 서남부까지 폰데로사 소나무로 뒤덮인 산악 지대는 어디에서 보나 검게 보였기 때문에 19세기 후반, 이곳을 찾은 백인들도 '블랙 힐스' 라는 이름을 따라 불렀다.

높은 산봉우리, 계곡을 흐르는 맑은 물, 울창한 숲과 뛰노는 야생 동물들, 그리고 신비로울 정도로 아름다운 사계절의 변화에 인디언들은 블랙 힐스를 신성한 곳으로 그들의 목숨보다도 귀중하게 지켜왔다.

피의 전쟁이 휩쓸고 간 자리

19세기 후반 서부로 진출하는 백인들과 자신들의 영토를 지키려는 인디언 간의 싸움 끝에 1868년 백인들은 인디언과 조약을 맺고 서부로 가는 백인들의 안전을 보장하는 대신 블랙 힐스를 완전히 인디언 지역으로 인정하고 절대로 침범하지 않을 것을 약속했다.

그러나 1874년 이곳을 지나가던 조지 커스터George Custer 장군 일행에 의해 블랙 힐스에서 금이 발견되자 일확천금을 꿈꾸는 백인들이 인디언들과의 조약을 무시하고 대거 몰려들었다. 인디언과의 분쟁이 다시 일어나고 여러 곳에서 피비린내 나는 교전이 재연됐다. 수족 인디언 추장 크레이지 호스Crazy Horse가 이끄는 부대에 의해 막강한 힘을 자랑하던 커스터 장군 부대는 결국 와이오밍 주 중북부의 리틀 빅혼Little Bighorn에서 전멸했다.

위로하듯 주어진 자연의 선물들

블랙 힐스 주변(www.blackhillsbadlands.com)에는 윈드 케이브Wind Cave, 배드랜즈Badlands 등 두 개의 국립공원과 데블스 타워Devils Tower, 주얼 케이브Jewel Cave 및 마운트 러시모어Mt. Rushmore 등 세 개의 명승지가 있다. 또 높고 아름다운 산봉우리와 호수 등으로 유명한 커스터 주립공원Custer State Park, 금의 명산지 리드Lead 그리고 온천장으로 유명한 핫스프링스Hot Springs 등 많은 명소가 있다. 블랙 힐스에는 매년 400만 명에 가까운 관광객들이 방문, 여름 한철에는 일대 성황을 이룬다.

관광 정보

1019 N. 5th St, Custer, 무료 입장
605-673-9200, www.fs.usda.gov/blackhills

거대 조각상으로 주권을 새기다 Mt. Rushmore National Memorial

마운트 러시모어

마운트 러시모어 내셔널 메모리얼
Mt. Rushmore National Memorial

상상을 뛰어넘은 블랙 힐스의 상징

블랙 힐스의 봉우리 중 하나인 마운트 러시모어Mt. Rush-
more에는 자연의 웅장함과 인간의 집념이 결합된 미국 역
사의 한 페이지가 상징적으로 세워졌다.
미국의 초대 대통령으로 위대한 민주국가 탄생을 위하여
헌신한 조지 워싱턴, 독립선언문을 기안했고 루이지애나
지역을 구입해 국토를 넓힌 토머스 제퍼슨, 남북전쟁 당
시 북군의 승리로 미연방을 살렸고 흑인 노예제를 혁파한
에이브러햄 링컨, 그리고 서부의 자연보호에 공헌이 컸고
파나마 운하 구축 등 미국의 지위를 세계적으로 올려 놓
은 시어도어 루스벨트 대통령의 초상이 산정의 거대한 바
위에 새겨져 있다.

아버지와 아들이 대를 이어 완성한 대역사

얼굴 하나의 크기만해도 60피트나 되는 조각 네 개를 절
벽 꼭대기에서 만드는 것은 인간 능력의 한계를 넘는 작
업이다. 1923년 사우스 다코타의 역사학자 로빈슨은 블랙
힐스의 니들스 연봉 바위에 서부 개척에 공로가 많은 몇
몇 인물들의 초상을 조각할 것을 착안하고 지역 유지들
을 설득하며 아이다호 출신의 조각가 굿천 보글럼Gutzon
Borglum을 초빙했다.
500피트 높이의 절벽 바위산에 작업 도구를 운반하기 위
해 키스톤 마을의 남녀노소가 모두 나서서 산밑까지 원시
적인 도로를 만들었고, 760개의 가파른 수직 계단을 완
성했다.
1927년 부지 선정 이래 14년간의 고된 작업이 이어졌으며,
1941년 3월 보글럼이 사망하고 그의 아들 링컨 보글럼이
감독하여 10월에 완공되었으나 궁극적으로는 보글럼의
원래 계획대로 완성을 보지 못하고 조각이 마무리됐다.
원래 계획에는 링컨 머리 뒤에 거대한 기록실을 만들고 그
넓은 벽면에 독립 선언문을 비롯해서 미국 역사의 중요한

사항을 새겨 넣기로 했으며, 바위 정상에 올라갈 수 있는 계단까지 설계했었지만 아쉬움을 남긴 채 마무리되어 관광객들이 정상에 오를 수 없게 되었다.

방문객안내소 바로 밑에는 공사 때 보글럼이 사용한 스튜디오가 있어 당시의 석고 모형과 각종 도구들이 진열되었고 3마일 떨어진 키스톤에는 러시모어 보글럼 스토리Rushmore-Borglum Story가 있어 제작 당시의 역사적인 자료를 볼 수 있다.

캠핑 & 숙소

마운트 러시모어는 연중 오픈하며, 공원에는 캠핑장이 없지만 블랙 힐스 일대에 캠핑장이 많다. 비지터 센터 근처에는 식당과 매점이 있으며, 숙소로는 래피드 시티를 비롯해서 근처의 키스톤 및 커스터 등지에 모텔이 많다.

매머드 사이트 Mammoth Site

605-745-6017

블랙 힐스 남쪽 핫 스프링스 시에 있는 매머드 사이트는 세계에서 가장 희귀한 화석을 볼 수 있는 곳이다. 매머드와 빙하기 무렵의 동물 화석들이 전시되고 있는 이곳에서는 2700년 전 땅속으로 사라진 수백 마리의 동물 화석을 찾기 위해 지금도 고고학자들이 발굴을 계속하고 있다. 러시모어 산으로부터는 약 55마일, 커스터에서는 27마일 거리에 있으며, 가이드가 동행하는 투어도 마련되어 있다.

관광 정보

13000 Hwy. 244, Building 31, Suite 1, Keystone
무료 입장, 주차비 $10
605-574-2523, www.nps.gov/moru

커스터 주립공원
Custer State Park

하늘을 찌를 듯 솟은 돌기둥의 군무

전체 넓이가 130만 에이커에 달하는 블랙 힐스 지역에서 가장 아름답고 변화가 많은 곳이다. 블랙 힐스의 가장 높은 봉우리 하니 피크Harney Peak는 해발 7,242피트밖에 안 되지만 로키 산맥 동쪽으로는 미국 최고봉이며, 지질학적으로 27억 년 전에 형성된 무척 오래된 화강암이다.

7만3천 에이커의 넓이를 가진 커스터 공원 북쪽입구에서 Hwy. 87번을 따라 내려가는 니들스 하이웨이는 길이가 불과 14마일이지만 굴곡이 심한 길 양쪽에 하늘을 찌르듯이 치솟은 돌기둥 같은 바위들, 푸른 숲과 야생화로 장식된 아름다운 호수, 협소한 계곡의 절벽 사이를 뚫고 나가는 터널 등 블랙 힐스 전체에서 가장 인기 높은 관광 코스다. 다만 겨울철 눈이 많이 내리면 차량 통행이 금지되고, 협소한 터널 때문에 대형 캠핑카는 통행이 제한된다.

하니 피크 Harney Peak

실반 호수에서 산길을 따라가면 최고봉인 하니 피크로 오르는 하이킹 코스가 나온다. 왕복 4시간이지만 정상

에서 맛보는 뿌듯함은 대단하다. 실반 호수로부터 27번 하이웨이를 따라 길 양쪽에 우뚝 솟은 거대한 뾰족탑들이 있는데, 탑 끝부분에 타원형의 구멍이 있어서 니들스 아이Needles Eye라고 이름 붙은 바늘 같은 첨탑을 비롯해 굴뚝 모양, 밀집모자 모양 등의 다양한 뾰족탑들이 모여 니들스 하이웨이Needles Hwy를 이룬다.

성당 첨탑 Cathedral Spires

첨탑들의 중간을 뚫고 나가 아주 좁은 두 번째 터널을 빠져나가면 내리막 길에 블랙 힐스에서 가장 멋있는 곳으로 알려진 성당 첨탑Cathedral Spires의 연봉이 나타난다. 높고 낮은 것을 다 합치면 100개가 넘는다.

비지터 센터

서북쪽 Hwy. 87번과 16A 하이웨이 교차점에서 왼쪽으로 돌려 얼마 안 가면 안내소가 있다. 근처에는 쿨리지 대통령 시절 여름 백악관Summer White House이 있고, 동쪽에 야생 동물과 수목들을 볼 수 있는 야생 루프 Wildife Loop 도로가 공원 안 깊숙이 뻗어 있다.

실반 호수 Sylvan Lake

공원 입구 아름다운 산봉우리들이 즐비한 좁다란 터널을 통과한 뒤 길가에 차를 세우고 바위에 올라서면 멀리 블랙 힐스의 최고봉인 하니 피크가 보이고, 바로 눈앞에 바위와 숲과 야생화로 둘러싸인 푸르고 맑은 실반 호수Sylvan Lake가 있다. 낚시와 보트타기를 즐기며 캠핑도 할 수 있다.

관광 정보

13329 H 16A, Custer
605-255-4464, www.custerstatepark.info
캠핑 예약 800-710-2267, www.campsd.com

크레이지 호스 기념상
Crazy Horse Memorial

1874년 금 발견으로 교통 요지가 된 커스터Custer 5마일 북쪽에는 크레이지 호스 기념상이 있다. 크레이지 호스는 리틀 빅혼에서 막강 커스터 장군의 부대를 전멸시킨 수족의 추장으로 모든 인디 언들의 지도자로 존경 받았는데 1877년 휴전 중 백인 군인에 의해 암살됐다.

수족의 지도자였던 스탠딩 베어는 러시모어 마운틴에 미국 대통령의 거대한 조각상이 만들어지는 것을 보면서 러시모어를 조각한 보글럼의 조수 지올코브스키에게 편지를 보냈다. 그는 자신들에 게도 크레이지 호스라는 위대한 지도자가 있으며, 그의 조각을 만들어달라는 간곡한 부탁이었다. 이에 지올코브스키는 사재를 털어 작업을 시작했다.

Scale Model of Crazy Horse 1/34th Size of Mountain Carving

60년 넘게 진행되고 있는 대역사

조각이 시작된 것은 1947년부터다. 말을 타고 달리는 모습의 조각 높이는 563피트, 길이는 641피트로 완성되면 명실공히 세계 최대의 조각물이 될 것이다. 크레이지 호스가 뻗친 팔의 길이만 263피트, 말의 얼굴 크기만도 22층 높이의 빌딩 크기다. 조각에 착수한 초기에 지올코브스키는 사망하고, 그의 뜻을 받들어서 부인 루트와 여섯 아들들이 고생스러운 작업을 계속하고 있는데 작업 현장의 산밑에 조각 모형이 전시돼 있고, 인디언 박물관 및 작업 스튜디오 등이 일반에 공개되고 있다.

이들의 뜻에 동참하는 손길들이 모아져 크레이지 호스 기념재단이 만들어졌고, 미국 전역으로부터 수만 명의 후원자가 생겨 정부의 도움 없이 역사가 계속되고 있다.

아직도 수십 년이 더 소요될 것으로 예상되지만, 완성될 경우 그 높이가 자유의 여신상의 두 배에 이르는 인디언 역사의 원대한 꿈이 될 것이다.

Broken Boot Mine

605-578-1876

www.brokenbootgoldmine.com

20세기 초까지 중노동을 감내했던 중국계 광부들의 모습과 유품들이 당시 만든 터널 안에 진열돼 있다. 20분 안팎의 짧은 관광 코스지만 그들의 생전 모습과 이 고장에 끼친 영향을 엿볼 수 있다.

관광 정보

12151 Avenue of the Chiefs

www.crazyhorsememorial.org/monumen

윈드 케이브 국립공원
Wind Cave National Park

블랙홀을 담고 있는 신비의 동굴

끝없는 대초원 한가운데 우뚝 솟은 블랙 힐스 지역 남단, 들소가 풀을 뜯고 토끼가 뛰노는 평화로운 초원에서 신기한 동굴이 발견되었다. 1903년 미국의 일곱 번째 국립공원으로 지정된 윈드 케이브Wind Cave 동굴은 바람 소리로 인해 발견되어 이름 붙여졌다.

1887년 당시 핫 스프링스에서 발행된 신문 기사에 의하면, 3마일이나 내부 탐사를 했는데도 끝을 발견하지 못했으며, 지옥의 입구 같은 구멍에서 나오는 바람은 강한 질풍보다도 세찼다고 적고 있다. 원시적이나마 윈드 케이브 동굴 탐사가 시작된 것은 동굴이 발견된 지 10년이 지난 1890년대 초, 20세 안팎의 맥도날드McDonald 형제에 의해서였다.

1시간에서 4시간까지 5가지 코스가 마련된 동굴 투어는 100여년 전에 처음 발견된 바위 틈새 근처의 동굴 입구에서 출발하며, 마치 블랙홀과도 같은 수백 피트 지하 동굴 속 완전한 정적의 암흑을 체험할 수 있다. 거미줄처럼 복잡한 동굴 내부는 아직도 확인되지 않은 곳이 많아 탐사가 끝나면 세계 최장의 동굴이 될 것이라고 알려진다.

캠핑, 숙소

엘크 마운틴Elk Mountain에 시설 좋은 캠핑장이 있으며 선착순이다. 식수, 취사용 나무, 불을 피울 수 있는 곳, 화장실 등이 완비되어 이용객이 많다. 북쪽에도 캠핑 시설이 충분하다.

관광 정보

26611 U.S. Highway 385, Hot Springs
동굴 관광 17세 이상 $5~12, 16세 이하 $3.5~4.5,
예약 필수, 605-745-4600, www.nps.gov/wica

주얼 동굴 내셔널 모뉴먼트
Jewel Cave National Monument

자연이 선물한 보석 궁전

블랙 힐스에서 가장 멋진 동굴로 커스터에서 13마일 서쪽 지점에 있다. 146마일에 이르는 대규모의 주얼 동굴로서 미국에서는 두 번째, 세계적으로는 세 번째로 긴 동굴이다. 이 길이도 현재까지 발견되어 지도로 만들어진 것일 뿐 계속해서 새로운 동굴을 발견해 나가는 중이라고 한다. 좁은 통로를 따라 여러 개의 작은 동굴이 연이어진 구조로서 벽면에 수정과도 같은 칼사이트가 못처럼 박혀 있어 보석 동굴이라는 이름이 붙여지게 되었다. 동굴 탐사는 엘리베이터를 타고 내려가서 안내원과 함께 둘러보는 1시간 20분의 시닉 투어Scenic Tour, 여름철 랜턴을 들고 반 마일 정도를 걸어서 탐험하는 랜턴 투어Lantern Tour, 동굴 벽을 기어오르거나 미끄러져 내려오는 등 모험심과 체력이 요구되는 투어로 좁은 구멍을 포복하여 빠져나올 수 있는 사람만 참여할 수 있는 3∼4시간 짜리 와일드 케이빙 투어Wild Caving Tour가 대표적이다. 특히 이 투어는 나이 제한이 있으며 16∼17세 자녀는 부모의 동의를 얻어야 가능하다.

관광 정보 605–673–8300, www.nps.gov/jeca

배드랜즈 국립공원
Badlands National Park

세계 최고의 대 목초지를 품은 곳

세계 최고의 대 목초지를 보존하고 있는 배드랜즈Bad-
lands 국립공원은 끝없는 평원 속에 풀, 나무, 강물도 없
는 흙과 바위로만 된 언덕과 계곡의 황무지가 이어지는 곳
이지만 배드랜즈를 둘러싼 월즈Walls에서 바라보게 되면
다채로운 산과 계곡의 풍경이 너무나도 아름답다.

수천년 전부터 살아온 수Sioux 부족 인디언들이 이곳을
마코시카Mako Sica 즉 Badlands라고 이름 지었으며, 서
부 개척 당시 사용한 오리건 트레일Oregon Trail이 근처
를 지나가고 인디언과 치열한 접전을 벌였던 유명한 전쟁
터들이 여기저기 쓸쓸한 모습으로 남아 있다. SF 영화「스
타십 트루퍼스」의 전투 장면이 촬영된 곳이기도 하다.

황량한 환상의 세계

국립공원의 도로는 침식되고 있는 절벽 위에 자리하고 있어 그랜드 캐년처럼 전망대에서 계곡을 내려다보게 돼 있다. 계곡에는 드문드문 잡초가 살고 있을 뿐 코끼리 등을 연상시키는 특이한 색깔의 언덕과 절벽이 지평선 끝까지 계속된다. 그중에는 중세기의 성곽, 교회의 첨탑, 고대 이집트의 피라미드 같은 형태로부터 인간의 상상을 초월한 여러 가지 모양이 널려 있어 황량한 환상의 세계를 연출한다.

이곳은 땅속에 무수한 고대 동물들의 화석이 있어서 지질학자들의 관심을 끌고 있다. 발견된 화석들은 8천만 년 전후의 고대 해양 동물에서부터 2천만 년 전까지 많은 고대 동물들이 살고 있었다는 것을 입증하며, 대부분이 멸종된 희귀 동물들이어서 지질학적인 가치를 더해 준다.

공원에서는 위험하므로 절대 절벽 끝자리에 가지 않도록 하고, 하이킹을 할 경우에는 충분한 음료수를 지참해야 하며, 뱀 종류에 조심하고 들소에 너무 접근하지 않도록 한다.

관광 정보

입장료 차 1대당 $15
605-433-5361, www.nps.gov/bad

NORTH DAKOTA
노스 다코타

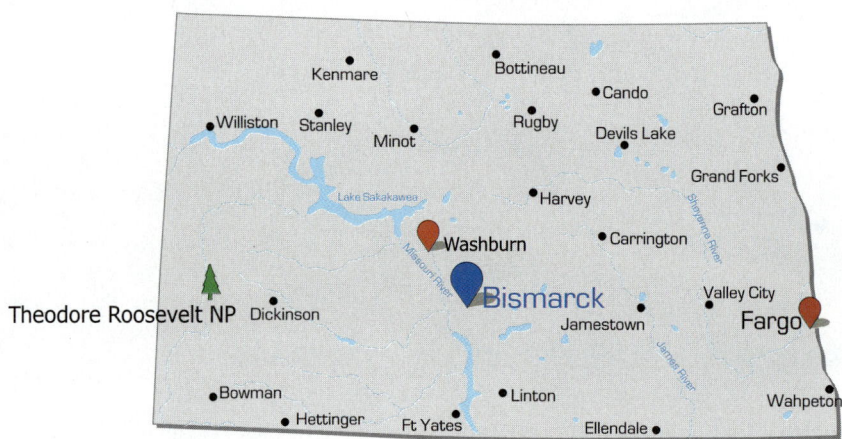

대평원 지대는 끝없이 펼쳐진 '평지' 그 자체가 볼거리다. 노스 다코타 주를 동서로 가로지르는 I-94와 Hwy. 2를 이용하면 노스 다코타 주의 거의 모든 곳을 다 둘러볼 수 있다. 대표 관광지인 시오도어 루스벨트 국립공원Theodore Roosevelt National Park을 비롯하여 주도인 비스마크Bismarck, 가장 큰 도시인 파고Fargo 등의 주요 도시들이 모두 I-94번 선상에 위치하고 있기 때문이다. 특히 몬태나와 서쪽으로 경계를 이루는 메도라Medora 근방 루스벨트 국립공원은 미국의 제26대 대통령 루스벨트가 대통령이 되기 전 노스 다코타 주에서 보낸 시간들이 없었더라면 결코 대통령이 되지 못했을 것이라고 고백한 노스 다코타 주의 명소다.

노스 다코타라는 지명은 자연스레 사우스 다코타를 떠올리게 하지만 노스 다코타 주는 동쪽에 인접한 미네소타 주와 더 비슷한 짝이다. 예컨대 코엔 형제 감독이 그들 특유의 엽기성을 담담하게 표출해낸 영화 「파고Fargo」는 노스 다코타 주의 파고Fargo가 배경이지만 촬영은 미네소타 주에서 이뤄졌을 정도다. 'Peace Garden State'라는 별칭은 북쪽 캐나다의 매니토바Manitoba와의 경계 부근에 국제평화공원International Peace Garden이 조성되면서 1957년부터 공식 별칭으로 채택됐다.

주도 비스마크
별칭 Peace Garden State
명물 테디 루스벨트, 영화 「파고」
노스 다코타 주 관광청 701-328-2525, 800-435-5663, www.ndtourism.com

곡물과 가축 유통의 요지 Bismarck & Mandan

비스마크 & 만단

미주리 강Missouri River을 따라 동쪽으로 펼쳐진 철도의 도시이자 항구 도시인 비스마크는 노스 다코타의 주도로
서 유럽 투자자와 이민자에게 호감을 주기 위해 독일의 유명한 재상 오토 폰 비스마르크의 이름에서 따왔다. 역사
박물관과 문화 시설이 다양하게 갖춰져 있고, 미주리 강 건너편의 만단 시와 함께 볼거리가 많다.

비스마크, 만단 관광국
800-767-3555, 701-222-4308, www.discoverbismarckmandan.com

주의회 의사당 State Capitol

600 East Blvd. Ave, Bismarck
701-328-7088, 877-328-7088
www.ndsecurities.com
아르데코 양식의 19층 주청사 건물은 평지 가
운데 홀로 우뚝 서 있어 '평원의 마천루Sky-
scraper of the Prairie' 로 불리곤 하는데 18층
의 전망대에 오르면 시내 전경이 내려다보인
다.

노스 다코타 전통 센터

North Dakota Heritage Center
612 East Blvd Ave, Bismarck
월~금 8~17, 토 · 일 10~17
701-328-2666, www.history.nd.gov
주청사 건물을 따라 이어지는 노스 다코타 주
최대 박물관으로 각종 역사 자료 및 인디언 유
적이 전시돼 있다. 입구에서 아기를 등에 업고
있는 사카카웨아상Statue of Sakakawea 청동
상을 제일 먼저 볼 수 있다. 루이스와 클락의 서
부대탐험Lewis and Clark Expedition 당시 통
역을 제공했던 쇼손Shoshone 인디언 부족의
여성으로 서부 개척의 길을 안내했음을 상징하
는 의미로 서쪽을 향해 서 있다.

포트 에이브러햄 링컨 주립공원 Fort Abraham Lincoln State Park

4480 Fort Lincoln Rd, Mandan
성인 $6, 학생 $4, 701-667-6340
www.fortlincoln.com

옛 조지 커스터George Custer 중령이 이끌던 보병대 및 기병대의 주둔지였던 곳으로 비스마크 도심에서 남쪽으로 7마일 가량 떨어진 만단Mandan에 위치하고 있다. Hwy. 1806으로 내려가면 하트 강Heart River과 미주리 강Missouri River의 합류 지점에 있다. 인디언 부족이 살았던 온어슬랜트 인디언 마을On-A-Slant Indian Village이 가장 볼만하며 당시 모양 그대로 오두막집을 지어 놓았다.

서부 개척 역사의 교과서 Washburn

워시번 **2**

노스 다코타에서 가장 오래된 도시이며 강변 도시인 워시번Washburn에서는 수목이 빽빽하게 들어선 저지대, 우뚝 솟은 산들, 그리고 미주리 강둑으로부터 펼쳐지는 초원을 만날 수 있다. 개척시대의 중요한 교역지였던 이 마을은 수많은 역사가 가득한 곳이다. 당시 북적거리던 강변 마을의 모습을 짐작케 해주는 유일한 것은 교각 근처 강변 연안에 전시된 나룻배다.

워시번 관광국 701-462-8530, www.washburnnd.com

노스 다코타 루이스 & 클라크 센터

North Dakota Lewis & Clark Interpretive Center

2576 8th Street Southwest, Washburn
월~토 9~17, 일 12~17, 성인 $7.5, 학생 $5
701-462-8535, www.fortmandan.com

서부 대장정에 올랐던 루이스와 클락 탐험대에 얽힌 사연을 전해 들을 수 있는 곳으로, 비스마크에서 북쪽 38마일 떨어진 워시번Washburn에 있다. 2.5마일 서쪽에는 미주리 강둑 위에 30에이커의 요새를 재현해 놓은 포트 만단Fort Mandan이 있는데, 루이스와 클락이 만단족과 함께 겨울을 났던 곳으로 알려져 있다.

기병대 막사

1804~1805년 당시 포트 만단 루이스&클라크Fort Mandan Lewis & Clark의 막사가 만단 파크Mandan Park 요새 서쪽에 원형 크기로 복원됐다. 원래 포트만단이 위치했던 지역은 미주리 강에 씻겨 내려갔다. 안내소와 자연 산책로, 소풍 및 캠핑 설비가 마련되어 있다.

나이프 강 인디언 마을

Knife River Indian Villages National Historic Site

564 County Rd. 37, Stanton, 무료 입장
701-745-3300, www.nps.gov/knri

비스마크 북쪽 1시간 거리 스탠턴Stanton에 있는 인디언 마을로 1804년 사카카웨아Sakakawea가 루이스와 클락 일행을 만나 탐험길에 동행하기 시작한 곳이다. 비지터 센터에서 비디오를 감상할 수 있다.

파이오니어 뮤지엄 Pioneer Museum

100 Second St. SW Watford City
월~토 10~20, 일 13~17, 701-444-5804

노스 다코타 북서쪽 맥킨지 카운티의 와트포드 시Watford City에 있는 박물관으로, 개척자들의 일상을 엿볼 수 있는 전시물이 많다. 당시 농장의 부엌, 상점, 학교 교실, 마굿간, 오래된 술병, 유리 제품, 손으로 짠 결혼 예복, 의류 등이 전시되어 있다.

포트 버포드 주립 역사 지구 Fort Buford State Historic Site

15349 39th Lane NW Williston,
701-572-9034, www.history.nd.gov
1866년에 세워진 건물로 인디언 수Sioux족과의 전쟁 당시 교두보였
으며, 1881년에 추장 시팅 불Sitting Bull이 항복한 장소다. 박물관으
로 사용되고 있는 탄약고와 야전 장교 막사가 원래 모습으로 보존
되어 있다.

Fargo
파고 3

노스 다코타에서 가장 큰 도시로서 그 이름은 영화 「파고」로 인해 더 많이 알려졌다. 지리적으로는 미네소타 주의 무어헤드Moorhead와 자매 도시를 이루고 있으며 맑고 깨끗한 공기와 범죄, 실업률이 극히 낮은 도시 환경으로 인해 미국에서 스트레스 없이 살 수 있는 도시로 손꼽히는 곳이다. 도시의 이름은 웰스 파고 익스프레스Wells Fargo Express 사의 경영인이었던 윌리엄 파고의 이름에서 유래되었다고 한다.

파고 관광국
2001 44th Street South, Fargo, 701-282-3653, 701-282-4366, www.fargomoorhead.org

명예의 거리 Celebrity Walk Of Fame
2001 44th St S Fargo, 701-282-3653
100명 이상의 유명 인사들의 사인과 핸드.풋 프린트가 새겨진 곳으로 닐 다이아몬드, 키스, 데비 레이놀즈 등 음악, 정치, 스포츠계의 유명인들이 망라되어 있다. 조지 부시 대통령의 자취를 볼 수도 있다.

파고 극장 Fargo Theatre
314 Broadway, Fargo
701-239-8385, www.fargotheatre.org
다운타운에 있는 유서 깊은 영화 극장. 1926년에 지어진 아르데코풍의 건물로 독립 영화와 외국 영화를 상영한다. 1990년에 복원, 지역 문화의 중심지로 자리매김하여 콘서트, 연극, 라이브 이벤트 등도 함께 마련된다.

시어도어 루스벨트 국립공원
Theodore Roosevelt National Park

국립공원 대통령, 루스벨트를 만들어 낸 곳

미국의 26대 대통령(1901~1909)인 시어도어 루스벨트 Theodore Roosevelt의 극진한 노력으로 탄생한 최고의 명승지다. 총면적 7만416에이커의 공원은 메도라 지역의 사우스 유닛South Unit, 와트포드 시Watford City 지역의 노스 유닛North Unit, 그리고 이 두 지역 사이에 있는 엘콘 랜치 사이트Elkhorn Ranch Site로 이뤄져 있다.

청년 루스벨트는 25세 때인 1883년, 아메리칸 들소를 사냥하러 이 황무지Bad Lands로 왔다가 목축 사업에 관심을 가져 남쪽 7마일 지점에 있는 말테스 크로스 랜치Maltese Cross Ranch의 경영권을 사들이고, 이듬해 메도라 북쪽에 엘콘 랜치를 설립했다. 루스벨트는 리틀 미주리 강Little Missouri River 목축업자협회 이사회 의장과 회장직을 거치며 다수의 기사를 쓰고 이곳 생활을 글로 남겼다.

1864년 이곳에 주둔했던 설리Alfred Sully 장군은 미개척지였던 이 지역을 '불이 꺼진 지옥'에 비유했지만 오늘날의 관광객들은 광활한 고원과 우뚝 솟은 산세가 만들어내는 아름다운 경관에 흠뻑 젖는다.

사우스 유닛 안내소

공원 입구 메도라에 있으며 루스벨트의 말테스 크로스 랜치 시절 오두막과 일용품을 전시한 박물관 관람과 지역 소개 영화를 감상할 수 있다.

노스 유닛 안내소

공원 북쪽 입구에 있으며 슬라이드 쇼와 공원의 식물, 동물, 지질에 관한 다양한 전시물을 구경할 수 있다.

페인티드 캐년 Painted Canyon 안내소

Fwy. 94번 Medora로부터 7마일 동쪽에 있으며 지역 소개 슬라이드 쇼와 전시물들을 감상할 수 있다.

관광 정보

입장료 차 1대당 $10
South Unit Visitor Center 701–623–4730
North Unit Visitor Center 701–842–2333
www.nps.gov/thro

빨간색 천연 벽돌

노스 유닛과 사우스 유닛의 중앙을 가로지르는 리틀미주리 강은 오랜 세월 침식을 통하여 지역 일대를 흑색, 적색, 갈색이 섞인 회색, 청색, 담황색 및 노란색으로 반짝이는 신비한 지형으로 바꿔 놓았다. 이 지역에는 또 두께 18피트에 이르는 수많은 갈탄층이 노출되어 있는데 수천 년 동안 천둥 번개와 산불에 의해 가열된 주변의 모래와 진흙을 구워서 스코리아Scoria라고 불리는 빨간색 천연 벽돌 재료를 만들었다. 침식에 저항력이 강한 스코리아는 공원 내 바위들의 아름다움을 돋보이게 한다.

공원은 얼음과 폭설로 11월부터 다음 해 4월까지 일부 도로가 폐쇄되지만 일년 내내 열려 있고, 캠핑 기간은 5월부터 10월까지다.

MISSOURI
미주리

서부를 향하는 사람들의 게이트 웨이로 이름 난 세인트 루이스가 있는 곳. 미시시피 강과 미주리 강이 교차하는 미주리 주는 대평원의 자연미와 도시적 현대미가 조화를 이루고 있는 곳이다. 대체로 의심이 많고 회의론자적인 미주리 사람들 때문에 'Show Me State' 라는 별칭이 붙었다. 하지만 그런 기질 내면에 흐르는 우울한 정서가 오히려 블루스라는 음악으로 승화되어 척 베리Chuck Berry, 티나 터너Tina Turner, 마일스 데이비스Miles Davis 같이 음악사에 길이 남는 유명 아티스트를 배출해 '블루스의 고향Home of the Blues'으로 명성이 높다.

미주리 주의 중앙에 위치한 주도 제퍼슨 시티Jefferson City를 중심으로 동쪽 끝에 세인트 루이스St. Louis가 일리노이 주와 경계를 이루고 있으며, 서쪽 끝 캔자스 시티Kansas City는 캔자스 주와 접하고 있다. 세인트 루이스에서 북쪽으로 105마일 정도 올라가면 「톰소여의 모험The Adventures of Tom Sawyer」으로 유명한 마크 트웨인Mark Twain의 고향 한니발Hannibal이 있고, 캔자스 시티 인근에는 미국의 제33대 대통령 트루먼Harry S. Truman의 고향인 인디펜던스Independence가 있다.

주도 제퍼슨 시티
별칭 Show Me State
명물 버드와이저, 아이스크림 콘, 마크 트웨인, TS 엘리엇, 블루스
미주리 주 관광청 573-751-4133, www.visitmo.com

세인트루이스 1

서부 개척의 길을 열었던 것을 기념하여 세워진 커다란 게이트웨이 아치The Gateway Arch로 유명한 세인트 루이스는 미주리 주 최대의 도시이며, 일명 '서부의 관문Gateway' 으로 칭해지는 곳이다. 미국 최대의 항공회사 맥도널 더글러스 본사와 세계 최대 맥주회사 안하우저 부시 사가 이곳에 있으며, 세인트 루이스 오케스트라를 비롯해 수준 높은 교육 문화 시설로 미국에서 가장 살기 좋은 도시 10위 안에 드는 곳이기도 하다. 지금은 인구가 줄어 그 세가 약해졌지만 여전히 블루스 전통 축제Blues Heritage Festival처럼 과거의 명성을 엿볼 수 있다.

관광 정보

세인트루이스 관광국
701 Convention Plaza Suite 300, St. Louis, 314-421-1023, www.explorestlouis.com

교통 정보

STL, Lambert-St. Louis International Airport
10701 Lambert International Blvd, St. Louis
314-426-8000, www.lambert-stlouis.com
앰트랙 Amtrak
430 S 15th St, St Louis, 314-331-3309, www.amtrak.com
그레이하운드 Greyhound
430 S 15th St, St Louis, 314-231-6044, www.greyhound.com

County courthouse

게이트웨이 아치
The Gateway Arch
11 North 4th St, St Louis
트램 16세 이상 $10, 3~15세 $5
877-982-1410, 314-655-1600
www.gatewayarch.com

세인트 루이스의 상징이기도 한 게이트웨이 아치는 대평원 지대의 에펠탑으로 불리는 630피트 높이의 아치로 세계적인 건축가 에로 사리넨Eero Saarinen에 의해 1965년에 완공됐다. 맥도날드 로고처럼 생긴 스테인레스스틸 재질의 이 아치를 완성하는데는 장장 16년이 걸렸다고 한다. 매 10분 단위로 운행하는 트램을 타고 전망대에 올라 미시시피 강을 따라 뻗어 있는 세인트 루이스의 다운타운을 내려다볼 수 있다.

제퍼슨 국립 기념관
Jefferson National Expansion Memorial
11 N. 4th St, St. Louis
매일 8~16:30, 트램 이용, 16세 이상 $10, 3~15세 $5
314-655-1700, www.nps.gov/jeff

미시시피 강을 향해 서 있는 커다란 게이트웨이 아치가 멀리서도 한눈에 들어오는 91에이커의 공원으로 도심에서 Market St.를 따라가다 보면 만나게 된다. 세인트 루이스를 찾는 관광객이 가장 먼저 들리는 곳이다.

서부 개척 박물관 Museum of Westward Expansion
게이트웨이 아치 아래 있는 박물관으로 대평원의 인디언 원주민, 루이스와 클라크 탐험대 등 서부 개척사를 보여주는 각종 역사 자료, 인디언 유적, 동물 화석 등을 전시한다. 맞은편에 있는 올드 코트 하우스Old Court House(무료)는 노예해방과 관련된 드레드 스콧Dred Scott의 재판이 열렸던 곳으로 게이트웨이 아치 서쪽 2블록 떨어진 곳에 있다. 지금은 서부 개척 당시 프랑스 및 스페인 지배 하에 있었던 세인트 루이스의 역사를 알려 주는 박물관이다.

세인트 루이스 동물원 St. Louis Zoo
1 Government Dr, St. Louis
6~8월 금~일 8~19, 월~목 8~17, 여름 이외 9~17
무료 입장, 특별 체험 예외
314-781-0900, 800-966-8877, www.stlzoo.org

800여 종에 이르는 야생 동물을 볼 수 있는 곳으로 온 가족 나들이에 그만이다.

포레스트 파크 Forest Park

6101 Government Dr, St Louis, 314-367-2224

1904년 만국박람회 당시 조성된 1,300에이커에 이르는 공원으로 다운타운 서쪽에 위
치하고 있다. 공원 내 세인트루이스 미술관St. Louis Art Museum(1 Fine Arts Dr, St.
Louis, 화~목, 토 · 일 10~17, 금 10~21, 월 휴무, 무료 입장, 314-721-0072, www.
slam.org)은 동서고금을 총망라하는 전 세계 3만여 점의 미술품을 소장하고 있다.

미주리 식물원
Missouri Botanical Garden

4344 Shaw Blvd, St. Louis
매일 9~5, 13세 이상 $8, 12세 이하 무료
314-577-5100, www.mobot.org
79에이커의 공간에 꽃과 관목들로 아름답게 가꾸어진 정원
과 식물원을 만날 수 있다.

안호이저 부시 양조장
Anheuser-Busch Brewery

1127 Pestalozzi St, St Louis
314-577-2626, www.budweisertours.com
독일계 이민자인 아돌프 부시Adolphus Busch에 의해 세
워진 세계 최대의 맥주공장으로 버드와이저Budweiser 맥
주가 생산되는 곳이다. 맥주 시음을 즐기면서 맥주의 제조
과정도 지켜볼 수 있다.

한니발 Hannibal

세인트 루이스 북쪽 105마일 지점에 위치한 이 도시는 「톰
소여의 모험」으로 유명한 마크 트웨인이 태어난 곳이다. 마
크 트웨인 생가 & 박물관Mark Twain Boyhood Home &
Museum이 마련되어 있고, 주변에는 톰소여가 칠을 하다
가 만 나무 울타리와 친구들과 함께 길을 잃었던 동굴도 있
어 소설 속의 실제 장면을 만나는 즐거운 체험을 할 수 있
다. 미시시피 강 위에서 마크 트웨인 리버보트Mark Twain
Riverboat를 타고 주말 저녁 크루즈에서 라이브 뮤직을 즐
기는 일도 멋지다.

콘 아이스크림의 고향
전 세계가 즐기는 아이스크림 콘은 1904년
세인트 루이스 세계 박람회에서 처음 만들
어졌다. 아이스크림 판매상들이 종이컵과
숟가락이 떨어지자 옆에서 팔고 있던 와플
을 둥글게 말아 여기에 아이스크림을 담아
주면서 아이스크림콘이 발명되었다고 한다.

캔자스 시티

캔자스 시티는 7개 카운티가 캔자스 주와 미주리 주에 걸쳐 있어 사실상 주 경계를 초월하는 지역이지만 행정 구역상으로는 미주리 주에 포함된다. 남북전쟁 이전에는 증기선들이 활발하게 오가는 서부 개척의 거점이었고, 수세기에 걸쳐 농산물 유통의 중심지로 군림한 '소의 도시Cow Town'였다. 이후 노예제도의 찬반 충돌로 유명한 '피의 캔자스Bleeding Kansas' 사건이 있었던 역사의 현장이기도 하다. 그러나 지금은 끝없이 이어진 옥수수밭과 밀밭이 지평선 너머로 이어지며 아침부터 점심까지 달려도 끝이 보이지 않는 물결치는 밀밭의 장관이 인상적인 아름다운 곳이다.

캔자스 시티 관광국
1100 Main St, Suite 2200 Kansas City, 816-221-5242, 800-767-7700, www.visitkc.com

아라비아 증기선 박물관  Arabia Steamboat Museum

400 Grand Blvd, Kansas City
월~토 10~17, 일 12~17 성인 $14.50, 4~12세 $5.50
816-471-4030, www.1856.com
1856년 난파되어 미주리 강Missouri River에 침몰했다가 132년 만에 발견된
아라비아Arabia호의 비극을 담고 있는 박물관. 배에 실려 있던 각종 유품들
속에 옛 서부 개척시대의 향수가 묻어 있다.

넬슨 앳킨스 미술관  The Nelson-Atkins Museum of Art

4525 Oak St, Kansas City
수 10~16, 목 · 금 10~21, 토 10~17, 일 12~17, 무료 입장
816-561-4000, www.nelson-atkins.org
회화, 조각, 공예 등 2만여 점에 이르는 다양한 예술 작품을 전시한다. 마치
살아있는 듯 운동감이 느껴지는 커다란 셔틀콕이 박물관 앞 잔디밭에 세워
져 있다. 특히 뛰어난 아시안 아트 컬렉션이 전시되어 있는 것으로 유명하며,
남쪽에 마련된 헨리무어 조각 정원Henry Moore Sculpture Garden이 좋은
볼거리다.

캔자스 시티 동물원 Kansas City Zoo

6800 Zoo Dr, Kansas City
주중 9:30~16, 주말 9:30~17
성인 $16.5, 어린이 $13.5
816-513-5700, www.kansascityzoo.org
긴팔원숭이와 코뿔소를 비롯해 1천여 종의 야생 동물을 볼 수 있는 캔자스
시립동물원은 Swope Park 내에 위치하고 있다.

월드 오브 펀 오션 오브 펀 Worlds of Fun Oceans of Fun

4545 Worlds of Fun Ave, Kansas City
48인치 이상 $41.99~55.99, 48인치 이하
$19.99~34.99
816-454-4545, www.worldsoffun.com
시내 중심가 북동쪽에 있는 가족 유원지로 5개국의 지역으로 구성된 테마파
크다. 롤러코스터를 비롯 어린이들이 좋아할 각종 놀이기구가 있고 인접한
곳에 수상 스키쇼 등을 즐길 수 있는 워터 테마파크인 오션 오브 펀이 있다.

홀마크 비지터 센터 Hallmark Visitor Center

2450 grand Blvd, Kansas City, 무료 입장
816-274-5672, www.hallmarkvisitorscenter.com
세계적인 그리팅 카드와 액세서리 전문 회사인 홀마크의 본사가 있어 방문
자 센터를 개방한다. 그리팅 카드의 역사를 한눈에 알 수 있는 전시물들이 흥
미로우며, 어린이들이 직접 카드를 만들어볼 수 있는 만화경Kaleidoscope
이라는 크리에이티브 아트 센터도 마련되어 있다.

KANSAS
캔자스

흑인에게 처음으로 참정권을 부여한 곳으로 잘 알려진 캔자스 주는 관광지로서보다는 소박한 시골의 한가로움을 누리면서 휴식을 취하기에 좋은 곳이다. 영화로 만들어져 한층 더 유명한 「오즈의 마법사The Wonderful Wizard of Oz」의 무대가 됐던 리버럴Liberal이 캔자스 주에 있다. 소설 속 주인공 도로시Dorothy가 미지의 세계로부터 그토록 돌아가고 싶어했던 고향, 캔자스 주는 바로 그런 고향과 같은 안식을 전해 주는 곳이다.

주도 토피카
별칭 Sunflower State
명물 「오즈의 마법사」 배우 아네트 베닝, 밀 금주법
캔자스 주 관광청 785-296-2009, www.travelks.com

위치토 1

빅 리버Big River와 리틀 아칸사스 리버Little Arkansas River가 합류하는 지점에 위치한 위치토는 1860년대까지만 해도 목축업이 주를 이루던 농촌 지역에 불과했다. 이후 1872년 철도가 이어지면서 사람들이 모여들고 밀과 원유 산업으로 발전을 거듭하여 현재는 캔자스 주를 대표하는 주요 도시로 성장했다. 1차 대전 때 비행기를 생산하기 시작하여 현재 보잉사, 비치Beech 사, 세스나Cessna 사 등 항공기 제작 회사들이 자리잡고 있다.

위치토 관광국
515 S. Main, Suite 115, Wichita, 316-265-2800, www.visitwichita.com

익스플로레이션 플레이스 Exploration Place
300 N. McLean Blvd, Wichita
일 · 월 12~17, 화~토 10~17
12세 이상 $9.50, 4~11세 $6
316-660-0600, www.exploration.org
100여 가지가 넘는 갖가지 과학 실험과 「오즈의 마법사」에서 도로시를 휘몰아 갔던 토네이도를 체험해 볼 수 있는 곳으로 아이들과 함께 가기에 좋다.

올드 카우타운 박물관 Old Cowtown Museum
1865 West Museum Blvd, Wichita
12~4월 화~토 10~16, 4~12월 수~토 9:30~16:30
18세 이상 $7.75, 12~17세 $6, 4~11세 $5.50

316-219-1871, www.old-cowtown.org
1860년대 위치토의 역사를 보여주는 민속 마을로 대장장이, 농장, 목장 등 옛 모습들과 함께 개척시대 총싸움 장면까지 재현해 놓은 재미있는 곳이다.

캔자스 항공 박물관 Kansas Aviation Museum
3350 S. George Washington Blvd, Wichita
성인 $8, 4~12세 $6
316-683-9242, www.kansasaviationmuseum.org
비행의 역사를 배울 수 있는 항공 박물관으로 내부에 소형 비행기가 전시되어 있고, 매년 6월에 열리는 에어 쇼로 유명한 맥코넬 공군기지McConnell Air Force Base가 부근에 있어 박물관 꼭대기에 오르면 볼 수 있다.

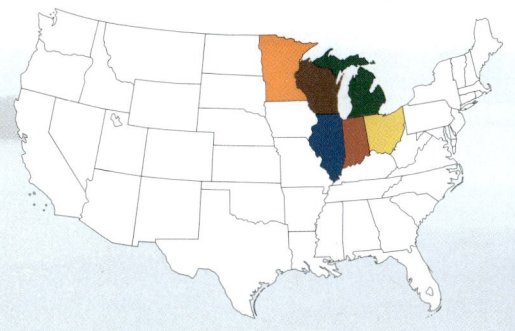

5대호 연안
GREAT LAKES

오대호 지역은 세계에서 가장 큰 담수호들로 이루어진 미국의 심장부다. 가장 큰 슈피리어 호수를 비롯, 미시간 호수, 휴런 호수, 온타리오 호수, 이리 호수까지 거대한 5개의 호수를 감싸며 6개 주가 이웃하고 있는 지역이다. 내륙 속에 안긴 바다처럼 크고 풍요로운 호수들을 중심으로 시카고와 클리블랜드, 디트로이트, 미니애폴리스 등의 대도시들이 활발한 무역과 유럽 이민을 통해 문화와 예술, 교통의 거점으로 성장했다. 시카고의 숨막힐 듯 세련된 스카이 라인과 문화 자원을 탐닉하고 재즈와 블루스의 메카에서 그 절절한 마력에 취해 보는 체험은 오대호 여행의 시작이다. 자동차 산업의 메카 디트로이트에서의 흥미진진한 카레이싱, 미시간과 미네소타에서의 풍요로운 아웃도어 라이프 등 오대호 지역에서는 희망하는 모든 경험이 언제나 가능하다.

Inside Great Lakes

일리노이 시카고/ 스프링필드
오하이오 클리블랜드/ 신시내티/ 콜럼버스
인디애나 인디애나폴리스/ 인디애나 남북부
미시간 디트로이트/ ▲아일 로열 국립공원
위스콘신 밀워키/ ▲아포슬 국립 호반공원
미네소타 미니애폴리스 & 세인트폴/ ▲그랜드포티지 내셔널 모뉴먼트 / ▲보이저 국립공원

ILLINOIS
일리노이

미시간 호와 시카고로 대표

일리노이 주는 인근 위스콘신 주, 미시간 주, 인디애나 주와 더불어 미시간호Lake Michigan를 둘러싸고 있는 4개 주 중 하나이다. 마치 내륙을 감싸는 바다로 느껴질 만큼 광대하기 그지없는 미시간 호는 5대호Great Lakes 중 세 번째로 큰 담수호로서 알리노이 주를 대표하는 대도시 시카고의 젖줄이다.

일리노이 주는 중서부 대초원에 위치하여 'Prairie State' 로도 불리지만 일반적으로 '링컨의 고향' 으로 더 많이 알려진 곳이다. 실제로 주도인 스프링필드Springfield에 가면 미국의 제16대 대통령 에이브러햄 링컨의 자취가 고스란히 전해진다. 이밖에도 일리노이주는 어니스트 헤밍웨이Ernest Hemingway, 로널드 레이건Ronald Reagan, 힐러리 로드 햄클린턴Hillary Rodhamn Clinton 등 유명인들이 태어난 곳이기도 하다.

주도 스프링필드
별칭 링컨의 땅Land of Lincoln, 대초원의 땅Prairie State
명물 고층 빌딩, 시카고학파, 재즈, 링컨 대통령, 헤밍웨이, 선사시대 세계 유산
일이노이 주 관광청 800-226-6632, www.enjoyillinois.com

바람의 도시 Chicago
시카고 1

과거 악명 높은 마피아 두목 알 카포네Al Capone의 존재로 유명한 시카고는 흔히 범죄의 도시로 알려져 있지만 미국 제3의 도시다운 다양한 매력이 가득한 곳이다. 무엇보다 전 세계적으로 유명한 고층 빌딩의 스카이 라인 덕분에 현대 건축 예술의 산실이며 '큰 어깨의 도시City of Big Shoulders' 라는 별명을 갖고 있다. '바람의 도시Windy City'로 불릴 만큼 강한 바람이 불고 매서운 눈이 몰아치는 겨울철 추위로도 유명하지만 오히려 그것이 시카고만의 강렬한 매력이 되는데, 음악이 흐르는 바에서 긴 겨울을 즐기면서 '재즈Jazz'라는 말의 어원을 탄생시키며 블루스와 재즈의 메카로 자리매김 했기 때문이다. 세계적으로 명성 높은 미술관과 유서 깊은 박물관을 보유하여 각종 연주회와 공연이 펼쳐지는 극장을 200여 개 넘게 보유한 말쑥한 문화 예술의 도시이기도 하다.

관광 정보

시카고 관광국 www.explorechicago.org
Chicago Water Works Visitor Center 163 E. Pearson St, 877-244-2246
Chicago Cultural Center Visitor Center 77 E. Randolph St, 877-244-2246

크루즈

Chicago From the Lake 312-527-1977, www.chicagoline.com
Mercury Chicago's Skyline cruiseline
312-332-1353, www.mercuryskylinecruiseline.com
Odyssey Cruises 866-305-2469, www.odysseycruises.com
Shoreline Sightseeing 312-222-9328, www.shorelinesightseeing.com
Spirit of Chicago 866-391-8439, www.spiritofchicago.com
Wendella Sightseeing Boats 312-337-1446, www.wendellaboats.com

시카고 시내 관광

Chicago Gray Line 312-251-3100, www.grayline.com
Chicago Trolley 773-648-5000, www.chicagotrolley.com

교통 정보

ORD, Chicago O'hare International Airport
773-686-3700, www.ohare.com 대한항공 773-686-2730
세계에서 가장 붐비는 공항으로 하루 평균 2,500여 편의 항공기가 이착륙하고, 18만
명의 승객이 이용하는 것으로 알려져 있다. 대한항공 직항 편이 있다.
CTA, Chicago Transit Authority
888-968-7282, www.yourcta.com
앰트랙 Amtrak
Union Station 225 S.Canal St, Chicago
312-655-2101, 800-872-7245, www.amtrak.com
그레이하운드 Greyhound
630 W. Harrison St, Chicago
312-408-5821, www.greyhound.com

기타 정보

주 시카고 대한민국 총영사관 312-822-9485, www.chicagoconsulate.org
시카고 한인회 773-878-1900, www.koreachicago.org
시카고 중앙일보 847-228-7200

다운타운

루프 The Loop

312-870-7300, www.intheloop-chicago.com

1880년대에 시카고 중심부를 돌던 고가철도에서 이름이 비롯된 루프 지역은 시카고 다운타운의 최대 중심가이다. 무역, 금융 등 세계 경제를 주도하는 국내외 기업 및 기관을 비롯하여 상가, 오피스텔 등이 대거 밀집하여 고층 빌딩 숲을 이룬다. 시카고의 상징과도 같은 높다란 마천루 및 시카고의 역사를 간직한 건물들을 바라보면서 건축물 순례를 할 수 있다. 근간에는 N.State St. 과 Randolph St.를 중심으로 극장 및 공연장이 들어서면서 'Theater District'로 불릴 정도로 밤낮 구분 없이 활력이 넘친다.

또한 State St.를 따라 7블록에 걸쳐 쇼핑 상가가 형성되어 있는데, 시카고에서 가장 큰 백화점인 Carson Pirie Scott와 Marshall Field도 여기에 있다.

시카고 거래소 CBOT, Chicago Board of Trade

141 W. Jackson Blvd, Chicago

312-435-3590, www.cbot.com

주로 금융 및 농산물 거래가 이루어지는 CBOT는 세계에서 가장 크고 오래된 선물거래소로 알려져 있다. 일반인들은 주중 오전 9시에서 오후 1시 30분 사이에 5층에 있는 관람석에서 거래 장면을 지켜볼 수 있다.

윌리스 타워 Willis Tower

232 S. Franklin St, Chicago 4~9월 9~22, 10~3월 10~20, 12세 이상 $15.95, 3~11세 $11

312-875-9447, www.theskydeck.com

1974년 시카고 일리노이에 지은 마천루로, 높이는 442미터이다. 뉴욕의 월드 트레이드 센터를 누르고 1974년부터 1997년까지 세계에서 가장 높은 건물이었다. 원래 이름은 시어스 타워였으나 2009년에 윌리스 그룹이 이 건물에 입주하면서 그해 7월에 윌리스 타워로 명칭을 바꾸었다. 103층에 있는 전망대에 오르면 맑은 날엔 일리노이 주와 접경하고 있는 인디애나 주, 위스콘신 주, 그리고 멀리 미시간 주까지 내려다보일 정도다. 늘 관광객이 많으므로 줄을 서서 기다릴 각오를 해야 한다.

그랜트 파크 Grant Park
337 East Randolph St, Chicago, 312-742-7648, www.chicagoparkdistrict.com
미시간 호가 바라다 보이는 Lake Shore Dr.를 따라 아름답게 꾸며진 그랜트 파크는 야외
공연, 음악회 등 연중 다채로운 행사가 열려 '시카고의 앞마당Chicago's Front Yard'으로
불린다. 특히 독립기념일을 전후로 10일간 열리는 'Taste of Chicago' 라는 축제가 유명한데
세계 각국의 푸짐한 음식을 맛볼 수 있는 기회가 된다. 또한 여름철이면 시원한 물줄기를
솟아 올리는 버킹엄 분수Buckingham Fountain도 볼만한 것 중 하나로 프랑스 베르사이유
궁전에 있는 라토나 분수Latona Fountain에서 영감을 만들어졌다고 한다.

머천다이즈 마트 Merchandise Mart
222 West Merchandise Mart Plaza, Chicago
800-677-6278, www.mmart.com
시카고 강둑 변에 서 있는 머천다이즈 마트는 세계에
서 가장 큰 도매상 건물로 대규모의 무역 전람회 및 전
시회가 열린다.

건축센터 Archicenter
224 S.Michigan Ave, Chicago
312-922-3432, www.architecture.org
일반인들을 대상으로 건축, 설계 등에 관한 강의 및 전
시가 이루어지는 곳으로 시카고 건축재단Chicago Ar-
chitecture Foundation에 의해 운영된다. 건축 미학상

중요한 의미를 갖는 시카고 주요 건물 및 조형물들을
둘러볼 수 있도록 버스 관광, 보트 관광 등 다양한 투어
가 제공되는데, 보다 깊이 있는 여행을 즐기고 싶다면
이용해볼 만하다.

매그니피슨트 마일 Magnifient Mile
312-409-5560, www.themagnificentmile.com
시카고를 대표하는 고급 쇼핑몰인 Chicago Place,
Water Tower Place, 900 North Michigan Shops 등
을 비롯하여 400여 개의 상점, 200여 개의 식당, 50
여 개의 호텔이 N.Michigan Ave.를 따라 8블록에 걸
쳐 이어진다.

Lake Michigan

Chicago River

Grant Park

Olive Park

41

1 Lincoln Park Zoo
2 North Avenue Beach
3 Oak Street Shopping
4 Oak Street Beach
5 John Hancock Center
6 Water Tower Place
7 Historic Water Tower & Pumping Station
8 American Girl Place
9 Museum of Contemporary Art
10 Chicago Children's Museum
11 Navy Pier
12 Magnificent Mile
13 Architecture River Cruise
14 Merchandise Mart
15 James R. Thompson Center
16 Loop Theater District
17 Daley Plaza & Picasso Sculpture
18 Chicago Cultural Center
19 Millennium Park/Jay Pritzker Pavilion/
   Cloud Gate Sculpture/Crown Fountain
20 First National Plaza & Chagall Mural
21 Willis Tower
22 Federal Center Plaza & Calder Sculpture
23 ArchiCenter
24 Art Institute of Chicago
25 Buckingham Fountain
26 Shedd Aquarium
27 Field Museum
28 Soldier Field
29 Adler Planetarium

필드 박물관 The Field Museum

1400 S.Lake Shore Dr. Chicago
매일 9~17, 성인 $15, 3~11세 $10
312-922-9410, www.fieldmuseum.org
세계에서 손꼽히는 자연사 박물관 중 하나인 필드 박물관은 생태인류학 전반에 걸친 방대한 자료를 전시하고 있다. 특히 일명 T.Rex로 알려진 티라노사우르스 Tyrannosaurus에 속하는 거대한 공룡 종을 볼 수 있는 곳으로 유명하다.

애들러 천문관 & 천문 박물관

Adler Planetarium & Astronomy Museum
1300 S. Lake Shore Dr. Chicago
월~금 10~16, 토 · 일 10~16:30, 성인 $10,
3~14세 $6 312-922-7827,
www.adlerplanetarium.org
서반구 최초의 천체 박물관으로 해시계, 천측구, 야간 시간 측정기, 망원경 등 12세기에서 20세기에 걸치는 2천여 점의 전시물을 통해 우주, 과학, 통신의 역사를 배울 수 있다. 전체적으로 유익한 볼거리가 많은데, 그 중 첨단 과학 시술이 돋보이는 디지털 스카이쇼가 가

장 볼만하다.

셰드 수족관 John G.Shedd Aquarium

1200 S. Lake Shore Dr. Chicago
주중 9~17, 주말 9~18 성인 $26.95, 3~11세 $19.95
312-939-2438, www.sheddaquarium.org
실내 수족관으로는 세계 최대를 자랑하는 셰드 수족관은 물개, 수달, 돌고래 등 8천여 종의 바다 동물을 볼 수 있는 곳이다.

시카고 어린이 박물관

Chicago Children's Museum
700 E.Grand Ave, Chicago
매일 10~17, 매주 목 5~20 무료 입장
성인, 어린이 $10
312-527-1000, www.chicagochildrensmuseum.org
시카고 어린이 박물관은 신나고 생생한 체험을 통해 학습효과를 극대화시킬 수 있는 곳으로 Navy Pier에 자리하고 있다.

외과 과학 국제 박물관

International Museum of Surgical Science

1524 N. Lake Shore Dr. Chicago
10~4월 화~토 10~16, 5~9월 화~일 10~16
성인 $10, 학생 $6
312-642-6502, www.imss.org
원시 처방에서 현대 첨단 치료과학에 이르기까지 의학
발전사를 접할 수 있는 국제 의료과학 박물관.

현대미술관 MOCA,

Museum of Contemporary Art

220 E. Chicago Ave., Chicago
월 휴무, 화 10-20, 수~일 10~17
성인 $12, 학생 $7, 12세 이하 무료
312-280-2660, www.mcachicago.org
조각, 회화, 사진, 비디오 아트 등 1945년 이후의 현대미
술 작품을 전시하고 다.

시카고 대학 University of Chicago

5801 S.Ellis Ave,Chicago
773-702-1234, www.uchicago.edu
70여 명이 넘는 노벨상 수상자를 배출한 미국의 명문
사립학교인 시카고 대학은 하이드 파크Hyde Park 중
앙에 자리잡고 있다. 옛스런 고딕 양식과 현대 건물
이 서로 조화를 이룬 아름다운 캠퍼스를 거닐면서 학
창 시절의 추억을 떠올릴 수 있다. 특히 대학 내에 있
는 로비 하우스 Frederick C.Robie House와 Rockfeller
Memorial Chapel은 뛰어난 건축미를 자랑하므로 반드
시 보도록 하자.

과학산업 박물관

Museum of Science and Industry

5700 S Lake Shore Dr, Chicago
월~토 9:30~16:00, 일 11~16
성인 $15, 3~11세 $10
773-684-1414, www.msichicago.org
시카고에서 사람들이 가장 많이 찾는 과학산업 박물관
은 방대한 규모만큼이나 볼거리도 풍성하다. 특히 제 2
차 세계대전 당시의 독일 잠수함이 전시되어 있어 관
심을 끈다.

시카고 아트 인스티튜트

Art Institute of Chicago

111 S. Michigan Ave, Chicago
월~수 10:30~17:00,
목 10:30~20:00, 토일 10~17
성인 $18, 학생 $12, 14세 이하 무료
312-443-3600, www.artic.edu
세계적으로 명성이 자자한 시카고 미술관은
미국, 유럽, 아프리카, 아시아 등 여러 지역에
걸쳐 다양하고 방대한 예술 세계를 접할 수
있는 곳이다. 특히 프랑스 루브르 박물관 다
음으로 프랑스 인상파를 대표하는 거장들의
작품을 많이 소장하고 있는 곳으로 알려져 있
다. 또한 부설된 예술학교는 현대 미술계의
산실이 되고 있다.

골드 코스트 Gold Coast

875 N. Michigan Ave, Chicago
매일 9~23, 12세 이상 $15, 3~11세 $10
888-875-8439, www.johnhancockcenterchicago.com

1882년부터 시카고의 부호들이 호화 주택으로 가득 채운 지역. 여기에 1,127피트 높이의 존 핸콕 센터John Hancock Center가 있다. 사람들로 붐비는 시어스 타워를 굳이 고집할 필요없이 존 핸콕 센터의 핸콕 전망대에 오르면 시간을 많이 절약할 수 있다. 시카고 사람들에게는 'Big John'으로 통하는 존 핸콕 센터의 94층 전망대에 올라서면 미시간 호를 따라 펼쳐진 시카고 도심 전경을 볼 수 있는데 윌리스 타워에 결코 뒤지지 않는 전망을 제공한다.

시카고에서는 딥 디시 피자를!

딥 디시Deep Dish 피자는 1943년 미식축구 선수였던 아이크 수웰이 푸짐한 것을 즐기는 사람들을 위해 개발한 색다른 피자로 거의 파이 사이즈에 가까운 5센티 높이의 두툼한 도우에 풍부한 토핑을 가미한 시카고의 명물이다. 피제리아 우노Pizzeria Uno에서 처음 선보였으며, 지금도 미국 전역에 250개의 지점이 있지만 시카고가 원조다. 대표 메뉴는 누메로 우노Numero Uno(29 E, Ohio St, 312-321-1000 ,www.unos.com)이며 CTA 트레인 레드 라인을 타고 시카고 역에서 내리면 있다.

링컨 파크 Lincoln Park

Noth Ave. 에서 Diversey Pkwy.까지 Lake Shore Dr.를 따라 미시간 호를 끼고 식물원, 동물원, 박물관 등으로 꾸며진 도심 속의 오아시스. 한가로이 휴식을 취하면서 자연의 세계에 빠져들 수 있는 곳이다.

Lincoln Park Conservatory
2400 N. Stockton Dr, 312-742-7726
Lincoln Park Zoo
2001 N Clark St
312-742-2000, www.lpzoo.com
Peggy Notebaert Nature Museum
2430 N. Cannon Dr
773-755-5100
www.naturemuseum.org

시카고 북부

시카고 식물원 Chicago Botanic Garden

1000 Lake Cook Rd, Glencoe
4~5월 8~sun set, 6~9월 7~21, 무료 입장
847-835-5440, www.chicago-botanic.org
26개의 아름다운 정원 및 호수 공원을 볼 수 있는 곳으로, 다운타운에서 북쪽으로 25마일 가량 떨어진 노스 쇼어North Shore에 있다. 안내를 받으면서 정원을 둘러보고 싶을 경우 투어를 이용할 수 있다.

맥도널드 넘버원 스토어 박물관

Mcdonald's #1 Store Museum

400 N.Lee St.,Des Plaines
847-297-5022, www.aboutmcdonalds.com
1955년 Ray Kroc에 의해 맥도널드가 처음 문을 열었던 곳에 만들어 놓은 박물관으로 당시의 사진, 요리 집기, 자동차 등이 전시되어 있다.

식스 플래그 그레이트 아메리카

Six Flags Great America

542 N Il Route 21, Gurnee
성인 $54.99, 신장 48인치 이하 $34.99
847-249-4636, www.sixflags.com
시카고 다운타운에서 차로 약 45분 정도 소요되는 거리인 Gurnee에 위치하고 있는 가족놀이 공원으로 13개의 롤러코스터를 비롯해 100여 개가 넘는 놀이 시설을 갖추고 있다.

모턴 수목원 Morton Arboretum

4100 Illinois Route 53, Lisle
18세 이상 $11, 2~17세 $8
630-968-0074, www.mortonarb.org
다운타운에서 서쪽으로 25마일 떨어진 Lisle에 있는 모턴 수목원은 3천여 종이 넘는 관목과 수목이 우거진 오솔길을 따라 삼림욕을 즐길 수 있는 곳이다.

시카고의 대표적인 마천루

고풍스런 고딕 양식의 건물부터 절제미와 세련미를 강조한 초현대식 건물에 이르기까지 하늘 높이 솟아 오른 마천루가 이루는 도시 건축미는 시카고학파The Chicago School의 거장인 루이스 설리번Louis Sullivan과 프랭크 로이드 라이트Frank Lloyd Wright가 주축이 되어 1871년 대화재로 폐허가 되었던 땅을 복구하면서 시작됐다. 드넓은 미시간호를 따라 세계에서 가장 높은 빌딩인 윌리스(구 시어스 타워 Sears Tower, 1,450피트)를 비롯해 아모코 빌딩Amoco Building(1,136비트), 존 핸콕 센터John Hancock Center(1,127피트) 등 거대한 고층 빌딩이 숲을 이룬다.

마리나 시티 Marina City

300N.State St, Chicago
312-222-1111, www.marina-city.com
현대 도시 감각이 물씬 풍기는 시카고의 빌딩 중 가장 두드러지는 60층으로 된 2개의 쌍둥이 건물. 콘크리트를 마감재로 하여 옥수수 모양의 원통형 건물로 지어져 바람의 압력을 덜 받는다고 한다.

트리뷴 타워 Tribune Tower

435 N. Michigan Ave, Chicago
312-222-3994, www.chicagotribune.com
고딕 양식으로 1925년에 지어진 트리뷴 타워는 미국을 대표하는 일간지 중 하나인 「시카고 트리뷴The Chicago Tribune」이 발간되는 곳이다.

데일리 센터 플라자

Richard J. Daley Center Plaza
118 North Clark Street, Chicago
월~금 8~5:30
312-443-5500
www.thedaleycenter.com
피카소의 작품으로 알려진 무게로 된
50피트 높이의 조형물을 볼 수 있는 곳
으로 보는 방향에 따라 모양이 달라 보
인다. 흔히 여성을 추상화한 작품으로
전해지는데, 북동쪽에서 보면 가장 명
확하게 볼 수 있다고 한다.

리글리 빌딩 Wrigley Building

410 N. Michigan Ave, Chicago
312-787-1886, www.thewrigleybuilding.com
세계적인 껌 제조업체인 리글리Wrigley의 본사 건
물. 스페인의 세빌리아Sevilla에 있는 Giralda Tower
를 본떠서 지어졌는데, 하얀색 테라코타 건축재를 사
용하여 멀리서도 눈에 띈다. 두 개로 나뉜 건물은 3
층과 14층에 있는 구름다리로 연결된다.

워터 타워 Water Tower

806 North Michigan Ave, Chicago
312-742-0808
19세기 고딕 복고 양식으로 지어진 워터 타워는 1871
년 시카고 대화재 당시 유일하게 살아 남은 건물로
존 핸콕 센터와 이웃하고 있다.

스프링필드

일리노이 주의 주도인 스프링필드는 미국의 16대 대통령인 에이브러햄 링컨Abraham Lincoln이 1837년에서 1861년까지 24년간 살았던 곳이다. '링컨 마을' 이라 할수 있을 정도로 이곳저곳에 링컨을 기념하는 유서 깊은 장소가 많다.

스프링필드 관광국
109 N. 7th St, Springfield, 217-789-2360, www.visit-springfielddillinois.com

링컨의 집 Lincoln Home National Historic Site

413 S. 8th St, Springfield
매일 8:30~5, 무료 입장
217-492-4241, www.nps.gov/liho
링컨이 살아생전 소유했던 유일한 집으로 1844년에 구입하여 1861년에 대통령직을 수행하기 위해 스프링필드를 떠나기까지 17년 동안 살았던 곳이다.

오크리지 공동묘지 Oak Ridge Cemetery

1441 Monument Ave, Springfield
217-782-2717
주의사당 근처에 위치하고 있으며, 1865년 사망한 링컨 대통령의 시신이 안치되어 있는 곳으로 그의 부인 Mary Todd 여사, 그리고 네 명의 아들 중 세 명의 묘소도 함께 있다.

다나토마스 하우스 DTH, Dana-Thomas House

301 E.Lawrence Ave, Springfield
수~일 9~16, 성인 $5, 어린이 $3
217-782-6776, www.dada-thomas.org
자연과 호흡하는 'Prairie' 양식을 선보였던 Frank Lloyd Wright의 초기 건축술이 엿보이는 건물이다. 가구, 창틀, 문 등 건물 구석구석에 정교하고 세심한 장인정신이 배어 있다.

링컨 뉴 세일럼 주립 사적지

Lincoln's New Salem State Historic Site
RR 1, Petersburg
217-632-4000, www.lincolnsnewsalem.com
일리노이 주에서 변호사로 자리잡기 전까지 링컨이 점원, 가게 주인 등 다양한 일을 했던 뉴 세일럼의 당시 모습을 그대로 재현해 놓은 재미있는 명소다. 스프링필드 북서쪽 20마일 떨어진 피터즈버그Petersburg에 있다.

링컨 대통령 도서관 & 박물관

Lincoln Presidential Library & Museum
212 North 6th Street, Springfield
월~금 9~17, 토·일 휴무
16세 이상 $12, 5~15세 $6
217-558-8844, www.alplm.org
링컨 컬렉션을 가장 많이 보유한 박물관이다.

아련한 노스탤지어가 일렁이는 시간 여행길
루트 Route 66

www.national66.com

루트 66은 미국의 동서를 가로지르는 척추였다. 시카고에서 시작하여 세인트루이스를 지나 대륙을 횡단, 7개 주를 거쳐 캘리포니아 샌타모니카 비치까지 이어지는 2,445마일의 역사 도로다. 1926년에 건설되어 줄곧 미국인의 젖줄, 마더 로드Mother Road로 사랑받아 왔다. 노동자들의 피 끓는 애환이 담긴 길이기에 블러디Bloody 66으로, 새로운 삶을 찾아 가는 길 자체이기에 더 루트The Route로 명명되었던 아름다운 하이웨이Scenic Highway다.

최초의 대륙 횡단도로 중 하나인 올드 트레일즈 하이웨이Old Trails Highway의 뒤를 이어 2차 대전 후 30여 년간 루트 66은 미국의 중심 도로Main Street of America로 애용되었다. 1929년 대공황 이후 수만 명의 동부 노동자와 중서부 농민들이 보다 나은 삶을 찾아 캘리포니아 드림을 꿈꾸며 66번 도로에 올랐다. 작가 존 스타인 벡의 이주 농민들의 비참한 삶을 다룬 소설 「분노의 포도」에서 이 도로를 젖줄, 마더 로드로 부른 것도 이 시절의 얘기다.

그러나 수많은 TV 드라마와 영화, 노래 속에서 풍요로운 땅으로 인도하는 꿈의 도로로 사랑받아 왔던 이 동서 횡단의 유일한 도로는 이제는 지도 상에도 나오지 않는 도로가 되었다. 대륙을 횡단하는 가장 빠른 길이던 루트 66은 각 주를 연결하는 고속도로들이 속속 건설되면서 점차 그 명성을 잃기 시작했다. 미시간 주는 국도인 루트 66을 왕복 8차선으로 대폭 확장해 55번 고속도로라는 새로운 이름을 붙였다. 오클라호마 주의 루트 66도 44번 고속도로로 바뀌었다. 지도상에서 오클라호마와 로스앤젤레스를 잇는 길은 40번, 15번, 10번 고속도로로 이어진다. 도로를 끼고 번창했던 도시는 대부분 유령 도시가 되어버렸고, 마침내 1984년 루트 66은 지도에서도 도로 표지판에서도 완전히 사라졌다.

그러나 1999년 미국 의회는 1천만 달러의 예산을 들여 루트 66을 역사적인 도로로 재건할 것을 결정했다. 이에 2008년 세계 사적지 재단에서 멸절 위기로부터 보호해야 할 사적으로 루트 66 도로와 주변의 주유소, 모텔, 카페, 우체국, 드라이브인 씨어터 등을 등재했다. 이로 인해 루트 66은 일리노이 주와 애리조나 주, 뉴멕시코 주의 국립 풍치도로로 명명되었고, 오클라호마와 미주리 주에서도 복원 작업이 진행 중이다. 미국인들의 서부 개척 역사와 함께 도로 이상의 의미를 지닌 루트 66, 수많은 예술인들이 이 도로를 노래하고 소설과 영상에 그 의미를 담아냈다. 강을 건너고 평야를 지나고 꼬불꼬불한 산악 지대와 사막과 협곡을 두루 거치면서 미국이 지닌 다양한 얼굴을 그대로 드러내는 길 루트66에 들어서면 인간에게 길이 갖는 가치를 곱씹어 보는 순례자가 되어 아련하고 코끝 찡한 향수를 맛보게 된다.

루트 주요 구간

일리노이 주 시카고 → 세인트 루이스 (I - 55) → 오클라호마 (├ 44) 툴사 → 오클라호마 시티 (R—66) → 텍사스 팬핸들 애머릴로 → 뉴멕시코 앨버커키, 갤럽 → 애리조나 플래그스태프, 윌리엄스, 킹맨 → 캘리포니아 로스앤젤레스, 샌타모니카

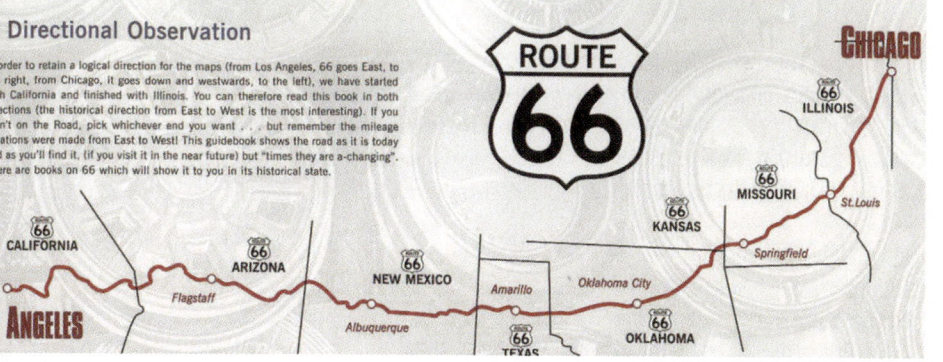

오하이오

Ashtabula
Geneva
Mentor
Cleveland
Toledo
Sandusky
Lorain
Warren
Elyria
Youngstown
Defiance
Fremont
Norwalk
Cuyahoga Falls
Kent
Bowling Green
Tiffin
Akron
Van Wert
Findlay
Ashland
Massillon
Canton
Mansfield
Lima
Marion
East Liverpool
Steubenville
Newark
Columbus
Zanesville
Dayton
Lancaster
Marietta
Middletown
Athens
Hamilton
Chillicothe
Cincinnati
Portsmouth
Ohio River

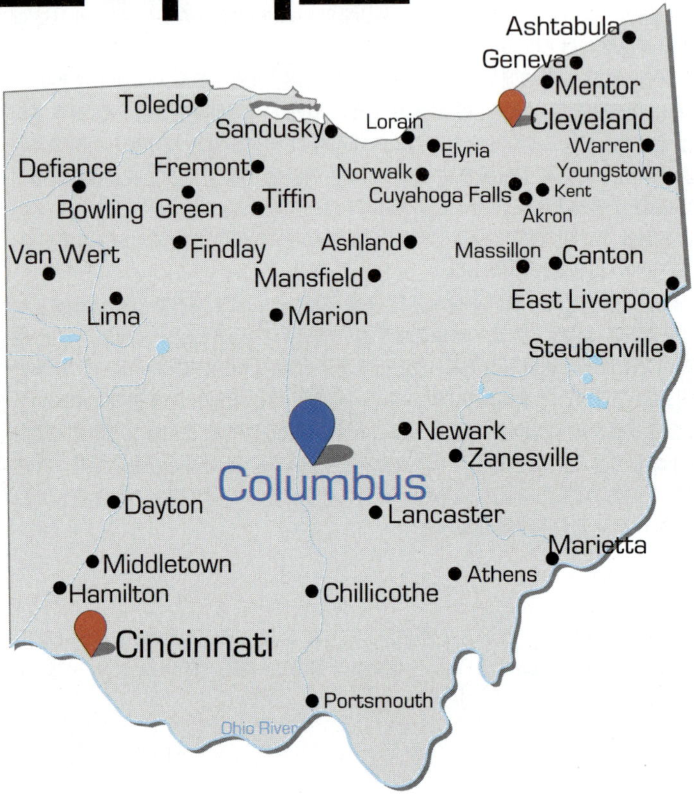

철광석, 제철, 기계, 자동차 등 미국의 대표적인 중화학 공업 지대를 형성하는 오하이오 주는 인근 미시간 주 및 웨스트 버지니아 주와 함께 흔히 '러스트 벨트Rust Belt'로 통칭되곤 한다. 또한 미국 역대 7명의 대통령을 배출하여 '대통령의 어머니Mother of Presidents'로 불리기도 한다. 주요 도시로는 오하이오 주의 주도이자 오하이오 주립대Ohio State University가 있는 콜럼버스, 로큰롤의 역사가 시작된 클리블랜드, 제조업으로 유명한 신시내티 등이 있다.

주도 콜럼버스
별칭 Buckeye State
명물 라이트 형제, 토마스 에디슨, 스티븐 스필버그, 세계 최초의 비행기
오하이오 주 관광청 800-282-5393, www.discoverohio.com

로큰롤 명예의 도시 Cleveland

클리블랜드 1

오하이오 주의 북동쪽 이리 호수Lake Erie를 따라 뻗어 있는 클리블랜드는 미국의 대표적인 공업 도시로 5대호 연안을 잇는 유리한 교통으로 인해 대규모 공업단지가 들어서면서 발전하게 됐다. 이에 따른 부산물로 한동안 심각한 수질 오염 및 환경 문제를 양산하면서 클리블랜드는 관광지로서의 가치를 거의 인정받지 못했다. 그러나 1980년대를 기점으로 록펠러 같은 사업가들의 문화 투자와 다양한 재건 사업들이 이루어져 지금은 세계적인 수준의 박물관과 공연장을 갖춘 도시로 탈바꿈했다.

관광 정보

클리블랜드 관광국

100 Public Square, Suite 100, Cleveland, 216–875–6680, www.positivelycleveland.com

교통 정보

CLE, Cleveland Hopkins International Airport

5300 Riverside Dr, Cleveland, 216–265–6000, www.clevelandairport.com

RTA, Greater Cleveland Regional Transit Authority 216–566–5100, www.gcrta.org

앰트랙 Amtrak

200 Cleveland Memorial Shoreway, Cleveland, 216–696–5115, www.amtrak.com

워싱턴 D.C.를 연결하는 Capitol Limited, 보스턴 및 뉴욕을 연결하는 Lake Shore Limited, 필라델피아를 연결하는 Pennsylvanian 등이 클리블랜드를 지나간다.

그레이하운드 Greyhound 1465 Chester Ave. Cleveland, 216–781–0520, www.greyhound.com

플랫 The Flats

다운타운 서쪽의 유명한 유흥 지역이다. 원래는 공업지대로 개발된 쿠야호가 강변의 평지였으나 지금은 자가용 배를 타고 찾아와 부두에 정박하고 저녁을 즐기는 낭만의 장소로 변모했다.

5대호 과학 센터 Great Lakes Science Center

601 Erieside Avenue, Cleveland

매일 10~17, 성인 $9.95, 2~18세 $7.95

216-694-2000, www.glsc.org

400여 가지의 각종 기구 및 장치를 통해 흥미만점의 과학 체험을 제공하는 곳. 특히 오대호 주변의 생태 환경을 배우면서 자연에 대한 관심과 이해의 폭을 높일 수 있다. 또한 OMNIMAX 극장에서 실감나는 영상 및 사운드를 즐길 수 있다.

유니버시티 서클 University Circle

216-791-3900, www.universitycircle.org

다운타운에서 동쪽으로 5마일 떨어진 곳에 있는 University Circle은 대학가를 중심으로 형성된 클리블랜드의 교육, 문화, 예술의 중심지. CWRU, Case Western Reserve University가 있는 Euclid Ave. 를 따라 박물관, 갤러리, 극장, 공원 등이 밀집해 있다.

클리블랜드 자연사 박물관
The Cleveland Museum of Natural History

1 Wade Oval Dr, University Circle Cleveland

월~토 10~17, 수 10~22, 일 12~17

19세 이상 $10, 7~18세 $8, 3~6세 $7

216-231-4600, www.cmnh.org

천문학, 지질학, 고고학, 인류학 등 자연과학 전반에 걸쳐 과학적 고찰을 해볼 수 있는 클리블랜드 자연사 박물관은 가장 오래된 화석 인류로 간주되는 '루시Lucy'를 볼 수 있어 비교적 사람들이 많이 찾는 곳이다.

세버런스 홀 Severance Hall

11001 Euclid Ave, Cleveland

216-231-1111, www.clevelandorchestra.com

그리스풍의 실내 장식이 멋스러운 음악 공연장이다.

웨스턴 리저브 역사협회
크로포드 자동차 · 항공 박물관
Western Reserve Historical Society

Crawford Auto · Aviation Museum

10825 East Blvd, Cleveland

일 · 월 휴무, 화~토 10~17

성인 $8.50, 17세 이하 $5, 2세 이하 무료

216-721-5722, www.wrhs.org

오래된 자동차와 비행기 전시물이 역사 박물관과 함께 마련되어 있다.

클리블랜드 미술관
The Cleveland Museum of Art

11150 East Blvd, Cleveland
화 · 목 · 토 · 일 10~5, 수금 10~9,
월 휴관, 무료 입장
216-421-7350, www.clevelandart.org
3만4천여 점의 예술품을 소장하고 있는 클리
블랜드 미술관은 회화, 조각, 공예 등 유럽 및
아시아권을 대표하는 폭넓고 다양한 미술작품
을 만날 수 있는 곳으로 유명하다. 월요일 휴
관. 특별전에 한해서만 입장료를 받는다.

클리블랜드 인근

오버린 Oberlin

440-775-1531, www.cityofoberlin.com
서쪽 지역에 자리한 오래된 대학촌으로 프랭크 로이드
라이트, 로버트 벤트리가 설계한 유명한 건축물들이 있
다. 여기서 좀 더 서쪽에 있는 작은 도시 밀란Milan은
발명가 토마스 에디슨의 고향으로 에디슨 생가가 작은
박물관으로 꾸며져 있다.

애크런 Akron

303-374-7560, www.visitakron-summit.org
남쪽 지역에 있는 고무 타이어 제품의 본산으로 인벤처
플레이스 & 국립 발명가 명예의 전당Inventure Place
& National Inventors Hall of Fame(571-272-0095,
www.invent.org)은 미국의 다양한 발명품의 모든 것을
전시하고 있다. 여기서 좀 더 남쪽에 있는 캔턴Canton
에는 프로 미식축구 명예의 전당Pro Football Hall of
Fame(www.profootballhof.com)이 있다.

2 Cincinnati
신시내티

오하이오 주 남서부에 위치한 신시내티는 오하이오 강줄기를 따라 서쪽으로는 인디애나 주, 남쪽으로는 켄터키 주와 경계를 이룬다. 산업의 도시답게 공장 및 제조업체가 밀집해 있어 볼거리는 그다지 없는 편이다. 일찍이 식육가공 및 통조림 산업이 발달하여 한때 신시내티는 'Porkopolis' 로 불리기도 했다. 이는 세계적인 생활용품 제조업체인 P&G가 신시내티에서 처음 탄생한 것과도 밀접한 연관을 가진다. 비누의 주원료가 되는 '라드Lard'를 원활하게 공급해 줌으로써 오늘날 P&G가 세계적인 기업으로 성장하는 데 일조했기 때문이다.

신시내티 박물관 센터

Cincinnati Museum Center at Union Terminal

1301 Western Ave. Cincinnati

월~토 10~17, 일 11~18, 성인 $12.5, 3~12세 $8.5

513-287-7000, 800-733-2077

www.cincymuseum.org

아르데코 양식으로 지어진 앰트랙 역사 내에 마련된 문화 공간으로 Cincinnati History Museum, Cinergy Children's Museum, Museum of Natural History & Science, OMNIMAX 극장 등이 있다.

신시내티 아트 뮤지엄 CAM,

Cincinnati Art Museum

953 Eden Park Dr, Cincinnati

화~일 11~17, 월 휴무, 무료 입장(특별 전시 별도)

513-639-2995, 513-721-2787

www.cincinnatiartmuseum.org

오랜 역사를 자랑하는 신시내티 미술관은 다운타운 동쪽, 19세기 스타일의 마을로 운치 있는 마운트 애덤스 Mt. Adams 지역의 언덕에 위치하고 있다. 88개의 갤러리에 고대 문명에서 현대미술에 이르는 8만여 점의 작품을 전시한다.

파라마운트 킹스 아일랜드

Paramount's Kings Island

6300 Kings Island Dr, Mason

1인 $49.99, 513-754-5700, www.pki.com

다운타운에서 Hwy. 71을 이용하여 북쪽으로 24마일 가량 가다 보면 만나게 되는 가족 놀이공원.

타프트 박물관 Taft Museum of Art

316 Pike St, Cincinnati

수~토 11~17, 성인 $8, 18세 이하 무료

513-241-0343, www.taftmuseum.org

아담하고 고풍스런 멋을 풍기는 타프트 박물관은 규모는 작지만 전시 내용은 수준급이다.

뢰블링 현수교 Roebling Suspension Bridge

www.roeblingbridge.org

존 뢰블링이 설계한 뉴욕 브루클린 브리지의 전신. 1876년에 건립된 아름다운 현수교다. 그 아래 국립 언더그라운드 레일로드 프리덤 센터National Underground Railroad Freedom Center(50 East Freedom Way, Cincinnati, 화~토 11~17, 성인 $12, 6~12세 $8, 5세 이하 무료, 513-333-7765, www.freedomcenter.org)는 과거 남부 노예들을 북부로 비밀리에 탈출시키던 레일로드의 활동상을 전시하고 있다. 신시내티는 「엉클 톰스 캐빈」의 작가 스토 같은 노예해방론자들의 중심지였다.

Columbus
콜럼버스 3

오하이오의 주도인 콜럼버스는 깔끔하고 여유로운 인상을 지닌 주립대학의 도시다.
시내는 크게 저먼 빌리지German Village와 쇼트 노스Short North로 나뉘는데, 저먼 빌리지는 19세기 이탈리아와 영국 왕실 풍으로 꾸며진 대형 벽돌 건물들이 늘어서 이색적인 풍경을 만든다. 시내 북쪽의 쇼트 노스는 다양한 갤러리와 레스토랑 등이 즐비한 지역이다.

콜럼버스 관광국
614-221-6623, www.experiencecolumbus.com

INDIANA
인디애나

Michigan City · Elkhart
Hammond · Angola
Gary · **South Bend**

Fort Wayne
Huntington
Logansport
Lafayette · Marion
Kokomo

Muncie
Indianapolis · New Castle · Richmond

Terre Haute
Shelbyville
Bloomington
Columbus

Bedford
Washington · Seymour
Vincennes

New Albany

Evansville

'미국의 교차로'로 통하는 인디애나 주는 꽉 짜인 도시의 답답함을 벗어나 쾌적하고 편안한 정서를 맛볼 수 있는 휴식처다.

인디애나 주의 주도이자 세계 최대의 자동차 경주 대회가 열리는 곳으로 잘 알려진 인디애나폴리스, 여전히 '청춘의 우상'으로 남아 있는 제임스 딘의 고향이 있는 페어마운트Fairmount, 세계 유명 건축가들에 의해 탄생된 아름다운 건축물들이 즐비한 건축물의 메카 콜럼버스Columbus 등 색다른 볼거리가 있다.

주도 인디애나 폴리스
별칭 Hoosier State, Crossroads of America
명물 자동차 경주, 제임스 딘, 마이클 잭슨, 농구단
인디애나 주 관광청 800-677-9800, www.enjoyindiana.com

질주하는 레이싱카의 출발지 Indianapolis

인디애나폴리스 1

인디애나 주의 주도인 인디애나폴리스는 카레이싱의 본고장으로 세계 3대 자동차 경주 대회라 할 수 있는 India-napolis 500, Brickyard 400, United States Grand Prix가 열리는 곳으로 유명하다.

관광 정보

인디애나폴리스 관광국

30 South Meridian St, Indianapolis, 307-639-4282, www.indy.org

교통 정보

IND, Indianapolis International Airport

2500 S. High School Rd, Indianapolis

317-487-7243, www.indianapolisairport.com

앰트랙 350 S. Illinois St, Indianapolis, 317-263-0550, www.amtrak.com

IndyGo 317-635-3344, www.indygo.net

그레이하운드 350 S. Illinois St, Indianapolis, 317-267-3074, www.greyhound.com

병사와 선원의 기념상
Indiana Soldiers' & Sailors' Monument

1 Monument Circle, Indianapolis
317-232-7615, www.ulib.iupui.edu/kade/soldiers.html
다운타운 한복판의 Monument Circle에 우뚝 서 있는 284
피트 높이의 기념비로 남북전쟁 당시 전사한 병사들의 넋
을 기리기 위해 세워졌다.

에이텔조그 아메리카 인디언 박물관 및
서부 미술관 Eiteljorg Museum of American Indians and Western Art

500 W. Washington St. Indianapolis
월~토 10~17, 일 12~17, 성인 $8, 5~17세 $5
317-636-9378, www.eiteljorg.org
옛 인디언 원주민의 삶과 서부 문화를 엿볼 수 있는 갖
가지 역사 자료 및 생활용품을 전시하고 있는 박물관으
로, 인디애나폴리스를 마치 한강처럼 가로지르는 화이
트리버 주립공원White River State Park에 위치하고 있
다. 인디언 관련 자료로는 중서부 최대 규모다.

인디애나폴리스 미술관 IMA,
Indianapolis Museum of Art

4000 Michigan Rd. Indianapolis
화·수·토 11~17, 목·금 11~21, 일 12~17,
무료 입장 317-923-1331, www.imamuseum.org
미국, 유럽, 아시아, 아프리카 등에 걸쳐 약 4만2천여 점
에 이르는 다양한 예술작품을 소장하고 있는 종합 미
술관. 미술관 외에도 주변에 극장, 식당, 정원 등이 있
어 많은 사람들이 즐겨 찾는다. 특별전에 한해서만 입
장료를 받는다.

인디애나폴리스 어린이 박물관
The Children's Museum of Indianapolis

3000 N. Meridian St, Indianapolis
3~8월 10~17, 9~2월 화~일 10~17
2~17세 $10.50, 18세 이상 $15.50
317-334-3322, www.childrensmuseum.org
다운타운 북쪽에 위치한 인디애나폴리스 어린이 박물
관은 내용 면에서나 규모 면에서 세계 최대를 자랑한

인디애나폴리스 자동차 경주장
Indianapolis Motor Speedway

4790 W. 16th St, Indianapolis
317-492-8500, www.indy500.com
인디애나를 대표하는 자동차 경주 대회인
'Indianapolis 500'이 매년 전몰장병 기념일
Memorial Day 주말에 열린다. 해마다 40만
여 명이 관람할 정도로 인기가 높아 최소한
1년 전부터 예약해야 한다.

다. 공룡 화석, 미라 등을 보면서 자연과학의 역사를 탐구하고 다양한 학습 체험을 통해 과학 상식 및 호기심을 해결할 수 있는 곳이다.

RCA 구장 RCA Dome

100 S. Capitol Ave, Indianapolis
317-262-3389, www.profootballvenues.com
인디애나 컨벤션 센터와 나란히 있는 5만7천여 석의 RCA 돔은 미식축구팀 Indianapolis Colts의 홈구장이며, 경기 외에도 각종 행사가 열리는 곳이다.

Conner Prairie

13400 Allisonville Rd, Fishers
317-776-6006, www.connerprairie.org
1,400 에이커의 공간의 대자연 속에 1800년대 미국의 모습을 그대로 재현해낸 민속 마을. '살아있는 역사 박물관'으로 통할 만큼 오래된 건물, 의상, 가구 등을 그대로 고증하여 옛 기억을 불러일으킨다. 인디애나폴리스 다운타운에서 북동쪽으로 6마일 떨어진 Fishers에 위치하고 있다

인디애나폴리스 인근

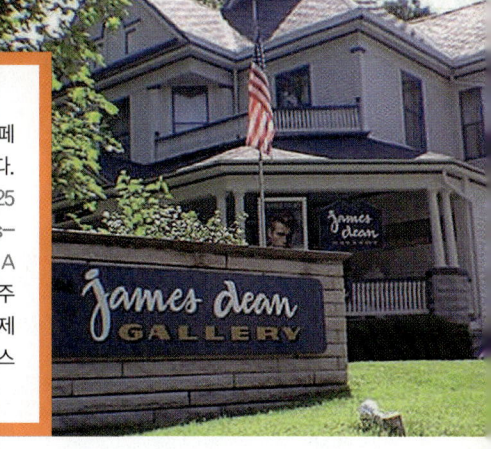

페어마운트 Fairmount

인디애나폴리스에서 북쪽으로 차로 약 1시간 거리에 있는 페어마운트Fairmont는 '영원한 반항아' 제임스 딘의 고향이다. 제임스 딘 기념 갤러리James Dean Memorial Gallery(425 N. Main St, Fairmount/ 765-948-3326/ www.jamesdeangallery.com)는 「이유 없는 반항Rebel Without A Cause」, 「자이언트Giant」, 「에덴의 동쪽East of Eden」 등 주옥 같은 명화를 남기고 젊은 나이에 아까운 생을 마감한 제임스 딘의 영화 같은 삶을 보여주는 1,000여 장의 사진, 포스터, 의상 등을 전시하고 있다.

블루밍턴 Bloomington

2855 N. Walnut St, Bloomington
812-334-8900, www.visitbloomington.com
인디애나폴리스에서 남쪽으로 45마일 떨어진 이 도시는 인디애나 대학Indiana University(107 S. Indiana Ave, Bloomington/ 812-855-4848/ www.iub.edu)을 품고 있다. 1,850에이커의 넓은 캠퍼스를 자랑하는 대학으로 특별히 유명 건축가인 IM 페이가 설계한 아트 뮤지엄Art Museum이 유명하다. 학교에서 그리 멀지 않은 곳에 인디애나 주에서 가장 큰 호수인 먼로 호수Lake Monroe가 있으므로 같이 들러 저녁 한때를 즐기는 것도 좋다.

콜럼버스 Columbus

506 Fifth Street, Columbus, Indiana
800-486-6564, 812-378-2622
www.columbus.in.us
인디애나폴리스 남쪽 40마일 지점에 있는 콜럼버스는 세계적으로 유명한 건축가들의 아름다운 건축물을 한눈에 볼 수 있는 곳이다. 60개가 넘는 유명 건축물이 도시 곳곳에 세워져 있고, 10여 개의 건물들은 다운타운에서 도보 관광을 즐기며 감상할 수 있다. 비지터 센터에서 가이드 안내지도를 구입해 찾아볼 수 있고, 버스 투어도 가능하다.

2 인디애나 남북부

오하이오 강 Ohio River

오하이오 주와 인디애나 주의 남쪽 경계를 따
라 981마일에 걸쳐 흐르는 오하이오 강은 그
주변으로 멋진 볼거리들이 줄줄이 이어져 있
다. 클리프티 폭포 주립공원Clifty Falls State
Park(1501 Green Rd, Madison, 812–273–
8885, www.stateparks.com/clifty_falls.html)
과 오하이오 폭포 주립공원Falls of The Ohio
State Park(201 West Riverside Dr, Clarks-
ville, 812–280–9970, www.fallsoftheohio.
org)은 멋진 폭포의 경관과 함께 야영과 하이
킹을 즐길 수 있고 4천만 년 가까이 된 화석층
을 볼 수 있는 곳이다.
O'Bannon Woods State Park에 위치한 와이
안도트 동굴 주립 휴양지Wyandotte Caves
State Recreation Area(7234 Old Forest
Road SW, Corydon, 812–738–8232, www.
stateparks.com)는 태고부터 자라난 식물과
박쥐가 서식하는 곳으로 투어 탐험을 할 수
있는 명소다.

아미시 공동체 Amish Community

219 Caravan Drive, Elkhart
574-262-3925, www.amishcountry.org
인디애나 주 북서쪽 십시와나Shipshewana와 엘카트Elkhart
근처에 미국에서 가장 규모가 큰 아미시 공동체가 있다. 자동
차, 컴퓨터, 전기 등 현대 문명의 이기를 거부하고 19세기 전
통 생활방식을 고집하며 사는 아미시들에 대한 다양한 정보
를 구할 수 있는 메노 호프 비지터 센터가 있고, 수많은 아미
시 특유의 수공예점과 스토어들이 즐비하다.

 Isle Roy Ale NP

Hancock
Houghton
Ontonagon
L'Anse
Marquette
Ironwood
Ishpeming
Munising
Sault Ste Marie
Crystal Falls
Manistique
Iron Mountain
St. Ignace
Escanaba
Mackinaw City
Cheboygan
Petoskey
Traverse City
Alpena
Higgins Lake
Manistee
Cadillac
Ludington
Midland
Bay City
Mount Pleasant
Alma
Saginaw
Muskegon
Grand Rapids
Flint
Port Huron
Lansing
Holland
Ann Arbor
Detroit
Battle Creek
Jackson
Kalamazoo
Benton Harbor
Niles
Adrian
Monroe

MICHIGAN
미시간

미시간 주는 미국 5대호 중 4개의 커다란 호수로 둘러싸여 총 3,200마일의 해안선을 갖고 있는 두 개의 반도이다. 내륙으로 1만4천여 개의 호수를 따라 길게 뻗은 담수 모래사장은 미국에서 가장 넓은 규모이며, 국유림 및 주립공원을 중심으로 약 1만9천여 개가 넘는 캠핑장을 갖추고 있어 여름철 수상 스포츠 및 레포츠의 천국으로 알려져 있다.

한 쌍의 반도로 이루어진 미시간 주의 북쪽 어퍼 반도Upper Peninsula는 슬리퍼 모양의 울창한 삼림 지대를 이루고 있는 반면, 벙어리 장갑 모양의 미시간 주 남쪽 로어 반도Lower Peninsula에는 미시간 주의 주요 도시가 몰려 있다. 남북을 잇는 매키낙 다리Mackinac Bridge, 북서쪽 끝 슈피리어 호수Lake Superio 인근의 아일 로열 국립공원Isle Royale National Park 등이 명소다. 로어 반도에는 세계적인 자동차 제조업체인 제너럴모터스 본사General Motors Corporation가 있는 디트로이트Detroit, 대량 생산을 통해 제조업의 일대 혁신을 가져온 'Assembly Line' 의 창안자, 헨리 포드의 고향이자 포드 본사Ford Motor Company가 있는 디어본Dearborn이 있다. 이 외에도 미시간 주립대Michigan State University가 있는 미시간 주의 주도 랜싱Lansing과 미시간 대학University of Michigan이 있는 앤아버Ann Arbor는 서로 쌍벽을 이루는 대학 도시다.

주도 랜싱
별칭 Great Lakes State
명물 자동차, 헨리 포드, 말콤X, 모타운
미시간 주 관광청 888-784-7328, www.travel.michigan.org

자동차의 메카 Detroit

디트로이트 1

미시간 주 최대 도시인 디트로이트는 세계 자동차 산업의 중심지로 'Motor Town'을 줄여서 'Motown'이라 불린다. 모타운이라는 이름은 미국 팝뮤직계의 전설과도 같은 모타운 레코드사의 이름과도 동일한데, 이 레코드사가 디트로이트에서 탄생했기 때문이다. 인종 폭동, 가난, 폐허 등 비교적 암울한 역사를 간직한 디트로이트에서 인구 80% 이상을 차지하는 흑인들이 겪어 온 삶의 애환을 노래로 승화해낸 흑인 가수들의 모태로서 모타운이라는 이름이 지닌 디트로이트의 두 가지 얼굴은 의미가 크다.

관광 정보
디트로이트 관광국 211 W. Fort St. #1000, Detroit
313-202-1800, 800-338-7648, www.visitdetroit.com

교통 정보
DTW, Detroit Metropolitan Airport
734-942-3550, www.metroairport.com
앰트랙 Amtrak 11 W. Baltimore Ave. Detroit, 313-873-3442, www.amtrak.com
그레이하운드 Greyhound 1001 Howard St, Detroit, 313-961-9817, www.greyhound.com

라이트 미국 흑인 박물관 Charles H. Wright Museum of African American History

315 E. Warren Ave, Detroit
화~토 9~17, 일 1~17
13세 이상 $8, 3~12세 $5
313-494-5800, www.chwmuseum.org

여전히 인종주의가 사회적 갈등 요소로 남아 있는 미국의 지나간 역사를 되돌아보면서 과거 노예제도에 묶여 억압과 고통의 세월을 보낸 흑인들의 삶을 조명해볼 수 있다. 디트로이트 미술관과 함께 컬처럴 센터Cultural Center 지구에 있다.

디트로이트 미술관 The Detroit Institute of Arts

5200 Woodward Ave, Detroit
수 · 목 10~16, 금 10~22, 토 · 일 10~17
성인 $8, 6~17세 $4
313-833-7900, www.dia.org

도시 노동자의 역사가 그려진 디에고 리베라의 벽화가 있는 곳. 고대에서 현대까지 인간의 삶이 투영된 6만5천여 점의 예술 작품과 생활 미술품을 만날 수 있다.

모타운 역사 박물관 Motown Historical Museum

2648 W. Grand Blvd, Detroit
6~8월 월~토 10~18, 여름 이외 화~토 10~18
성인 $10, 12세 이하 $6
313-875-2264, www.motownmuseum.com

'Hitsville USA'로 더 많이 알려진 모타운 레코드사의 녹음실이 있었던 곳. 다이아나 로스Diana Ross, 마빈 게이Marvin Gaye, 마이클 잭슨Michael Jaction, 스티비 원더Stevie Wonder 등 유명 흑인 가수들이 음반 데뷔를 시작했던 본거지로 1960년대 수많은 팝의 명곡이 바로 여기서 탄생했다.

뉴 디트로이트 과학 센터 New Detroit Science Center

5020 John R. St, Detroit
여름 월~금 9~17, 토 · 일 10~18
13세 이상 $13.95, 12세 이하 $11.95
313-577-8400, www.sciencedetroit.org

아이들에게 첨단 과학 및 기술의 진보를 직접 보고 느끼고 체험할 수 있도록 해주는 곳이다.

디트로이트 인근

헨리 포드 박물관 Henry Ford Museum

20900 Oakwood Blvd, Dearborn
매일 9:30~17:00, 성인 $15, 5~12세 $11
313-982-6001, 800-835-5237,
www.thehenryford.org

'자동차 산업의 아버지'로 불리는 헨리 포드의 삶을 엿볼 수 있는 곳으로 디트로이트에서 서쪽 10마일 가량 떨어진 디어본Dearborn에 있다. 박물관 마을 바로 옆의 그린필드 빌리지Greenfield Village는 미국 여러 곳에서 역사적인 건물들을 옮겨와 복원시킨 곳으로 토마스 에디슨의 실험실, 링컨 대통령이 암살될 때 앉았던 의자 등을 볼 수 있다.

맥키노 브리지 Mackinac Bridge

어퍼 반도와 로어 반도 사이 맥키노 해협에 놓인 5마일의 다리로 '빅 맥'이라는 별명으로 불린다. 오대호 두 개의 반도를 남북으로 잇는 다리에서 보이는 오대호의 호수와 섬들의 풍경은 그림 같은 장관을 연출한다.

랜싱 Lansing

500 East Michigan Avenue, Suite 180, Lansing
517-487-0077, www.lansing.org
미시간 주의 주도인 랜싱은 미시간 주립대학교와 다운타운에 볼거리가 밀집해 있다. 미시간 역사 박물관 Michigan Historical Museum(702 West Kalamazoo St, Lansing, 517-373-3559, www.michigan.gov/museum), 투어 프로그램이 있는 주의회 의사당State Capitol(702 West Kalamazoo St, Lansing, 517-335-2559)을 둘러볼 수 있고 주에서 가장 긴 그랜드 리버를 따라 이어진 리버 트레일River Trail(www.lansingrivertrail.org)은 사이클 등을 즐기기에 좋다. 사진은 주청사가 보이는 랜싱 다운타운.

미시간 대학교 University of Michigan

440 Church Street, Ann Arbor, 734-764-1817, www.umich.edu
미시간대는 '중서부의 하버드Harvard of the Midwest'로 평가되는 명문대로 디트로이트에서 차로 약 1시간 30분 가량 걸리는 앤 아버Ann Arbor에 위치하고 있다. 캠퍼스 면적이 2,800에이커가 넘어 가히 도시 전체가 대학을 이룬다고 할 수 있을 정도다. 미술관Museum of Art, 자연사 전시관Exhibit Museum of Natural History, 켈시 고고학 박물관Kelsey Museum of Archaeology 박물관 등을 비롯하여 앤 아버의 대표적인 볼거리들이 모두 넓은 캠퍼스를 따라 펼쳐진다.

아일 로열 국립공원
Isle Royale National Park

완벽한 야생으로의 탈출

미시간 주 북부, 캐나다와 국경선을 이루는 슈피리어 호수Lake Superior에서 가장 큰 섬인 아일 로열 국립공원은 섬의 길이 45마일. 폭은 가장 넓은 곳이 9마일에 이르는 야생 99%의 자연 공원이다.

울퉁불퉁한 호반과 산줄기 및 봉우리들 속에 무수한 야생화와 가문비나무, 전나무 등이 자라고 있고, 비버, 오리, 밍크, 말코손바닥 사슴, 붉은 여우, 미국산 멧토끼 등이 서식하고 있다. 아일 로열은 국제 생태계 보존 구역 International Biosphere Reserve으로 지정되어 있다.

국제 생태계 보존 구역 1번지

4월 중순부터 10월까지 문을 열고 6월 중순부터 노동절까지 여러 종류의 안내 관광을 이용할 수 있다. 섬에서 나오는 물을 바로 먹어서는 안 된다. 2분간 끓이거나 필터로 거른 후에 마셔야 한다.

슈피리어 호수의 수온은 매우 낮고(화씨 35~60도) 따뜻한 계절에는 호수 안쪽에 거머리들이 많으므로 수영을 하지 않는 것이 좋다. 스쿠버다이빙 장비를 빌릴 수 있지만 전문가가 아닌 이상 하지 않는 것이 좋다. 호수에서 낚시를 할 경우 주정부의 낚시 라이선스가 필요하다.

공원 내의 여행은 보트를 타거나 걸어서 한다. 5월 중순부터 9월 중순까지 록하버 로지Rock Harbor Lodge와 윈디고Windigo에서 보트를 빌릴수 있다. 선착장은 보통 5월 중순부터 9월 중순까지 문을 연다. 공원까지의 여행 수단은 관광선과 수상 비행기가 있다.

색다른 체험, 인디언 구리 광산

아일 로열이 초기 아메리칸 인디언들이 사용했던 구리 생산지였음을 입증해 주는 4천 년 전의 구리 광산을 볼 수 있다. 오하이오와 미시시피 강 계곡의 맥카고 동굴 McCargoe Cove, 록 하버Rock Habor 및 시스키위트 베이Siskiwit Bay에서 지금은 문을 닫은 100여 년 된 구리 광산을 볼 수 있다.

Greenstone & Minong Trails

울퉁불퉁한 산길을 따라 9마일에 걸쳐 Isle Royal 섬의 양쪽 끝에 접근할 수 있다.

Mount Ojibway Daisy Farm

캠프그라운드로부터 1.5마일의 산책로를 따라 주위 경치를 감상하면서 갈 수 있다.

Rock Harbor Lighthouse

Rock Harbor Lodge에서 보트로 6마일 정도 가면 있다. Edisen Fishery에서 복구된 Lighthouse까지 4분의 1마일의 산책 코스가 마련되어 있다.

관광 정보

800 E. Lakeshore Dr. Houghton www.nps.gov/isro
1일 1인 $4
Rock Harbor, Windigo, Houghton Visitor Center
906-482-0984

WISCONSIN
위스콘신

Apostle Island NL

Superior
Ashland
Hurley

St. Croix River

Spooner

Eagle River
Kingsford
Rhinelander
Pembine

Rice Lake
St. Croix Falls
New Richmond
Antigo
Marinette

Rowl
Sturgeon

Chippewa Falls
Menomonie
Eau Claire
Wausau

Stevens Point
Plover
Green Bay
Wisconsin Rapids
Appleton
Two Rivers
Manitowoc

Pentwell Lake

Oshkosh
Lake Winnebago

La Crosse
Fond du Lac
Sheboygan

Wisconsin Dells

Portage

Madison
Milwaukee
Waukesha
Prairie du Chien
Racine
Janesville
Platteville
Beloit
Kenosha

1820년대 광산 붐을 타고 인근 주에서 광부들이 몰려들면서 발전하게 된 위스콘신 주는 탄광에서 일하는 광부들을 빗대어 'Badger State' 로 불려졌다. 이후 치즈, 버터 등 낙농업과 유가공업이 발달함에 따라 'America's Dairyland' 로 더 많이 알려지게 되었다. 맥주로 익히 잘 알려진 밀워키, 작지만 활력이 넘치는 대학 도시 매디슨Madison 등 점차 관광지로 떠오르고 있는 위스콘신 주의 주요 도시들은 미시간 호를 따라 대체로 남동쪽에 분포해 있다.

주도 매디슨
별칭 Badger State, Dairyland
명물 건축가 프랭크 로이드 라이트, 화가 조지아 오키프, 영화 감독 오손 웰즈, 게이
위스콘신 주 관광청 800-432-8747, 608-266-2161 www.travelwisconsin.com

할리 데이비슨과 맥주의 본향 Milwaukee
밀워키 1

미시간 호를 사이에 두고 시카고와 마주하고 있는 밀워키는 현대미를 물씬 풍기는 시카고와 대조를 이루어 조용하고 고풍스런 느낌을 주는 곳이다. 19세기 중반 독일 양조업자들이 정착하면서 '맥주 도시'로 널리 알려진 밀워키의 역사적 배경을 말해 주는 듯 도시 전체에 독일풍의 분위기가 가득하다.
맥주의 본산 밀러 양조장Miller Brewing Company에서 맥주를 시음하는 것뿐 아니라 밀워키는 의외로 볼거리가 많은 곳이다. 이른 여름을 시작으로 Festa Italiana, German Fest, Irish Fest, Indian Summer 등 다양하고 이색적인 민속 축제가 연중 이어져 '축제의 도시City of Festivals'로 불릴 정도다. 특히 여름철에 11일간 열리는 서머페스트 Summerfest는 세계에서 가장 큰 여름 음악 축제로 기네스북에 오를 만큼 성대하다.

아이스너 광고디자인 박물관
The Eisner Museum of Advertising and Design

208 N. Water St, Milwaukee
수~금 11~17, 토 12~17, 일 1~17
성인 $5, 학생 $3, 12세 이하 무료
414-847-3290, www.eisnermuseum.org

텔레비전, 라디오, 잡지 등 현대 대중매체에 담긴 각종 광고의 제작 과정을 소개하고 관련 자료를 전시하는 광고디자인 박물관. 일반인 기준 연평균 2만여의 광고를 접한다는 통계가 있을 정도로 하루에도 수없이 쏟아져 나오는 인쇄 및 영상 매체의 다양한 광고를 전문적 차원에서 보고 배울 수 있다.

미쉘 팍 식물원
Mitchell Park Horticultural Conservatory (The Domes)

524 S. Layton Blvd, Milwaukee, 월·금 9~17, 토·일 9~16, 성인 $6.50, 학생 $5, 414-649-9830, www.milwaukeedomes.org 다운타운에서 남서쪽으로 Fwy. 94를 이용하여 갈 수 있는 식물원으로, 지름 149피트에 이르는 3개의 커다란 돔 모양으로 이루어진 독특한 외관이 눈길을 끄는 곳이다. 선인장, 야자수 등 사막 식물에서부터 열대우림 정글에서 서식하는 다양한 동식물을 볼 수 있다.

팹스트 대저택 Pabst Mansion

2000 W.Wisconsin Ave, Milwaukee
월~토 10~16, 일 12~16, 성인 $9, 학생 $8, 6~17세 $5
414-931-0808, www.pabstmansion.com

양조업, 부동산업 등에 걸쳐 화려한 재력을 과시했던 독일계 프레데릭 팹스트Frederick Pabst 선장의 대저택으로 르네상스 양식의 우아한 건물에서 옛 명성이 느껴진다.

그랜드 애비뉴 몰 Grand Avenue Mall

Ste 20, 275 West Wisconsin Ave, Milwaukee
414-224-0384, www.grandavenueshops.com

다운타운 중심가에 서 있는 대형 쇼핑몰로 주변 Wisconsin Ave.와 밀워키 강을 따라 130여 개의 상점 및 식당이 있어 다운타운 최대 상권을 이룬다.

밀워키 미술관 Milwaukee Art Museum

700 N. Art Museum Dr. Milwaukee
화~일 10~17, 목 8시까지, 성인 $12, 학생 $10, 12세 이하 무료
414-224-3200, www.mam.org

2만여의 방대한 작품을 소장하고 있는 밀워키 미술관은 고대에서 현대에 이르기까지 각 사조별로 거장들의 작품들을 전시해 놓아 미술사의 전체적인 흐름을 파악할 수 있다. 2001년 새로 증축한 콰드라치 파빌리온Quadracci Pavilion의 멋진 외관도 훌륭한 볼거리다. 스페인 건축가 산티아고 칼라트라바Santiago Calatrava가 설계한 건물로 마치 비상하려는 새의 날개 혹은 한 폭의 하얀 범선이 떠 있는 듯 독특한 모습이 아름답다.

밀워키 카운티 동물원 Milwaukee County Zoo

10001 W. Bluemound Rd. Milwaukee
11~2월 월~금 9:30~14:30, 토 · 일 9:30~16:30
3~10월 매일 9~16:30
성인 $11.75~13.25, 3~12세 $8.75~10.25
414-256-5412, www.milwaukeezoo.org

다운타운에서 서쪽으로 6마일 정도 떨어진 곳에 있는 밀워키 카운티 동물원은 서식지별로 구분된 300여 종에 이르는 2,500여 동물을 볼 수 있는 곳이다.

퍼블릭 박물관 Milwaukee Public Museum

800 W. Wells St, Milwaukee
화 휴무, 수~토 9~16, 일 10~16, 월 9~16
성인 $12, 13~17세 $10, 3~12세 $8
414- 278-2702, www.mpm.edu

공룡 화석을 비롯하여 북부 인디언의 풍습을 보여주는 유물 및 유적 등을 보면서 인류 생태계 전반에 걸친 문명과 진보의 역사를 배울 수 있다.

밀러 맥주 양조 공장 Miller Brewing Company

4000 West State Street, Milwaukee
414-931-2337, www.millerbrewing.com
밀워키까지 왔다면 절대 놓쳐선 안 되는 것 중 하나가
바로 맥주 공장 견학이다. Miller Genuine Draft (MGD)
맥주로 유명한 Miller Brewing Company에 들려 맥주의
역사를 살펴본 다음, 양조에서 출하에 이르는 맥주의 모
든 제조 과정을 지켜볼 수 있다. 21세 이상에 한하여 맥
주 시음의 기회도 제공한다.

할리 데이비슨 박물관

Harley-Davidson Museum

400 West Canal Street, Milwaukee
월·수 9~18, 화·목 9~20, 금~일 9~18
성인 $16, 5~17세 $10
414-287-2700, www.harley-davidson.com
오토바이광이 아니더라도 오토바이하면 떠오르는 할리
데이비드슨의 본사가 밀워키에 있다. 할리데이비슨이
105년 동안 만들어 온 다양한 모터사이클과 할리데이
비슨의 브랜드 가치를 체험할 수 있는 장소를 만들기 위
해 박물관을 오픈. 박물관의 외관 디자인 소재는 밀워키
의 주요 산업군이라 할 수 있는 유리와 강철로 되어 있
다. 1956년 엘비스 프레슬리가 탄 'KH 모델'을 포함, 한
고객이 40년 이상 동안 커스터마이징한 '킹콩'이란 모
터사이클도 전시된다.

3구 역사 지구 The Historic Third Ward

414-273-1173, www.historicthirdward.org
다운타운에서 남쪽으로 밀워키 강과 미시간 호를 끼고
형성된 '예술의 거리'로 골동품을 파는 가게 및 상점, 미
술관, 극장, 식당 등이 17블록에 걸쳐 이어진다.

아포슬 국립 호반공원
Apostle Island National Lakeshore

슈피리어 호의 푸른 물에 둘러 싸인 아포슬 군도Apostel Island는 베이필드 반도Bayfield Peninsula 근처에 있다. 아포슬 섬들은 빙하시대의 산물로서 커다란 얼음장이 기반 암석을 파고들어 협곡을 만들고 지나가면서 부스러기들을 쌓아 형성되었다.

빙하시대가 가고 섬들이 솟아 오르면서 호수의 침식을 통해 다양한 형태의 굴곡, 움푹 들어간 곳, 동굴들을 지닌 바위 절벽들이 형성되었다. 랩스베리 섬 등대Raspberry Island Lighthouse, 마니토우 섬 피시 캠프Manitou Island Fish Camp와 스토콘 섬Stockton Island 등 캠퍼를 타고 주변을 돌아 보는 보트 여행을 할 수 있다.

관광 정보
415 Washington Avenue, Bayfield, 1인 $3, 715-779-3397, www.nps.gov/apis

Lake of the Woods

Hallock

International Falls
Voyageurs NP

Grand Marais
Grand Portage NP

Thief River Falls   Northome
Upper Red Lake
Crookston   Chisholm
Lower Red Lake   Virginia
Bemidji   Hibbing
Grand Rapids   Two Harbors
Moorhead   Duluth
Detroit Lakes   Cloquet   Superior
Aitkin
Fergus Falls   Brainerd   Mille Lacs

Alexandria   Pine City
Milaca   WISCONSIN
Sauk Centre   St. Cloud
Ortonville
Willmar   St. Paul
Minneapolis
Montevideo
Red Wing
Marshall   New Ulm   Faribault   Winona
Mankato
Windom   Rochester
Worthington   Fairmont
Albert Lea   Preston

Mississippi River

MINNESOTA
미네소타

간혹 5월에도 눈이 내릴 정도로 겨울이면 매서운 추위가 몰아치는 미네소타 주는 크고 작은 호수에 둘러싸여 있어 '1만 호수의 땅Land of 10,000 Lakes'이라는 애칭을 갖고 있다. 실제로 미네소타 주에 있는 호수는 1만5천 개가 넘는다. 다양한 공연 문화가 활발한 쌍둥이 도시 미니애폴리스와 세인트폴, 자연 경관이 뛰어난 미시시피 강 상류 지역, 북동부의 그랜드 포티지와 보이저 국립공원 등이 잘 알려진 자연 관광지다. 미네소타 주는 전통적으로 진보적인 색채가 강한 곳으로 많은 민주당원을 배출한 곳이기도 하다. 1970년대 독립적인 신세대 직업여성상을 그려 반향을 일으켰던 TV 시트콤, 「메리 타일러 무어 쇼The Mary Tyler Moore Show」의 무대가 됐던 곳이 주도인 미니애폴리스이며, 반전 저항 가수인 밥 딜런과 사회적 반향이 큰 작품을 연출하는 영화 감독 코헨 형제, 작가 스콧 피츠제랄드의 고향인 것도 무관하지 않다.

주도 세인트 폴
별칭 North Star State, Gopher(땅다람쥐) State
명물 밥 딜런, 찰스 슐츠, 코헨 형제, 쌍둥이 도시, 그레이하운드 버스
미네소타 주 관광청 888-868-7476, www.exploreminnesota.com

같고도 다른 트윈 시티 Minneapolis & St. Paul

미니애폴리스 & 세인트폴 1

쌍둥이 도시Twin Cities로 알려진 미니애폴리스와 세인트폴은 미시시피 강Mississipi River을 따라 나란히 붙어 있다. 두 도시의 중심가를 형성하는 서쪽 미니애폴리스 지역은 건물과 건물을 잇는 스카이웨이Skyway와 고층 빌딩들이 서로 조화를 이루어 현대적 도시미를 연출한다. 반면 동쪽에 위치한 세인트폴은 트윈시티의 역사적 자취가 담긴 건물들을 많이 볼 수 있는 곳이다.

관광지로서보다는 거주하기에 좋은 도시로 손꼽히는 트윈 시티는 세계 수준의 미술관 및 박물관을 만날 수 있는 곳이다. 또한 거주 인구보다 더 많은 극장과 공연장이 있는 것으로도 유명하다.

관광 정보

미니애폴리스 관광국
250 Marquette Ave South, Suite 1300, Minneapolis
612-767-8000, www.minneapolis.org

세인트폴 관광국
175 West Kellogg Blvd, Suite 502, Saint Paul, 651-265-4900, www.visitsaintpaul.com

교통 정보

MSP, Minneapolis-St. Paul International Airport
612-726-5555, www.mspairport.com

허버트 H 험프리 메트로돔

The Hubert H. Humphrey Metrodome

900 S. 5th St, Minneapolis
612-332-0386, www.msfc.com
프로야구팀 미네소타 트윈스Minnesota Twins와 프로농구팀 미네소타 바이킹스Minnesota Vikings의 홈구장으로, 스포츠 경기 외에도 매년 300여 회 이상 각종 공연 및 행사가 열리는 곳이다.

미니애폴리스 미술관

Minneapolis Institute of Arts

2400 3rd Ave, S. Minneapolis
화 · 수 · 금 · 토 10~17, 목 10~21, 일 11~17, 월 휴관
612-870-3131, www.artsmia.org
세계적으로도 널리 알려진 미니애폴리스 미술관은 10만 여 점의 수준 높은 예술작품을 소장하고 있다. 전시 내용도 훌륭하지만 시대별 · 국가별 · 작품별로 세심하게 분류되어 있어 마치 '미술사의 백과사전'을 보는 듯한 느낌을 준다.

몰 오브 아메리카 Mall of America

60 E. Broadway, Bloomington
952-883-8800, www.mallofamerica.com
미니애폴리스 및 세인트폴 도심에서 남쪽으로 15분 안팎의 거리에 있는 초대형 쇼핑몰로 520여 개의 상점 및 60여 개의 식당이 갖춰진 미국에서 가장 큰 쇼핑센터다. 또한 30종의 실내 놀이기구를 탈 수 있는 Camp Snoopy, 레고 성곽을 쌓으면서 즐거운 한때를 보낼 수 있는 Lego Imagination Center, 4,500여 종의 해양 생물을 만날 수 있는 Underwater Adventures 등이 있어 아이들이 무척 좋아하는 곳이다.

미네소타 과학 박물관

Science Museum of Minnesota

120 W. Kellogg Blvd, St. Paul
매일 9:30~9:30 성인 $11, 4~12세 $8.50
651-221-9444, www.smm.org
세인트폴의 미시시피 강변에 있는 미네소타 과학 박물관은 인류학, 생물학, 고고학 등에 걸쳐 생생한 과학 체험을 할 수 있는 곳이다.

워커 아트 센터 Walker Art Center

1750 Hennepin Ave, Minneapolis
화~일 11~17, 목 11~21, 월 휴무, 성인 $10, 학생 $6
612-375-7654, www.walkart.org
워커 아트 센터는 음악, 무용, 연극, 영화 등의 다양
한 공연과 함께 20세기 현대미술을 경험할 수 있는 최
고의 미술관이다. 미국에서 가장 큰 조각공원으로 알
려진 미니애폴리스 조각공원Minneapolis Sculpture
Garden 건너편에 위치하고 있다.

포트 스넬링 역사 지구 Historic Fort Snelling

200 Tower Ave, St. Paul
6~8월 화~토 10~17, 일 12~17, 9~10월 토 10~17
성인 $10, 학생 $8, 6~17세 $5
612-726-1171, www.mnhs.org/places/sites/hts
19세기 초반 미국 북서부 최북단의 군사기지였던 곳으로 미시시피
강과 미네소타 강이 합류하는 지점인 Hwy. 5와 Hwy. 55가 만나는
부근에 위치하고 있다. 옛 복장을 한 병사들이 펼치는 대포 발사 및
구식 총기류 시범을 볼 수 있다.

와이즈먼 미술관 Frederick R. Weisman Art Museum

333 E. River Parkway, Minneapolis 화·수·금 10~17, 목 10~20, 토·일 11~17,
무료 입장 612-625-9494, www.weisman.umn.edu
1만6천 여 점의 현대미술 작품을 만날 수 있는 곳으로 미네소타 대학교University of
Minnesota 캠퍼스 내에 있다. 프랭크 게리Frank Gehry가 설계한 스테인리스스틸의
독특한 외관으로 더 유명하다.

그랜드 포티지 국립 기념지
Grand Portage National Monument

미네소타 주 북동부의 그랜드 포티지 국립 기념지Grand Portage National Monument는 개척시대 당시 모피 무역의 중심지였다. 몬트리올의 모든 물품들과 캐나다 북서쪽의 모피들은 이곳을 거쳤다. 원래 이곳은 인디언들이 슈피리어 호수에서 채취한 구리와 물고기들을 내륙 지방에 위치한 그들의 마을로 운반하기 위하여 개발한 곳이다.

Grand Portage는 미네소타 지역의 초기 정착지였다. 이곳의 역사적 역할을 기념하기 위하여 고고 학적인 발굴 자료를 바탕으로 일부 복구된 건물들, 창고, 대형 홀, 부엌 등을 통해 200년 전 이 지역의 모습을 엿볼 수 있다. 8.5마일의 산책 코스가 Fort Charlotte로 연결되어 있다. 아일 로열 국립 공원Isle Royal National Park Michigan으로부터 슈피리어 호Lake Superior를 가로질러 20마일 떨어져 있다.

관광 정보

170 Mile Creek Rd, Grand Portage, 무료 입장, 218-475-0123, www.nps.gov/grpo

보이저 국립공원
Voyageurs National Park

미네소타 주 북쪽 호수와 캐나다 국경 사이로 광대하게 삼림이 우거진 보이저Voyageurs 국립공원에는 개척시대 당시 카누를 타고 모피를 나르던 뱃사공들에 대한 기억이 아직도 남아 있다.
미대륙의 5대 호수 중 가장 서쪽에 있는 슈피리어 호수Lake Superior와 연결되고 복잡한 수로로 연결된 보이저 국립공원은 면적이 21만9천 에이커이고, 그중에서 8만4천 에이커에 이르는 호수와 강들은 슈피리어 호수로부터 Lake of Woods까지 자연적으로 형성된 물길이다.

모피를 나르던 뱃사공의 추억

모피 운송 뱃사공들이 Grassy Portage, Lake Kabe-togama, Cutover Island라고 이름 붙인 지역을 제외하고, 공원 구석구석의 아름다운 경관은 자연 상태 그대로 보존되고 있다. 오늘날까지 공원의 경관을 제대로 상징하는 것은 동부 삼림 지대에 산다는 Eastern Timber 늑대들이다. 옐로스톤과 글레이셔 국립공원이 Grizzly 곰의 최후 피난처이듯이 이곳은 Eastern Timber 늑대들의 마지막 은신처다. 곰, 사슴, 비버, 고라니, 말코손바닥 사슴과 무수한 물새들을 볼 수 있다.

공원 비지터 센터

US 하이웨이 53번상의 South Inter-national Falls에 있는 공원 본부와 Rainy Lake 안내소는 일년 내내 열려 있다. Woodenfrog Campground에서는 공원 안내인을 따라 카누 여행을 할 수 있고, 공원의 자연과 문화적 배경에 관한 저녁 프로그램에 참가할 수 있다. 인근 지역과 섬에는 캠핑장이 많다. 캠핑을 원하면 3곳의 Visitor Center에 문의한다.

보트 카누 여행

안내원이 함께하는 보트를 타고 공원의 이곳저곳을 구경할 수 있다. 6시간이 소요되는 Kabetogama와 Na-makan 호수 여행에서는 오래된 목조 건물과 운모 광산을 구경하고 20세기 초 건물인 Kettle Falls Hotel에 갈 수 있다.

겨울철 스키 여행

보트와 카누가 주요 여행 수단이지만 산책 코스도 마련되어 있다. 가장 인기 있는 코스는 Locator Lake 코스이고, 도로가 없는 Kabetogama 반도를 가로지르는 Cruiser Lake 코스도 사랑을 받고 있다. 호수가 얼고 관목들이 바닥에 깔리는 겨울철에 즐길 수 있는 스키와 산책 코스들도 많다.

International Falls

이곳에서는 낚시, 보트, 카누, 스노 모빌 및 크로스 컨트리 스키 등을 할 수 있으며 공원 입구에 있다. 또한 이곳은 캐나다의 온타리오 지역과 연결되는 상당히 중요한 항구 도시다.

그랜드 마운드 안내 센터
Grand Mound Interpretive Center

지방도로 11번(SR 11)의 17마일 서쪽에 있다. 초기 인디언들의 유품과 야생 동물 전시품을 구경할 수 있다.

관광 정보

3131 Highway 53, International Falls
무료 입장
Rainy Lake Visitor Center 218-286-5258
Kabetogama Lake Visitor Center 218-875-2111
Ash River Visitor Center 218-374-3221
www.nps.gov/voya

뉴욕 & 뉴저지

NEW YORK & NEW JERSEY

뉴욕을 흔히 뉴욕 시와 동일시하기 쉽지만 뉴욕 주는 북쪽으로 몬트리올, 서쪽으로 나이아가라 폭포, 동쪽으로는 대서양에 접한 거대한 주이다. 뉴저지 주는 조지 워싱턴 브리지를 통해 뉴욕 시와 이어져 있지만 흔히 말하듯 '뉴욕 시의 겨드랑이' 라고 부르면서 뉴욕 시의 외곽 지대로만 여기기엔 부족한, 남한 땅의 1/3 규모가 되는 매력 있는 주이다. 세계의 수도로 군림하는 뉴욕 시의 영광 그 곁에는 제각각의 가치와 매력을 지닌 주변 지역들이 에워싸고 있다.

Inside New York & New Jersey

뉴욕 시티 로어 맨해튼 / 미드타운 / 어퍼 맨해튼 / 브루클린 / 퀸스 / 브롱스 / 스태튼 아일랜드

롱아일랜드

업스테이트 뉴욕 나이아가라 폭포 / 버펄로 / 캐츠킬 / 사우전드 아일랜드 / 사라토가 스프링스 / 올버니 / 아디론댁 파크 / 허드슨 리버 밸리

뉴저지 아틀랜틱 시티 / 케이프 메이 550

NEW YORK
뉴욕

뉴욕 주는 매력 만점의 세계 도시 뉴욕을 품고 있는 미국의 핵심 지역이다. 그 곁으로는 대서양 연안을 따라 그림처럼 펼쳐지는 긴 섬 롱아일랜드가 놓여 있고, 업스테이트로 올라가면 뉴욕 최상류층들의 대저택이 즐비한 허드슨 밸리, 유서 깊은 리조트인 캐츠킬, 주도 올버니와 영원한 야생의 땅인 애디론댁 산맥의 거친 자연까지 무궁무진한 뉴욕의 다른 얼굴들이 놓여 있다. 더불어 뉴욕 서부에는 말할 것도 없는 세계 제1의 관광 명소 나이아가라 폭포가 장관을 이루며 풍성한 뉴욕 여행의 기쁨을 안겨 준다.

주도 올버니
별칭 Empire State
명물 UN 본부, 엠파이어 스테이트 빌딩, 자유의 여신상, 월 스트리트, 테디 루즈벨트, 우디 앨런
뉴욕 주 관광청 800–225–5697, www.iloveny.com

1

세계의 수도 뉴욕 City of New York

뉴욕 시티

잠들지 않는 도시 뉴욕. 미국이 지닌 특유의 다양성과 넘치는 활기를 대표하는 미국 최대의 도시이자 세계 제일의 도시, 세계 금융의 중심이자 문화의 중심지로 꼽힌다. 1970년대에 뉴욕 관광청이 과거 대규모 사과 농장이었던 맨해튼의 역사를 상징해 뉴욕을 '빅 애플Big Apple'로 부르면서 빅 애플에는 '잘 익은 사과를 움켜쥐듯 성공의 기회가 많은 도시'라는 의미가 담기게 되었다. 뉴욕 시티는 빌딩 숲으로 가득한 뉴욕의 심장부 맨해튼, 양키 스타디움이 있는 브롱스, 세련된 뉴요커들의 주거지 브루클린, 무수히 다른 인종들이 어울려 사는 퀸스, 평화로운 교외의 풍경을 지닌 스탠튼 아일랜드 등 5개의 보로boroughs, 즉 자치구로 이루어져 있다.

관광 정보
뉴욕 시티 관광국 212-397-8222, www.nycgo.com

교통 정보
●항공
뉴욕 시티에는 3개의 주요 공항이 있다. 세 공항 모두 인터넷 홈페이지(www.panynj.gov) 에 접속, Traveling 메뉴에서 상세한 정보를 얻을 수 있다. 대한항공과 아시아나항공 직항 편은 JFK 공항으로 도착한다. 워싱턴 DC와 보스턴에서 뉴욕까지는 약 1시간, LA에서는 약 5시간이 소요된다.

JFK 국제공항 John F. Kennedy International Airport
맨해튼 미드타운까지 15마일, 약 1시간 소요, 미 동부로 가는 관문으로 이용객이 제일 많은 공항이다.
라과디아 공항LaGuardia Airport 맨해튼까지 8마일, 30분 소요
뉴왁 공항Newark International Airport 인근 뉴저지에 위치, 맨해튼까지 45분 소요

●JFK 공항에서 시내까지
슈퍼 셔틀 Super Shuttle 1인당 $14~19, 212-258-3826, www.supershuttle.com
뉴욕 에어포트 서비스 편도 $15, 왕복 $27, 718-875-8200, www.nyairportservice.com
택시
JFK에서 맨해튼 시내까지의 규정 요금인 45달러에 톨 요금까지 포함되어 있다. 약 10~20%의 팁을 별도로 주어야 한다. 대기하고 있는 한국인 택시(아리랑 콜택시 718-539-5858, A.B.C. 콜택시 718-321-1400, 88콜택시 718-888-8800)가 많이 있어서 이용은 용이하나 요금이 다소 비싼 편이다.
에어 트레인 Air Train
공항의 각 터미널을 무료로 연결하며 메트로로 환승하여 맨해튼까지 갈 수 있다.
MTA 버스 요금 $2.25, 718-330-1234, www.mta.cyc.ny.us 퀸즈와 뉴욕 동쪽까지 갈 수 있다.

●뉴왁 공항에서 맨해튼까지
슈퍼 셔틀Super Shuttle 이용 방법은 JFK 공항과 동일, 맨해튼 미드타운까지 30분~1시간 소요.
올림피아 에어포트 익스프레스 Olympia Airport Express
편도 $15, 왕복 $25, 212-954-6223, www.coachusa.com/olympia 맨해튼 미드타운까지 운행.

택시 거리에 따라 요금이 부과되어 맨해튼 미드타운까지 55~60달러 정도.

●라과디아 공항에서 맨해튼까지
슈퍼 셔틀Super Shuttle, 뉴욕 에어포트 서비스, MTA 버스 이용 방법은 JFK 공항과 동일.
택시 거리에 따라 요금이 부과된다. 미드타운까지 25~30달러 정도.

앰트랙 Amtak 800-872-7245, www.amtrak.com
보스턴, 필라델피아, 볼티모어, 혹은 워싱턴DC에서 북동부 방면으로 여행할 때는 앰트랙이 최선의 선택이다. 맨해튼의 펜 스테이션Penn Station(8th Ave, 31st St과 33rd St 사이)에서 타고 내린다. 특급 열차를 이용하면 시간이 단축된다.

버스 Greyhound
뉴욕을 오가는 모든 장거리 시외버스들은 8th Ave의 40번가와 42번가 사이에 위치한 포트 오소리티 터미널(212-564-8484, www.ny.com/transportation/port_authority.html)에서 출발한다. 동부 해안을 따라 오르내리는 노선 요금은 대개 열차보다 저렴하다.

●시내 교통
맨해튼 거리를 가장 빨리 쉽게 돌아보는 방법은 지하철, 버스, 택시를 조합해서 이용하는 것. 그러나 교차로의 교통 정체나 지하철 연착 등으로 인해 걷는 것이 빠를 때도 있다. 혼잡 시간에는 걷는 것이 다른 교통편보다 훨씬 빠르다. 따라서 조금 먼 거리를 다닐 때는 지하철, 다운타운을 다닐 때는 버스, 짧은 거리는 걸어다니는 것이 최선의 선택.

남북 방면은 지하철
교통국MTA에서 운영한다. 뉴욕을 다니는 가장 빠르고 편리한 교통수단으로 빠르고 저렴하면서도 주요 관광 명소를 찾아가는 가장 간단한 방법이다. 특히 남북을 오갈 때 편리하며 24시간, 1주일 내내 운행한다.

동서 방면은 시내버스
택시보다 저렴하고 지하철보다 좋은 차창 밖 전망을 제공하는 MTA 버스는 다운타운을 다닐 때 좋은 교통수단. 가장 큰 단점은 교통체증에 갇힐 경우 걷는 것이 더 빠를 수도 있다는 점.

옐로캡 Yellow Cab
뉴욕은 택시가 많아 이용이 쉽다. 미국의 다른 대도시보다 요금이 저렴한 편이다.

●대중교통 요금 체계
메트로와 버스의 이용 요금은 1회 2.25달러로 동일하다. 2시간 내에는 추가 비용 없이 다른 노선이나 교통수단으로 환승이 가능하다. 정해진 기간 동안 메트로와 버스를 무제한 탑승할 수 있는 카드를 구입하면 경제적으로 이득이다.
지하철의 회전식 개찰구를 들어갈 때 카드 리더기에 긁고 지나가는 메트로 카드MetroCard는 미리 요금을 지불하는 데빗카드라고 보면 된다. 일단 개찰구를 들어가면 역 밖으로 나오지 않고 목적지까지 가는 어떤 노선으로든지 갈아탈 수 있다.

●메트로 카드 Metro Card
메트로와 버스를 모두 이용할 수 있는 메트로 카드는 1회만 쓰는 싱글 라이드Single Ride($2.25), 일정 금액을 충전해서 사용할 수 있는 페이퍼 라이드Pay-Per-Ride($4~80, 10달러 이상 구입하면 20%의 보너스 추가), 일정 기간 무제한 사용이 가능한 언리미티드 라이드Unlimited Ride(1일 $8.25, 7일 $27, 14일 $51.50, 30일 $89) 등 3종류가 있다. 언리미티드 라이드 카드는 개찰구를 통과한 뒤 18분이 지날 때까지는 다시 사용할 수 없는데, 이는 한 사람만 사용할 수 있도록 하기 위한 조치다. 메트로 카드는 역의 개찰구 앞 티켓 판매 부스 및 자동판매기에서 구입할 수 있다.

뉴욕 시내 관광 Best

1 크루즈

멋진 맨해튼의 스카이라인을 감상할 수 있어 인기.
Circle Line
성인 $26~34, 어린이 $18~21
212-563-3200, www.circleline42.com
관광객뿐만 아니라 뉴요커에게도 인기 만점인 관광
크루즈. 맨해튼 섬을 일주하는 코스로 자유의 여신
상도 가까이에서 바라볼 수 있다.
New York Waterways
800-533-3779 www.nywaterway.com
서클라인의 강력한 경쟁자. 뉴욕항 크루즈 외에도
베이스볼 크루즈 등 특색 있는 상품을 내놓고 있다.

2 2층 버스 투어

높직한 2층 버스에서 바라보는 뉴욕의 거리 풍경이
흥미진진하다. 관광 명소에 정차할 때마다 타고 내
릴 수 있어 편리하다. 티켓은 포트 오소리티 버스
터미널이나 타임 스퀘어에 위치한 그레이라인 안내
센터에서 구입하면 된다. 업타운, 다운타운, 브루클
린 코스 등이 있다. 저녁에 출발하는 야간 투어는 맨
해튼의 화려한 야경을 맘껏 구경할 수 있다. 출발 장
소는 타임 스퀘어 부근.
Gray Line New York Tours
성인 $54~99, 어린이 $44~69
800-669-0051, www.graylinenewyork.com
City Sights NY
성인 $54~86, 어린이 $44~65
212-812-2700, www.ditysightsny.com

3 드라마 투어 Drama Tour

On Location Tours
3시간 30분 정도 소요, 성인 $42
212-209-3370, www.screentours.com
「섹스 앤 더 시티」와 「가십 걸」 등 인기 드라마에 나
왔던 40여 곳을 직접 방문할 수 있다.

4 덕 투어

Duck Tour NYC Ducks
월 $19, 목~일 $24
888-838-2570,
www.nyducks.com
새롭게 등장한 투어 프로그램으로 수륙 양용차를
타고 시내와 허드슨 강을 모두 둘러볼 수 있다.

5 헬리콥터 투어 Helicopter Tour

Liberty Helicopter Tours
성인 $100~200
212-967-6464, www.libertyhelicopters.com
비싸긴 하지만 한눈에 뉴욕 전경을 바라볼 수 있다
는 것이 큰 매력. 자유의 여신상부터 센트럴 파크까
지 둘러보는 데 20분 정도 소요된다. 예약 필수.

6 도보 관광

타임스퀘어 무료 워킹 투어 Times Square Free Tour
1560 Broadway, Ground Floor 212-768-1560, www.timessquarenyc.org
타임 스퀘어 지구 번영협회에서 제공하는 인근 지역 무료 투어. 뉴요커들의 주머니 사정에서부터 소소한 뒷
이야기까지 들을 수 있다. 타임 스퀘어 방문객 센터 앞에서 매주 금요일 오전 11:45에 출발.

Central Park Conservancy
1시간 가량 소요, 무료, 212-310-6600, www.centralparknyc.org
센트럴 파크 보호협회에서 제공. 센트럴 파크의 역사와 생태계, 공원 설계 등에 관해 자세한 설명을 해준다.

록펠러 센터 투어 Rockefeller Center Tours
30 Rockefeller Plaza, Top of the Rock Entrance212-698-2000, www.topoftherocknyc.com
라디오 뮤직 시티, GE빌딩, NBC 스튜디오 등을 포함한 록펠러 센터의 건축물과 역사에 대해 들려준다.

월 스트리트 도보 관광 Wall Street Walking Tour
917-868-7009, www.thewallstreetexperience.com
다운타운 얼라이언스에서 제공하는 로어 맨해튼 지역 투어.

로어 맨해튼 Lower Manhattan

월 스트리트 Wall Street

원래 네덜란드가 맨해튼을 소유하고 있을 당시 경쟁자였던 영국과의 전쟁을 치르면서 이스트 강에서 허드슨 강까지 2,340피트에 달하는 요새를 설치했던 자리다. 지금은 대포와 요새 대신 금융 거래를 둘러싼 치열한 '전쟁'이 매일 벌어지는 곳. 그중 가장 거대한 전쟁을 치르는 곳인 뉴욕증권거래소도 여기에 있다. 위치는 로어 맨해튼 Trinity Place에서 South Street까지.

뉴욕 증권 거래소 New York Stock Exchange

11 Wall St, New York

212-656-3000, www.nyse.com

주식 투자 붐이 일면서 '월 스트리트'의 대명사로 우리에게도 친근한 명소가 됐다. 관람실의 대형 유리창을 통해 실제로 주식이 거래되는 현장을 지켜볼 수 있다. 8시 45분에 배포하는 무료 입장권이 한정되어 있으므로 일찍 도착해야 입장할 수 있다.

차이나타운 Chinatown

www.explorechinatown.com

리틀 이탈리아와 로어 이스트 사이드 사이를 중심으로 형성된 차이나타운은 현재 미국 최대의 중국인 거리가 됐다. 가게의 간판은 온통 중국어로 뒤덮여 있고 전화부스조차 탑 모양의 디자인. 관광객들의 시선을 끄는 것은 아무래도 짝퉁을 파는 가게와 중국식 레스토랑. 음력설이면 벌어지는 퍼레이드가 볼만하다. 대략적인 위치는 남북 방향으로는 Canal St.에서 Bayard St.까지, 동서로는 Broadway에서 Bowery St.까지를 말한다.

![Thank You America - For Your Prayers and Support For All Those Lost And Their Families From The Port Authority NY & NJ Police]

엘리스 아일랜드 이민 박물관

Ellis Island Immigration Museum www.nps.gov/elis
미국 이민사의 애환이 서려 있는 유서 깊은 섬.
1892~1954년 사이에 약 1,200만 명의 이민자들이 증
기선 3등칸에 고단한 몸을 싣고 미국에 처음 들어오면
서 거쳐야 했던 곳이다. 여기서 법적 절차와 신체검사
를 통과한 뒤에야 비로소 미국 입국 허가를 받았다. 당
시 이민 업무를 보던 건물Main Building이 미국 이민
박물관으로 개조돼 일반에 공개되고 있다.

그라운드 제로 Ground Zero

그라운드 제로란 핵무기 폭발 지점을 뜻한
다. 2001년 9월 11일 테러리스트들이 납치
한 여객기가 충돌하면서 사라진 110층 높
이의 월드 트레이드 센터의 쌍둥이 빌딩이
있던 자리. 9.11 테러 이후 마이클 블룸버
그 뉴욕 시장은 이 자리를 '스타팅 포인트
Starting Point'로 새로 명명하기도 했다. 사
라져버린 월드 트레이드 센터 쌍둥이 빌딩
은 현대 건축사에서 상당히 중요한 의미를
지녔던 건물이지만 이제는 많은 관광객들
이 충격적인 테러 사건의 현장을 둘러보기
위해 찾는다. 2006년부터 초고층 WTC 건
물과 기념 박물관을 짓는 작업이 한창이다.
위치는 Church St로 Liberty St.와 Vesey
St. 사이.

자유의 여신상 관람하기
Statue of Liberty National Monument

212-363-3200, www.nps.gov/stli

뉴욕의 상징이자 미국의 상징인 자유의 여신상은 9.11 테러 이후 보안상의 이유로 8년간 관광객의 관람을 중지했다가 지난 2009년 독립기념일을 맞아 재오픈 했다.

리버티 아일랜드에 있는 자유의 여신상을 관람하려면 우선 페리호 승선 티켓과 자유의 여신상 내부 관람 티켓 두 가지가 필요하다. 페리호 승선 티켓은 배터리 파크에서 구입 가능하지만 내부 관람 티켓은 전화나 웹사이트를 통해 사전 예약해야 한다.(13세 이상 $12, 4~12세 $5, 877-523-9849, www.statuecruises.com)

배터리 파크에서 30분 간격으로 운행하는 페리를 타고 15분쯤 들어가게 된다. 티켓 구입은 워낙 관광객이 많아 늘 긴 줄을 서게 되므로 최소한 30분 이상 기다려야 한다. 또한 검색대를 통과하는 절차도 있다.

페리는 2층 규모로 되어 있지만 배를 타고 가면서 관람하기 위해서는 갑판에 자리잡는 것이 좋다.

내부로 들어가서 364개의 계단을 통해 여신상의 크라운 부분에 마련된 전망대까지 오르거나 엘리베이터를 타고 갈 수 있다. 박물관과 기념품점을 들러 여행의 추억을 만드는 것도 좋다. 귀가용 페리호는 엘리스 아일랜드Ellis Island를 거쳐서 운항하므로 여기에서 이민 박물관을 구경하고 다시 승선하여 출발지인 배터리 파크로 돌아오게 된다. 엘리스 아일랜드는 과거 이민 입국 관리소가 있던 곳으로 1990년 이민 박물관을 열고 관광객들을 맞이하고 있다. 1820년부터 의 이민 역사 전반에 관한 전시와 기념물들이 잘 소개되고 있다.

사우스 스트리트 시포트 South Street Seaport

19 South St, (at Fulton Street) 212-732-7678, www.southstreetseaport.com

과거 전국에서 가장 붐비던 뉴욕항으로 이제는 대대적인 리노베이션을 거쳐 역사적인 랜드마크 겸 활기찬 모습의 쇼핑몰로 재탄생했다. 이스트 강과 브루클린 브리지 전망이 가장 뛰어난 곳이다. 이 지역은 크게 원래의 뉴욕 수산시장이 있던 자리, 강가의 17번 부두, 그리고 사우스 스트리트 근처의 풀톤 수산시장 건물로 나뉜다. 근처 박물관에서 각종 항해 장비와 선박의 발달사를 살펴본 후 부둣가에 정박해 있는 무역선 페킹 호The Peking에 승선해서 내부를 돌아볼 수 있다.

브루클린 브리지 Brooklyn Bridge

1883년에 완공된 이 다리는 돌로 쌓은 교각과 강철 케이블로 만들어졌다. 로어 맨해튼에서 이스트East 강 위를 가로지르는 다리를 바라보는 조망도 일품. 자동차가 다니는 다리 위에 나무 판자를 깔아서 만든 2층 보도 위를 걷는 것은 또 다른 즐거움을 선사한다. 다리 위에서 맨해튼 방향의 전망을 즐기려면 지하철(A나 C)을 타고 브루클린의 하이 스트리트에서 내린 후 다리 위를 걸어오면 된다.

소호 SoHo

www.sohonyc.com

개성 있는 쇼핑가로 유명한 소호는 휴스턴 스트리트의 남쪽South of Houston St이라는 뜻이다. 한때 장인들이 스스로 만든 개성 있는 작품들을 판매하는 명소로 유명했으나 이제는 부티크와 갤러리들이 들어서 뉴욕의 다른 유명 쇼핑가와 별다른 차이점이 없게 되었다. 행인들의 시선을 끄는 길거리 화가들의 작품을 살펴보는 것이 재미있다. 동서로 Americas Ave에서 Lafayette St까지, 남북으로는 Houston St에서 Canal St까지를 지칭한다.

그리니치 빌리지 Greenwich Village

www.gvba.org

지그재그로 뻗은 거리와 매혹적인 적갈색 석조 건물들이 늘어선 동네. 재즈와 록 클럽, 댄스 클럽을 위시해서 레스토랑, 바와 카페 등 대학 문화의 중심이기도 하다. 한때 미국 내 급진사상의 중심이었고 유명한 개혁주의자나 예술가, 지성인들이 모여들어 더욱 유명해진 곳. 최근에는 갤러리와 비스트로, 댄스클럽 등이 들어서면서 면모를 일신하고 있다. 워싱턴 스퀘어 파크와 뉴욕 유니버시티가 이곳에 있다. 대략적인 위치는 Houston St.에서 14th St.까지로 Broadway와 West St.로 둘러싸인 지역.

놓칠 수 없다!

매력 넘치는 타운 첼시Chelsea의 명소

뉴욕의 대표적인 예술 지구로 34번가의 펜실베이니아 역 남쪽과 8번가, 14번가, 23번가까지가 첼시 지역이다.

첼시 마켓 Chelsea Market

www.chelseamarket.com

쿠키의 대명사인 오레오Oreo의 제조사 나비스코 Nabisco의 옛 공장을 개조한 마켓으로 오래된 건물 외관은 다소 허름해보이지만 내부는 전혀 다른 멋스러움과 생기 넘치는 가게들이 즐비하다. 붉은 벽돌벽에 파이프들을 그대로 노출시킨 내부 인테리어는 오히려 색다른 클래식한 멋을 풍긴다. 랍스터, 베이커리, 티숍 등 눈길을 끄는 30여 개의 가게들이 전부 명소라고 해도 지나치지 않다. 주 7일 개장하며 다운타운 웨스트 9 애비뉴의 15가와 16가 사이에 있다.

하이 라인 High Line

www.thehighline.org

다운타운 웨스트 사이드의 첼시 외곽 지역은 원래 육류 가공 공장과 과자 공장 등이 밀집한 지역으로 이 공장 지역을 통과하던 옛 고가 철길을

공원으로 개조한 이색적인 곳이다. 3층 건물 높이의 철길 주변에 산책길을 만들고 꽃과 벤치 등으로 꾸며 멋스럽고 전망 좋은 공원으로 탈바꿈했다. 17가에는 전망대도 있고 공연장도 있으며 장애인용 엘리베이터도 갖추었다. 철길 중 워싱턴 스트리트 11사에서 미드타운 34가의 부둣가에 이르는 공원 구간 중에 지금은 14가에서 20가까지 개통되어 있고 2010년 말이면 나머지 구간도 개장된다.

첼시 갤러리 Chelsea Gallery

www.chelseaartgalleies.com

10번가와 11번가 사이, 21가와 25가 사이에 자리한 3백여 개의 갤러리 지구로 소호 지역의 갤러리를 능가하는 규모로 조성되며 대부분 무료 개장하므로 관광객들에게는 더없이 좋은 명소가 되고 있다. 디아 아트 센터DIA Art Center, 매튜 마크스 갤러리Matthew Marks Gallery 등이 유명하며 웹사이트를 통해 전시 정보가 소개된다.

미드타운 Midtown

타임 스퀘어 Times Square

1560 Broadway(between 46th and 47th Sts.)

212-768-1560, www.timessquarenyc.org

뉴요커들은 늘 관광객으로 만원인 이곳을 '세계의 교차로' 라고 부른다. 주변의 건물들은 온통 전광판으로 뒤덮인 채 요란한 메시지를 내보내고 있다. 주변에는 극장가, 호텔, 오피스 빌딩은 물론 테마 레스토랑과 대형 매장까지 들어서 하루 종일 북적거린다. 타임 스퀘어의 새해맞이 이벤트가 특히 유명하다.

록펠러 센터 Rockefeller Center

30 Rockefeller Plaza
(50th St. between 5th and 6th Ave.)
212-332-6868, www.rockefellercenter.com
1928년 존 D.록펠러 2세John D. Rockefeller Jr.가 지은 도시 속의 도시다. 20여 개의 빌딩군이 모여 있는 업무 지구이면서 수많은 레스토랑과 상점, 지하보도, 광장 등이 모여 있어 관광객들의 발길이 끊이지 않는다. 뉴욕의 연말연시를 밝히는 초대형 크리스마스 트리로 유명한 곳. 엠파이어 스테이트 빌딩의 전망대와 함께 뉴욕 최고의 전망대로 꼽히는 탑 오브 더 록Top of the Rock과 NBC 스튜디오, 인근의 라디오시티 뮤직홀을 돌아보는 무대 뒤 투어가 인기.

》 탑 오브 더 록 Top of the Rock

성인 $19~30, 6~12세 $14~15
212-698-2000, www.topoftherocknyc.com
맨해튼에서 가장 최근에 생긴 전망대로 GE빌딩 70층에 있다. 야경이 좋아 일몰 시간 입장료가 비싸다. 화려한 스와로브스키Swarovsk 폭포도 장관.

》 록펠러 센터 가이드 투어 Rockefeller Center Guide Tour

1시간 15분 소요, 성인 $12.75, 6~12세 $10.75
라디오시티 뮤직홀, NBC 스튜디오, 채널 가든, 로어 플라자 등을 가이드와 함께 돌아볼 수 있다.

》 NBC 스튜디오 투어 NBC Studio Tour

월~목 10~17:30, 금·토 9~17:30, 일 9:30~16:30
성인 $19.25, 6~12세 $16.25
212-664-3700, www.nbcstore.com
미국의 3대 방송사인 NBC의 스튜디오를 약 1시간 정도 돌아볼 수 있다. 예약 필수. 사진 촬영 금지.

타임 워너 센터 Time Warner Center

10 Columbus Circle (at 59th St.)
212-823-6300www.shopsatcolumbuscircle.com
2004년 2월 문을 연 복합 시설로 뉴욕 콜로세움New York Coliseum을 철거하고 지었다. 왼쪽 타워에는 CNN 본사, 오른쪽 타워에는 만다린 오리엔탈 호텔이 위치하며, 2개의 타워가 연결된 곳에 상점과 레스토랑, 그리고 하루 1,000명 이상이 방문하고 있다는 삼성전자 체험관이 있다.

그랜드 센트럴 터미널
Grand Central Terminal

42nd St. (at Park Ave.)212–532–4900,
www.grandcentralterminal.com
1913년에 건립된 역사로 도심 재개발로 헐릴 뻔
한 위기를 넘기고 재단장하여 여행객들을 맞고
있다. 널찍한 중앙 홀에 들어서면 천장의 창문
을 통해 쏟아져 들어오는 햇살이 눈부시다. 뉴
욕의 겨울 하늘을 상징하는 청록 색의 천장에
는 황금으로 둘러싸인 59개의 별이 빛을 발하
고 있다.

세인트 패트릭스 성당
St. Patrick' s Cathedral

460 Fifth Ave.(at 50th St.)
매일 7:30~20:30, 212–753–2261
www.saintpatrickscathedral.org
미국에서 가장 크고 유명한 성당의 하나. 록펠
러 센터 건너편에 있다. 330피트에 달하는 두
개의 높은 첨탑은 뉴욕의 명물. 성당 안에는 제
단과 스테인드글라스, 7,300개의 파이프가 달
린 거대한 오르간 등이 있다. 좌석이 2,500석
이나 되지만 주일 미사에는 일찍 도착해야 한
다. 매년 열리는 세인트 패트릭 데이 퍼레이드
St.Patrick' s Day Parade는 1762년에 시작된
뉴욕에서 가장 오래된 연례행사이다.

매디슨 스퀘어 가든 Madison Square Garden
4 Pennsylvania Plaza, (Seventh Ave.)
212–465–5800, www.thegarden.com
2만여 석을 갖춘 뉴욕의 프로 스포츠 및 대형 콘서트
의 대명사. 원래는 펜실베이니아 역이 자리하고 있던
곳으로 지금도 지하는 허드슨 강과 이스트 강을 건너
는 철도역으로 사용되고 있으며, 스포츠 센터는 원형
건물의 지상 5개 층을 사용한다. NBA 뉴욕 닉스New
York Knicks, NHL 뉴욕 레인저스New York Rangers,
WNBA 뉴욕 리버티New York Liberty의 홈경기장으로
5,500여 석 규모의 극장에서는 콘서트, 스케이팅, 테니
스 경기 등이 열린다.

뉴욕 공공도서관 New York Public Library
455 Fifth Ave. and 42nd St, NY
917–275–6975, www.nypl.org
뉴욕 공공도서관에는 신대륙 발견을 묘사한 1493년 크
리스토퍼 콜럼버스의 편지, 셰익스피어 전집 인쇄본,
토마스 제퍼슨이 기초한 독립선언서 초고 등이 전시
되어 있다.
바로 뒷편에 있는 브라이언트 파크Bryant Park(www.
bryantpark.org)는 나무 그늘 아래서 점심을 먹고 휴식
을 취하기 좋아 뉴요커들이 많이 찾는 명소.

현대미술관 MoMA, Museum of Modern Art

11 West 53rd St. (at 6th Ave.), NY
토·일·월·수·목 10:30~17:30, 금 10:30~20:00,
화 휴무 성인 $20, 학생 $12, 16세 미만 무료
212-708-9400, www.moma.org
세계 최고 수준의 현대미술관으로 10만 점이 넘는 회
화, 조각, 사진, 건축, 디자인 등 방대한 소장품을 자랑
한다. 모네, 고흐, 피카소, 로댕, 헨리 무어, 앤디 워홀 등
거장들의 작품을 이곳에서 접할 수 있다. 또 1만4천 점
이 넘는 영화와 400만 장의 스틸 사진도 있다.

코리아타운 Koreatown

32nd St.와 Broadway 5th Ave.사이
뉴요커들이 '케이타운 K-Town' 이라고 부른다. 한국
음식이 인기를 얻으며 외국인들도 많이 찾는 곳이 되
었다. 코리아타운에서 가장 오래되었다는 감미옥과 강
서회관, 한아름 슈퍼(212-695-3283) 등 여러 한인 업
소들이 밀집해 있다.

텔레비전·라디오 박물관

Museum of Television and Radio
25 West 52nd St.(between 5th and 6th Aves.)
월·화 휴무, 수·금·토·일 12~18, 목 12~20
성인 $10, 학생 $8, 14세 이하 $5
212-621-6600, www.mtr.org
1920년대부터 현재에 이르기까지 6만 점이 넘는 TV와
라디오 방송 프로그램이 이곳에 보관되어 있다. 관람객
은 직접 프로그램을 선택해서 듣거나 시청할 수 있다.
수천 점이 넘는 TV 광고도 있다.

인트레피드 해양·항공·우주 박물관

Intrepid Sea·Air·Space Museum
W 46th St & 12th Ave, New York
4~10월 월~금 10~17, 토·일 10~18, 11~3월 월 휴
무, 화~일 10~17, 성인 $22, 3~17세 $17
212-245-0072, www.intrepidmuseum.org
2차 세계대전과 베트남전에 참전했던 항공모함으로 허
드슨 강가에 영구적으로 정박한 인트레피드 호에 꾸며
진 박물관. 전시 임무로 적기 650대 격추, 적함 289척
을 격침한 전공 외에 우주선 머큐리 호와 제미니 호 회
수작전 등 평시 임무 업적도 전시되어 있다. 함상 활주
로에는 여러 대의 전투기와 전폭기 등이 있다. 인트레
피드 호 옆에는 구축함 USS 에디슨 호, USS 그라울러
호, 핵미사일 잠수함 등이 전시되고 있다.

엠파이어 스테이트 빌딩

Empire State Building
350 Fifth Ave. (at 34th St.)
매일 8:00~새벽 02:00, 성인 $18.45,
6~12세 $12.92
212-736-3100, www.esbnyc.com
1931년에 완공된 건물로 6만 톤의 강철과 1
천 만 장의 벽돌로 지은 초고층 빌딩. 맨해튼
의 심장부에 우뚝 솟아 있는 엠파이어 스테
이트 빌딩 엘리베이터를 타고 86층 전망대
까지 올라가면 사방으로 탁 트인 전망이 시
야에 들어온다. 쾌청한 날은 거의 80마일까
지 멀리 볼 수 있다. 바로 발 아래의 건물들
을 내려다보는 것도 전혀 다른 느낌을 준다.

유엔 본부 United Nations HQ

760 United Nations Plaza, Manhattan

가이드 투어 성인 $12,50, 학생 $8, 어린이 $6,50, 212-963-8687, www.un.org/tours

이스트 강변에 둥근 돔의 총회의장 건물과 부속 건물들이 위풍당당하다. 9월 중순부터 12월 중순까지는 유엔 총회 모습을 방청할 수 있다. 로비에 있는 안내 센터에서 방청권을 선착순으로 무료 배부. 총회 기간에는 본부 앞에 있는 게양대에 회원국들의 국기가 펄럭인다. 총회의장과 안전보장이사회 회의실을 돌아보며 유엔의 역사와 활동에 대해 설명해 주는 가이드 투어는 30분마다 출발한다.

브로드웨이 Broadway

런던의 웨스트앤드와 함께 뮤지컬의 본고장으로 불리는 브로드웨이. 브로드웨이는 맨해튼 남쪽 끝에서 북쪽 끝을 잇는 거리 이름이다. 이 거리를 따라 40여 개의 극장이 위치해 있고 고급 상점과 백화점도 밀집된 패션 문화 지구다. 브로드웨이는 1900년 42번가에 빅토리아 극장이 세워지면서 시작되어 19세기 중반부터 대중 연예 문화의 중심지가 되어왔다. 특히 브로드웨이 32번가는 재미 한국인들의 뉴욕 발전에 대한 공로를 기리기 위해 1995년 '한국의 거리 Korea Way'로 명명되었다. 브로드웨이를 따라 유니언 스퀘어, 매디슨 스퀘어, 타임스 스퀘어등 뉴욕의 대표적인 광장들이 들어서 있고, 인근에 센트럴 파크와 콜롬비아 대학교도 자리하고 있다.

5번가 Fifth Avenue

뉴욕 맨해튼에서 가장 긴 대로이며, 또한 가장 화려한 대로로 최고급 부티크와 레스토랑이 즐비한 부의 상징이 되어 있다. 1824년부터 조성되기 시작한 이 거리는 남북전쟁 이후 부동산 투자 붐을 타고 늘어나는 부유층의 빌딩들 덕분에 늘 붐비는 지역이 되었다. 이어 고급 상점들이 5번가로 이동하고 부호들이 모여들면서 이른바 백만장자들의 거리Millionaires' Row로 불리게 되었다.

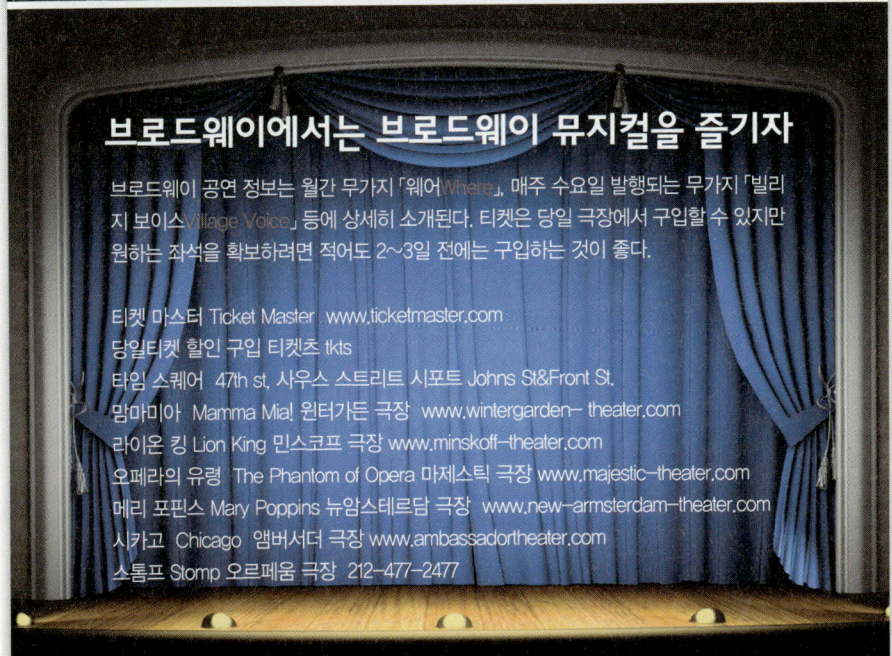

브로드웨이에서는 브로드웨이 뮤지컬을 즐기자

브로드웨이 공연 정보는 월간 무가지 「웨어Where」, 매주 수요일 발행되는 무가지 「빌리지 보이스Village Voice」 등에 상세히 소개된다. 티켓은 당일 극장에서 구입할 수 있지만 원하는 좌석을 확보하려면 적어도 2~3일 전에는 구입하는 것이 좋다.

티켓 마스터 Ticket Master www.ticketmaster.com
당일티켓 할인 구입 티켓츠 tkts
타임 스퀘어 47th st, 사우스 스트리트 시포트 Johns St&Front St.
맘마미아 Mamma Mia! 윈터가든 극장 www.wintergarden-theater.com
라이온 킹 Lion King 민스코프 극장 www.minskoff-theater.com
오페라의 유령 The Phantom of Opera 마제스틱 극장 www.majestic-theater.com
메리 포핀스 Mary Poppins 뉴암스테르담 극장 www.new-armsterdam-theater.com
시카고 Chicago 앰버서더 극장 www.ambassadortheater.com
스톰프 Stomp 오르페움 극장 212-477-2477

어퍼 맨해튼 Upper Manhattan

구겐하임 미술관 Guggenheim Museum

1071 5th Ave. (at 89th St.)
일·월·화·수·금 10~17:45, 토 10:00~19:45, 목 휴무
성인 $18, 학생 $15, 12세 이하 무료
212-423-3500, www.guggenheim.org

하얀 나선형의 미술관 건물 자체가 뉴욕의 랜드마크로 꼽히는 명소. 20세기 건축의 대가인 프랭크 로이드 라이트가 설계한 건물은 모더니즘의 상징으로 여겨지고 있다.

구겐하임은 유대계 스위스인으로서 유대인 갑부 집안의 딸인 부인 이렌느 로스차일드가 평생 수집한 컬렉션을 전시한 곳이다. 이들은 1937년 현대 예술의 교육을 위한 구겐하임 재단을 설립했고, 이후 구겐하임이 세상을 떠난 뒤에도 미술 애호가인 저스틴 K 탄하우저가 소장하고 있던 인상주의 작품들을 대량 기증하여 귀중한 작품들을 다수 소장한 명소가 되었다. 맨 위층에서 나선형 램프를 따라 내려오면서 차례대로 관람하는 것이 편리하다. 인상파 칸딘스키, 폴 클레와 피카소, 모딜리아니, 몬드리안 등의 작품을 감상할 수 있다.

센트럴 파크 Central Park

59th St.에서 110th St.까지 (between 5th Ave. and Central Park West)
212-310-6600, www.centralparknyc.org

고층 빌딩들이 즐비한 맨해튼의 한복판에 펼쳐지는 에메랄드빛 오아시스. 연못과 숲, 산책로와 잔디밭, 그리고 동물원과 보트장 등 엔터테인먼트 시설들이 적절히 자리를 잡고 숨가쁜 도시생활의 피로를 풀어준다. 특히 베데스다 분수는 이곳을 찾는 연인들에게 최고의 명소. 「해리가 샐리를 만났을 때」, 「나홀로 집에」, 「러브 인 맨해튼」 등 수많은 영화의 배경이 된 곳으로도 유명하다.

메트로폴리탄 미술관
Metropolitan Museum

1000 5th Ave. (at 82nd St.)
화 · 수 · 목 · 일 9:30~17:30,
금 · 토 9:30~21:00, 월 휴무, 성인 $20,
학생 $10, 어린이 무료 212-535-7710,
www.metmuseum.org

방대한 전시량에도 불구하고 충실한 내용으로
사랑을 받는 미국 최대 규모의 박물관으로 매
년 500만 명 이상의 관람객이 찾는다. 뉴요커
들은 보통 '멧Met'이라고 부른다. 무료 안내
투어를 통해 미국, 아프리카, 오세아니아, 남
아메리카의 미술은 물론 고대 이집트, 아시아,
유럽의 미술, 인상파, 이슬람 미술, 중세 미술
을 돌아본다. 특히 전 세계에서 가장 많이 소
장품을 자랑하는 로마의 멸망에서부터 르네상
스의 시작까지 포괄하는 중세 미술 전시관은
놓치지 말 것.

세인트 존 대성당
Cathedral of St. John the Divine

1047 Amsterdam Ave. (at 112th St.)
212-662-2133, www.stjohndivine.org

1892년에 초석을 놓고 건축이 시작된 이래 120여 년 동
안 공사가 진행 중이다. 완공 후에는 세계 최대 규모의
성당이 될 예정이다. 풋볼 경기장 2개의 길이에 높이가
17층에 달하는 거대한 건축물로 미국 내에서 가장 큰 교
회이자 세계 최대 규모의 고딕 양식 교회라고 한다. 전
통적인 고딕 건축술을 사용, 건물 전체가 돌로 지어지고
있어 강철 빔과 같은 것은 눈에 띄지 않는다.
'성경의 정원'에는 성경에 등장하는 100종 이상의 식물
들이 자라고 있다.

클로이스터스 미술관 The Cloisters

1000 Fifth Ave. (at 82nd St.)
월 휴무, 화~목 9:30~17:30, 금 · 토 9:30~21,
일 9:30~17:30, 성인 $20, 학생 $10, 12세 이하 무료
212-923-3700, www.metmuseum.org

메트로폴리탄 미술관의 분관으로 어퍼 맨해튼 지역의
워싱턴 하이츠Washington Heights에 멀리 떨어져 있
다. 중세 미술에 관한 전문 미술관으로 5개의 프랑스식
회랑, 로마네스크 양식의 교회, 널찍한 정원이 산책을
즐기기에도 그만이다. 특히 Bonnefront Cloister의 Herb
Garden에서 바라보는 허드슨 강 전망이 일품.

미국 자연사 박물관
American Museum of Natural History

79 Street And Central Park West, New York
월 · 화 휴무, 수~일 10~17:45
성인 $16, 학생 $12, 2~12세 $9
212-769-5100, www.amnh.org

미국에서 가장 학술적인 박물관이며 미생물로부터 세계 최대의 보석인 2만1천 캐럿짜리 브라질 프린세스 토파즈까지 3천600만 점이 넘는 유물과 표본을 전시하고 있는 세계 최대의 자연사 박물관이다. 자연과 인간이 어떻게 조화를 이루며 살아가는가를 보여주는 살아있는 교실로서 아메리카 인디언, 아시아 지역, 태평양 도서 지방, 남아메리카의 아즈텍 문명과 마야 문명에 이르기까지 다양한 문화의 발달사를 한번에 돌아볼 수 있다. 1869년 창설되어 23개의 건물로 구성된 거대 규모의 박물관으로서 특히 웅장한 중앙의 돔은 루스벨트 대통령 시절 완공된 것이다. 1996년 전체 보수 공사를 치르며 재개관할 때 새로 문을 연 지구 우주관 로즈 센터Rose Center for Earth and Space에서는 '우리는 홀로인가?Are We Alone?' 라는 제목의 우주 쇼를 볼 수 있다. 각종 곤충과 동물 표본, 공룡 화석 등은 세계 어느 박물관보다 다양하게 전시하고 있다. 아이맥스 극장에서 느끼는 생생한 자연의 역사는 또 다른 감동을 안겨 준다. 메트로폴리탄 미술관과 현대미술관에 이어 2007년 12월부터는 한국어 안내 서비스가 제공되고 있다.

콜롬비아 대학 Columbia University

213 Low Library (at W.116 St.)
212-854-4900, www.columbia.edu

1754년에 설립된 미국에서 다섯 번째로 오래된 대학교로 미국 동부의 8개 아이비리그에 속한다. 버락 오바마 대통령을 비롯해 시어도어 루스벨트Theodore Roosevelt, 프랭클린 루스벨트Franklin D. Roosevelt 등의 대통령을 배출했다. 기숙사를 포함하여 37개의 건물이 있으며, 캠퍼스 중앙에 파르테논 신전을 모티브로 지은 도서관 Low Memorial Library가 있다. 르네상스, 비잔틴, 고딕 양식이 어루러진 세인트 폴 교회St. Paul's chapel도 볼만하다.

조지 워싱턴 브리지 George Washington Bridge

1931년 완공 당시에는 세계 최장의 현수교로 유명했던 다리. 워싱턴 하이츠에 위치하여 허드슨 강을 가로질러 뉴욕 시티와 뉴저지를 연결하는 유일한 다리다. 원래 교각 표면은 화강암으로 마감하도록 설계됐으나 당시 대공황의 여파로 철골 구조를 그대로 드러낸 채 준공식을 가졌다. 저녁 무렵의 조명이 아름답다. 보행자 통로가 따로 나 있어 다리 위를 산책하거나 자전거를 타고 지날 수 있다.

뉴욕의 유명 재즈 클럽

뉴올리언스에서 태어나 뉴욕에서 꽃을 피운 재즈, 뉴욕에는 진정한 재즈
의 진수를 맛볼 수 있는 유명 클럽들이 즐비하다. 루이 암스트롱, 빌리 홀
리데이 같은 전설의 뮤지션들이 활동했던 무대들을 찾아보자. 인기 있는
공연은 주로 주말에 열리며 예약해야 한다.

블루 노트 Blue Note

131 W. 3rd St. 지하철 1호선 Christopher St.–Sheridan Sq.역 하차
212–475–8592, www.bluenotejazz.com
그리니치 빌리지에 있는 유서 깊은 정통 재즈 클럽으로 무려 1981년부터
지금까지 명성을 이어오고 있다. 토니 버넷, 조지 벤슨, 레이 찰스, 나탈리
콜, 데이빗 샌번, 사라 바우만 같은 쟁쟁한 뮤지션들이 거쳐간 명소로서
매일 밤 8시와 10시 30분 공연이 열리며 금, 토, 일요일에는 자정 12시 30
분 공연이 별도로 마련된다. $24.50에 일요일 브런치 공연도 12시 30분
에서 2시 30분까지 열린다.

빌리지 뱅가드 Village Vanguard

178 Seventh Ave. South지하철 1, 2, 3호선 14th St.역 하차
212–255–4037, www.villagevanguard.com
1935년에 오픈한 그리니치 빌리지의 재즈바로 세계적인 연주가들이 거쳐
간 명소다. 빌 에반스, 윈튼 마살리스, 키쓰 자렛 같은 거장들이 연주가
리스트에 이름을 올렸으며, Live At Village Vanguard 타이틀의 음반만도
거의 1백여 장 발매되었을 정도로 뉴욕 재즈의 중심 무대다. 식사는 제공
되지 않으며 술과 음료만 판매한다. 밤 9시와 11시 두 차례 공연이 있으며,
좋은 자리를 확보하려면 사전 예약이 필수다. 입장료는 $30.

코튼 클럽 Cotton Club

656 3. 125th St. 메트로 A,B,C,D 라인 이용 125th St 하차
212–663–7980, www.cottoneclub-newyork.com
1923년 뉴욕 할렘가에 오픈한 코튼 클럽은 마피아 자본에 의해 키워진
재즈의 거장들이 고정 출연했던 전설의 클럽이다. 프란시스 코폴라 감독
의 동명의 영화로도 잘 알려진 코튼 클럽은 오픈 당시에는 클럽 딜럭스라
는 이름으로 시작했다가 갱단에서 인수하면서 코튼 클럽이라는 이름을 갖
게 되었다고 한다. 1977년에 재오픈하여 요일별로 재즈, 스윙, 블루스 등
이 번갈아 공연된다. 주말에는 가스펠 브런치가 마련되는 것이 특징이다.

RIVERSIDE PARK

West 125th Street
MORNINGSIDE HEIGHTS
West 110th Street
Cathedral of St. John the Divine
West 101st Street
West 86th Street
Museum of Natural History
West 79th Street
UPPER WEST SIDE
West 72nd Street
Lincoln Center
West 59th Street
West 57th Street
Columbus Circle
Carnegie Hall
West 53rd Street
CLINTON
MIDTOWN
THEATER DISTRICT
Times Square
Rockefeller Center
Port Authority Bus Terminal
West 42nd Street
Passenger Ship Terminal
U.S.S. Intrepid
Circle Line
Lincoln Tunnel
Jacob Javits Convention Center
GARMENT DISTRICT
West 34th Street
Madison Square Garden
Pennsylvania Station
West 23rd Street
CHELSEA
Chelsea Piers
West 14th Street
St. Vincent's Hospital
GREENWICH VILLAGE
Washington Square Park

HARLEM
East 125th Street
Apollo Theater
East 110th Street
SPANISH HARLEM
East 101st Street
Mt. Sinai Hospital
Guggenheim Museum
East 86th Street
Metropolitan Hospital
YORKVILLE
Metropolitan Museum of Art
East 79th Street
UPPER EAST SIDE
East 72nd Street
Roosevelt Island
CENTRAL PARK
Central Park South
East 50th Street
Museum of Modern Art
East 57th Street
East 53rd Street
St. Patrick's Cathedral
Grand Central Terminal Station
East 42nd Street
United Nations
Queensboro (59th Street) Bridge
QUEENS
Queens-Midtown Tunnel
NY Public Library
Bryant Park
Empire State Building
MURRAY HILL
East 34th Street
NYU Medical Center
Madison Square Park
East 23rd St
GRAMERCY
Gramercy Park
Peter Cooper Village
Union Square Park
East 14th Street
Stuyvesant Town
Beth Israel Center
EAST VILLAGE
Tompkins Square Park
East River Park
FDR Drive

Hudson River

Houston Street
SOHO
LITTLE ITALY
Delancey Street
Williamsburg Bridge
LOWER EAST SIDE
Canal Street
TRIBECA
CHINATOWN
Manhattan Bridge
Holland Tunnel
World Financial Center
World Trade Center Site
Chambers St
City Hall
Civic Center
NYU Downtown
South Street Seaport
Brooklyn Bridge
FINANCIAL DISTRICT
Wall Street
BROOKLYN
Battery Park City
Ellis Island
Battery Park
Staten Island Ferry
Statue of Liberty
Liberty & Ellis Island Ferry
Brooklyn-Battery Tunnel
NEW JERSEY

East River

NOT TO SCA

브루클린 Brooklyn

브루클린 식물원 Brooklyn Botanic Garden
900 Washington Ave. (at Eastern Pkwy.)
3~10월 화~금 8:00~18:00, 토 · 일 10:00~18:00
성인 $8, 학생 $4, 12세 이하 무료
718-623-7200, www.bbg.org
벚꽃이 만개하는 봄철에 이곳에서 봄의 정취에 흠뻑
젖어 보는 것은 잊을 수 없는 추억을 선사한다. 그 외
에도 열대식물원, 일본 정원과 분재 전시관도 돌아볼
만하다.

뉴욕 교통 박물관 New York Transit Museum
Boerum Pl. and Schermerhorn St. Brooklyn Heights
화~금 10:00~16:00, 토 · 일 12:00~17:00
성인 $6, 3~17세 $4
718-694-1600, www.mta.info/mta/museum
교통수단에 관심이 많은 어린이들이 좋아할 만한 자그
마한 박물관. 시대를 거슬러 올라가는 듯한 느낌을 주
는 옛 지하철 역사에 자리잡고 있다.

코니 아일랜드 Coney Island
www.coneyisland.com
오래 전 뉴요커들이 즐겨 찾던 해변가의 놀이공원. 인
근의 수족관, 1927년에 최초로 가동된 롤러코스터 사이
클론, 원더휠 등 추억의 탈것들이 여전히 손님을 기다
리고 있다. 해안 산책로인 보드워크는 여름철에 인어
공주 퍼레이드가 벌어지는 명소다. 맨해튼에서 지하철
(F, N, Q, W)을 타고 1시간쯤 달린 후 Stillwell Ave. 역
에서 내린다.

≫ 애스트로랜드 놀이공원
Astroland Amusement Park
834 Surf Ave, Brooklyn
718-265-2100, www.coneyislandcyclone.com
유명한 사이클론을 비롯해 각종 탈것과 범퍼카 등이 있
는 자그마한 놀이공원.

≫ 회전목마 B & B Carousel
Surf Ave.(at W. 10th St.)
1920년 경에 만들어진 고풍스런 회전목마. 일년 내내

코니 아일랜드

움직인다.

〉〉 원더힐 파크 Deno's Wonder Wheel Park

3059 West 12th St, Brooklyn
718-372-2592, www.wonderwheel.com
전설적인 Ferris Wheel 원더힐 외에 25가지의 탈것이
있다.

〉〉 뉴욕 수족관 New York Aquarium

Surf Ave, and W, 8th St,

여름 월~금 10~18, 가을 월~금 10~17
겨울 매일 10:00~16:30
성인 $13, 3~12세 $9
718-265-3474, www.nyaquarium.com
해안가 14에이커의 대지에 자리잡은 이 수족관에는 흰
돌고래, 상어, 바다코끼리, 돌고래 등 300종이 넘는 해
양 생물들이 살고 있다. 불가사리, 게, 성게 등을 손으로
만져볼 수 있는 인터렉티브 전시관인 디스커버리 코브,
돌고래 쇼가 펼쳐지는 아쿠아 극장은 꼭 보고 올 것.

퀸스 Queens

2백만 명 이상의 다민족들이 120개의 다른 언어로 소통하며 살아가는 뉴욕 최대 지역. 미국에서 가장 큰 그리스인 거주 지역 애스토리아와 예술적인 바닷가 도시 롱 아일랜드 시티, 한국과 중국 이주자들의 터전인 플러싱 지역 등이 속한다.

셰이 스타디움 Shea Stadium

718-505-5770, www.mets.com
미국 프로야구 내셔널 리그에서 활동 중인 뉴욕 메츠 New York Mets의 홈구장.

뉴욕 사이언스 홀 New York Hall of Science

18세 이상 $11, 2~17세 $8
718-699-0301, www.nysci.org
플러싱 메도우즈-코로나 파크에 있다. 어린이들이 전시물을 직접 만져보며 과학의 원리를 깨우치게 되어 있어 어린이들의 호기심을 풀어 주기에 좋다. 북아메리카에 서식하는 동물들이 있는 퀸즈동물원Queens Wildlife Center이 근처에 있다.

아메리카 영화 박물관

American Museum of the Moving Image
35th Ave. at 36th St, Astoria
718-784-6800, www.ammi.org
영화를 사랑하는 사람들은 꼭 들러봐야 할 명소. 영화가 만들어지는 과정, 영화 마케팅 등 영화에 관한 풍부한 자료와 전시로 관람객을 사로잡는다. 관람객이 사운드 편집, 컴퓨터 그래픽 디자인, 블루스크린 효과, 애니메이션 등의 작업을 직접 해볼 수도 있다. 리노베이션 중이며 2011년 1월에 오픈 예정이다.

이사무 노구치 정원 박물관

Isamu Noguchi Garden Museum
수·목·금 10~17, 토·일 11~18
성인 $10, 학생 $5, 12세 이하 무료
718-204-7088, www.noguchi.org
맨해튼의 북적거리는 도심에서 벗어나 일본식 정원에서 고요를 맛본다. 12개의 전시실과 야외 조각공원이 있다.

소크라테스 조각공원 Socrates Sculpture Park

718-956-1819, www.socratessculpturepark.org
널찍한 야외 공원에 현대 미술가의 대형 조각 작품들이 여기저기 서 있다. 이스트 강 건너로 보이는 맨해튼의 스카이라인을 즐기며 피크닉을 즐기기에 좋은 곳. 여름철에는 음악 및 댄스 공연이 펼쳐진다.

플러싱 메도우즈- 코로나 파크

Flushing Meadow-Corona Park
엄청난 규모의 쓰레기 처리장이었던 늪지대를 재개발해서 거대한 호수와 빌딩으로 조성한 공원이다. 1939년 만국 박람회를 치르고 1949년까지 유엔본부 건물로 사용된 뉴욕 시티 빌딩도 자리한 명소. 뉴욕 메츠의 홈구장과 테니스장이 있으며 14층 건물 높이의 철골 지구의인 유니스피어Unisphere가 눈길을 끈다. 한인 타운 플러싱과도 가깝다.

브롱스 Bronx

힙합과 랩의 본고장인 사우스 브롱스와 리버데일, 필드 스톤으로 이루어진 양키스의 고향이다.

양키 스타디움 Yankee Stadium

161 st St. and River Ave.
888-800-1275, www.yankees.com
야구의 성지라고 불리우는 뉴욕 양키스
New York Yankees의 홈구장으로 베이브
루스, 로저 마리스, 조 디마지오, 루 게릭, 미
키 맨틀 등 전설적인 스타들의 활약상과 흔
적이 그대로 숨쉬는 명소다.

브롱스 동물원

Bronx Zoo Wildlife Conservation Society

2300 Southern Blvd, Bronx
월~금 10~17, 주말 10~17:30
성인 $16, 3~12세 $12
718-220-5100, www.bronxzoo.com
흔히 '동물원'이라고 부르지만 멸종 위기에
처한 동물들을 보호한다는 의미에서 '야생
동물 보호 공원' 이라는 공식 명칭을 갖고
있다. 265에이커에 달하는 널찍한 야외 공
원에서 700여 종 7천 여 마리의 동물들이
살고 있다. 직접 손으로 먹이를 줄 수 있는
어린이 동물원도 있다.

뉴욕 식물원 New York Botanical Garden

200th St. and Kazimiroff Blvd, Bronx
718-817-8700, www.nybg.org
영국의 왕립식물원을 본따 1890년대에 만들어진 식물원. 50여 개
의 정원에는 서로 다른 식물과 꽃들이 모여 있으며, 이 지역에 이주
민이 들어오기 이전의 원래 풍경을 보여주는 처녀림도 잘 보존되어
있다. 식물원 가운데로 브롱스 강이 흐른다.

스태튼 아일랜드 Staten Island

리치몬드타운 민속촌
Richmondtown Historic Restoration
441 Clark Ave, Richmond
7~8월 수~일 11~17, 9~6월 수~일 13~17
성인 $5, 5~17세 $3.50
718-351-1611, www.historicrichmondtown.org
이 지역 고유의 생활상을 그대로 복원한 일종의 민속촌. 100에이커의 면적에 자리한 27채의 주택과 건물은 다른 지역에서 그대로 옮겨 올만큼 충실하게 복원됐다. 가장 오래된 건물은 17세기 Voorlezer's house이며 미국에서 가장 오래된 학교로 알려져 있다. 18세기 네덜란드식 농가와 작업장, 19세기 교회도 흥미롭다. 전통 복장을 한 주민들이 당시의 생활상을 보여준다.

티벳 미술관
Jacques Marchais Museum of Tibetan Art
388 Lighthouse Ave, Richmond
수~일 13~17
성인 $6, 학생 $4, 6세 이하 무료
718-987-3500, www.tibetanmuseum.com
언덕 꼭대기에 위치한 이 미술관은 히말라야의 사원을 본따 지었다. 티벳의 전통미술 작품과 함께 티벳 불교와 관련된 유물, 악기 등도 전시되어 있다. 1991년 달라이 라마가 방문한 명소.

스넉 하버 문화센터 Snug Harbor Cultural Center
1000 Richmond Terrace, Livingston
718-448-2500, www.snug-harbor.org
86에이커에 달하는 국립 경관지구에 자리한 26개의 인상적인 건축물로 구성된 이 단지 안에는 미술관, 공연장, 문화교육 시설 등이 운영되고 있다. 주요 시설로는 뉴하우스 현대미술관, 노블 해양박물관(718-447-6490, www.noblemaritime.org), 스태튼 아일랜드 박물관(718-7273-1135, www.statenislandmuseum.org), 스태튼 아일랜드 어린이 박물관(718-273-2060, www.statenislandkids.org) 등이 있다.

놓칠 수 없다!

항공 산업의 메카 롱아일랜드 Story

롱아일랜드는 미국 비행사와 항공 산업의 산 증인이다. 인류 최초의 비행 시도로 역사책에 기록된 도날드슨의 풍선 비행도 여기서 시도됐다(1873년). 1911년부터 1939년 사이에 롱아일랜드의 항공 산업은 황금기를 맞기 시작했다. 헴스테드 플레인즈에 3개의 비행장이 생겼으며, 약 20개의 비행기 제조업체가 생겨나 비행기를 만들기 시작했다. 또 비행학교들이 많이 창립되어 롱아이랜드는 명실상부한 비행의 중심지가 됐다. 전시에는 롱아일랜드가 전투 조종사 훈련 및 전투기 공급 기지로 급부상, 파밍데일 등지에서 전투기를 생산하기 시작했다. 2차 대전의 발발과 함께 이 지역의 항공 산업에 종사하는 사람은 무려 10만여 명에 달했다. 롱아일랜드에는 아직도 240여 개 업체가 다양한 비행기 부품을 만들며 과거의 명성을 이어가고 있다.

뉴요커들이 사랑하는 바다 Long Island
롱아일랜드 **2**

롱아일랜드는 미국 대륙에 붙어 있는 섬 중에서 가장 큰 섬. 뉴욕 시티의 브루클린과 퀸스, 나소 카운티Nassau County, 서폭 카운티Suffolk County가 이 섬 위에 있다. 퀸스와 나소의 경계에서 동쪽 끝 만톡 포인트Montauk Point까지 거리는 103마일. 나소 카운티를 벗어나면 농장과 포도밭이 즐비한 농촌 지대. 바닷가의 유서 깊은 마을들, '리비에라Riviera'라고 불리는 햄튼 지방의 부자 마을 등 다양한 모습을 보여준다. 특히 서폭 카운티는 포크처럼 두 개로 끝이 갈라진 모양을 하고 있는데, 북쪽인 노스포크에는 영화 「위대한 게츠비」, 「대부」 등의 무대가 된 골드 코스트가 있고, 남쪽의 사우스포크에는 미국 내에서도 손꼽히는 비치들이 대서양에서 밀려오는 파도를 맞고 있다. 제리코, 사이오셋, 플레인뷰 등을 중심으로 한인들도 많이 살고 있다.

롱아일랜드 관광국
330 Motor Parkway, Suite 203, Hauppauge 877-386-6654, www.discoverlongisland.com

만톡 포인트 등대 Montauk Point Lighthouse

2000 Montauk Hwy, Montauk
631-668-2544, www.montauklighthouse.com
1796년 이래 롱아일랜드의 동쪽 끝에 서서 대서양을 건
너온 배들을 뉴욕항으로 안전하게 인도해 온 등대. 뉴
욕에서 가장 오래된 등대이다. 롱아일랜드 익스프레스
웨이 70번 출구에서 나와 루트 111를 거쳐 루트 27 E로
갈아탄 후 도로의 끝까지 40마일 가량 달리면 된다.

아틀랜티스 마린 월드 Atlantis Marine World

431 E. Main St, Riverhead
매일 10~17, 3~17세 $18.50, 18~61세 $21.50
2세 이하 무료 631-208-9200,
www.atlantismarineworld.com
롱아일랜드 주변 해역의 환경과 서식 생물들을 보여주
는 거대한 수족관. 4만2천 스퀘어피트의 전시 공간에
80종 이상의 해양 생물이 살고 있다. 불가사리, 게 등을
직접 만져볼 수 있는 터치 탱크Touch Tank는 어린이
들에게 인기. 12만 갤런의 바닷물이 담겨 있는 물탱크
에서 유유히 헤엄치는 상어들도 볼거리.

올드 웨스트베리 가든
Old Westbury Gardens

71 Old Westbury Rd, Old Westbury
수~월 10~17
성인 $10, 7~12세 $5
516-333-0048,
www.oldwestburygardens.org
미국에서 가장 아름다운 영국식 정원으로 정
평이 나 있는 곳. 넓이가 88에이커에 달해 전
체를 둘러보는 데만 1시간 이상 걸린다. 붉게
핀 장미가 아름다운 로즈 가든과 라일락이 핀
오솔길, 채소 가든 등 주제별로 정원이 꾸며
져 있다. 정원을 배경으로 널찍하게 자리잡은
피크닉 공간도 마련되어 있다.

벨몬트 파크 Belmont Park

2150 Hempstead Turnpike, Elmont
516-488-6000,
www.allhorseracing.com/belmontpark
뉴욕 시티에서 가까운 경마 공원. 휴일 가족 나들이를
겸해 경마 배팅을 즐기기에 좋은 곳.

콜드 스프링 하버 포경 박물관
Cold Spring Harbor Whaling Museum

279 Main St, Cold Spring
화~일 11~17, 성인 $6, 5~18세 $5
631-367-3418, www.cshwhalingmuseum.org
롱아일랜드 지역의 포경 산업과 관련된 수천 점의 유
물과 자료를 전시하고 있다. 1850년의 콜드 스프링 하
버 모습을 담은 입체 모형, 완전하게 장비를 갖춘 19세
기의 포경선이 있는 주전시실, 혹등고래의 노래를 들을
수 있는 '고래의 신비' 전시관 등이 인기.

항공 박물관 Cradle of Aviation Museum One Davis Ave. (off Charles Lindbergh Blvd, Garden City)

화~일 9:30~17:00, 성인 $14, 2~12세 $12
516-572-4111, www.cradleofaviation.org

비행기의 개발 역사를 한눈에 볼 수 있는 전시관이다. 거대한 풍선이 뜨거운 바람으로 부풀어 올라 열기구가 하늘로 떠오르는 원리를 포함, 1903년 라이트 형제가 비행에 성공하기 이전부터 수많은 모험가들이 시도했던 갖가지 비행 장비를 담은 사진, 우주 여행 시뮬레이터와 아이맥스 영화관 등 부대시설도 뛰어나다.

롱아일랜드 와인 컨트리

Long Island Wine Country

631-369-5887, www.liwines.com

싱그러운 포도나무가 끝없이 펼쳐진 롱아일랜드의 포도 농장은 동쪽 노스포크 지역에 집중되어 있다. 대륙에서 대서양쪽으로 100마일이나 툭 튀어나온 지형 때문에 해양성 기후인데다 안개가 적어 양질의 포도가 자라기에 이상적 조건을 갖췄다. 50여 개의 포도 농장이 있으며, 20여 개의 양조장에서 연간 50만 박스에 이르는 세계적 수준의 와인을 생산하고 있다.

존스 비치 주립공원

리버헤드 해양연구소 고래 관광

Riverhead Foundation for Marine Research Whale-watching Tours

516-369-9840, www.whalewatchingtours.com

7월부터 8월까지 대서양의 고래를 관찰할 수 있는 크루즈 관광을 제공한다. 만톡에서 출발하며 겨울철에는 만톡 해변의 물개 관광도 볼만하다.

플랜팅 필즈 수목원 Planting Fields Arboretum

1395 Planting Fields Rd, Oyster Bay
4~9월 11:30~15:30, 13세 이상 $3.50, 12세 이하 무료
516-922-9210, www.plantingfields.org

하늘을 찌를 듯 우뚝 선 나무들의 울창한 숲과 일년 내내 피어나는 꽃들로 뒤덮인 정원, 튜터 양식의 고풍스런 저택이 멋지게 어울리는 곳. 숲 사이로 난 산책로 곳곳에 놓여 있는 벤치에 앉아 휴식을 즐기기에는 그만이다. 어린이들의 자연 학습장으로도 훌륭한 곳.

사가모어 힐 Sagamore Hill

20 Sagamore Hill Rd, Oyster Bay
성인 $5, 15세 미만 무료
516-922-4788, www.nps.gov/sahi

시어도어 루스벨트 대통령의 여름 별장. 대통령 일가가 사용하던 개인 소장품들로 가득하다. 유명한 오리지널 '테디 베어'가 아이들 방에 전시되어 있다. 지하의 오차드 뮤지엄에는 가족사진이 전시되어 있으며, 루스벨트 대통령의 생애를 영화로 보여준다.

존스 비치 주립공원 Jones Beach State Park

1000 Ocean Parkway
516-785-1600, www.nysparks.com

세계 최대의 해수욕장 시설을 갖춘 곳으로 높이 231피트에 달하는 기념탑이 인상적이다. 2만3천 대의 차량을 수용할 수 있는 주차장, 30만 갤런의 물을 저장하는 워터타워, 1만2천 개의 락커, 2마일에 달하는 보드워크 등 그 규모가 어마어마하다. 존스 비치 극장에서는 여름철이면 각종 공연이 펼쳐진다.

일년 열두 달이 즐겁다!

● Christmas Tree Lighting Ceremony
www.rockefellercenter.com
TV로 생중계되는 미국 최대의 크리스마스 트리 점등
식. 12월 초 록펠러 센터.

● New Year's Eve Ball Drop
212-768-1560, www.timessquarebid.org
타임 스퀘어에 설치된 대형 볼이 시민들의 카운트다
운에 맞춰 떨어지면 새해가 시작된다. 12월 31일 밤.

● Chinese New Year
212-334-3764, www.chinatown-online.com
형형색색의 사자와 용들이 모트 스트리트 주변의 차
이나타운을 돌며 축제 분위기를 고조시킨다. 1월 하
순 또는 2월 초.

● St. Patrick's Day Parade
718-231-4400,
www.nyc-st-patrick-day-parade.org
뉴욕에서 가장 오래된 연례행사의 하나. 3월 17일에
녹색으로 치장한 아일랜드계 이민의 후손들이 거리
를 메운다.

● Easter Paradewww.ny.com/holiday/easter
세인트 패트릭스 성당에서 가장 멋진 모습을 볼 수
있다. 부활절 일요일에 열린다.

● New York International Auto Show
Jacob K. Javits Convention Center
800-282-3336, www.autoshowny.com
북아메리카 최초이자 최대의 오토 쇼. 3월 중순.

● Japanese Cherry Blossom Festival
1000 Washington Ave, Brooklyn
718-623-7200, www.bbg.org

200여 그루의 벚나무가 꽃망울을 터뜨리는 4월 말
이나 5월 초에 열린다. 전통 일본 무용 공연도 볼
수 있다.

● Fleet Week
212-245-0072, www.uss-intrepid.com
미 해군과 해안경비대의 전함과 항공모함 등이 참가
하는 대형 전함 페스티벌. 허드슨 강가의 인트레피드
박물관에서 열린다. 5월 말.

● Washington Square Outdoor Art Exhibition
212-982-6255
www.washingtonsquareoutdoorartexhibit.org
메모리얼 데이가 되면 시작되는 70여 년 전통의 야
외 예술 전시회. 워싱턴 스퀘어 공원 주변의 골목까
지도 전시장으로 변한다.

● Central Park Summer Stage
212-360-2756, www.summerstage.com
1986년 이래 500회가 넘는 주말 콘서트와 공연을 뉴
요커들에게 무료로 선사해 온 전통의 무대.

빅애플 뉴욕의 주요 이벤트와 축제

● Mermaid Parade
W. 10th ~ 16th Sts.
718-372-5159, www.conyisland.com
코니 아일랜드 보드워크에서 열리는 인어공주 퍼레
이드. 하지summer solstice 이후의 토요일인 6월 22
일경에 열린다.

● Lesbian and Gay Pride Week and March
212-807-7433, www.hopinc.org
뉴욕을 뉴욕답게 하는 게이들의 퍼레이드. 영화제,
클럽 이벤트와 파티 등이 시내 전역에서 일주일 동
안 열린다. 6월 하순.

● Restaurant Week
www.restaurantweek.com
6월 말경 한 주일 동안 시내 최고의 레스토랑 점심
값이 일괄적으로 20달러 수준으로 낮춰져 제공된다.
참가 레스토랑 명단은 웹사이트를 통해 확인할 수 있
다. 5월 중순이나 말경 참가 레스토랑 명단이 발표되
면 바로 예약하는 것이 요령이다.

● Lincoln Center Festival
212-875-5000, www.lincolncenter.org
링컨 센터와 그 주변에서 열리는 무용, 연극, 음악과
오페라 등 다양한 공연들을 즐길 수 있다. 7월 행사.

● Macy's Fourth of July Fireworks
817-333-5124, www.nyc.com/events
7월 4일 저녁 9시부터 시작. 이스트 강 위에서 쏘아
올리는 독립기념일 불꽃놀이는 미국 내에서도 최대
의 쇼로 유명하다. 이날은 FDR 드라이브의 교통이
통제되어 불꽃놀이를 지켜본다.

● New York Philharmonic Parks Concerts
212-875-5656, www.nyphil.org
뉴욕 필이 시민들에게 선사하는 여름밤의 무료 콘서

트. 7월 말부터 8월 초까지 여러 곳에서 열린다.

● Hong Kong Dragon Boat Festival
718-767-1776, www.hkdbf-ny.org
퀸즈의 플러싱 메도우즈-코로나 파크 호수에서 열리
는 홍콩 용선 축제. 미국과 캐나다 등에서 80개가 넘
는 팀들이 참가하여 기량을 겨룬다. 8월 중순, 무료.

● New York Film Festival
212-875-5600, www.filmlinc.com
20편이 넘는 영화가 링컨 센터에서 2주일간 상영된
다. 1965년부터 계속되는 연례행사로 신인 시절 이
곳을 거쳐간 유명 영화감독들도 많다. 9월 말 ~ 10
월 초.

● Halloween Parade
www.halloween-nyc.com
2만5천 명이 넘는 참가자들이 그리니치 빌리지의 거
리를 가득 메우는 미국 최대의 할러윈 퍼레이드. 10
월 31일.

● New York City Marathon
212-423-2249, www.nycmarathon.org
마라토너라면 누구나 한 번쯤 완주하고 싶어 하는 세
계적인 마라톤 대회. 매년 3만5천 명 이상의 참가자
들이 버라자노 브리지Verrazano-Narrows Bridge
의 스태튼 아일랜드에서 출발해 맨해튼의 센트럴 파
크까지 달린다. 10월 마지막 주 일요일 혹은 11월 첫
째 주 일요일.

● Macy's Parade 212-494-2922,
www.macys.com
거대한 풍선으로 만든 만화영화의 주인공
들이 고층 빌딩 사이로 행진하는 추수감사
절 퍼레이드. Central Park West에서 출발
해 Macy's 까지 행진한다.

2 업스테이트 뉴욕

대자연 속의 또다른 뉴욕 Upstate New York

뉴욕 업스테이트는 광활한 자연이 그대로 보존되어 있는 천혜의 휴양지라고 할 수 있다. 업스테이트의 3분의 1 가량을 차지하는 아디론댁 주립공원을 비롯, 캐츠킬 주립공원, 나이아가라 폭포 주립공원 등 많은 공원과 호수, 숲들이 자연 그대로 숨쉬고 있다.

나이아가라 폭포 Niagara Falls

미국과 캐나다 국경에 위치한 나이아가라 폭포는 매년 1,200만 명의 인파가 찾는 북미 최고의 관광지다. 182피트에 달하는 폭포가 천지를 진동하는 굉음을 울리며 쏟아져 내리고 그 위로 연신 물안개가 피어오르며 오색 무지개가 걸쳐져 말로 표현하기 힘든 감동적인 장관을 연출한다. 관광선을 타고 폭포 바로 아래까지 접근해서 자연의 놀라운 힘을 직접 느껴볼 수도 있다. 뉴욕 시에서 자동차로 7~8시간 거리.

관광 정보

나이아가라 폭포 관광국
310 4th St, Niagara Falls 716-285-2400, 800-421-5223, www.nfcvb.com

버펄로 나이아가라 관광국
617 Main St, Suite 400, Buffalo 800-283-3256, www.buffalocvb.org

한국어 사이트 www.niagarafallskorea.com

교통 정보

● 버펄로 국제공항 (716-630-6000/ www.buffaloairport.com)을 이용하면 뉴욕으로부터 약 1시간이면 도착할 수 있다. 공항에서 폭포로 가는 가장 저렴한 방법은 편도 요금 2.35달러의 메트로링크(716-855-7211/ www.nfta.com)나 그레이하운드(50분 소요/ www.greyhound.com)를 타면 된다.

뉴욕에서 오는 경우, 그랜드 센트럴 터미널에서 나이아가라행 기차(8시간 30분 소요)를 타거나 그레이하운드 버스를 이용한다. 캐나다 쪽에서 들어오는 경우는 관광용 셔틀 버스인 피플 무버People Mover를 이용하면 된다. 버스 터미널에서 레인보우 다리까지 무료로 운행되며 마음대로 타고 내릴 수 있다.

● 나이아가라 USA 디스커버리 패스 Niagara USA Discovery Pass
716-287-1796, 성인 $33, 12세이하 $26
안개 속의 숙녀호Maid of the Mist, 바람의 동굴Cave fof the Winds, 나이아가라 고지 디스커버리 센터Niagara George Discovery Center, 나이아가라 아쿠아리움Niagara Aquarium, 전망대Observation Tower를 비롯해 교통 수단인 시닉 트롤리Scenic Trolley 이용이 포함되어 있는 이용권이다. 나이아가라 폴스 스테이트 파크에서 구입할 수 있다.

나이아가라 **특별 관광**

1 안개 속의 숙녀호
Maid of the Mist

151 Buffalo Ave, Niagara Falls
성인 $13.50, 6~12세 $7.85, 5세 이하 무료
716-284-8897, www.maidofthemist.com
1846년부터 폭포 바로 아래까지 가는 보트
관광이 시작됐다. 웅장한 물소리를 귓전에
들으며 물보라를 뒤집어쓰는 이 투어는 나
이아가라 폭포 여행에서 가장 인기 있는 프
로그램이다. 안전에 대해서는 염려하지 않
아도 된다. 투어 동안 입었던 파란색 레인코
트는 기념품으로 가져가기에 좋다.

2 그레이라인
Gray Line of Niagara Falls

716-285-2113,
www.grayline-niagarafalls.com
관광선 안개 속의 숙녀호를 타고 폭포 아
래까지 가는 투어를 비롯해 프로스펙트 공
원의 전망대, 고트 아일랜드의 바람의 동
굴Cave of Winds 등을 돌아보는 어드벤처
투어American Adventure Tour를 제공한
다. 캐나다 쪽을 돌아보는 레인보우 투어
Canadian Rainbow Tour도 있다.

3 월풀 제트 보트
Whirlpool Jet Boat Tours

115 South Water St, Lewiston
888-438-4444, www.whirlpooljet.com
나이아가라 강 하류 쪽에서 운행하는 제트
보트는 절벽 사이로 난 나이아가라 고지Ni-
agara Gorge, 월풀 래피드Whirlpool Rap-

ids, 데빌스 홀Devil's Hole 등을 돈다. 투어
동안 누구나 노란색 레인코트를 입고 있지
만 대부분 물에 흠뻑 젖어서 나온다.

4 월풀 에어로 카
Whirlpool Aero Car

질주하는 나이아가라 강 위를 특수 제작된
오픈 케이블카를 타고 지나는 프로그램으
로 100년 가까이 운영되고 있다. 케이블카
를 타고 약 10분간 1킬로미터를 왕복한다.

5 헬리콥터 투어

나이아가라 상공을 약 10분 동안 비행하며
웅장한 대자연을 만끽한다.

Niagara Falls

나이아가라 폭포

나이아가라 폭포는 동쪽의 미국 폭포American Falls와 서쪽의 캐나다 폭포Canadian Horseshoe Falls로 나뉜다. 캐나다 폭포는 낙차 54미터, 너비 675미터이며, 생긴 모양을 본따 호스슈(말발굽) 폭포라고 부른다. 고트 섬을 끼고 동쪽에 있는 미국 폭포는 낙차가 56미터, 너비는 320미터에 이른다.

일반적으로 미국 쪽 폭포가 캐나다 쪽에 비해 볼거리와 즐길거리가 적다고 생각하지만 어느 곳이 더 좋고 나쁘다고는 할 수 없다. 오히려 미국 쪽 고트 섬은 폭포의 급류를 가까이서 볼 수 있어 매력적이다. 캐나다 쪽이 다소 인공적이라면 미국 쪽은 좀 더 자연적인 볼거리가 많은 편.

나이아가라 폭포 주립공원
Niagara Falls State Park

716-278-1796,
www.niagarafallsstatepark.com

나이아가라 폭포를 가까이에서 볼 수 있는 일대로 1885년 뉴욕 최초의 주립공원으로 지정됐다. 오대호 정원 Great Lakes Garden은 수천 송이의 꽃과 나무들이 오대호의 모습을 본따 심어져 있다. 방문객 센터가 프로스펙트 공원 안에 있다.

시닉 트롤리 Scenic Trolley
빈티지 스타일의 트롤리를 타고 공원의 한가로운 풍경을 즐기며 한 바퀴 돌 수 있다. 고트 아일랜드를 비롯한 4곳의 정류장에서 타고 내릴 수 있다.

고트 아일랜드 Goat Island
캐나다 쪽 나이아가라 폭포가 시작되는 부분을 가장 가까이서 볼 수 있는 곳. 이 섬을 기점으로 미국 쪽 폭포와 캐나다 쪽 폭포로 나뉜다. 폭포 주립 공원에서 아메리카 폭포 위쪽 급류를 구경하면서 다리를 건너면 고트 아일랜드로 들어선다. Terrapin Point에서는 캐나다 쪽 호스슈 폭포가 잘 보인다. 비가 내리는 것처럼 물방울이 튀므로 우비 지참.

전망대 Observation Tower
미국 쪽 폭포 주립공원 안에 있는 전망대에서는 미국 폭포와 캐나다 폭포를 동시에 감상할 수 있다. 여기에 설치된 엘리베이터는 Maid of the Mist 선착장까지 관광객을 싣고 오르내린다. 입장료 1달러.

바람의 동굴 Cave of Winds
폭포 뒤쪽의 바위를 뚫고 설치된 엘리베이터를 타고 내려가 폭포 아래에 설치된 통로를 따라 폭포의 여기저기를 돌아본다. 온통 물보라가 이는 가운데 무지개가 영롱하게 빛나는 환상의 세계를 맛볼 수 있다. 고트 아일랜드에서 출발.

나이아가라 폭포 수족관
Aquarium of Niagara Falls

70 l Whirlpool St, Niagara Falls
716-285-3575, 800-500-4609
www.aquariumofniagara.org

캐나다로 오갈 때는 비자가 필요하다
나이아가라 폭포는 미국과 캐나다 양국 사이에 걸쳐져 있어 양쪽을 모두 관광할 때는 주의가 필요하다. 나이아가라 강 위에 걸쳐져 있는 레인보우 브리지를 건너면 캐나다의 온타리오 주. 캐나다 입국시에는 간단한 입국심사가 있으므로 여권을 소지해야 한다. 또 캐나다 폭포를 구경하고 미국으로 재입국할 때는 미국 측에서 비자가 유효한지를 검사한다. 만약 'Valid for' 난에 'Multiple' 이라고 되어 있으면 상관없지만 'ONE' 이라는 스탬프가 찍혀 있으면 캐나다 쪽 관광을 포기하는 것이 현명하다.

레인보우 브리지 Rainbow Bridge

미국과 캐나다를 연결하는 다리. 양국을 입출국하는 통로이기 때문에 관광객은 반드시 영주권이나 여권을 소지해야 한다. 수많은 신혼 부부들이 이 다리를 건너기 때문에 '허니문 레인Honeymoon Lane'이라는 별명을 얻었다.

먼 바다에 사는 해양 포유류는 물론 오대호 주변에 사는 물고기와 수중 생물들을 보여주는 곳. 상어에서부터 캘리포니아 바다사자까지 2천여 종의 생물이 살고 있다.

나이아가라 전력 프로젝트 방문객 센터
Niagara Power Project Visitor Center

5777 Lewiston Rd, Lewiston
716-286-6661, www.nypa.gov/vc/niagara.htm
세계에서 가장 거대한 수력발전 프로젝트의 하나로 전시물, 컴퓨터 게임, 그림 등을 통해 전기의 역사를 설명한다. 350피트 상공에 솟아 있는 전망대에 서면 폭포 아래쪽 나이아가라 고지 전경이 한눈에 들어온다. 강변에는 낚시터가 있다. 무료.

록포트 동굴 땅속 보트 관광
Lockport Cave & Underground Cave Boat Ride

2 Pine St, Lockport
716-438-0174, www.lockportcave.com
이리 운하에 설치된 록포트 동굴은 3년간의 난공사 끝에 개통된 것으로 한때 수력발전용으로 사용되던 물길이었다. 동굴에 들어서면 보트를 타고 더 깊은 지하로 들어가며 19세기 공학 기술의 놀라운 성과를 돌아본다.

폭포 조명 쇼와 불꽃놀이

매일 땅거미가 질 무렵이면 나이아가라 폭포는 무지개빛 조명을 받아 아름답게 빛난다. 낮에 보는 폭포의 웅장한 모습과는 사뭇 다른 환상적인 빛의 축제. 특히 주말에는 폭포 위로 불꽃놀이가 벌어져 더욱 환상적인 분위기를 연출한다. 11월 말부터 1월 초에 열리는 불빛 축제Festival of Lights 기간에도 폭포 주변의 나무들이 갖가지 조명을 받아 아름답게 빛난다.

나이아가라 캐나다 쪽 명소

테이블 록 하우스 Table Rock House

엘리베이터를 타고 아래로 내려가면 캐나다 폭포를 볼 수 있는 전망 터널Scenic Tunnel이 있다. 노란 레인 코트를 입고 폭포 맨 아래 전망대로 가서 캐나다 폭포를 뒤쪽에서 감상할 수 있다. 빅토리아 공원에 위치.

미놀타 타워 Minolta Tower

캐나다 폭포에 가장 가까운 타워로 28층과 29층에 전망대가 있다. '톱 오브 더 레인보우Top of the Rainbow' 레스토랑은 27층에 있는 명소. 예약 필수.

코닥 타워 Kodak Tower

캐나다 쪽에 있는 3개의 전망대 중 유일한 무료 전망대. 폭포에서 약간 멀리 떨어져 있어 전망이 약간 떨어진다. 메이플 리프 빌리지Maple Leaf Village에 있다.

월풀 & 스패니시 에어로 카
Whirlpool & Spanish Aero Car

그레이트 고지에서 북쪽으로 좀 더 올라가면 강이 동쪽으로 굽어지는 일대가 월풀이다. 이 커다란 소용돌이 위를 스패니시 에어로 카로 불리우는 케이블카로 건널 수 있다. 바로 위에서 소용돌이를 내려다보는 것은 폭포의 웅장함과는 또다른 감동을 준다.

클리프턴 힐 Clifton Hill

캐나다 쪽 나이아가라 최대의 번화가. 토산품 상점은 물론 호텔과 레스토랑, 매력적인 상점들, 오락 시설들이 줄지어 있다.

스카일론 타워 Skylon Tower

나이아가라에 있는 전망대 중에서 가장 높다. 옥외 엘리베이터를 타고 올라가면서 보는 폭포 전경이 압권.

명물 드라이브 코스 Seaway Trail

나이아가라 폭포에서 북쪽으로 Robert Moses Parkway를 따라가면 시웨이 트레일Seaway Trail이 나온다. 이리 호와 온타리오 호, 나이아가라 강과 세인트로렌스 강을 모두 볼 수 있는 드라이브 코스. Devil's Hole State Park이나 Whirlpool State Park에서 피크닉을 즐기거나 낚시, 하이킹을 즐기는 것도 좋다.

제일 먼저 만나는 마을은 Lewiston으로 1만2천 년 전에는 이곳에 나이아가라 폭포가 위치했다고 한다. 여름철에는 석양이 질 무렵 나이아가라 강 골짜기를 내려다보는 아트파크(716-754-4375, www.artpark.net)에서 뮤지컬과 연극을 감상할 수 있다. 18 F번 도로를 타고 북쪽으로 계속 달리면 영스타운이 나온다. Fort Niagara State Park과 Old Fort Niagara가 이곳에 있다. 날씨가 맑은 날에는 온타리오 호수 건너 캐나다의 토론토가 보인다.

영스타운에서 18번 도로를 타고 계속 달리면 온타리오 호수가 나온다. Barker에서 Carmen Road를 타고 남쪽으로 이리 운하변에 위치한 Middleport를 향해 달린다. 조약돌로 지은 건물들이 아름다운 타운을 지나면 록포트가 나온다.

그레이트 고지 Great Gorge

폭포에서 떨어진 물은 나이아가라 강을 흐르다가 월풀 브리지에서부터 강폭이 좁아지기 시작한다. 소용돌이를 이루며 흐름이 빨라지는 지점을 그레이트 고지라고 부른다. 월풀 브리지 북쪽에서 엘리베이터를 타고 강가까지 내려가는 투어가 있다.

버펄로 Buffalo

뉴욕 주에서 두 번째로 큰 도시로 나이아가라 강을 사이에 두고 캐나다와 국경을 맞대고 있다. 이리 호Lake Erie 호반에 자리한 도시로 뉴욕의 운하 시스템이 5대호로 연결되는 교통의 요지이자 상공업의 도시. 나이아가라 폭포로 가는 관광객들이 주로 버펄로 국제공항을 이용하기 때문에 늘 관광객으로 붐비는 도시. 뉴욕에서 출발하는 항공편으로는 1시간 소요, 자동차를 이용할 경우는 뉴욕 스루웨이인 I-90을 타고 끝까지 가면 된다. 버펄로에서 나이아가라 폭포까지는 I-190을 이용한다. 버스편은 그레이하운드(www.greyhound.com)와 뉴욕트레일웨이(www.trailways.com)가 메트로폴리탄 교통센터Metropolitan Transportation Center(716-855-7524, 181 Ellicott St, Buffalo)까지 운행중.

버펄로 관광청
800-283-3256
www.visitbuffaloniagara.com

버펄로 식물원Buffalo and Erie County Botanical Gardens

2655 S. Park Ave (at McKinley Pkwy.), Buffalo
716-827-1584, www.buffalogardens.com
눈이 많이 오는 버펄로의 겨울철에 보면 더욱 싱그러운 곳. 돔 3개의 빅토리아 양식 유리 온실에서 자라는 꽃들이 사시사철 방문객을 반긴다.

미스 버펄로 크루즈 Miss vuffalo cruises

716-856-6696, www.buffaloharborcruises.com
버펄로 시내를 돌아보는 가장 좋은 방법은 관광 크루즈를 이용하는 것. 이리 호와 나이아가라 강을 따라 발달한 도시의 경관을 잘 관찰할 수 있다. 1833년에 지어진 등대를 지나 세계에서 가장 번잡한 다리 중의 하나인 평화의 다리Peace Bridge까지 둘러본다.

올브라이트-녹스 미술관

Albright-Knox Art Gallery

1285 Elmwood Ave, Buffalo
화~일 12~17, 성인 $12, 학생 $8, 12세 이하 무료
716-882-8700, www.albrightknox.org
이 미술관의 현대미술 콜렉션은 미국 내에서도 최고로 꼽힌다. 반 고흐, Derain, 모네, 르누아르, 앤디 워홀 등 거장들의 작품을 감상할 수 있다.

버펄로 동물원 Buffalo Zoological Gardens

300 Parkside Ave, Buffalo
성인 $9.50, 2~14세 $6
716-837-3900, www.buffalozoo.org

미국에서 세 번째로 오래된 동물원. 규모는 아담하지만 수천 마리의 동물 식구들이 자연의 서식 환경 그대로 재현된 이곳에서 살고 있다.

허셀 회전목마 공장 박물관

Herschell Carrousel Factory Museum

180 Thompson St, N. Tonawanda
성인 $5, 어린이 $2.50
716-693-1885, www.carrouselmuseum.org
앨런 허셀Allan Herschell은 미국에서 가장 잘 알려진 회전목마 제작자. 1983년 문을 연 이 박물관에서는 그가 직접 손으로 깎아서 만든 목마들을 전시하고 있다. 어린이들이 특히 좋아하는 곳.

브로드웨이 마켓 broadwaymarket

999 Broadway, Buffalo
716-893-0705, www.broadwaymarket.com
버펄로의 유명한 먹거리는 버펄로 치킨 윙과 비프 샌드위치. 1888년 이래 계속 영업 중인 브로드웨이 마켓은 40여 개의 레스토랑과 식료품점, 빵집이 밀집해 있는 먹거리의 천국이다.

맛있는 버펄로 윙의 탄생

1047 Main St, Buffalo, 716-886-8920, www.anchorbar.com
지금은 전 세계 어느 곳에서든 맛볼 수 있는 '버펄로 치킨 윙'은 앵커바라는 레스토랑에서 일하던 테레사 벨리시모Teressa Bellissimo라는 여성이 1964년 발명했다. 그녀는 레스토랑을 찾아온 아들 도미니크와 친구들에게 줄 치킨 스프를 끓이려던 참이었는데, 무슨 이유에서인지 닭고기 조각을 프라이용 팬에 넣고 말았다. 이 튀김을 샐러리, 블루치즈 드레싱, 그리고 특별히 만든 소스와 함께 주자 순식간에 동이 난 것. 이 새로운 먹거리는 금방 동네에서 유명 메뉴가 되었고, 곧이어 전국으로 퍼져 나갔다. 테레사가 일하던 앵커바Anchor Bar는 여전히 성업 중이다.

캐츠킬 Catskill

뉴욕 시티에서 가까운 관계로 많은 사람들이 휴가철이나 주말에 휴식을 즐기기 위해 찾는다. 플라이 낚시, 송어 낚시, 하이킹 등을 즐기기에는 그만이다. 1960년대 우드스탁 페스티벌이 열렸던 베델Bethel도 이곳에 있다.

캐츠킬 관광국 518-943-3223, www.visitthecatskills.com

로스코 Roscoe

뉴욕 주민들 뿐만 아니라 일본, 노르웨이 등 해외에서도 낚시꾼들이 몰리는 국제적인 봄철 송어 낚시의 명소. 송어 낚시의 묘미는 플라이 낚시. 영화 「흐르는 강물처럼」에서 나온 바로 그 낚시 방법이다.

정션 풀 Junction Pool

윌로위목 크릭과 비버킬 리버가 만나는 곳으로 최고의 낚시터로 꼽힌다. 주변에 송어들을 혼란시키기에 적당한 물살이 만들어지는 데다 천성적으로 움직이는 것을 좋아하는 송어를 며칠 동안 붙잡아 두기에 적당하기 때문이다. 근방에 플라이 낚시 박물관이 있다.

비버킬 Beaverkill

강변에 캠핑장이 있어 더욱 안성맞춤. 현지에서 바로 낚시 면허를 발급받을 수 있다. 15마일 떨어진 곳에 식당, 쇼핑센터, 극장 등이 있으며 골프장과 승마장도 이용할 수 있다.

캐츠킬 플라이 낚시 센터 및 박물관
Catskill Fly Fishing Center & Museum

1031 Old Route 17, Livingston Manor
4~10월 10~16, 11~3월 화~금 10~13, 토 10~16
914-439-4810
플라이 낚시에 대해 알고 싶으면 이곳을 방문하면 된다. 도서관과 명예의 전당, 전시실이 있다. 시즌 중에는 유명한 낚시꾼과 플라이 제작자들이 모습을 드러내기도 하는 꾼들의 명소.

베어 스프링 마운틴 Bear Spring Mountain

캐츠킬 서쪽 끝 호숫가에 위치해 자연경관이 수려한 캠핑장. 카누를 빌릴 수 있다. 호숫가에 모래밭이 있어 수영을 즐기기에도 제격. 델라웨어 강과 가까워 낚시와 래프팅, 하이킹, 사냥, 산악 자전거 등을 즐기기에 좋다.

헌터 마운틴 Hunter Mountain

800-486-8347, www.huntermtn.com
자칭 '은세계의 수도' 라고 뽐내는 스키 리조트. 일년의 절반에 가까운 162일간이나 스키를 탈 수 있다. 여름과 가을에는 패트리어트 페스티벌, 독일 알프스 축제, 헌터 컨트리뮤직 페스티벌 등이 열리는 사계절 문화행사의 중심지이기도 하다.

캐츠킬 게임 팜 Catskill Game Farm

400 Game Farm Rd, Catskill
518-678-9595, www.catskiligamefarm.com
국내에서 가장 오래되고 가장 인기있는 게임 팜 중의 하나. 사자, 호랑이, 곰 등 2천 마리 이상의 동물들이 살고 있다. 돼지, 코끼리, 원숭이가 펼치는 특별 쇼가 인기. 어린이들이 동물들을 직접 만져볼 수 있는 코너도 있다. 피크닉 장소와 놀이터가 따로 마련되어 있어 가족 나들이 코스로 좋다.

사우전드 아일랜드 Thousand Islands

천 개의 섬으로 이루어진 영혼의 정원

나이아가라 폭포나 아디론댁, 혹은 캐나다 동부 지역 여행을 계획하고 있다면 사우전드 아일랜드도 일정에 끼워 넣는 것이 좋다. 미국과 캐나다 국경을 이루는 뉴욕 주 최북단 세인트로렌스 강에 위치한 세계적 관광 명소. 이 지역 인디언들은 이곳을 마니토나Manitonna, 즉 '위대한 영혼의 정원Garden of the Great Spirit' 이라는 멋진 이름을 붙였다. 이곳의 섬들은 말 그대로 수천 개에 이르며 달랑 돌덩어리 하나에서 몇 스퀘어마일에 이르기까지 크기나 모양이 제각각일 뿐만 아니라 나름대로 독특한 특징을 지니고 있어 아무리 봐도 지루하지 않다. 그러나 무엇보다 섬 위에 지어진 꿈같은 저택들이 좋은 눈요기감. 100년 이상 미국과 캐나다의 갑부나 영향력 있는 인사들이 즐겨 찾는 여름 별장들이 즐비한 곳이다.

관광 정보
사우전드 아일랜드 관광국
315-482-2520, www.visit1000islands.com

교통 정보
사우전드 아일랜드는 온타리오 호수에서 흘러 들어오는 물이 강으로 바뀌는 세인트로렌스 강의 입구에 있다. 자동차를 이용해 81번 도로를 따라 북쪽으로 시라큐스를 지나 1시간쯤 더 가면 12번 지방도로를 만난다. 여기서 12번 도로로 빠져 동쪽으로 가면 알렉산드리아베이가 나온다. 그대로 곧장 올라가면 사우전드 아일랜드 브리지를 거쳐 캐나다로 이어진다.

특별 관광
● **유람선 관광** www.visit1000islands.com
수많은 섬의 아름다움을 가까이서 만끽하려면 역시 배를 이용하는 것이 가장 좋다. 알렉산드리아베이에 유람선 관광회사가 몰려 있다. 다양한 크루즈가 있지만 Two Nation Tour가 사우전드 아일랜드 지역을 돌아보는 데는 가장 좋다. 볼트 캐슬에도 정박한다.
엉클샘 보트투어 Uncle sam Boat Tours
45 James St, Alexandria Bay
315- 482-2611, www.usboattours.com
알렉스베이 보트투어 315-482-9902
보니벨 800-955-4511, 315-482-4511
● **헬리콥터 투어**
1000 Island Helicopter Tours
23820 Route 26, Alexandria Bay
315-482-4024
www.1000islands.com/air_tours
세인트로렌스 강과 사우전드 아일랜드를 한눈에 볼 수 있다. 헬리콥터가 섬 위로 천천히 날아가며 볼트 캐슬과 저택들을 자세히 관찰할 수 있게 해준다.

알렉산드리아 베이 Alexandria Bay
315-482-9531, www.visitalexbay.org
가장 많은 관광객이 찾는 항구 도시로 사우전드 아일랜드 일주의 출발점. 유람선 회사와 숙박 시설, 선물용품점, 식당 등이 있다. 본격 휴가철이 시작되면 헬리콥터와 열기구 관광도 시작한다.

하트 아일랜드 Heart Island
315-482-9724, www.boldtcastle.com
알렉산드리아 베이 바로 앞에 있는 면적 5에이커의 섬. 슬픈 사랑의 이야기가 깃든 낭만적인 대저택 볼트 캐슬Boldt Castle이 있다. 이 외에 파워 하우스Power House, 알스터 타워Alster Tower 등 5개의 건물로 구성되어 있다.

웰리슬리 아일랜드 Wellesley Island
315-482-2985, www.wellesleyisland.net
81번 고속도로를 타고 계속 북쪽으로 올라가면 천섬 다리Thousand Islands International Bridge가 나온다. 이 다리를 건너 처음 만나는 섬이 바로 웰리슬리 아일랜드. 여기서 더 올라가면 힐 아일랜드Hill Island를 거쳐 캐나다로 이어진다. 뉴욕 주에 속해 있으며 말발굽 모양으로 생겼다. 캠핑장과 오두막집을 갖춘 주립공원도 있다.

울프 아일랜드 Wolf Island
613-385-1875, www.wolfeisland.com
캐나다의 영토. 길이 21마일, 넓이 7마일로 이곳의 섬 중에서 가장 크다. 페리를 이용해 건너간다. '악마의 오븐Devil's Oven'은 1830년대 이 일대에서 맹활약했던

유명한 해적 빌 존스턴이 숨어 살았던 비밀 동굴로 유명한 곳.

자비콘 아일랜드 Zavikon Island
두 개의 섬으로 이루어졌으며 국경을 건너는 다리로는 전 세계에서 가장 짧은 다리가 있다. 이 외에도 체리 아일랜드 등 조그만 다리나 좁은 길로만 연결된 섬들이 많다.

앤틱 보트 박물관 Antique Boat Museum
750 Mary St, Clayton 매일 9~17, 성인 $12, 7~17세 $6, 6세 이하 무료 315-686-4104, www.abm.org
내수면 선박 박물관으로는 국내에서 가장 오래되었으면서 가장 대규모다. 선박 기술자들이 작업하고 있는 광경을 볼 수 있다. 매년 8월 첫 주에는 앤틱 보트 쇼가 열린다.

사우전드 아일랜드 박물관 Thousand Islands Museum
312 james st, Clayton
315-686-5794, www.timuseum.org
19세기 말부터 20세기 초반까지 사우전드 아일랜드 황금기의 모습을 사진과 각종 전시물을 통해 보여준다. 입장료 무료.

미로찾기 정원 Mazeland Gardens
Route 12 North, Alexandria, 315-482-2186
미션 임파서블, 퍼즐러, 와일드씽, 어린이용 미로 등 다양한 미로찾기를 하며 온 가족이 함께 즐길 수 있다.

사우전드 아일랜드 Story
오래 전 '마니토Manitou(위대한 영혼이라는 뜻)' 라는 인디언의 신은 인간 세상에서 싸움이 그치지 않아 홀로 천상의 오두막집에 앉아 괴로워하고 있었다. 마침내 세인트로렌스 강가에 내려온 그는 사람들을 불러 모으고 아름다운 정원을 커다란 보따리에서 꺼내 선물로 주었다. 만일 싸움을 계속하면 이 선물을 잃어버릴 것이라고 충고하면서. 그 후 한동안 평화가 계속됐지만 언젠가부터 다시 싸움이 시작되더니 마침내 가든 곳곳에서 전쟁의 함성이 그치지 않게 됐다. 마니토는 다시 하늘에서 내려와 "너희들이 평화를 지키지 못했으니 다시 정원을 가져가겠다"고 말하고는 이를 보따리에 거두어 하늘로 올라갔다. 그런데 순간 보따리가 터지면서 그 속에 있던 아름다운 정원이 세인트로렌스 강으로 떨어져 크고 작은 수천 개의 조각으로 부서졌다. 이것이 바로 오늘날의 사우전드 아일랜드가 됐다고 한다.

사라토가 스프링스 Saratoga Springs

경마로 유명한 사라토가 스프링스는 고혈압이나 심장병에 치료 효과가 있다고 알려진 탄산 온천이 있는 곳으로 유명하다. 사라토가의 탄산 온천은 미국 북동부에서는 유일한 온천이다. 그 옛날 바닷물이 석회암층에 갇힌 뒤 단단한 혈암으로 봉쇄된 것을 사라토가 단층이 깨지면서 이 일대에 온천 수맥이 형성됐다고 한다. 특히 땅속 깊이 있던 온천이라 탄산 성분이 많고 염분이 적은 것이 특징. 탄산 온천은 탕에 들어가면 탄산가스가 피부로 흡수되어 모세혈관을 자극, 확장시켜 줌은 물론 혈압을 내리고 심장의 부담을 가볍게 하기 때문에 고혈압이나 심장병에 탁월한 효능이 있는 것으로 알려져 있다. 또 탄산수를 마시면 위장 활동이 왕성해지고 이뇨 작용을 촉진시켜 주며, 철분을 많이 함유해 빈혈, 동맥경화, 비만증 등에도 탁월한 효과가 있다고 해서 인기가 높다

관광 정보
사라토가 스프링스 관광국 518-743-9424, www.saratoga.com

교통 정보
버스 Bus
그레이하운드와 아디론댁 트레일웨이즈가 뉴욕 포트오소리티 터미널에서 출발한다. 약 4시간 소요. 버스는 다운타운 남쪽에 있는 사라토가 다이너Saratoga Diner(800-858-8555, www.trailways.com)에서 타고 내린다.
그레이하운드 Greyhound 800-231-2222, www.greyhound.com
앰트랙 Amtrak 800-872-7245, www.amtrak.com
뉴욕 펜 스테이션과 사라토가 스프링스 구간 열차는 매일 오전, 오후 두 차례씩 운행한다. 3시간 15분 소요.

자동차
맨해튼에서 출발할 때는 Palisades Interstate Parkway North를 타고 9번 출구에서 빠진 다음 New York State Thruway (I-87)로 갈아탄다. I-90과의 분기점을 지나 계속 I-87을 따라 북쪽 올바니 방향으로 달리다가 13 N., 14 또는 15번 출구로 나오면 된다.

기타 정보
캠핑 & 숙박
경마 시즌에는 숙박비가 두 배, 심지어 세 배까지 뛰기도 한다. 올바니 부근에서 숙박하는 것이 비용을 줄이는 요령. 타지로 여름 휴가를 떠나는 주민들이 빌려주는 집도 있다.

사라토가 스파 주립공원
Saratoga Spa State Park

19 Roosevelt Dr, Saratoga Springs
518-584-2535, www.saratogaspastatepark.org
2,200에이커에 달하는 울창한 숲으로 둘러싸인 공원 내
에는 사라토가 퍼포밍 아트 센터와 링컨 미네랄 배스,
기디언 푸트남 호텔, 골프장, 수영장, 테니스장, 아이스
링크 등 다양한 시설이 들어서 있다. 사라토가 스프링
스 다운타운의 남쪽에 위치.

사라토가 퍼포밍 아트 센터
Saratoga Performing Arts Center

108 Ave. of the Pines, Saratoga Springs
518-587-3330, www.spac.org
뉴욕 시티 발레단과 필라델피아 오케스트라가 여름철
이곳에서 공연을 갖는다. 매년 6월부터 노동절까지 운
영.

국립 무용 박물관 National Museum of Dance

99 S. Broadway, Saratoga Springs
성인 $6.50, 학생 $5, 12세 이하 $3
518-584-2225, www.dancemuseum.org
아메리카 무용 전용 박물관. 스튜디오에서 댄스 강습이
진행되는 것을 직접 지켜볼 수 있다. 주립공원 안에 위
치. 겨울(12~3월)에는 문을 닫는다.

사라토가 국립 역사공원
Saratoga National Historical Park

648 SR 32, Stillwater
518-664-9821, www.nps.gov/sara
사라토가 스프링스에서 9마일 가량 떨어진 이 공원은
1777년 미군과 영국군이 접전을 벌인 역사적인 전장. 이
전투에서 미국이 승리함으로써 프랑스가 미국과 동맹
을 맺게 되었다. 공원 내에는 9마일 길이의 전장 드라
이브 코스가 조성되어 있으며, 하이킹과 자전거를 타는
코스로도 이용되고 있다.

국립 경마 박물관
National Museum of Racing & Hall of Fame

191 Union Ave, Saratoga Springs
1~3월 수~토 10~16, 4~12월 월~토 10~16, 일
12~16, 성인 $7, 학생 $5, 5세 이하 무료

518-584-0400, www.racingmuseum.org
경마장 건너편에 위치한 이 박물관은 경마와 관계된 전
시물과 자료들이 가득하다. 유명 기수와 조련사들이 경
주마를 훈련시키는 과정과 레이싱 기술을 설명하는 비
디오도 상영한다.

뉴욕 주립 군사 박물관
New York State Military Museum

61 Lake Ave, Saratoga Springs
화~토 10~16, 일 12~16, 무료
518-226-0991, www.nymilitarymuseum.org
200여 년에 걸친 뉴욕 주의 군사적 발자취를 보여주는
박물관. 특히 각 부대를 상징하는 군기Flags의 보유에
있어서 국내 최대 규모. 1812년 전쟁부터 걸프전에 이
르기까지 사용된 군기를 이곳에 모아놓기로 하고 복원
작업을 진행 중. 대부분의 군기는 뉴욕 주 의사당에 유
리로 만든 상자에 넣어 전시해 놓거나 뉴욕 주 곳곳에
흩어져 보관되어 왔다. 이와 함께 수천 권의 군사 서적
과 서류는 물론 1만여 가지의 군복, 무기, 사진, 일기 등
의 소장품도 있다.

사라토가 경마장 Saratoga Race Course

267 Union Ave, Saratoga Springs
518-584-6200, www.nyra.com
미국에서 가장 오래되고 가장 아름다운 경마장. 1863년
처음으로 이곳에서 경마가 열렸다. 경주마들이 아침 산
보를 하는 동안 뷔페식 아침이 트랙에서 제공된다. 오
전에는 마굿간 투어도 진행된다. 7월 말에서 노동절까
지 경주가 열린다.

사라토가 스프링스 유명 온천

크리스탈 스파 Crystal Spa

120 S. Broadway, Saratoga Springs, 518-584-2556, www.thecrystalspa.com
'로즈마리' 라는 별명을 가진 개인 소유 온천으로 1964년 처음 발견된 이후 한인들이 가장 많이 찾는 온천이다. 빅토리아 양식의 건물에 들어서면 은은한 향기와 잔잔한 음악이 몸과 마음속 깊이 스며들어 긴장을 풀어 준다. 이곳의 물은 바로 마실 수 있으며, 특히 관절염, 피부병, 신경통, 류마티스, 스트레스 등에 효과가 있는 것으로 알려졌다. 그랜드 유니언 모텔 안에 있다. 예약 필수.

링컨 미네랄 배스 Lincoln Mineral Baths

65 S. Broadway Ave, Saratoga Springs
518-583-2880, www.saratogaspastatepark.org/lincolnbaths
사라토가 스파 주립공원 내에 위치한 별 다섯개짜리 기드온 푸트남 호텔에 있는 온천. 1911년 문을 열었지만 그후 화재로 전소되고 다시 1930년에 새 건물을 지어 오픈했다. 재오픈 당시에는 온천 시설로는 세계에서 가장 컸다고 한다. 예약 필수.

올버니 Alany

뉴욕의 주도 올버니는 미국 내 어떤 다른 도시보다 더 많은 대통령을 배출한 정치의 도시. 뉴욕 주지사 출신의 대통령은 모두 5명. 정치뿐만 아니라 경제 면에서도 올버니는 이리 운하가 개통된 이후 서부와 북부로 가는 관문 도시로 성장했다.

올버니의 관광 명소로는 넬슨 록펠러 엠파이어 스테이트 플라자Nelson A. Rockefeller Empire State Plaza(518-474-2418, www.ogs.state.ny.us/ESP)가 있다. 록펠러 주지사가 1962년 당시 네덜란드의 줄리아나 여왕과 함께 시내를 시찰하던 도중 맞닥뜨린 슬럼가의 모습에 충격을 받아 이 엄청난 건물을 지었다고 한다. 이글 스트리트와 사우스 스완 스트리트, 메디슨 애비뉴 및 스완 스트리트로 둘러싸인 거대한 빌딩군으로 뉴욕 주정부와 주 의사당이 이곳에 있다. 올버니 시내에는 오래된 기념비적인 건물들이 많은데 스카일러 맨션Schuyler Mansion(518-434-0834, 32 Catherine St, Albany)도 그중의 하나. 1761년에 지어진 건물로 독립전쟁의 영웅 Philip Schuyler 장군의 저택이다. 엠파이어 스테이트 플라자에 있는 뉴욕 주립 박물관New York State Museum(222 Madison Ave, Albany, 518-474-5877, www.nysm.nysed.gov)은 국내에서 가장 오래되고 가장 큰 주립 박물관. 아디론댁, 뉴욕 시티, 그리고 뉴욕 지방에 거주했던 아메리카 인디언들에 관한 전시가 돋보인다.

관광 정보
올버니 시 관광국 800-258-3582, 518-434-1217, www.albany.org

아디론댁 파크 Adirondacks Park

518-846-8016, www.visitadirondacks.com

아디론댁은 전체 넓이가 600만 에이커가 넘는 전국 최대의 주립공원이다. 크기로 보면 뉴욕 주의 3분의 1에 해당하며 이웃한 버몬트 주의 크기와 맞먹는다. 옐로스톤 국립공원의 3배에 이르며 옐로스톤과 그랜드 캐년 국립공원을 합해 놓은 것보다 더 넓다. 동계올림픽이 열렸던 레이크 플래시드Lake Placid를 중심으로 높이가 4천 피트 이상의 산이 46개에 이른다.

호수와 연못이 2,500여 개에 이르고 물길을 전부 합하면 3만 마일을 넘는다. 허드슨 강의 발원지인 마운트 마시 Mount Marcy는 구름의 눈물 호수Lake Tear-of-the-Clouds 곁에 우뚝 솟아 있다. '호수의 여왕' 으로 불리는 레이크 조지Lake George도 이곳에 있다.

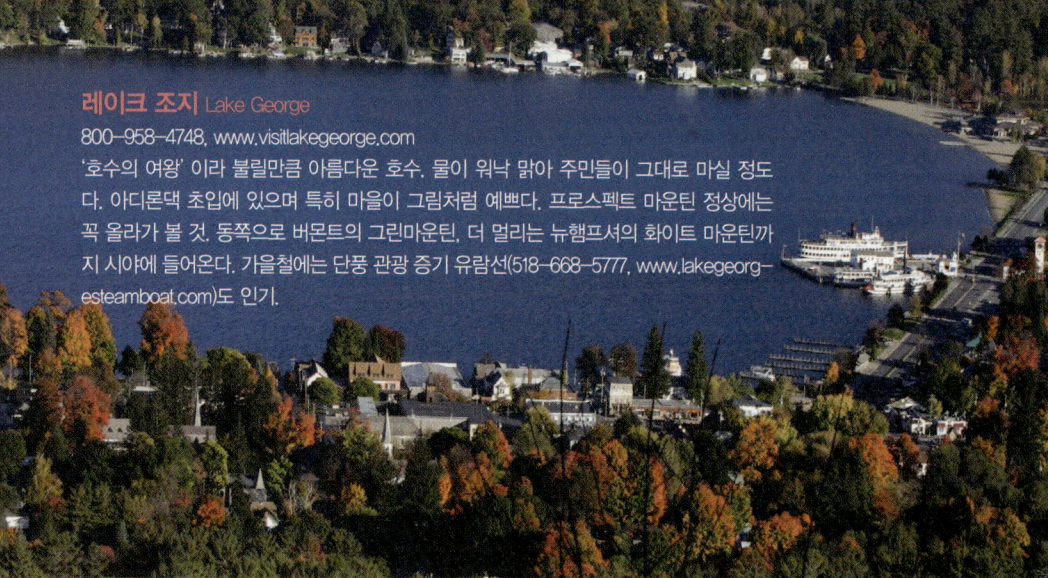

레이크 조지 Lake George

800-958-4748, www.visitlakegeorge.com
'호수의 여왕'이라 불릴만큼 아름다운 호수. 물이 워낙 맑아 주민들이 그대로 마실 정도다. 아디론댁 초입에 있으며 특히 마을이 그림처럼 예쁘다. 프로스펙트 마운틴 정상에는 꼭 올라가 볼 것. 동쪽으로 버몬트의 그린마운틴, 더 멀리는 뉴햄프셔의 화이트 마운틴까지 시야에 들어온다. 가을철에는 단풍 관광 증기 유람선(518-668-5777, www.lakegeorgesteamboat.com)도 인기.

레이크 조지 아일랜드 Lake George Islands

아디론댁 최고로 손꼽히는 캠핑의 명소. 이곳 캠핑장에 들어갈 때 타는 보트는 잊을 수 없는 추억을 선사한다. 캠핑장마다 배를 정박할 수 있는 시설이 있고 낚시, 하이킹, 패러세일링, 승마, 미니 골프, 카누 등을 즐길 수 있다.

레이크 플래시드 Lake Placid

518-523-2445, www.lakeplacid.com
화이트페이스 마운틴 등 높은 산이 몰려 있는 아디론댁의 중심부 산악지대에 위치. 주변에 스키장이 잘 발달돼 있으며 뉴욕 주에서는 가장 먼저 문을 열어 최장기간 운영한다. 1932년과 1980년 동계올림픽을 두번 개최했다. 인근 올림픽 박물관에 가면 당시 경기에 참가했던 선수들의 메달과 운동 도구 등 다양한 기념물이 전시돼 있다. 호수를 끼고 있는 올림픽 빌리지는 쇼핑 상가와 식당 등이 자리잡고 있다. 동네 뒤편으로는 미러 레이크라는 아담한 호수가 있어 운치를 더해 준다.

레이크 챔플레인 Lake Champlain

518-523-2445, www.lakechamplainregion.com
레이크 조지에서 9 N. 도로를 따라 북쪽으로 올라가면 만나는 동부에서는 가장 큰 호수. 남북으로 길이만 121마일에 달한다. 호수 주변에 있는 티콘데로가라는 마을은 1755년 프랑스인이 처음 정착한 유서 깊은 곳으로 방문객 센터가 이곳에 있다. 챔플레인 호수를 감상하기에 가장 좋은 위치.

그레이트 이스케이프 & 스플래시워터 킹덤 Great Escape & Splashwater Kingdom

1일권 성인 $44.99, 신장 48인치 이하 $29.99
518-792-3500, www.thegreatescape.com
더 이상 자연 속에 파묻혀 지내기에 싫증이 난다면 뉴욕 주에서 가장 규모가 큰 놀이공원을 찾아가 보자. 디스커버리 채널 등에서 미국의 롤러코스터 톱10에 선정되기도 한 혜성 특급 Comet은 최고 시속 50마일로 달리며 여전히 최고의 인기를 누리고 있다. 물놀이 공원인 스플래시워터 킹덤에서는 후크 선장의 어드벤처 리버, 튜브 슬라이드 등이 어린이들에게 인기. 그 외에도 여기저기서 펼쳐지는 인형극, 서커스, 마술 쇼 등이 관람객의 발길을 붙잡는다.

드라이브 코스

아디론댁의 산과 호수를 한꺼번에 감상하는 데는 자동차 드라이브가 가장 효과적. 먼저 레이크 조지를 둘러본 뒤 9 N. 도로를 따라 계속 북상하면 오른쪽으로 챔플레인 호수가 나타난다. 호수와 헤어져 서쪽으로 조금 더 가면 화이트페이스 마운틴 등 험준한 산악 지역이 눈앞에 병풍처럼 펼쳐진다. 이어 73번 도로를 따라 가면 레이크 플래시드와 만난다. 가을철 단풍 드라이브 코스로 더할 나위없이 좋다.

허드슨 리버 밸리 Hudson River Valley

원주민들이 '두 갈래로 흐르는 강'이라고 불렀던 허드슨 강은 미국의 역사가 흐르는 강이라고 부를 만큼 미국의 건국과 발달 과정에 큰 영향을 주었다. 독립전쟁 당시 조지 워싱턴이 미국에서 가장 중요한 전략적 요충지라고 판단했던 웨스트 포인트가 이곳에 있으며, 증기선을 이용한 수운의 발달은 이 강을 미국 산업의 대동맥으로 자리매김하게 했다. 또한 이 강을 배경으로 미국 고유의 풍경화가 태어났고 많은 문학가들이 이곳에서 걸작을 남겼다. 허드슨 강과 인근 지역은 미국인들이 자랑스러워하는 제일의 문화유산으로 자리매김하고 있다.

허드슨 밸리 단풍 드라이브 코스

뉴욕 인근에서 단풍 드라이브 코스로는 허드슨 밸리가 첫 손가락에 꼽힌다. 뉴욕 시티에서 가까워 교통이 편리한데다 허드슨 강을 끼고 있어 경관도 뛰어나기 때문. 단풍 드라이브는 타판지 브리지Tappan Zee Bridge에서 시작한다. 87번 스루웨이를 타고 북쪽으로 달리다

15A 출구(Tuxedo/Sloatsburg)에서 빠져나온다. 여기서부터 17번 도로 북쪽으로 방향을 잡아 5분 정도 달리다 보면 해리만 주립공원과 베어 마운틴 주립공원으로 이어지는 세븐 레이크 파크웨이Seven Lake Parkway를 만난다.

이 길을 따라가다 보면 6번 도로와 만나는데 여기서 동

쪽으로 얼마 가지 않아 다시 9 W. 도로가 나온다. 허드슨 강을 따라 남쪽으로 달리는 이 길을 따라 계속 남쪽으로 내려오면 처음 출발점으로 되돌아온다. 총길이는 55마일 정도. 도중에 해리스만 주립공원에 위치한 티오라티Tiorati 호수에서 피크닉을 즐기며 주변 단풍을 둘러보면 금상첨화.

허드슨 밸리 국립 문화유적지
Hudson River Valley National Heritage Area
518-473-3835, www.hudsonrivervalley.com
허드슨 밸리 지역은 지난 1966년 연방의회로부터 국립 문화유적지로 지정됐다. 허드슨 밸리 산책Hudson Valley Ramble이라는 프로그램은 이 지역에 있는 타운과 곳곳에 산재한 기념물들을 예술가들의 발자취, 남북전쟁 유적지 답사, 멋진 대저택 둘러보기 등 다양한 주제를 정해 매년 9월 셋째 주와 넷째 주 주말에 진행하는 연례 축제. 허드슨 밸리 문화유적지를 130여 가지의 주제로 나눠 둘러보는 답사 여행으로 참가자들은 각 지역별로 열리는 다양한 부대행사에도 참여할 수 있다.

미 육군사관학교 U.S. Military Academy
2107 New South Post, West Point
914-938-2638, www.usma.edu
허드슨 강을 굽어보는 요충지에 자리한 웨스트 포인트는 1802년 이래 미국의 최고 지도자들을 배출해 온 미 육군의 요람. 패튼, 아이젠하워, 맥아더, 슈왈츠코프 등이 이곳을 거쳤다. 웨스트 포인트 박물관에 붙어 있는 포스터에는 '우리가 가르치는 역사의 많은 부분은 우리가 가르친 이들에 의해 창조됐다'고 적혀 있다. 봄과 가을 학기 동안 생도들의 열병식이 매일 열린다. 캠퍼스 투어에 참여하고 싶으면 사진이 있는 신분증(포토 ID)을 가져갈 것.

베어 마운틴 주립공원 Bear Mountain State Park
Palisades Pkwy, Bear Mountain
845-786-2701, www.nysparks.com
베어 마운틴 정상에 서면 맑은 날에는 남쪽으로 45마일 떨어진 맨해튼의 스카이라인이 보인다. 이곳에서 바라보는 허드슨 강의 조망이 일품. 조그마한 연못과 수영장이 있고 주변에는 하이킹 트레일(애팔래치안 트레일과 겹침)이 잘 정비되어 있어 간단한 산행을 즐기기에도 좋다.

스톰 킹 아트 센터 Storm King Art Center
Old Pleasant Hill Rd, Mountainville
월·화 휴무, 수~일 10~17
성인 $12, 학생 $8, 5세 이하 무료
845-534-3115, www.stormking.org
미국 내 대표적인 야외 조각공원 겸 박물관이다. 데이비드 스미스, 알렉산더 칼더, 이사무 노구치 등 세계적인 작가들의 작품을 이곳 야외 전시장에서 감상할 수 있다. 작품과 자연의 조화를 중시하는 방침에 따라 언덕, 들판, 초지, 그리고 숲속 등지에 작품들을 전시한 것이 큰 특징. 피크닉 장소가 마련되어 있어 가족 나들이에도 좋다.

소거티스 마늘 축제 Saugerties
845-246-3090, www.hvgf.org
매년 9월 말이면 미국 최대 규모의 마늘 축제가 열리는 명소. 공식 명칭은 '허드슨 밸리 마늘 페스티벌'로 마늘을 좋아하는 한인들에게 더욱 친근한 축제다. 축제가 벌어지는 캔틴필드Cantine Field에서는 맛있는 마늘 요리와 함께 마늘에 얽힌 재미있는 얘기들이 소개된다. 가판대에서는 마늘빵, 마늘 양념 닭고기, 마늘 칠리, 마늘 비스킷 등 마늘을 이용해 만든 갖가지 음식을 즉석에서 맛볼 수 있으며, 어린이를 위한 마늘 아이스크림과 마늘 솜사탕까지 있다. 「USA 투데이」가 선정한 전국의 톱 10 음식 축제에도 뽑혔을 정도로 인기.

테러돔 Terrordome
84 Lakeside Rd, Newburgh
845-566-1171, www.terrordome.com
이곳에서 가장 무서운 코스는 죽음의 세계로 떠나는 공포 여행Fright Ride. 출발 지점까지 트랙터를 타고 간 뒤 골프 카트로 바꿔 타고 깜깜한 숲 속으로 떠난다. 도중에 시체가 나무에서 뚝 떨어지고 시퍼렇게 날이 선 도끼를 든 살인자가 덤벼들기도 한다. 귀신에 한참 쫓기는 와중에 카트가 멈춰버려 더욱 등골을 오싹하게 만든다. 한 번 가본 사람은 두 번 다시 가고 싶지 않은 곳. 뉴버그에서 허드슨 강을 건너면 나오는 비콘이라는 마을은 골동품점과 갤러리로 유명한 곳. 부근에 있는 밴더빌트 맨션과 루스벨트 맨션을 돌아보는 것은 덤.

헌터 마운틴 Hunter Mountain

Hunter Mountain Hunter, New York, 12442
800-486-8376, www.huntermtn.com
뉴욕의 한인들에게 가장 잘 알려져 있는 스키장. 들어
가는 길목의 경치가 마치 설악산에 들어서는 듯한 착
각을 불러일으킬 정도로 아름답다. 도중에 빙벽 등반을
즐기는 사람들도 심심찮게 볼 수 있다. 12개의 슬로프
와 3개의 리프트를 갖추고 있으며, 언덕에 오르면 맞은
편 경치가 일품.

화이트페이스 마운틴 Whiteface Mountain

5021 Rt. 86, Wilmington
518-946-2223, www.whiteface.com
아디론댁의 레이크 플래시드에 있는 스키장. 1932년과
1980년 두 차례에 걸쳐 동계올림픽이 열린 명소 중의
명소다. 베이스에서부터 정상까지의 수직 높이가 동부
지역 스키장 중에서 가장 높다(3,216피트). 280마일에
이르는 코스가 완비된 크로스컨트리 등 겨울 스포츠의
진정한 맛을 느낄 수 있는 곳. 호수를 가로지르는 개썰
매도 재미있다.

마운틴 크릭 Mountain Creek

200 Route 94, Vernon, NJ 07462
973-827-2000, www.mountaincreek.com
46개의 슬로프와 11대의 리프트가 설치되어 있으며, 야
간 스키도 가능하다. 7개의 스노튜빙 코스가 따로 마
련되어 있다.

캐멀백 Camelback

1 Camelback Ski Area (I-80 Exit 299) Tannersville
570-629-1661, www.skicamelback.com
한인들이 가장 많이 찾는 스키장 중의 하나. 9개의 슬로
프와 4개의 리프트가 있다. 가족용과 개인용이 따로 구
분되어 있어 기분에 따라 번갈아가며 탈 수 있다. 가족
용의 경우 키가 33인치만 넘으면 된다. 뉴저지에서 펜
실베이니아와의 주 경계선 근방 포코노 마운틴 지역에
있다.

잭 프로스트 & 빅 볼더
Jack Frost & Big Boulder

570-443-8425, www.jfbb.com
포코노 지역에 자리한 스키 리조트로 자칭 세계 최대라
고 자랑할만큼 규모가 크다. 전용 슬로프만 28개에 9개
의 리프트를 갖추고 있다. I-80번 도로를 따라가다 펜
실베이니아 주에 접어들면 43번 출구로 빠진다. 여기서
115번 도로를 따라 북쪽으로 가면 잭 프로스트, 남쪽으
로 가면 빅 볼더가 나온다.

우드버리 아웃렛 Woodbury Common Premium Outlets

498 Red Apple Court, Central Valley, NY 10917
845-928-4000
미국 동부 최대 규모 아울렛이다. 한인들이 좋아하는 거의 모든 명품
브랜드가 다 있다. 한국 여행객들에게는 뉴욕 여행의 하이라이트가
될 수도 있는 쇼핑 코스로 유명하다.
220개가 넘는 많은 매장과 최대 90%까지 하는 큰 할인폭에 물건까
지 많아서 하루도 모자랄 지경이라는 쇼핑객들이 많다. 뉴욕이나 뉴
저지 한인 관광업체들이 당일 코스로 버스를 운행하고 있다.
영업 시간 : 오전 10시 ~ 오후 9시, 크리스마스만 휴무.
추수감사절이나 블랙프라이데이, 1월 1일 등 휴일 영업시간은 수시
로 변경될 수 있으니 웹사이트(www.premiumoutlets.com)에서 미리
확인하는 것이 좋다.

수확의 기쁨, 직접 체험해 보세요

애플우드 과수원
Applewood Orchards and Winery
82 Four Corners Rd, Warwick
845-986-1684, www.applewoodorchards.com

112에이커의 농장에 여러 종류의 사과나무가 있어 각기 다른 맛을 즐길 수 있다. 자그마한 동물농장도 있어 어린이 자연 학습장으로도 좋다. 국화꽃이 만발한 아기자기한 정원과 연못도 있다. 특히 이곳의 와인 양조장은 프랑스산 포도주와도 어깨를 겨룰 정도로 최고 품질의 포도주를 시음할 수 있다. 이 과수원에서 직접 재배한 포도만을 사용하기 때문에 생산량은 많지 않지만 루비의 키스Ruby's Kiss라는 포도주는 매년 시판 2주 만에 매진될 정도로 인기가 좋다. 또 이곳에서 생산한 '가을안개 Autumn Mist'라는 브랜드의 포도주는 「뉴욕 타임스」가 '애플의 정수를 간직했다'고 격찬했을 정도. 주말에는 양조장을 견학할 수 있다. 과수원으로 가는 길목에 위치한 슈거로프Sugarloaf라는 작은 마을은 공예품으로 잘 알려진 곳으로 그림처럼 예쁜 상점들이 길 양쪽에 나란히 서 있다.

주로 주말과 휴일에만 실시. 전화로 선물용 과일을 주문하면 배달해 주기도 한다.

페닝스 농장 Pennings Farm
161 State Route 94 South, Warwick
845-986-1059,www.penningsfarmmarket.com
사과 과수원 외에 시골 장터와 아이스크림 가게, 가든 센터, 어린이 놀이터 등이 있어 하루가 부족할 정도. 시골 장터에서는 달걀, 우유, 치즈, 시럽은 물론 과일로 만든 잼과 과자 등 풍성한 먹거리를 맛볼 수 있다. 또 옥수수와 양파 등 농산물도 판매한다. 사과 외에 호박도 딸 수 있다.

돌란 과수원 Dolan Orchards
1162 State Route 208, Wallkill
845-895-2153, www.nyapplecountry.com
한인들이 좋아하는 후지 등 9가지 품종의 사과 외에 배와 자두도 있다. 사과와 호박을 따는 행사는

허드 과수원 Hurd Orchards
17260 Ridge Rd Holley, NY
585-638-8838, www.hurdorchards.com
75에이커 크기의 과수원을 재미있게 꾸며 놓아 어린이들에게 인기. 다른 과수원과 달리 사과, 배, 복숭아, 호박 외에 해바라기도 딸 수 있다. 하이킹 코스, 옥수수밭 미로도 있다. 원추형으로 만든 인디언들의 천막집에 들어가 뒹굴어보는 것도 재미있다. 헛간에서는 각종 공예품과 먹거리도 판다.

미스터 애플스 Mr. Apples
25 orchard st, High Falls
845-687-0005,www.mrapples.com
입구 쪽에 강이 흐르고, 곁에는 폭포가 있는 아름다운 과수원. 강가를 따라 천천히 산책하면서 '작은 나이아가라'라고 불리는 폭포까지 산책하는 것은 사과따기 외에 또 다른 즐거움. 농기계와 농장 사진 등을 전시해 놓은 과수원 박물관도 있다.

로베르소 과수원 Loverso Orchards
1467 Route 44 55, Clintondale 845-883-7789
미리 따 놓은 과일을 사거나 직접 농장 안에서 직접 딸 수도 있다. 사과 외에 자두, 넥타린, 배 등도 있다. 겨울에는 크리스마스트리 밭에 들어가 직접 고를 수도 있다. 농장 내 곳곳에 피크닉 장소가 있어 간단한 도시락을 가져도 좋다.

NEW JERSEY
뉴저지

뉴저지는 뉴요커들의 주거지로 흔히 알려져 있지만 동부의 라스베이거스로 불리우는 아틀랜틱 시티를 비롯하여 긴 해변을 보유한 '가든 스테이트' 다운 아름다운 지역이다. 하버드와 쌍벽을 이루는 프린스턴 대학도 뉴저지의 동화 속 풍경으로 자리잡고 있으며, 맨해튼 건너 저지 시티에는 한국전쟁기념 공원도 조성되어 있다. 또한 세계에서 가장 조밀한 한인타운이 뉴저지 포트리와 팰리세이즈팍 일대에 형성되어 있다.

주도 Trenton
별칭 Garden State
명물 최초의 영화 , 프로농구
뉴저지 주 관광청
609-599-6540, www.visitnj.org

서부에 라스베이거스가 있다면 동부에는 아틀랜틱시티Atlantic City가 있다. 흔히 '동부의 라스베이거스' 라고 불리우며 1978년 이후에 도박이 합법화되었지만 행운을 고대하는 사람들은 밤마다 일확천금을 꿈꾸며 각지에서 이곳으로 모여든다. 어둠이 내리기 시작하면 카지노에서 뿜어내는 불빛으로 시가지 전체가 동이 틀 때까지 불야성을 이룬다. 매년 이곳을 다녀가는 관광객만 400만 명 가까이 된다고 한다. 다운타운에서 10마일 가량 떨어진 곳에 아틀랜틱 시티 국제공항이 있다.

관광 정보

아틀랜틱 시티 관광국 2314 Pacific Ave, Atlantic City, 609-348-7100, www.atlanticcitynj.com

교통 정보

● Atlantic City International Airport, ACY

Civil Terminal Suite 106 Egg Harbor Township, NJ 08234 609-645-7895, www.acairport.com
공항에서 시내까지는 Super Shuttle(888-640-2222, 609-340-0099)을 이용하면 호텔까지 편리하게
이동할 수 있다.

● 버스

Greyhound(800-231-2222, www.greyhound.com)와 NJ Transit(800-582-5946, www.njtransit.com)
는 보드워크에서 2블록 떨어진 새 터미널(609-345-6617, Atlantic Ave.와 Michigan Ave.가 만나는 컨
벤션 센터 근처)에 도착한다. Academy Bus Lines(800-442-7272, www.academybus.com)은 뉴욕의
포트 오소리티 터미널에서 보드워크 주변 카지노까지 직접 운행한다.
대부분의 카지노들은 뉴욕, 필라델피아, 볼티모어, 워싱턴 D.C., 피츠버그 등 북동부 도시들에서 오는 고
객들을 위해 카지노행 전세버스를 운행한다.

● 열차

필라델피아에서 아틀랜틱 시티까지 NJ Transit's Atlantic City Line(215-569-3752, www.njtransit.com)이
운행 중이지만 이용객이 그리 많지 않다. 기차역에서 카지노까지는 셔틀버스를 이용.

● 시내 교통

Atlantic City Jitney 609-344-8642, www.jitneys.net 퍼시픽 애비뉴를 오가는 미니버스.

놓칠 수 없다!

아틀랜틱 시티 이벤트와 축제

Atlantique City Festival

www.atlanticcityfestival.org
컨벤션 센터를 가득 채우는 세계에서 가장 큰 골동
수집품 전시회. 3월과 10월 두 차례 열린다.

NJ Fresh Seafood Festival

www.njseafoodfest.com
해산물 요리와 생음악, 각종 게임을 즐길 수 있다.
6월 둘째 주 가드너스 베이진에서 열린다.

Festival Latino-Americano Celebrate

www.festivallatinoamericano.org
가드너스 베이진에서 열리는 히스패닉 문화 축제.
대개 9월 둘째 주말에 열린다.

미스 아메리카 선발대회

www.missamerica.org
미스 아메리카 퍼레이드 등 관련 행사로 시내 전역
이 떠들썩하다. 9월 말~10월 초 사이.

해안 산책로 Boardwalk
1872년 전국 최초로 문을 연 이 보드워크는 아틀랜틱 시티의 상징. 시민과 관광객들이 함께 어울려 산책하거나 자전거를 타며 하루를 즐긴다. 자동차는 출입 금지. 거리 한쪽에는 수많은 상점이 늘어서 언제나 관광객으로 붐빈다. 하드록 카페나 플래닛 할리우드 등 유명한 식당 체인도 눈에 띈다. 그중에서도 대형 선박의 모습을 한 '오션 원 몰'이 유명하다. 전국에서 가장 큰 워너브라더스 상점도 이곳에 있다. 여름철 해수욕장은 온갖 패션의 수영복이 현란하게 백사장을 뒤덮는다.

가든 부두 Garden Pier
아틀랜틱 시티의 문화 중심지. 역사 박물관과 아트 센터가 있는 곳으로 보드워크를 따라 뉴저지 애비뉴 교차점을 찾아가면 된다. 역사 박물관은 황량한 모래벌판이던 이곳이 어떻게 '리조트의 여왕'으로 변신하게 됐는지를 보여주는 수많은 사진과 자료들을 전시하고 있다.

보드워크 홀 Boardwalk Hall
2301 Boardwalk, Atlantic City
609-348-7000, www.boardwalkhall.com
1940년 이래 미스 아메리카 선발대회가 열리는 유서 깊은 장소. 콘서트와 다른 이벤트도 열리는 곳으로 세계에서 가장 큰 파이프 오르간이 설치되어 있다.

해양 생물 센터 Ocean Life Center
800 N. New Hampshire Ave, Atlantic City
성인 $8, 4~12세 $5, 3세 이하 무료
609-348-2880, www.oceanlifecenter.com
해양 생물 학습을 위한 컴퓨터 센터, 선박의 브리지 등 직접 조작해볼 수 있는 10여 종의 전시관과 8개의 수족관을 갖추고 있다. 약 3만 갤런의 바닷물을 담은 수족관에는 100여 종의 해양 생물이 살고 있다.

믿거나 말거나 박물관
Ripley's Believe It or Not! Museum
1441 Boardwalk, Atlantic City
성인 $10.95, 어린이 $6.95
609-347-2001, www.ripleysatlanticcity.com
보드워크의 분위기에 가장 잘 어울리는 박물관.

리놀트 와이너리 Renault Winery
72 N. Bremen Ave, Egg Harbor City
609-965-2111, www.renaultwinery.com
1864년에 문을 연 리놀트는 미국 내에서 가장 오래된 포도밭. 와이너리 견학과 시음을 한 후에는 박물관과 레스토랑, 와인 카페 등도 둘러볼 수 있다. 아틀랜틱 시티에서 30번 도로를 타고 서쪽으로 16마일 정도 가다가 North Bremen Ave.에서 우회전.

스토리북 랜드 Storybook Land

6415 Black Horse Pike, Egg Harbor Township
609-641-7847, www.storybookland.com
인기 동화를 소재로 한 자그마한 테마파크. 피크닉 장
소도 마련돼 있다. 아틀랜틱 시티에서 서쪽으로 10마일
가량 떨어진 곳에 위치. 11월 중순부터는 산타클로스가
어린이들을 맞는다. 6415 Black Horse Pike Egg

가이드 투어 Atlantic City Cruises

성인 $17~34, 5~15세 $8.5~18
609-347-7600, www.atlanticcitycruises.com
아틀랜틱 시티의 스카이라인을 배경으로 바다 위를 미
끄러지듯 달리며 스트레스를 날려 보낸다.
Atlantic City Jitney
609-344-8642, www.jitneys.net
1915년 이래로 아틀랜틱 시티의 명물이 된 소형 버스 지
트니를 타고 시내 전역을 도는 코스

앱스콘 등대 Absecon Lighthouse

31 S Rhode Island Ave, Atlantic City 609-449-1360
www.abseconlighthouse.org
아틀랜틱 시티의 상징으로 140년 이상의 역사를 자랑한다. 뉴저
지 해안 지대에서 사람이 만든 것으로 이만큼 오래된 관광 명소
도 드물다.   로드아일랜드와 퍼시픽 애비뉴 교차 지점에 있으며
전망이 뛰어나다.

뉴저지의 한인타운

포트리 Fort Lee

포트리는 허드슨 강을 사이에 두고 맨해튼과 마주보고 있는 지역으로 뉴욕 플러싱, 맨해튼 한인타운과 함께 한인상
가들이 가장 많이 밀집해 있는 지역이다. 행정 구역상으로는 버겐 카운티 Bergen County에 속하며, 학군이 뛰어나
고 맨해튼과도 가까워 포트리 뿐만 아니라 인근 에지워터, 팰리세이드 파크, 리지필드, 클로스터 등에 한인들이 대
거 몰려 살고 있다. 뉴욕 맨해튼에서 유명한 '조지 워싱턴 브리지'를 건너면 바로 포트리인데, 이 다리는 1931년 10
월 24일 개통됐다. 처음에는 허드슨 리버 브리지라고 했으나, 곧 미국의 초대 대통령 이름을 따서 조지 워싱턴 브리
지로 바뀌었다. 이 지역에서는 GW 브리지 또는 GWB 등으로도 불리고 한인들은 우스개로 '조다리'라고 부르기도
한다. 참고로 택시를 타고 포트리로 가자고 할 때는 거의 '플리'라고 발음해야 미국인들은 알아듣는다.

팰리세이즈 파크 Palisades Park

포트리와 인접한 팰리세이즈파크는 2000년대 이후 뉴저지의 대표적 한인타운으로 새롭게 떠올랐다. 흔히 팰팍이
라 불리는 이 지역에는 한인 은행, 한국 식당, 부동산 관련 사무소 등 다양한 한인 비즈니스가 밀집해 있으며, 한국
식 찜질방, 킹 사우나 등은 외국인들도 다투어 찾을 정도로 지역 명물이 되었다.

아틀랜틱 시티 주요 카지노

Resorts Atlantic City

1133 Boardwalk, Atlantic City
609-344-6000, www.resortsac.com
1978년 아틀랜틱 시티에서 최초로 문을 연 카지노. 최근 대대적인 리노베이션을 한 후 새롭게 개장했다.

Trump Taj Mahal Casino Resort

1000 Boardwalk, at Virginia Ave, Atlantic City
609-449-1000, www.trumptaj.com
거대한 샹들리에, 코끼리 장식 등 아라비안나이트의 테마로 장식하고 현란한 자태를 뽐내는 곳. 부동산 재벌 도널드 트럼프의 야심작이다. 가장 인기 있는 포커룸이 이곳에 있다.

Caesars Atlantic City Hotel & Casino

2100 Pacific Ave, Atlantic City
609-343-2495, www.caesarsac.com
슬롯머신에 둘러싸인 미켈란젤로의 다윗상이 약간 이상하게 보이는, 로마 제국을 테마로 한 독특한 카지노. 메인 로비에는 카이사르와 클레오파트라도 정기적으로 모습을 드러낸다.

Bally's Atlantic City

1900 Pacific Ave, Atlantic City
609-340-2000, www.ballysac.com
6층 높이의 에스컬레이터, 쌍둥이 폭포, 야자수 등이 인상적. 2층 몰을 통해 연결되는 Wild Wild West Casino는 서부 개척시대를 테마로 한 곳.

Sands Casino Hotel

Indiana Ave, and Brighton Park
609-441-4000, www.sandsac.com
판돈을 적게 걸어도 되는 테이블 게임을 하고 싶다면 이곳이 최고 명소. 보드워크 근처 카지노 구역 한가운데 있다.

Borgata Hotel Casino & Spa

1 Borgata Way, Atlantic City
609-317-1000, www.theborgata.com
시내에서 가장 화끈한 카지노. 보드워크가 아닌 시내 반대쪽 마리나 구역에 있다. 다른 어떤 곳보다도 라스베이거스를 연상시키는 곳. 12만5천 스퀘어 피트의 카지노, 3,650대의 슬롯머신은 가히 압권이다. 젊은이들이 많이 찾는다.

Harrah's Atlantic City Casino Hotel

777 Harrah's Blvd, Atlantic City
609-441-5165, www.harrahs.com
카지노 이용객 연례 조사에서 아틀랜틱 시티 최고의 시설로 뽑힌 적이 있다. 나이 지긋한 사람들이 많이 찾는 슬롯머신의 천국.

Tropicana Casino

2831 Boardwalk, Atlantic City
609-340-4000, www.tropicana.net
살아있는 닭과 틱택토 게임을 하고 포춘 돔Fortune Dome에 들어가 바람에 날리는 달러를 60초 안에 최대한 많이 잡아 그대로 수입을 올릴 수 있는 이상한 카지노. 내기의 묘미를 맘껏 즐길 수 있다.

Trump Marina Hotel Casino

Huron Ave, and Brigantine Blvd, Atlantic City
609-441-2000, www.trumpmarina.com
겉보기에는 다소 낡아 보여도 최고 수준의 쟁쟁한 록밴드가 연주하는 바와 클럽으로 젊은이들이 즐겨 찾는 최고의 명소.

Trump Plaza Hotel and Casino

2225 Boardwalk, Atlantic City
609-441-6000, www.trumpplaza.com
거의 예술 수준의 슬롯머신 게임을 즐길 수 있다. 보드워크 중간에 있어 이곳 호텔에서 숙박하면 카지노 순례를 하기에 편리하다.

2 Cape May
케이프 메이

빅토리아풍의 전통이 고스란히 남아 있는 해안 휴양지로서 연인들이 즐겨 찾는 케이프 메이는 뉴저지 연안의 보석과도 같은 곳이다. 잔잔한 바다와 넓게 펼쳐진 하얀 백사장, 현지인들이 즐겨 찾는 선셋 비치, 습지와 모래둔덕들이 어우러져 생태계의 보고를 이루고 있는 케이프 메이 포인트 주립공원 등이 관광 포인트.

관광 정보
케이프 메이 관광국
609-463-6415, www.capemay.com

교통 정보
아틀랜틱 시티 남쪽으로 40마일 가량 떨어져 있다. 자동차로 여행하지 않을 경우에는 NJ Transit 버스(www.njtransit.com)를 이용하면 된다. 케이프 메이에 도착한 후에는 가이드 투어를 이용하거나 자전거를 빌려 타면 편리하게 명소들을 돌아볼 수 있다

가이드 투어
MAC 가이드 투어,
Mid-Atlantic Center for the Arts
800-275-4278, www.capemaymac.org
티켓은 워싱턴 스트리트 몰 입구에서 구입. 트롤리 투어, 워킹 투어, 트레인 투어, 셀프가이드 투어가 있다.
마차 여행
609-884-4466, www.capemaycarriage.com
Cape May Carriage 사에서 제공하는 30분짜리 투어. 워싱턴 몰에서 출발.

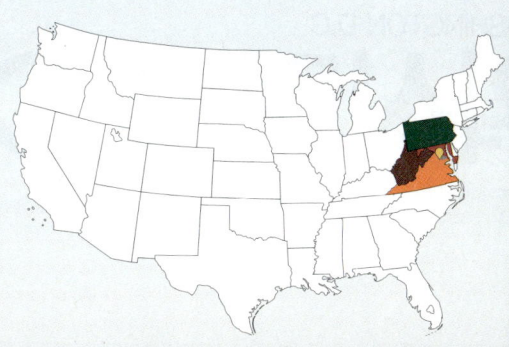

워싱턴 D.C. &
미드 애틀랜틱

WASHINGTON DC & MID ATLANTIC

워싱턴 D.C.와 그 주변 지역은 미국 건국의 역사적 현장이다. 미합중국 헌법이 펜실베이니아의 필라델피아에서 다듬어졌고 독립선언도 여기에서 선포됐다. 미국 동부 대서양 Atlantic 연안을 중심으로 형성된 미드 애틀랜틱은 버지니아, 메릴랜드, 펜실베이니아, 워싱턴 DC 등이 포함된 지역으로 좀 더 포괄적으로는 뉴욕과 뉴저지를 포괄하기도 한다. 메인 주나 매사추세츠 주 등이 있는 뉴욕 북쪽의 뉴잉글랜드 지역보다는 다양한 유럽인들이 정착, 다양한 문화를 형성하고 있으며, 미국 건국 초기에서부터 오늘날까지 미국뿐만 아니라 세계 정치, 경제, 문화의 중심지가 되고 있다.

Inside Washington DC & Mid Atlantic

워싱턴 D.C. 내셔널 몰 / 캐피털 힐 / 백악관 / 페더럴 트라이앵글 / 알링턴
메릴랜드 볼티모어 / 애나폴리스
펜실베이니아 필라델피아 / 게티즈버그 / 더치카운티(랜캐스터) / 허시 / 피츠버그 / ▲ 프레스크 아일 주립공원
버지니아 리치먼드 / 히스토릭 트라이앵글 (콜로니얼 윌리엄스버그) / 쉐난도 국립공원
웨스트버지니아 ▲버클리 스프링스 주립공원

WASHINGTON D.C.
워싱턴 D.C.

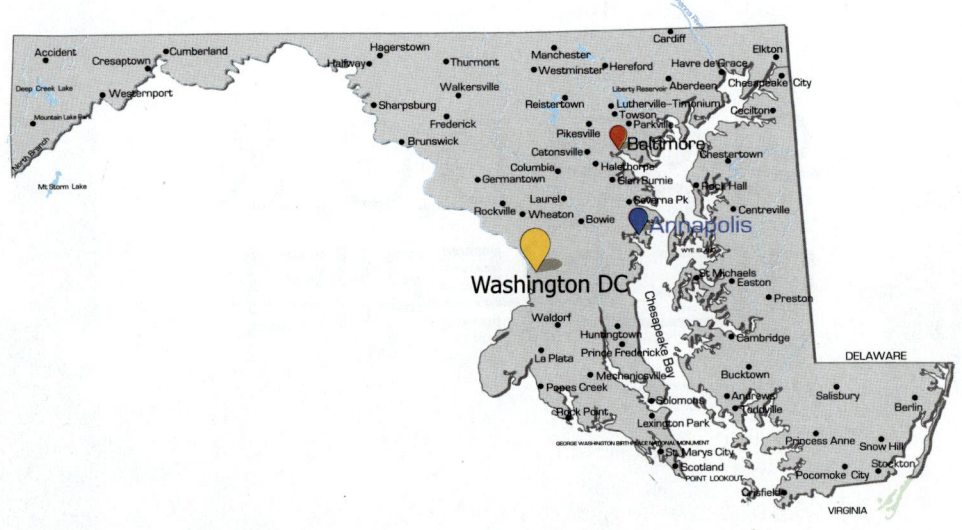

세계 최강 미국의 브레인

1790년 조지 워싱턴에 의해서 수도가 된 워싱턴 D.C.의 정식 명칭은 '워싱턴 컬럼비아 특별구Washington, District of Columbia'로, 50개 주에 속하지 않는 독립 행정 구역이다. 크기는 61스퀘어마일로, 북쪽에는 포토맥 강이, 남서쪽으로 버지니아, 웨스트버지니아, 메릴랜드, 델러웨어 주가 있다.

미국의 수도답게 연방정부의 주요 관청들, 즉 백악관, 연방 의사당, 연방 대법원, 국방부인 펜타곤뿐만 아니라, 174개 각국 대사관을 비롯 세계은행, 국제통화기금 등 각종 국제기관의 본부가 있다.

컬럼비아 구역은 주 의사당을 중심으로 4개의 지구quadrant, 즉 북서 지구NW(Northwest), 북동 지구NE(Northeast), 남동 지구SE(Southeast), 남서 지구SW(Southwest)로 나뉜다. 각 도로 이름은 동서 방향은 글자로, 남북 방향은 숫자로 되어 있다. 또 원형 교차점에서 대각선으로 뻗어 나가는 도로에는 미국 50개 주 이름을 붙였다는 점이 흥미롭다.

관광 정보

워싱턴 D.C. 관광청 1212 New York Ave, NW, 202-789-7000, www.washington.org

교통 정보

댈러스 국제공항 Dulles International Airport 703-572-2700, www.metwashairports.com
다른 공항으로 가는 밴서비스가 필요하거나 워싱턴 D.C. 다운타운 혹은 버지니아와 메릴랜드의 근교로
이동할 때는 파란색 수퍼셔틀SuperShuttle(www.supershuttle.com, 800-258-3826)과 좀 더 저렴한
Washington Flyer Coach(1517K St, 703-572-7635, www.washfly.com)가 있다.
로널드 레이건 워싱턴 내셔널 공항 Ronald Reagan Washington National Airport
703-417-8000, www.metwashairports.com
지하철 블루, 옐로우 라인과 연결되며, 시내 중심에 있는 메트로 센터 역까지는 18분 정도 걸린다.
앰트랙 Amtrak
유니언 역(50 Massachusetts Ave/ www.unionstationdc.com/ 202-484-7540)에서 뉴욕이나 필라델
피아, 시카고 등지를 연결한다.
자동차
—북쪽에서 내려갈 때 I-95를 타고 남쪽으로 가다가 I-495로 갈아탄 후 순환도로Capital Beltway로 들어
선다. 실버 스프링 방향으로 가는 495-West를 탄 후, Connecticut Avenue/ Chevy Chase-Kensington 표
지판을 만나면 출구로 나와 왼쪽으로 꺾어 Connecticut Avenue를 타고 남쪽으로 7마일 가량 달리면 워
싱턴 D.C. 시내로 들어선다.
—남쪽에서 올라갈 때 I-95 North 방향으로 가다 워싱턴에 가까워지면 I-395 North로 갈아탄다. 14번 스
트리트 브리지를 만날 때까지 계속 가다가 다리를 건넌 후 14번 스트리트로 빠져 나오면 다운타운 중심
가이다.

시내 교통

메트로 Metrorail 202-637-7000, www.wmata.com
레드, 블루, 옐로, 그린, 오렌지 등 5개 노선이 있어 시내뿐 아니라 메릴랜드 교외나 북부 버지니아까지 돌
아볼 수 있다. 지하철을 타기 전 자동판매기에서 페어카드Farecard를 사야 한다. 2010년 현재 주중 낮은
최소 $1.95에서 최고 $5지만, 피크 타임인 4시 30분~18시에는 20센트 추가.
택시 워싱턴의 택시 요금은 구간제zone system로 계산된다. 택시 안에 구간 표시가 되어 있으며, 동일
구간 안에서는 2010년 현재 최저 요금이 $7.500이다. 추가 승객당 요금이 더 붙는다.
—Welcome Taxi Cab 202-332-4444

기타 정보

투어모빌 Tourmobile 202-554-5100, www.tourmobile.com
내셔널 몰 주변의 명소 20여 곳, 그리고 알링턴 국립묘지와 마운트 버논까지 운행한다. 버스 탈 때 운
전기사에게 요금을 지불하거나 워싱턴 모뉴먼트 부근의 판매소, 알링턴 국립묘지 방문객 센터에서 티
켓을 구입할 수 있다. 옵션으로는 알링턴 묘지 투어, 마운트 버넌 투어, 트와이라이트 투어가 있다.
올드 타운 트롤리 Old Town Trolley 202-832-9800, www.trolleytours.com
빨간색 트롤리가 30분 간격으로 워싱턴 DC 시내와 조지타운 등을 운행한다. 2010년 현재 성인 $35, 4~12
세 $18, 4세 이하 무료. 옵션 중 하나인 육지와 물속을 넘나드는 투어인 DC Duck Tour는 성인 $35, 1~11
세 $33, 야경을 즐기는 Monuments by Moonlight Tour는 성인 $35, 어린이 $18.

내셔널 몰 National Mall

의사당에서 서쪽의 워싱턴 기념비까지 약 1마일에 걸친 내셔널 몰National Mall은 워싱턴 D.C.의 문화적인 심장이다. 국회의사당 정면 앞으로 길게 펼쳐진 잔디공원을 중심으로 형성된 내셔널몰에는 수많은 박물관, 미술관들이 즐비하게 늘어서 있다. 박물관을 모두 돌아보려면 일주일 이상 걸릴 정도로 방대하다.

우주항공 박물관 National Air & Space Museum

Fourth and Seventh Sts, SW
202-633-1000, www.nasm.si.edu
모두 23개로 이루어진 전시관에는 라이트 형제가 만든 최초의 비행기, 린드버그가 최초로 대서양 횡단 비행에 성공한 '스피릿 오브 세인트루이스 호', 달 착륙선 아폴로 11호와 달에서 채취해 온 화석, 화성의 무인탐사위성 등이 전시되어 있다. 또 가상 우주 탐사선을 타고 상상 속의 우주로 떠날 수도 있어 어린이들이 특히 좋아하는 곳이다.

국립 미술관 National Gallery of Art

Fourth St. and Constitution Ave
202-737-4215, www.nga.gov
1941년 완공된 국립 미술관은 고풍스런 서관과 현대적 건축물인 동관, 조각공원으로 구성되어 있다. 스미스소니언 박물관 중 최대의 건물로 건축학적 아름다움만

으로도 세계적인 명성을 얻고 있다. 중세부터 현대까지 회화, 조각, 그래픽 아트 등 세계적인 걸작들이 135개의 전시실을 가득 메우고 있다. 피카소, 라파엘로, 그레코, 르누아르, 다빈치의 작품 등 약 2만 점의 미술품을 전시한다.

자연사 박물관 National Museum of Natural History

10th St. and Constitution Ave. NW
202-633-1000, www.mnh.si.edu
1911년 개장한 3층 규모의 박물관으로 선사시대부터 현대에 이르기까지 인류와 동물, 광물, 자연의 발달사를 모아놓은 대전시장이다. 이곳에 전시된 화석, 동식물, 보석, 광석, 수공예품 등은 거의 200년 전부터 수집한 것으로 모두 1억2천만 점이 넘는다. 자연 상태 그대로의 세트 안에 새와 동물들, 유사 이래의 생물, 화석, 에스키모와 인디언의 생활상, 보석 등이 전시되어 있어 흥미를 더한다.

우주항공 박물관의 '스피릿 오브 세인트루이스 호'

국립 미술관 입구

스미스소니언 박물관

스미스소니언 캐슬

미국 역사 박물관

National Museum of American History

12th St. and 14th Sts. NW

202-357-2700, www.americanhistory.si.edu

과거 미국의 일상생활을 보여주는 곳. 각종 문화와 기술의 발전에 관한 자료들이 전시되어 있다. 무하마드 알리의 권투 장갑, 모르스의 전신기, 에디슨의 전구와 축음기, 벨의 전화 등 기술 혁신과 진보의 과정을 실제 모형을 통해 보여준다. 또 조지 워싱턴이 독립전쟁 당시 입었던 군복, 대통령 취임식 때 퍼스트 레이디가 입었던 드레스 등도 전시되어 있다

스미소니언 박물관 Smithsonian Museum

1000 Jefferson Dr, SW 202-357-2700, www.si.edu

세계 최대 규모의 종합 박물관인 스미소니언 박물관은 17개의 박물관과 미술관, 동물원으로 구성되어 있다. 전시 품목만 모두 1억4천만 개로 영국의 과학자 제임스 스미슨의 기부금으로 설립됐다. 노르만 스타일의 멋진 외관으로 내셔널 몰에서 가장 눈에 띄는 스미소니언 캐슬Smithsonian Castle은 현재는 스미소니언 박물관 인포메이션 센터로 활용되고 있다.

허시혼 미술관 & 조각 공원

Hirshhorn Museum & Sculpture Garden

Independence Ave. and Seventh St. SW

202-633-4674, www.hirshhorn.si.edu

항공우주 박물관 옆에 있는 원통형의 이 건물은 내셔널 몰에서는 가장 현대적인 빌딩. 1974년 조셉 허시혼이 기증한 작품을 중심으로 근대와 현대에 걸친 미국과 유럽의 미술품 7천여 점을 전시한다. 특히 로댕과 자코메티 등 19~20세기 서양 조각 작품을 세계에서 가장 광범위하게 구비하고 있다.

프리어 & M. 새클러 미술관

Freer Gallery of Art and Arthur M. Sackler Gallery

12th St. and Jefferson Drive. SW

202-357-4880, www.asia.si.edu

일본, 중국, 인도를 비롯한 아시아와 중동의 고문서, 회화, 조각, 청동기, 귀금속, 도자기 등 방대한 동양미술 소장으로 세계에서도 손꼽히는 미술관. 스미소니언 연구소에서 최초의 미술관으로 설립해 1993년 대대적인 개조를 마치면서 다시 문을 열었다. 미술관의 창설자는 아시아 미술에 비상한 관심을 가지고 있었던 찰스 프리어라는 실업가. 자신이 모은 2만7천 점의 미술 공예품을 기증했다.

워싱턴 기념탑 Washington Monuments

15th St. NW and Constitution Ave. NW
877-444-6777, www.nps.gov/wamo/home.htm
워싱턴 DC에서 가장 높은 구조물. 555피트에 달하는 오벨리스크로 1848년에
건축이 시작, 완공까지 37년이 걸렸다. 꼭대기까지 70초 만에 올라가는 엘리
베이터가 인기인데, 전망대에서 내리면 내셔널 몰의 박물관, 그리고 백악관
등이 바라보인다. 6월 말부터 9월 초까지는 오전 9~10시, 나머지 기간에는
오전 9~5시까지 오픈한다. 입장료는 무료지만 입장 티켓을 받아야 한다.

조폐국 Bureau of Engraving and Printing

14th and C Sts. SW
202-874-2330 www.bep.treas.gov
매년 200억 달러의 지폐와 우표를 찍어내는 인쇄국. 인쇄 과정
을 돌아보는 40분짜리 관람 코스가 있다. 시내 관광 중 가장 인
기 있는 코스 중 하나로 미국에서 통용되는 모든 지폐의 산실.
매일 5천 명 이상의 관람객들이 줄을 서서 기다릴 정도로 경쟁
이 치열하다.

제2차 세계대전 참전기념관
National World War II Memorial

17th St. between Constitution & Independence Ave. 202-
619-7222, www.wwiimemorial.com
링컨 기념관과 워싱턴 기념탑 사이에 자리잡고 있다. 비교적 최
근인 2004년 7월에 개관했기 때문에 많은 관람객이 몰린다. 광
장을 둘러싼 56개의 대리석 기둥은 전쟁에 참전했던 미군 병사
1,600만 명의 출신지인 50개 주와 미국령을 상징한다. 남쪽과 북
쪽에는 대서양과 태평양을 상징하는 대리석 조형물이 있고 주변
에는 진주만 공습으로부터 히로시마 원폭 투하까지 시간순으로
2차 세계대전의 격전지들이 새겨져 있다.

프랭클린 루스벨트 기념관
Franklin Delano Roosevelt Memorial

1850 W. Basin Dr.
202-619-7222, www.nps.gov/fdrm
대공황을 이겨내고 미국을 세계 제일의 국가로 이끈 프랭클린 루
스벨트 대통령을 기념하여 1997년에 세워졌다. 인공폭포와 청동
동상들, 루스벨트 대통령이 남겼던 평화의 메시지들이 곳곳에 새
겨져 있다. 루스벨트 대통령의 발 밑에 있는 애견 팔라의 동상, 첫
UN대사로 활약했던 영부인 Eleanor의 동상도 함께 있다.

토마스 제퍼슨 기념관
Thomas Jefferson Memorial
South End of 15th St, SW
202-426-6841, www.nps.gov/thje
베이신의 남동쪽에 자리잡은 원형 대리석 건물로 벚꽃 축제가 열리는 봄철에 가장 많은 관광객들이 찾는다. 1776년 독립선언 주역의 한 사람이자 제3대 대통령으로 미국의 탄생에 많은 공헌을 한 제퍼슨의 이야기를 다양한 자료와 함께 만날 수 있다.

링컨 기념관 Lincoln Memorial
West Potomac Park at 23rd St, NW
202-426-6841, www.nps.gov/linc
1914년 에이브러햄 링컨 대통령을 기리기 위해 미국 내 50개 주에서 가져온 대리석으로 만든 그리스 파르테논 신전 스타일의 웅장한 건물이다. 미국에 온 각국 정상과 귀빈들의 단골 방문장소로, 건물 안에는 링컨 대통령이 앉아 있는 거대한 동상이 있다. 동상 옆면과 뒷면 벽에는 게티스버그 연설이 새겨져 있다.

한국전 추모 공원
Korean War Veterans Memorial
Independence Ave. at the Lincoln Memorial
202-426-6841, www.nps.gov/kwvm
한국전에서 희생된 병사들의 희생정신을 기리는 곳이다. 이곳에 들어서면 먼저 전쟁터를 향해 용감히 전진하는 19인의 병사들이 눈에 들어온다. 프랭크 게이로드가 만든 이 군인상은 14명의 육군, 3명의 해병, 1명의 해군, 1명의 공군 복장을 하고 있다. 또 50미터 길이의 검은 대리석 벽에 2,400여 명 참전용사들의 얼굴과 '자유는 거저 주어지는 것이 아니다Freedom Is Not Free'라는 문구가 선명하게 새겨져 있다.

링컨 기념관

한국전 추모 공원

프랭클린 루스벨트 기념관

캐피털 힐 Capitol Hill

국회의사당 The Capitol
202-225-6827
www.visitcapitol.gov
미국 의회 정치의 산실. 1793년에 착공, 1800년에 완공했다. 그리스 복고 양식의 이 건물은 내셔널 몰 끝부분에 있다. 북쪽은 상원이, 남쪽은 하원이 사용한다. 150피트 높이의 돔 아래 있는 원형 홀 로툰다 Rotunda 벽에는, 콜럼버스부터의 미국의 역사를 그린 유화와 부조들이 새겨져 있다. 오전 8시경에 배포하기 시작하는 방청권을 받아 선착순 입장. 유니언 역에서 도보로 5분 거리.

미국 의회 도서관 Library of Congress
101 independence Ave.
202-707-8000, www.loc.gov
1억 권이 넘는 문서를 보유한 세계 최대의 도서관. 토머스 제퍼슨관, 존 애덤스관, 제임스 메디슨관 3개의 건물로 구성되어 있다. 구텐베르그가 인쇄한 성경, 독립선언문서 초고, 링컨 대통령의 게티스버그 연설문 등도 이곳에 있다.

미합중국 연방 대법원
The Supreme Court of the United States
First St, NE
202-479-3211, www.supremecourtus.gov
미국 최고의 사법기관으로 법적 분쟁이나 헌법적 이슈에 관한 최종적인 판결이 내려지는 곳. 미국 연방 대법원 판사는 대통령이 임명하는 9명으로 구성된다. 방문객들은 4월부터 10월까지 매주 월요일과 수요일에 방청할 수 있다. 대중적 관심이 높은 사건일수록 방청객들이 많이 몰리므로 일찍부터 가서 기다리는 것이 요령.

백악관 White House

백악관 White House ~~~~~~
1600 Pennsylvania Ave, NW 202-208-1631, www.whitehouse.gov
세계에서 가장 주목받는 뉴스의 산실이자 미합중국 대통령이 거처하는 관저. 미합중국 건설의 아버지 조지 워싱턴
은 이곳에서 살지 않았고 제2대 대통령인 존 애덤스 대통령이 1801년 이곳에 처음 입주했다. 원래 이름은 '행정부
관저Executive Mansion' 였으나 1812년 전쟁 당시 불에 탄 흔적을 지우기 위해 흰색으로 외관을 칠하면서 '백악관'
이라는 별명을 얻었다. 건물 안에는 132개의 방이 있는데 레드 룸, 그린 룸, 블루 룸, 다이닝 룸이 일반에 공개된다.
백악관 내부 관광은 2001년 911 테러사건 후 잠시 중단되었다가 재개됐다. 대통령 집무실은 west wing에 있다.

코코란 미술관 Corcoran Gallery of Art

500 17th St, NW 202-639-1700, www.corcoran.org
백악관 서쪽에 위치, 워싱턴에서 가장 큰 개인 미술관
이다. 18세기 초상화 등 미국 작품에서부터 앤디 워홀
등 20세기 모던 예술에 이르기까지 1만4천 점이 넘는
작품을 소장하고 있다. 미국의 유명한 초상화가 길버
트 스튜어트의 작품들과 허드슨 강을 무대로 활동했
던 작가들의 작품이 많다. 프랑스 인상파들의 작품도
공들여 수집했다.

케네디 센터 The John F. Kennedy Center

2700 F St, NW
202-467-4600, www.kennedy-center.org
1958년 아이젠하워 대통령이 세계적인 뮤지컬이나 음
악인들을 워싱턴 DC로 유치하기 위해 기금 모금 법안
에 서명, 그의 뒤를 이어 존 F. 케네디 대통령이 이 일을
추진하다가 센터가 완성되기 전에 암살당했다. 에드워
드 듀렐 스톤Edward Durrell Stone이 디자인한 이 센
터에는 아이젠하워 극장, 2,400명이 들어갈 수 있는 규
모의 내셔널 심포니 오케스트라가 상주하는 콘서트 홀,
2,300명이 들어가는 오페라 하우스 등 3개의 극장이 있
다. 1971년에 일반에 공개됐다.

페더럴 트라이앵글 Federal Triangle

백악관 동쪽에는 연방정부 산하의 각 관청들이 밀집해 있는데, 이 일대가 삼각형 모양을 하고 있다고 해서 페더럴 트라이앵글이라 부른다.

연방수사국 FBI Federal Bureau of Investigation

935 Pennsylvania Ave, NW
202-324-3447, www.fbi.gov
지문 감식 과정이나 최첨단 과학수사 연구소 등 FBI가 추구해 온 과학수사 기법에 관해 자세하게 관찰할 수 있는 기회. 또한 조직 범죄와의 전쟁에서부터 냉전 당시의 정보전에 이르기까지 FBI의 역사도 한눈에 알아볼 수 있다.

국립 문서보관소 National Archives

700 Pennsylvania Ave
202-501-5000, www.archives.gov
미국의 가장 중요한 3대 문서인 독립선언서, 미합중국 헌법, 그리고 권리장전Bill of Rights을 보관하고 있다. 이곳에서는 또 미국인들이 자신의 조상들을 찾아볼 수 있는 가계 조사genealogical research를 할 수 있다. 소설 「뿌리」의 작가 알렉스 헤일리Alex Haley도 이곳에서 뿌리찾기를 시작했다.

국립 문서보관소

포드 극장 Ford's Theater

511 Tenth Street, NW
202-347-4833, www.fordstheatre.org
1865년 4월 4일 에이브러햄 링컨 대통령이 부인과 함께 연극을 관람하던 중 배우 존 W. 부스에 의해서 암살된 현장. 이후 폐관되었다가 144년 만인 2009년 링컨 탄생 200주년 하루 전날 그의 인생 역정을 다룬 연극 '천국은 어두운 곳에 있다The Heavens are Hung in Black'를 무대에 올리며 재개관했다.
포드 극장은 더욱 편안한 관람석과 링컨의 피 묻은 코트가 전시된 복도 등으로 재단장됐으며, 대통령 부부가 관람하는 프레지던츠 부스도 재단장했다. 포드 극장 재개관식에는 대통령 취임식서 링컨의 성경에 손을 얹고 선서한 미국 최초의 흑인 대통령 오바마도 참석한 것으로 알려졌다.

포드 극장

알링턴 Arlington

펜타곤 Pentagon

1000 Defense Pentagon 703-697-1776, www.pentagon.afis.osd.mil

미국 국방성 본부로, 건물의 외형이 오각형이라서 '펜타곤Pentagon'이라고 불린다. 사무실 크기로는 세계에서 가장 큰 곳으로 17.5마일에 이르며, 건물 자체가 하나의 시 정도의 크기. 여기에 육해공군과 다른 국방 요원들 23,000여 명이 근무한다. 2001년 9월 11일 공중납치한 비행기로 공격한 테러리스트들에 의해 빌딩의 한쪽이 폭파돼 189명이 사망한 비극의 현장이기도 하다. 폭파된 부분은 현재 완전히 복구됐다.

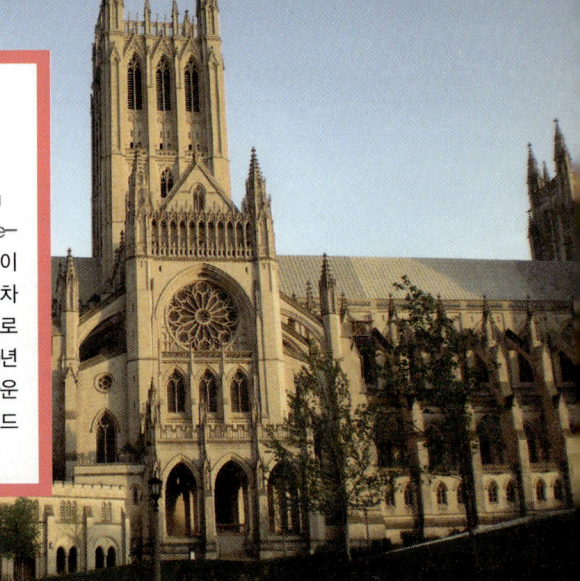

워싱턴 국립 대성당
Washington National Cathedral
Massachusetts and Wisconsin Ave, NW
202-537-6200, www.nationalcathedral.org
공식 명칭은 '성베드로와 성바울 대성당Cathe-dral Church of Saint Peter and Saint Paul'이지만 대통령 취임 기도회와 장례식 등 국가적 차원의 범종교적 행사가 치러져 '국립 대성당'으로 불린다. 1907년 공사를 시작 93년 만인 1990년 완공된 고딕 양식의 이 대성당은 특히 아름다운 스테인드글라스로 유명하며, 가을에는 스테인드글라스 투어를 개최한다.

국립 수목원 United States National Arboretum
3501 New York Ave, NE
202-245-2726, www.usna.usda.gov
정원 꾸미기와 원예에 관심이 있는 사람이라면 반드시 둘러봐야 할 명소. 수목원을 가득 메운 철쭉, 목련 등과 함께 희귀한 나무들도 눈길을 사로잡는다. 국립 분재 박물관에서는 예술의 경지에 이른 미니어처 나무들을 구경할 수 있다. 매년 국제 분재 대회도 이곳에서 열린다.

독립기념일 퍼레이드와 불꽃놀이
National Independence Day Parade
800-215-6405, www.july4thparade.com
매년 7월 4일 오전 11시 45분에 시작하는 이 퍼레이드는 세계의 수도라 불리는 워싱턴 D.C.에서 펼쳐지는 것인 만큼 그 수준도 세계적이다. 7가에서 17가까지 행진하는 퍼레이드의 절정은 바로 국립 문서보관소 앞 콘스티튜션 애비뉴에서 열리는 군 의장대 시범과 독립선언서 낭독. 저녁에는 국회의사당 서쪽 계단에서 국립 심포니 오케스트라의 연주가 있다. 링컨 기념관 앞 연못에서 쏘아 올리는 불꽃놀이를 제대로 즐기려면 일찍부터 자리를 잡는 것이 좋다.

스미스니언 연구소 국립 동물학 공원
Smithsonian Institution's National Zoological Park
3001 Connecticut Ave, NW
202-673-4800, www.si.edu/natzoo
멸종 위기에 처한 500여 종 동물들의 안식처. 이 동물들이 자연 상태에서 거주하는 것과 똑같이 서식 환경을 꾸며 놓았다. 관람객은 Olmsted Walk와 Valley Trail 등 2개의 코스를 따라가며 동물들을 구경할 수 있다. 바로 인근에 국내 최대 규모의 도시 야외 공원인 록크릭 공원(www.nps.gov/rocr)이 있다.

알링턴 국립묘지 Arlington National Cemetery
703-607-8000, 877-907-8585
www.arlingtoncemetery.org
포토맥 강과 워싱턴 시내를 굽어보는 언덕 위에 자리한 이곳은 30만 명 미군들의 영원한 안식처이다. 언덕 꼭대기에 있는 건물은 국립묘지의 중심인 알링턴 하우스(703-557-0613). 그 아래에는 존 F 케네디의 묘지가 있다. '무명용사 묘역Tomb of the Unknowns'에는 2차대전과 한국전에서 죽은 무명용사들의 영혼이 잠들어 있다. 30분마다 열리는 의장대 교대의식이 볼만하다.

마운트 버논 MOUNT VERNON

George Washington Parkway, Mount Vernon, 703-780-2000, www.mountvernon.org

워싱턴 DC에서 남쪽 포토맥 강변에 위치한 마운트 버논Mount Vernon은 초대 대통령 조지 워싱턴의 저택과 정원이 있는 곳. 500에이커 규모의 이곳은 '미국 건국의 아버지' 조지 워싱턴이 1747년부터 세상을 떠날 때까지 45년간 살았던 곳이다. '맨션'으로 불리는 3층 짜리 저택을 중심으로 창고, 세탁소, 육류 훈제소, 온실, 마구간 등 부속 건물과 노예들이 살던 방까지 고스란히 남아 있다. 정원 밖에는 1799년에 사망한 워싱턴의 묘소가 있으며, 뒤쪽에는 워싱턴 대통령의 손때 묻은 물건들이 전시되어 있는 워싱턴 박물관이 있다.

벚꽃 축제

National Cherry Blossom Festival

www.nationalcherryblossomfestival.org

콘스티튜션 애비뉴Constitution Ave.를 따라 행진하는 퍼레이드가 장관으로, 세계 각국 대표들이 참가해 재미있는 볼거리를 제공한다. 1912년 일본 정부가 기증한 3천 그루의 나무에서 열리는 벚꽃 자체를 즐기려면 포토맥 강변과 타이들 베이신 주변을 산책하는 것이 좋다. 보통 3월 초에 열리지만 벚꽃 피는 시기가 해마다 달라지므로 웹사이트를 통해 확인해야 한다.

MARYLAND
메릴랜드

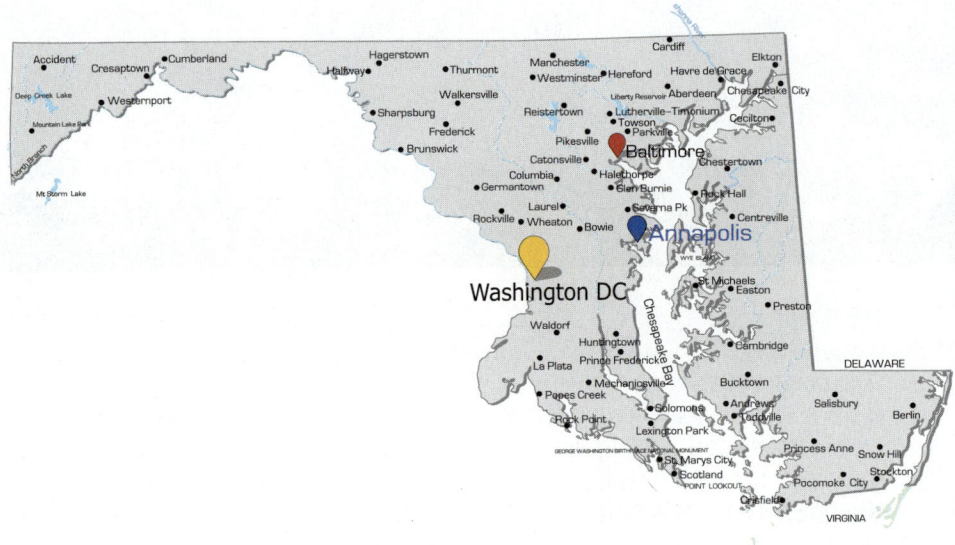

미국 동부 대서양 연안에 있는 메릴랜드는 영국왕 찰스 1세의 왕비인 메리에서 그 이름이 유래되었다. 남쪽과 서쪽에는 버지니아, 웨스트버지니아, 워싱턴 D.C., 북쪽에는 펜실베이니아, 동쪽에는 델라웨어가 있어 역사적 문화적 요지 한가운데 중요한 위치를 지닌다. 미국 동부 대도시들의 성장에 따라 공업과 근교 농업이 발달했으며, 특히 체사피크 베이의 굴·새우 양식은 세계적이다. 주도는 애나폴리스지만 최대 도시는 볼티모어이다. 컬럼비아 대학(1754년), 메릴랜드 대학(1807년), 존스홉킨스 대학(1876년), 해군사관학교 등 명문대학들이 포진해 있어 종종 '교육의 질적 가치 1위의 주' 로 선정된다.

주도 Annapolis
별칭 Old Line State, Free State Black-eyed Susan
명물 크랩 케이크, 빌리 홀리데이, 베이브 루스
메릴랜드 주 관광청 877-634-6361, www.maryland.gov

볼티모어는 메릴랜드 최대의 도시로 워싱턴 D.C.에서 북동쪽으로 64킬로미터 떨어진 곳에 위치하고 있다. 지역 최대의 공업 도시인 동시에 항구 도시. 볼티모어–워싱턴 국제공항이 도시의 중심지에서 남쪽 16킬로미터 지점에 자리하고 있다.

도시에 가장 인접한 항구인 이너 하버Inner Harbor는 중심 지역으로 다양한 관광 명소가 많다. 이너 하버 북서쪽은 다운타운 비즈니스의 중심지이고, 남쪽은 페더럴 힐Federal Hill 지역으로 비교적 부유한 사람들이 살고 있다. 전체 도시 면적의 20% 이상이 숲으로 덮여 있어 '숲의 도시A City of Forests'라 불린다. 미국 과학재단National Science Foundation이 애리조나 피닉스와 함께 도시 생태계 연구 장소로 선정, 계속 주목하고 있다.

관광 정보

볼티모어 관광국 100 Light St, Baltimore 410-659-7300, www.baltimore.org

교통 정보

볼티모어-워싱턴 국제공항 BWI, Baltimore-Washington International Airport

410-859-7992, www.bwiairport.com

볼티모어 다운타운에서 10마일 남쪽에 위치하고 있다. 주요 앰트랙 (800-872-7245)과 메릴랜드 통근열차 MARC, Maryland Rural Commuter(800-325-7245)가 공항과 DC의 유니언 역까지 운행한다. 30분 간격으로 운행하는 공항 셔틀버스Super Shuttle(www.supershuttle.com/ 410-859-0800)로 공항에서 시내 주요 호텔로 편리하게 갈 수 있다. 또 경전철이 공항과 볼티모어 다운타운, 앰트랙 역을 연결한다.

다운타운 셔틀버스, DASH

800-231-2722, www.godowntownbaltimore.com

주중에는 5분 간격, 주말에는 20분 간격으로 시내 주요지점을 운행한다. 이 셔틀버스는 마운트 버논, 이너하버, 캄덴 야드 등에 갈 때도 편리하게 이용할 수 있다.

자동차

뉴욕에서 갈 때는 I-95 south를 따라 가다가 I-395로 갈아탄 후 53번 출구에서 나와 이너하버Inner Harbor 표지판을 따라가면 된다. 워싱턴 D.C.에서 갈 때는 벨트웨이Beltway를 탄 후 Baltimore/College Park 표지판을 따라서 I-95(I-495), I-95 North를 갈아탄 다음 I-395 North를 따라가다가 53번 출구에서 나오면 된다.

앰트랙 Amtrak

800-872-7245, www.amtrak.com

앰트랙을 이너하버 북쪽 펜스테이션(1500 N. Charles St, www.mtamaryland.com, 410-291-4165)과 BWI 국제공항에서 약간 떨어진 공항역(410-672-6169)에서 이용할 수 있다.

메릴랜드 통근열차MARC는 워싱턴 D.C. 방면을 오갈 때 편리하다. 이너하버에 가까운 캄덴Camden 역과 펜스테이션에 정차하는 두 개의 노선이 있다.

시내 교통

도보

볼티모어의 주요한 관광 명소는 대부분 이너하버 지역에 밀집되어 있으므로 도보로 구경하는 것이 가장 편리하다.

워터 택시 1732 Thames St, 410-563-3901, www.thewatertaxi.com

요금이 그리 비싸지 않아 시내를 돌아보기에 적당하다. 두 회사가 영업중이지만 서로 환승은 불가. 이너하버, 리틀 이태리, 국립수족관, 하버 플레이스, 과학 센터 등 16개 명소에 정차한다.

경전철

교통국 MTA에서 운영하는 트롤리 시스템으로 북쪽 교외 티모니움Timonium에서 남쪽의 글랜버니Glen Burnie까지 27마일을 운행한다. 캠든야드Camden Yards 및 이너하버 지역과 렉싱턴 마켓 사이를 다닐 때 편리하다. 또 마운트 버논에 갈 때도 편리.

메트로 410-539-5000, www.mtamaryland.com

다운타운과 북서부의 교외 지역을 연결하는 지하철과 수많은 버스 노선으로 연결되어 있다. 일일권day pass를 구입하면 경전철, 메트로, 시내버스를 모두 무제한 이용할 수 있다.

택시

모두 미터제로 운행한다.

-Yellow Checker Cab 410-841-5573 -Arrow Cab 410-261-0000

시내 관광

Clipper City Tall Ship Cruises Light St.(메릴랜드 과학 센터 옆), 410-539-6277, www.clippercity. com

19세기형 범선을 타고 포트 맥헨리를 포함한 이너하버 지역을 2시간 동안 유람한다.

Discovery Channel Ducks

25 Light St, Suite 300, Inner Harbor, 410-727-3825, www.discoverychannelducks.com

2차대전에 참가한 수륙 양용차를 이용한 80분 짜리 시내 관광. 마운트 버넌, 펠스포인트, 리틀 이태리, 이너하버 등을 둘러본다.

Harbor Cruises' Lady Baltimore and Bay Lady

301 Light St, Inner Harbor, 410-727-3113, www.harborcruises.com

하버 크루즈, 펠스 포인트, 포트 맥헨리, 패타스코 강을 돌아본다. 꼭대기 데크에서 바라보는 전망이 일품.

놓칠 수 없다!

볼티모어의 명소

렉싱턴 마켓 Lexington Market

400.W. Lexington St, 410-685-6169,

1782년부터 지금까지 220년의 역사를 자랑하는 식료품 마켓인 렉싱턴 마켓은 세계 각국의 음식을 맛볼 수 있는 독특한 명소다. 다양한 종류의 음식을 제공하는 푸드코트가 조성되어 있으며, 특히 크랩 케이크로 유명한 페이들리 시푸드Faidley Seafood는 렉싱턴 마켓의 대표적인 식당이다. 1886년에 문을 열어 게살을 소스에 버무려 만드는 럼프 크랩 케이크Lump Crab Cake로 명성을 높이고 있다. 영화 「시애틀의 잠 못 이루는 밤」에도 등장했던 식당이다. 한인이 운영하는 식당이 여럿 자리잡고 있어 대중적인 한식도 즐길 수 있다. 월~토요일 오픈한다.

이너 하버 Inner Harbor

볼티모어에서 연중 가장 활기가 넘치는 관광 중심지. 체사피크 만의 지류인 패타스코 강을 마주보고 도심에 자리하고 있다. 1960년대에 광범위한 개보수 작업을 마침에 따라 현재 항구에는 100개 이상의 상점과 레스토랑, 하버플레이스 등 2개의 대형 쇼핑몰 등이 자리하고 있다.

특히 볼티모어의 3대 관광 명소로 꼽히는 볼티모어 수족관, 메릴랜드 과학 센터, 볼티모어 해양 박물관 등이 주변에 있다.

볼티모어 국립 수족관

National Aquarium in Baltimore

501 East Pratt St, Baltimore
월~목 9~17, 금 · 토 9~20, 일 9~17
12~29세 $24.95, 3~11세 $19.95
410-576-3800, www.aqua.org

세계적인 수준의 수족관으로, 이너 하버 3부두와 4부두에 걸쳐 세워진 현대식 건물 안에 어류, 파충류, 양서류, 무척추동물, 포유동물 등 모두 500여 종에 이르는 1만 마리 이상의 생물 전시. 입구에 들어서면 1층에서 4층에 걸쳐 만들어진 초대형 원형 수족관이 나오는데, 계단으로 걸어 올라가면서 물고기를 구경할 수 있다. 맨꼭대기 5층에는 열대우림을 재현한 식물원이 있다. 수족관 앞에 있는 필립스라는 건물의 해산물 가게의 즉석에서 찐 게와 가재 맛은 일품. 인근에 해양 포유류 전시관 Marine Mammal Pavilion의 돌고래 쇼(성인 $27.95, 시니어 $26.95, 아동 $22.95)를 관람할 수 있다.

베이브 루스 박물관

Babe Ruth Birthplace and Museum

216 Emory St, Baltimore
매일 10~5, 성인 $6, 3~12세 $3
410-727-1539, www.baberuthmuseum.com

야구왕 베이브 루스George Herman 'Babe' Ruth가 태어난 집과 근처 세 채의 집을 박물관으로 보존하고 있다. 이곳은 사진과 영화, 야구 관련 기록으로 가득 차 있으며, 많은 사람들의 사랑을 받던 홈런 타자의 생애, 업적과 함께 야구와 선수들에 대한 흥미진진한 설명을 들려 준다.

하버플레이스 Harborplace and The Gallery

200 East Pratt St, Baltimore
410-332-4191, www.harborplace.com

2동으로 이뤄진 이너 하버의 쇼핑 명소. Light Street Pavilion은 푸드 코트와 레스토랑이 입주해 있고, Pratt Street Pavilion은 유명 브랜드 및 다양한 점포들이 들어서 있다. 프랫쪽 육교는 4층 짜리 쇼핑몰인 갤러리로 통한다.

포트 매킨리 Fort Mchenry

2400 East Fort Ave, Baltimore 16세이상 $7 410-962-4290, www.nps.gov/fomc

영국군에 대항해 볼티모어를 지킨 역사적인 전투지. 1814년 이곳에서는 25시간에 걸친 영국군의 대대적인 포격이 있었는데, 다음날 아침 변함없는 모습으로 펄럭이는 성조기를 보고 이에 감동한 프랜시스 스콧 키Francis Scott Key가 써내려 간 가사가 미국의 국가Star-Spangled Banner가 됐다. 상설 전시관에는 당시의 요새, 남북전쟁시 감옥, 제1차 세계대전 당시 병원 등이 전시되어 있다.

콘스털레이션 호 USS Constellation

Pier 1, 301 E. Pratt St. 15~59세 $10, 6~14세 $5, 5세 이하 무료, 410-539-1797, www.constellation.org

이너 하버에 웅장한 모습으로 떠 있는 콘스털레이션 호는 1854년에 진수된 미국 해군 최초의 전함이다. 조지 워싱턴이 콘스털레이션 호로 명명한 이후 160년 동안 한 번도 패배한 적이 없다고 한다. 19세기 해군들의 생활상을 엿볼 수 있는 투어와 어린이를 위한 체험 프로그램이 있다.

2 해군사관학교가 있는 곳 Annapolis
애나폴리스

주도 애나폴리스는 미해군사관학교와 더불어 유명한 관광지로 매년 전국서 수많은 관광객이 몰려든다. 우아하고 고풍스런 식민지풍의 주택과 유서 깊은 주의사당State House, 멋진 해사 캠퍼스 등이 어우러져 더욱 인상적. 이곳에선 매년 전 세계에서 가장 규모가 크고 유명한 보트쇼가 열리는 까닭에 '세계의 범선 도시', '미국의 항해 수도' 라는 별명이 생겼다.

애나폴리스 관광국
26 West St, Annapolis 888-302-2852, 410-280-0445 www.visit-annapolis.org

해군사관학교 U.S. Naval Academy

52 King George St, Annapolis
410-263-6933, www.navyonline.com
한인들이 가장 많이 찾는 관광지 중 하나. 육군사관학교는 뉴욕 업스테이트에 있지만 해군사관학교US Naval Academy는 이곳에 있다. 해사는 넓고 웅장한 교정을 주민들에게 공개, 신분증만 휴대하면 둘러볼 수 있다. Leahy Hall에서는 월~금까지 하루 4회, 토요일은 2회의 학교 소개가 있다.

알렉스 헤일리 기념관
Kunta Kinte-Alex Haley Memorial

26 West St, Annapolis
410-280-0445, www.kintehaley.org
애나폴리스는 아프리카에서 태어나 미국에 노예로 잡혀온 쿤타 킨테와 그의 7대 후손인 알렉스 헤일리가 쓴 소설 「뿌리」의 무대. 주인공 쿤타 킨테가 1767년 끌려와 팔린 곳이다. 3각형의 오벨리스크와 명판에서 스토리를 읽을 수 있다.

건파우더 주립공원 Gunpowder Falls State Park
410-592-2897, www.dnr.state.md.us
놀랍게도 볼티모어 가까이에 아름다운 폭포가 있다. 695번 벨트웨이에서 83번 고속도로를 갈아타고 타고 북쪽으로 12마일을 가면 Hereford 지역에 넓게 퍼져 있는 건파우더 주립공원에 Raven Fall 등이 있다. 10.2마일의 South Trail을 이용하면 제법 높은 고도에서 몇 단계로 나누어 내리는 Raven Rock 폭포의 낙수를 제대로 즐길 수 있다.

주 의사당 Maryland State House
100 State Circle, Annapolis 월~금 9~5, 토~일 10~4
410-974-3400, www.mdarchives.state.md.us
주 의사당 건물로는 가장 오래됐다. 1779년에 완공됐으며 독립 직후 1년간(1783~84년) 애나폴리스가 미국의 수도였을 때 미합중국 의사당으로 사용되기도 했다. 입구의 홀 오른쪽에 있는 상원 의사당Old Senate Chamber은 1784년 독립전쟁을 종식시킨 파리조약이 조인된 곳. 18세기 건축미를 감상할 수 있는 대표적 건물로 연중 공개되고 있다.

애서티그 국립해안
Assateague Island National Seashore

7307 Stephen Decatur Hwy. Berlin, 입장료 차 1대당 $15, 410-641-1441, www.nps.gov/asis

버지니아 주와 메릴랜드 주에 걸쳐 37마일의 아름다운 해안을 자랑하는 이곳은 에서티그 섬Assateague Island을 보호하기 위해서 1962년 Assateague 국립해안으로 지정됐다. 봄부터 가을까지 방목돼 자라고 있는 3백만 마리의 야생마와 320종의 새들에게 최적의 서식처이다. 야생마들이 이곳에 살기 시작한 것은 4백 년 전부터.

5월부터 8월까지 운영되는 '포니 익스프레스 네이처 투어 크루 즈Pony Express Nature Tour Cruise'(성인 $43)를 이용하면 1시간 반이나 2시간 안에 둘러볼 수 있다. 일출은 이곳을 방문한 사람이라면 꼭 빼놓지 말아야 할 장관이다.

캐톡틴 마운틴 & 커밍햄 폴스
Catoctin MT. & Cunningham Falls

6602 Foxville Rd, Thurmont
301-663-9330,www.dnr.state.md.us/publiclands

볼티모어에서 북쪽으로 55마일 정도 떨어진 곳에 있는 캐톡틴 산에 있는 휴양지는 경제 대공황 시절 당시 프랭클린 루즈벨트 대통령이 경제적으로 힘든 나날을 보내던 사람들이 휴식을 통해서 새 힘을 얻게 하기 위한 목적으로 만들어졌다. 25마일 정도 올라갈 수 있는 트레일을 통해 가을 단풍의 아름다움을 만끽할 수 있는 곳이다. 빅 헌팅 크릭Big Hunting Creek에는 송어 종류의 물고기들이 살고 있는데 플라이 피싱만이 허용된다. 이곳에 있는 커닝햄 폴스는 길이가 25미터 되는 계단식 폭포로 메릴랜드에서는 가장 긴 폭포다. '캠프 데이비드'로 유명한 대통령 별장이 이 산에 있어 있어 종종 미디어에 등장하기도 한다.

메릴랜드 유명 축제

메릴랜드 해양 축제 Maryland Maritime Heritage Festival

410-693-8384, www.mdmaritimefestival.com

해양 문화유산을 계승 발전하는 축제. 체사피크 만의 전통 선박, 클래식 보트, 해양 미술 전시회, 그리고 아티스트와 뮤지션들이 분위기를 돋군다. 매년 5월 시티 덕City Duck에서 열린다.

쿤타 킨테 축제 Kunta Kinte Heritage Festival

410-349-0338, www.kuntakinte.org

문화와 역사, 음악, 요리에 이르기까지 온 가족이 즐길 수 있는 축제의 한마당. 아프리카식, 아프리카-아메리칸식, 아프리카-캐러비안식 요리들이 선보인다. 세인트 존스 칼리지에서 8월에 개최.

메릴랜드 해산물 축제 Maryland Seafood Festival

성인 $12, 6~10세 $8 410-268-7682, www.mdseafoodfestival.com

메릴랜드 크랩 스프 요리 경연대회를 필두로 빙고 게임, 페이스 페인팅, 비치 골프, 보물찾기, 비치 발리볼 등 다양한 행사가 열린다. 9월경 Sandy Point State Park에서 개최.

PENNSYLVANIA
펜실베이니아

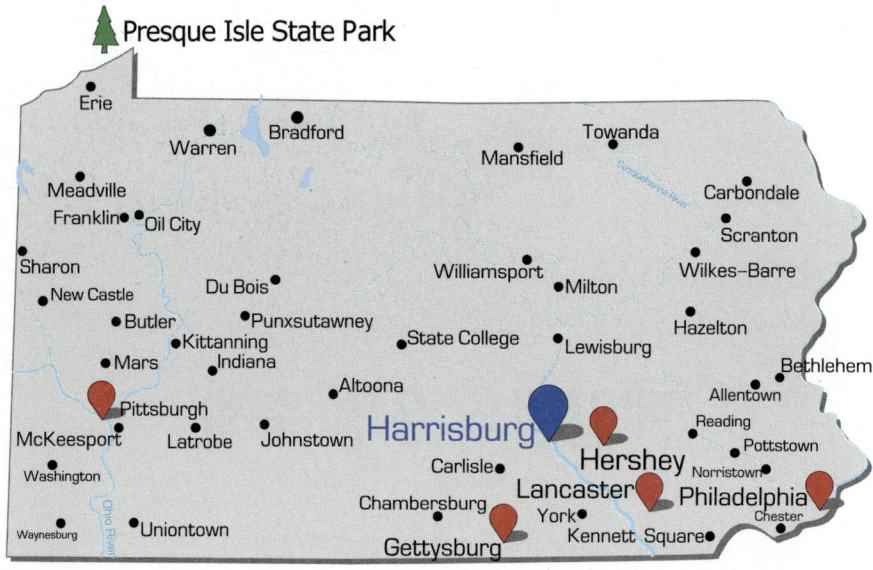

🌲 Presque Isle State Park

미국의 귀중한 문화 역사 유산을 가득 지닌 곳, 펜실베이니아는 '미국의 주춧돌'로 불릴 만큼 미국 독립을 기점으로 경제 발전의 중심이 되어온 주다. 미국 건국의 흥미진진한 여정을 그대로 만나 볼 수 있는 미국 최초의 수도 필라델피아와 이를 바탕으로 이루어낸 눈부신 경제 성장의 기록이 산업 도시인 피츠버그에 모두 담겨 있다. 미국에서 세 번째로 대학이 많은 교육의 주로서 전 세계의 인재들이 모여들며, 113개 주립공원의 장엄한 자연 경관, 곳곳에 산재한 역사 유적, 아름다운 전원 도시들과 대규모 코스모폴리탄이 어우러져 만들어내는 문화적 풍경이 사계절 내내 활력을 뿜어낸다. 독일의 문화 전통이 살아있는 더치 카운티와 초콜릿의 나라 허시를 찾게 되면 펜실베이니아가 품고 있는 다양성과 흥미로운 문화를 체험하는 또 다른 즐거움을 느낄 수 있다.

주도 해리스버그
별칭 Keystone State
명물 미국헌법, 앤디 워홀, 그레이스 켈리
펜실베이니아 주 관광청 800-847-4872, www.visitpa.com

필라델피아 1

펜실베이니아 주 동남쪽에 위치한 필라델피아는 미합중국의 탄생지. 고층 빌딩 사이 이곳저곳에 미국 초기 역사와 관계된 건물들이 많아 현대적인 분위기와 옛 도시의 향취를 동시에 느낄 수 있다. 1682년 영국에서 건너온 윌리엄 펜의 도시 계획에 의해 푸르름이 넘치는 아름다운 도시로 발전하였으며 1776년 독립선언, 1787년의 헌법 발표의 무대가 되었다.

필라델피아 시내 중심부에 위치한 시청 건물 꼭대기를 장식하고 있는 윌리엄 펜의 동상을 시작으로 미국 독립선언의 현장 인디펜던스 홀과 자유의 종, 미국의 성조기를 처음으로 제작한 벳시로즈 기념관, 독립선언문에 서명한 15명이 한자리에 모여 예배 드렸던 크리스트 처치 등 미국 건국의 역사가 한자리에 모여 있다.

관광 정보

필라델피아 관광국 6th and Market St, Philadelphia
800-537-7676, 215-965-7676 www.independencevisitorcenter.com

교통 정보

필라델피아 국제공항 Philadelphia International Airport
8500 Essington Ave, Philadelphia 215-937-1084, www.phl.org
공항 터미널 E의 1층에 있는 SEPTA, South Eastern Pennsylvania Transportation Authority의 지하철 에어
포트 라인Airport Railway Line을 이용하면 25분 내에 필라델피아 시내로 들어갈 수 있다. 택시는 2010년
현재 $25 (정액 요금제) 로 20~30분 소요. 그 밖에 공항 리무진 및 셔틀버스로 공항 셔틀, Lady Liberty,
Deluxe Limo가 있다.

그레이하운드 215-931-4075
뉴욕에서 2시간(2010년 현재 $24), 워싱턴에서는 3시간 30분($34) 정도 걸린다. 차이나타운 버스는 뉴욕,
워싱턴, 보스턴에서 필라델피아로 들어온다. 요금은 $10.

메트로 라이너
필라델피아 역(시청에서 15블록 정도 떨어진 30th St.에 위치)과 뉴욕(약 3시간 소요) 및 워싱턴(약 1시간
45분 소요)을 연결한다. 항공편에 비해 시내에서 타고 내릴 수 있는 열차편이 더 편리하다.

SEPTA 통근열차 215-580-7800, www.septa.org
자동차로 뉴욕에서 갈 때는 I-95 고속도로나 펜실베이니아 턴파이크(I-276)를 이용하면 된다.

시내 교통

지하철 3개 노선이 있는데, 마켓-프랭크포드 라인Market-Frankford Line은 앰트랙 역, 그레이하운드
버스 역 등을, 서브웨이 서피스 라인Subway-Surface Line은 마켓 스트리트를, 브로드 스트리트 라인
Broad Street Line은 시내를 남북으로 운행한다.

관광 전용 버스 Purple PHLASH 215-474-5274, www.phillyphlash.com
인디펜던스 파크, 델라웨어 리버 강변, 컨벤션 센터, 리튼 하우스 스퀘어 쇼핑가, 로간 서클Logan Circle
의 문화 시설, 북동쪽의 예술 박물관과 동물원까지 운행한다.

택시 -City Taxi 215-338-0838 -Quaker City 215-728-8000

시내 관광

American Trolley Tours
4941 Longshore Ave, Philadelphia, 215-333-2119, www.americantrolleytour.com
더블데크 버스를 타고 시내를 구석구석 돌아본다. 5번가와 마켓 스트리트에 있는 자유의 종Liberty Bell
Pavilion에서 출발한다.

마차 관광 215-923-8516
마차를 타고 주요 명소를 도는 동안 일상에서 해방된 여유를 만끽할 수 있다. 예약은 필요하지 않다. 인
디펜던스 홀 앞(5번가와 체스트넛 스트리트)에서 출발.

델라웨어 강 크루즈 Sprit of Philadelphia
401 S. Columbus Blvd, Philadelphia, 215-923-1419, www.spiritofphiladelphia.com
델라웨어 강을 따라 필라델피아의 인근 마을을 구경한다. 펜스랜딩의 그레이트 플라자에서 출발.

인디펜던스 내셔널 히스토리컬 파크
Independence National Historical Park
143 S. Third St, Philadelphia
215-597-8787, www.nps.gov/inde
필라델피아에서 가장 유명한 관광명소로 내부에는 헌법이 기초된 회의실Assembly Hall과 독립 당시 사용되었던 유물들이 전시된 인디펜던스홀 Independence Hall, 독립선언 당시 울려퍼진 자유의 종 Liberty Bell, 제1회 상하의원에서 10년간 사용되었던 국회의사당 건물 등이 보본되어 있는, 미국 탄생의 산실이다.

필라델피아 미술관 Philadelphia Museum of Art
26th St. & Benjamin Franklin Parkway
화~일 10~17, 성인 $16, 13~18세 $12
215-763-8100, www.philamuseum.org
영화 「로키」의 주인공 실베스터 스탤론이 새벽에 일어나 거리를 달려 도착해 층계를 오른 뒤 챔피언의 꿈을 이루기 위해 두 팔을 번쩍 쳐들고 시내를 내려다보던 곳으로 유명하다. 유럽 거장들의 회화 및 조각 작품과 함께 미국 미술품들도 많이 소장되어 있어 불후의 명작들을 한 자리에서 감상할 수 있다. 1875년에 설립됐다.

프랭클린 과학 박물관
Franklin Institute Science Museum
20th St. and the Benjamin Franklin Pkwy.

매일 9:30~17, 성인 $15.50, 13~18세 $12
215-448-1200, www.fi.edu
다양한 전시 내용을 통해 과학이 일상생활에 미치는 영향을 배울 수 있다. 부속 전시관인 벤자민 프랭클린 기념관에서는 과학자이자 발명가인 동시에 정치가이기도 했던 그의 업적을 상세하게 소개하고 있다.

필라델피아 동물원 Philadelphia Zoo
3400 W Girard Ave, Philadelphia
매일 9:30~17, 성인 $18, 2~11세 $15
215-243-1100, www.philadelphiazoo.org
미국에서 가장 오래된 동물원으로 1874년에 문을 열었다. 희귀종인 하얀 사자를 포함해 1,800종 이상의 동물이 살고 있다.

필라델피아 플라워 쇼 Philadelphia Flower Show
12th & Arch St, Philadelphia
성인 $30, 어린이 $15
215-988-8800, www.theflowershow.com
세계 최대 규모이자 최고의 실내 플라워 쇼. 2월 말이나 3
월 초에 컨벤션 센터에서 열린다. 동부 지역의 대표적 봄
맞이 행사이자 세계 최대 규모의 실내 꽃 전시회로 '가든
올림픽'이라고 불린다. 전국적으로 실력이 가장 뛰어난 조
경 전문가와 디자이너들이 크게 17개 분야로 나뉘어 원예
작품을 선보인다.

필라델피아 미술관

가면 퍼레이드 Philadelphia Mummers Parade
215-336-3050, www.phillymummers.com
1900년에 공식 시작한 미국에서 가장 오래된 가면 퍼레이
드다. 새해 첫 날이나 첫째 주 토요일에 열린다. 1만5천 명
이상의 참가자들이 가면을 뽐내며 거리를 활보한다.

로댕 미술관 Rodin Museum
2201 Benjamin Franklin Parkway
화~일 10-5, 1인 $5
215-568-6026, www.rodinmuseum.org
프랑스 조각가 로댕의 작품을 다수 소장하고 있다. 로
댕 작품 소장 규모로는 파리에 있는 로댕 박물관에 이
어 세계에서 두 번째. 정문 쪽에 로댕의 걸작 '생각하
는 사람'이 있으며, 건물 안으로 들어가면서 '지옥의 문'
을 통과하게 된다.

1863년 남북전쟁 당시 최대의 격전이 벌어졌던 곳. 조지 미드George Herbert Mead 장군이 이끄는 8만3천 명의 연방군과 로버트리Gen. Robert E. Lee 장군이 이끄는 7만5천 명의 남부 연합군이 이곳에서 3일 동안 결전을 벌였다. 양측에서 5만 1천여 명의 사상자를 낸 미국 역사상 가장 참혹한 전투 현장이다. 이 전투에서 승리한 링컨 대통령은 4개월 후 이곳을 방문, 전사자들을 위한 묘지를 헌정하면서 "국민에 의한 국민을 위한 국민의 정치"라는 명연설을 남겼다.

관광 정보
게티즈버그 관광국
89 Steinwehr Ave, Gettysburg
717-334-2100
www.gettysburg.com

교통 정보
필라델피아에서 서쪽으로 125마일 떨어져 있는 게티즈버그에 갈 때는 자동차를 이용하는 것이 가장 편리하다. 필라델피아에서 I-76(Pennsylvania Tpk.)W.로 들어선 후 U.S. 15 S.로 갈아타면 게티즈버그로 직행한다.

게티즈버그 국립 군사공원
Gettysburg National Military Park

1195 Baltimore Pike, Gettysburg
4~10월 8~18, 11~5월 8~17
성인 $10.50, 6~18세 $6.50
717-334-1124, www.nps.gov/get
20여 개의 박물관과 함께 6천 에이커에 달하는 공원 구역 이곳저곳에는 당시의 치열한 전투 실상을 보여주는 1천여 개의 유적들이 흩어져 있다. 묘지 능선 남쪽 끝에 있는 리틀라운드탑Little Round Top은 당시 전투 개시 이전의 요새로 커다란 바위돌로 쌓아올린 방어진지가 남아 있다.

7월 1일부터 7월 7일까지 계속되는 남북전쟁 기념주간 Civil War Heritage Days에는 당시의 전투 장면을 재현하는 행사가 열린다.

로버트 리 장군 지휘소
General Lee's Headquarters Museum

401 Buford Ave, Gettysburg 3월 중순~11월 9~17
717-334-3141, www.civilwarheadquarters.com
1700년대의 석조 건물. 1863년 게티즈버그 전투 남부 연합군의 리 장군이 이곳에서 작전 계획을 수립했다. 지금은 남북전쟁 관련 유물을 전시하는 박물관으로 사용되고 있다.

롱우드 가든 Longwood Gardens

1001 Longwood Rd, Kennett Square
성인 $16, 5~18세 $6, 800-737-5500, www.longwoodgardens.org
봄에는 꽃맞이, 여름에는 분수 축제, 가을에는 국화 축제 등 계절마다 새로운 느낌을 주는 명소. 야외에 조성된 정원만 20개에 이르며 온실에는 별도로 20개의 정원이 설치돼 사시사철 관람객들을 맞는다. 이곳에서 자라는 꽃과 나무의 종류만 해도 무려 1만1천여 종. 가을철에 열리는 국화 축제는 세계적으로도 열손가락 안에 드는 명물.

시간을 되돌려 사는 전통 마을 Dutch County
더치 카운티 3

더치 카운티는 시간이 멈춰선 곳, '아미시Amish 마을'로 더 잘 알려졌다. 아미시는 독일계 이주자들의 후손으로 기독교의 보수적인 교파인 재세례파 크리스천들이다. 전기나 전화, 자동차 등 문명의 이기를 거부하고 18세기 당시의 생활방식을 고수하며 살고 있다. 구레나룻을 기른 남자들이 검은 양복을 입고 검은 모자를 쓰고, 자동차 대신 마차를 몰고 다니는 이곳에 들어가면 마치 중세로 돌아간 느낌이다. 옥수수, 밀, 담배 등을 경작하고 젖소를 기르는 등 농업에 종사한다.

해리슨 포드가 등장한 영화 「위트니스Witness」(1985년작)로 이들의 존재가 사람들에게 널리 알려져 관광객들이 늘어나면서 도로변에는 기념품 가게들이 즐비하게 들어섰지만 구식 가게와 교실이 하나뿐인 학교, 시골길을 따라 펼쳐진 목장 등 이곳의 전통적인 풍경은 여전하다.

랜캐스터 Lancaster

더치 카운티의 중심 도시인 랜캐스터는 역사가 가장 오래된 타운으로 1777년 당시 수도였던 필라델피아가 영국군 수중에 떨어지면서 이곳이 한때 임시 수도로 된 적도 있어 역사 유적도 풍부하다. 펜 광장Penn Square의 센트럴 마켓Central Market과 제임스 뷰캐넌James Buchanan 대통령의 생가인 휘틀랜드Wheatland, 랜디스 밸리 박물관Landis Valley Museum 등이 그것. 이곳을 여행할 때 주의할 점은 이곳 주민들의 신앙과 가치관을 존중해야 한다는 것. 사진이나 비디오를 찍는 것은 그들의 종교적 계율을 어기는 것이므로 삼가야 한다.

펜실베이니아 더치Pennsylvania Dutch는 네덜란드Dutch에서 나온 이름이 아니라 독일Deutsch에서 나온 것. 이곳에 최초로 이주한 사람들(Plain People이라 부른다)은 대부분 독일과 스위스 출신으로 종교 박해를 피해 신대륙으로 건너온 사람들이기 때문에 이런 이름이 붙었다.

관광 정보
랜캐스터 관광국 501 Greenfield Rd, Lancaster 1760 717-299-8901, www.padutchcountry.com

교통 정보
자동차 워싱턴 D.C.에서 갈 때는 루트 295 N.를 탄 후 I-95 볼티모어 방향으로 들어선다. 그 다음 I-695 N.를 타고 I-83 뉴욕 방향으로 들어선 다음 루트 30 E.로 가면 랜캐스터로 갈 수 있다.
열차 필라델피아 30가 역에서 랜캐스터 앰트랙 역까지 운행. 워싱턴 D.C.에서도 열차를 이용해서 갈 수 있다.
앰트랙 53 McGovern Ave, Lancaster 215-824-1600

랜캐스터 센트럴 마켓
Lancaster Central Market

23 North Market St, Lancaster
화, 금 6~16, 토 6~14
717-735-6890, www.centralmarketlancaster.com
미국에서 가장 오래된 파머스 마켓으로 랜캐스터에 오
면 반드시 들러야 할 명소의 하나. 아미시 마을의 펜 광
장 인근에 위치. 신선한 과일과 야채, 육류, 전통 음식은
물론 싱싱한 꽃다발까지 살 수 있다.

위트랜드 Wheatland

1120 Marietta Ave, Lancaster
717-392-8721, www.wheatland.org
펜실베이니아 출신의 유일한 대통령인 제임스 뷰캐넌
James Buchanan(제15대)이 살던 집. 크리스마스 시즌
에는 가이드와 함께하는 촛불 투어가 열린다.

랜디스 벨리 박물관 Landis Valley Museum

2451 Kissel Hill Rd, Lancaster
717-569-0401, www.landisvalleymuseum.org
펜실베이니아에 정착한 독일계 이주자들의 농장과 시
골 가게 등 15개 이상의 건물을 둘러볼 수 있다. 물레
돌리기, 독짓기, 양철공 등을 재현하는 장면도 있다. 여
기서 만든 공예품은 Weathervane Museum Store(717-
569-9312)에서 판매한다.

스트라스부르그 아미시 마을

Strasburg Amish Village

루트 896과 US 30 및 루트 741 사이에 위치
4~10월 월·일 9~17, 성인 $6, 12세 이하 $2.50
717-687-8511, www.800padutch.com/avillage.html
전통적인 아미시 주택, 창고와 집, 교실이 하나뿐인 학
교, 대장간, 마을 가게, 훈제소 등 마을 전체를 둘러보
며 산책을 즐긴다.

추-추반 트레인 타운 USA
Choo-Choo Barn Train town U.S.A.

Rte. 741 East, Strasburg
성인 $ 6, 4~12세 $ 4
717-687-7911, www.choochoobarn.com
1,700평방피트 크기의 미니어처로 만들어 놓은 22대의
기차와 150여 점의 애니메이션이 움직이며 이곳의 생
활을 보여준다. 1945년 시작. 1961년 일반에 공개된 트
레인 타운은 George Groff가 두 아들에게 주려고 크리
스마스 선물을 만들면서 시작됐다. 1989년 작은 아들인
토마스와 부인 린다가 확장했다.

아미시 농장과 집 Amish Farm and House

2395 Lincoln Highway East, Lancaster
성인 $8.25, 12세 이상 $5
717-394-6185, www.amishfarmandhouse.com
최초로 일반에 공개된 아미시 전통 마을. 1805년에 지
은 농장, 1855년에 만든 뚜껑 달린 다리 등 전통 아미시
주택 외에 25에이커에 달하는 농장을 거닐며 가축, 물
레방아, 벽돌 가마, 창고 등을 둘러볼 수 있다.

아론 & 제시카의 버기 라이드
Aaron & Jessica's Buggy Rides

3121 a Old Philadelphia Pike, Bird-in-Hand
4~11월 월~토 9~Sunset, 일 10~17, 12~3월
9~16:30 성인 $10~12, 3~12세 $5~6
717-768-8828, www.amishbuggyrides.com
전통적인 아미시 마차를 타고, 교실이 하나인 6개의 아
미시 학교, 마차 제조 공장, 철공소 등 4마일에 걸쳐 있
는 시골 지방을 둘러본다.

히스토릭 랜캐스터 워킹 투어
Historic Lancaster Walking Tour

5 West King St, Lancaster 4~10월 월목일 1시,
화금토 10시, 13시 출발 717-392-1776,
www.historiclancasterwalkingtour.com
테마 투어와 그룹 투어가 있다. 전통 복장으로 차려입
은 가이드가 식민지 시대와 독립전쟁 시대에 존재했었
던 랜캐스터 건축물과 역사 유적지로 안내한다. 독립 기
념 200주년을 준비하기 위해서 1975년에 시작됐다. 편
안한 신발과 더운 날에는 물을 지참해야 한다. 1시간에
서 1시간 30분 소요.

펜실베이니아 르네상스 페어 Pennsylvania Renaissance Faire

2775 Lebanon Rd, Manheim
8월 중순~10월 하순 성인 $24.95, 어린이 $9.95
717-665-7021, www.parenfaire.com
Mount Hope Estate and Winery가 몇 달 동안 엘리자베스 1세 여왕이 통치하던 16세기
의 영국 마을로 변신한다. 체스대회, 마창 시합과 펜싱 토너먼트, 기사 작위 수여식, 거리
공연, 공예품 전시, 어릿광대, 중세 음식, 셰익스피어 연극 등이 야외 무대에서 펼쳐진다.
장소는 루트 72상의 만하임Manheim 북쪽 5마일 지점.

달콤한 초콜릿 타운 Hershey
허시

'초콜릿 타운' 허시는 랜캐스터에서 북쪽으로 30마일 떨어진 곳에 위치. 아이들이 좋아하는 초콜릿을 주제로 하는 테마 놀이공원과 공장 견학, 동물원 등이 있어 자녀들과 함께 여행하기에는 최고의 명소로 손꼽힌다.

허시 관광국 www.hersheypa.com

허시 가든 Hershey Gardens
170 Hotel Road Hershey
성인 $10, 3~12세 $6
717-534-3492, www.hersheygardens.org
잘 꾸며진 23에이커의 부지에 장미와 튤립으로 꾸며진 10개의 테마 정원이 펼쳐져 있다. 아이들이 좋아하는 나비의 집Butterfly House과 어린이 정원Children's Garden도 있다.

허시 박물관 Hershey Museum
163 West Chocolate Ave, Hershey
여름 9~19, 성인 $10, 3~12세 $7.50
717-534-3439, www.hersheystory.org
허시 초콜릿 회사의 창립자 밀턴 허시에 관한 기록을 보존하고 있는 박물관. 시대에 따라 변화하는 허시 타운의 모습을 나란히 비교해 놓은 사진이 인상적이다. 밀턴 허시의 개인 수집품에서 간추린 이 지역의 역사와 인디언 미술품도 전시되어 있다.

허시 공원 Hersheypark
100 W. Hersheypark Dr, Hershey

9~54세 $53.95, 3~8세 $32.95
800-HERSHEY, www.hersheypark.com
초콜릿으로 가득한 Hersheypark는 거리의 이름이 초콜릿, 코코아로 가로등도 허쉬의 키세스 초콜릿 모양이며, 1946년에 만들어진 것으로 추정되는 유명한 목재 롤러코스터를 타면서 초콜릿 냄새를 맡을 수 있는 유일한 곳이다. 몇 년 전에는 2초에 72mph의 속도를 내는 Storm Runner라는 롤러코스터를 선보였다.

허시 초콜릿 월드 Hershey's Chocolate World
251 Park Blvd, Hershey
717-534-4900,
www.hersheys.com/chocolateworld
1973년까지 매년 거의 1백만 명이 공장을 견학했지만 초콜릿 공장 투어가 점차 시들해지자 허시 재단은 이곳에 Hershey's Chocolate World를 건설, 놀이기구를 타고 즐기면 허쉬 공장을 돌아보고 초콜릿을 시식할 수 있게 했다. Hershey Trolley Works(성인 $12.95, 3~12세 $5.95)를 타고 돌아볼 수도 있다. 75분간 Hershey가 소년기를 보낸 집부터 공장 건너편에 세워진 그의 맨션까지 모든 것을 둘러볼 수 있다.

미국인의 성공 일지를 기록하는 곳 Pittsburgh
피츠버그 5

서부 펜실베이니아의 거점 도시이자 식품 제조회사인 헤인즈 사와 웨스팅 하우스 전기회사뿐만 아니라 미국 철강 산업의 중심지로 변모하면서 미국인의 성공 스토리를 그대로 보여주는 도시이다. 최근에는 또 관광 도시로 변모하면서 '미국의 베니스'로 각광받고 있다. 1980년대에 최후의 철강 공장이 문을 닫은 후 '매연의 도시'에서 면모를 일신, 하이테크 산업으로 중심이 옮겨 가면서 생긴 변화다. 비로소 '물의 도시' 피츠버그의 진면목이 되살아난 셈.

관광 정보
피츠버그 관광국 412-281-7711, www.pittsburgh-cvb.org

교통 정보
피츠버그 국제공항 Pittsburgh International Airport 412-472-3525, www.pitairport.com
앰트랙 1100 Liberty Ave, Pittsburgh, 412-471-6172, www.amtrak.com
필라델피아와 워싱턴 D.C., 클리블랜드와 시카고 등지를 연결한다.
자동차 필라델피아 방면에서 갈 때는 I-76을 이용한다. 워싱턴 D.C.에서는 I-70을 타면 된다.

시내 교통
앨레게니 카운티 항만국(www.portauthority.org/ 412-442-2000)에서 지하철과 버스, 다운타운 경전철 Light Rail을 운영한다.

시내 관광
저스트 더키 투어 Just Ducky Tours 5 Station Square Rd, 4~11월 10:30~18, 1시간 반 간격으로 출발
성인 $19, 3~12세 $15, 412-402-3825, www.justduckytours.com

포인트 주립공원 Point State Park
101 Commonwealth Plaza
412-471-0235, www.dcnr.state.pa.us
Allegheny 강과 Monongahela 강이 합류하여 오하이오 강을 만드는 지점에 위치한 골든 트라이앵글 지역은 피츠버그의 중심. 골든 트라이앵글 서쪽 끝에 포인트 주립공원이 있다. 잘 포장된 산책로를 따라 강변을 걸으며 피츠버그의 진면목을 감상할 수 있다. 피트 요새Fort Pitt Blockhouse와 피트 요새 박물관Fort Pitt Museum (412-281-9284)이 자리를 지키고 있다.

카네기 박물관 Carnegie Museums
4400 Forbes Ave, Pittsburgh
412-622-3131, www.carnegiemuseums.org
피츠버그에서 철강 산업으로 부를 이룬 앤드류 카네기가 1895년 시에 기증한 박물관, 미술 박물관, 자연사 박물관Carnegie Museum of Natural History, 과학관, 그리고 앤디워홀 박물관Andy Warhol Museum으로 구성되어 있다.
카네기 자연사 박물관에는 세계 최대, 최고의 공룡 전시관이 있다. 그 외에도 관람객이 가상으로 화석 발굴 작업 등을 경험해 볼 수 있는 화석관, 최첨단 장치로 꾸며

진 지구 극장 등이 있다. 앤디워홀 박물관은 피츠버그 출신으로 가장 널리 알려진 전설적 작가인 앤디 워홀의 작품 세계가 소개된다.

매트리스 팩토리 Mattress Factory Museum
500 Sampsonia Way, Pittsburgh
화~토 10~17, 일 1~17, 성인 $10, 학생 $7, 6세 이하 무료 412-231-3169, www.mattress.org
1977년 오픈한 이래 James Turrell, Yayoi Kusama, Winifred Lutz, 그리고 Rolf Julius과 같은 현대 설치미술 거장들의 작품을 영구 전시하고 있다. 피츠버그 시내에서 가장 붐비는 박물관 중 하나.

폭포 위의 집 Falling Water
1491 Mill Run Rd, Mill Run
성인 $18, 6~12세 $12
724-329-8501, www.fallingwater.org
오하이오파일 주립공원Ohiopyle State Park 안에 있는 폭포 위의 집은 미국 건축계의 거장 로이드 라이트 Frank Lloyd Wright가 지었다. 1935년 설계하고 1936년부터 짓기 시작해 1939년 완공되었다. 1960년대부터 이미 펜실베니아의 유명한 관광지 중 하나가 되었다.

프레스크 아일 주립공원
Presque Isle State Park

철새와 희귀새의 낙원
펜실베니아의 첫 주립공원으로 3,200에이커 규모의 모래 반도가 에리 호수와 이어져 있다. 아름다운 해안선이 계속되는 이곳은 보트 타기, 낚시, 하이킹, 자전거와 인라인 스케이트 등 다양한 레크리에이션을 즐길 수 있는 곳이다. 특히 철새가 좋아하는 서식지인 이곳은 그 어느 지역보다도 희귀종이 많이 존재한다. 공원 입구에 있는 톰리지 환경센터TREC는 프레스크 아일이라는 독특한 반도에 살고 있는 다양한 동식물의 생태에 관해 방문자들에게 교육할 뿐만 아니라 공원이 가진 최고의 아름다움을 보존하기 위해 노력하고 있다. 75피트 높이의 전망대가 있는 이곳은 그 유명한 올리버 해저드 제독이 지휘한 페리 함대의 거점으로도 사용되기도 했다.

관광 정보
814-833-7424, www.dcnr.state.pa.us/stateparks

필라델피아 명물 먹거리 & 플라워 쇼

필리치즈 스테이크 www.patskingofsteaks.com

필리치즈 스테이크는 필라델피아의 유명한 샌드위치 메뉴다. 잘게 썬 고기와 야채에 치즈를 넣어 볶은 다음 이탈리안 롤 빵에 넣어 먹는 음식으로 리딩 터미널 마켓에 자리한 팻츠 킹 오브 스테이크Pat's King of Steak가 이 음식의 원조다. 1930년 핫도그를 팔던 팻 올리비에리가 자신이 먹을 점심으로 소시지 대신 잘게 저민 쇠고기를 넣어 만들었는데, 이것을 친구인 택시 기사가 메뉴로 개발하자고 권유하여 스테이크 샌드위치를 만들게 되었다고 한다.

링비어 www.yuengling.com

200년 역사를 자랑하는 이 맥주는 미국에서 가장 오래된 맥주이자 필라델피아의 대표 맥주다. 독일 이민자인 데이비드 G 링이 포츠빌에 양조장을 세우면서 시작된 맥주로 독일 전통 방식의 제조법을 5대째 고수하면서 필라델피아의 명물로 성가를 높이고 있다. 블랙 앤 탠Black and Tan, 흑맥주 포터Porter 등이 있으며 필라델피아 전역에서 만날 수 있다. 포츠빌의 공장에서는 무료 가이드 투어도 마련하고 있다.

펜실베이니아 컨벤션 센터 One Convention Center Place

1101 Arch St, 215-988-8800, www.theflowershow.com

동부 지역의 대표적 봄맞이 행사이자 세계 최대 규모의 실내 꽃 전시회로 '가든 올림픽'이라는 별명을 얻었을 정도로 규모가 대단하다. 필라델피아 원예협회가 주최하는 널찍한 행사장에 들어서면 전국적으로 실력이 가장 뛰어난 조경 전문가와 디자이너들이 크게 17개 분야로 나뉘어 원예 작품을 선보인다. 전 세계에서 참가한 원예 전문가들이 출품한 꽃 중에서 최고를 선발하는 행사도 있다. 정원 관련 용품을 파는 시장에서는 여러 가지 씨앗은 물론 구근식물과 정원용 도구 등을 구입할 수 있다. 또 정원 가꾸기와 결혼용 부케 만들기 등에 대한 무료 강의 및 시범도 열린다.

VIRGINIA
버지니아

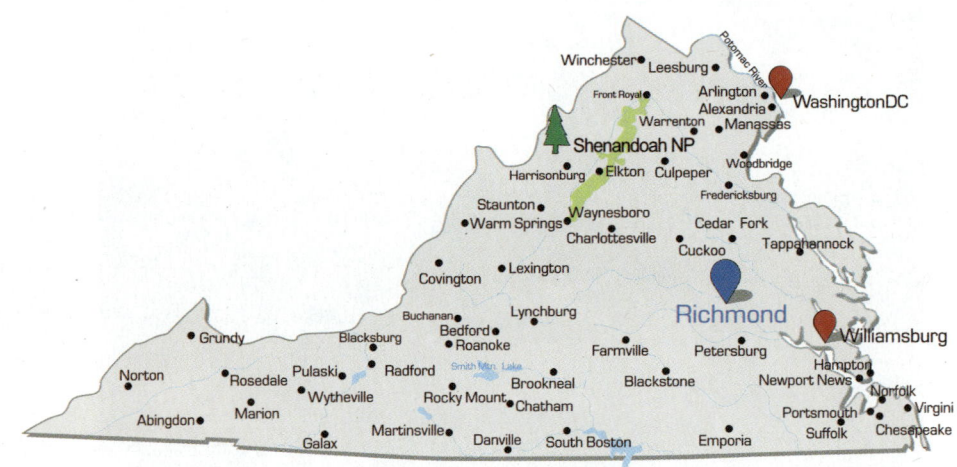

주 이름은 '처녀 여왕'이라고 불린 영국의 엘리자베스 1세에게서 따왔다. 북쪽으로는 메릴랜드, 워싱턴 D.C, 동쪽으로 체서피크 만과 대서양, 남쪽으로 노스캐롤라이나와 테네시, 서쪽으로 켄터키와 웨스트버지니아 주와 접한다.

1607년 런던의 버지니아 회사가 제임스타운에 정착하면서 유럽 이민자들이 이곳에 정착하기 시작, 1624년 영국의 식민지가 되었다가 1776년 독립을 선언, 1788년에는 미국의 10번째 주가 되었다. 당시 버지니아는 웨스트버지니아 주와 켄터키 주까지 포함하고 있었다. 남북전쟁 때는 남부연합에 가입, 북부의 연합군에 대항해 싸웠으나 전쟁 말기에 리치먼드가 함락되기도 했다.

주도 리치먼드
별칭 Old Dominion Mother of Presidents
버지니아 주 관광청 1111 East Main St, Suite 901, Richmond, 804-786-4718, www.virginia.gov

남북전쟁 당시 남부연합의 수도였던 리치먼드는 남부에서는 가장 발달한 산업 도시였다. 워싱턴 D.C.와는 자동차로 2시간 거리이지만 도시의 분위기는 완전히 다르다. 리치먼드에 들어서면 여유로운 남부의 분위기가 확 살아난다. 리치먼드의 역사적 관광 명소는 시내를 가로지르는 제임스 강 북쪽에 있다. 구 시가지는 코트엔드 디스트릭트, 주의사당 근처에는 역사적인 건물과 박물관 등이 몰려 있다.

관광 정보

리치먼드 관광국 405 N. 3rd St, Richmond, 800-RICHMOND, www.richmondva.org

교통 정보

RIC, Richmond International Airport 리치먼드 국제공항
804-226-3052, www.flyrichmond.com
일명 버드 필드Byrd Field로도 불린다. 리치먼드 시내에서 남동쪽으로 8마일 거리에 위치. 2007년 대대
적인 보수 공사를 통해 2층을 증축하고 게이트 수를 확장했다.
앰트랙 Amtrak 7519 Staples Mill Rd, Richmond, 804-553-2903
워싱턴 D.C.의 유니언 역과 리치먼드를 매일 운행한다.
그레이하운드 Greyhound 워싱턴 D.C.와 리치먼드 사이를 하루 7차례 운행한다.
자동차 리치먼드는 I-95와 I-64가 교차하는 지점에 있다. 워싱턴 D.C.에서 갈 때는 I-95를 따라 남쪽으
로 내려가면 된다.

시내 교통

리치먼드 교통국에서 운행하는 GRTC Transit System 시내버스를 이용하면 된다.
301 East Belt Blvd, Richmond, 로컬 $1.25, 익스프레스 $1.75, 804-358-4782,
www.ridegrtc.com

가이드 투어

Richmond Discoveries 1701 Williamsburg Rd, Richmond, 804-222-8595,
www.richmonddiscoveries.com
남북전쟁 하일라이트 투어, 승마 투어, 맞춤 산책 등을 제공한다.
Richmond Canal Cruises
200 South Third St, Richmond, 금~토 12~19, 일 12~17, 성인 $5, 어린이 $4
804-649-2800, www.venturerichmond.com/experiences/canalcruises.html
조지 워싱턴이 의회에 로비를 펼쳐 1789년 만들기 시작한 운하와 제임스 강 수로를 따라 시내 관광을 즐
기는 크루즈. 한 번에 약 38명의 승객이 탈 수 있다. 약 1시간 동안 운행한다.

남부연맹 백악관 및 박물관
Museum and White House of the Confederacy
1201 E. Clay St, Richmond
월~토 10~17, 일 12~17, 성인 $9, 어린이 $7
804-649-1861, www.moc.org
남북전쟁에 관련된 유물들을 전시하고 있는 박물
관과 당시 남부연맹의 대통령 제퍼슨 데이비스가
살던 '남부의 백악관'. 군복, 깃발, 은판사진 등 남군
에 관한 한 세계에서 가장 많은 양의 유물들이 전
시되어 있다.

버지니아 주 의사당 Virginia State Capitol

9th St. and Grace St, 월~토 8~17
804-698-1619, www.virginiacapitol.gov
토마스 제퍼슨이 로마 시대의 신전을 본따 설계한 아름다운 건축물. 1788년에 완공된 이후 계속 주 의사당으로 사용되고 있다. 건물 중앙 원형 홀에는 실물 크기의 조지 워싱턴 동상이 있는데, 워싱턴이 실제로 작품의 제작을 위해 포즈를 취해 준 유일한 동상이라고 전해진다.

세인트 존스 교회 St. John's Church

2401 E. Broad St, Richmond
804-648-5015, www.historicjohnschurch.org
독립운동이 막바지에 이른 1775년 패트릭 헨리가 "자유가 아니면 죽음을 달라"고 외친 역사의 현장. 영국군에 맞설 민병대를 창설하기 위해 소집된 제2차 버지니아 회의 석상에서 조지 워싱턴과 토마스 제퍼슨이 지켜보는 가운데 이 연설을 했다. 여름철에는 일요일마다 미국 독립의 전기가 됐던 이 순간을 재현하는 행사가 열린다.

리치먼드 전투 국립공원 방문객 센터 Richmond National Battlefield Park Civil War Visitor Center

3215 East Broad St, Richmond, 무료입장
804-226-1981, www.nps.gov/rich/index.htm
남북전쟁 기간 동안 리치먼드는 남부의 가장 중요한 도시인 동시에 북군의 첫 번째 공격 목표였다. 방문객 센터는 트리드가 병기 제작창Tredgar Ironworks으로 당시 1,200여 문의 대포를 제작하는 등 남군의 무기를 생산하던 곳이다. 이곳에서부터 리치먼드 주변의 남북전쟁 전적지 순례가 시작된다.

발렌타인 리치먼드 역사 센터 Valentine Richmond History Center

1015 E. Clay St, Richmond
화~토 10~17, 일 12~17, 성인 $8, 7~18세 $7
804-649-0711, www.richmondhistorycenter.com
건축물부터 인종 문제에 이르기까지 리치먼드의 생활상과 역사에 관한 기록을 전시하고 있다. 센터의 부속 시설인 위컴 하우스Wickham House는 보스턴의 파니율 홀을 설계한 건축가 알렉산더 파리스Alexander Parris의 작품. 호화로운 저택과는 대조적인 노예들이 살던 구역은 소름이 끼칠 정도로 세밀하게 복원되어 있다.

파머스 마켓 Farmers' Market

17th and Main Sts, Richmond
804-646-0477, www.17thstreetfarmersmarket.com
아트 갤러리와 부티크 숍으로 둘러싸인 한가운데 있는 이 장터에서는 없는 것 없이 모두 판다. 리치먼드의 토산 식품들도 구입할 수 있다. 위치는 구 메인 스트리트 역 바로 옆이다.

샤키 슬립 샤키 바텀 Shockoe Slip, Shockoe Bottom

E. Cary St. 12번가와 15번가 사이.
19세기의 담배 창고들을 개조한 이 지역은 술집, 나이트클럽 등 밤문화로 유명하다. 자갈을 깐 길에 가스등이 분위기를 더해 준다. 바텀 지역에는 시가 연기가 자욱한 '하바나 59'(16 N. 17th St, 804-649-2822)처럼 젊은이들이 찾는 명소들이 많다.

2

미국 역사가 개척된 삼각주 Historic Triangle

히스토릭 트라이앵글

제임스 강과 요크 강 사이의 좁다란 반도에 있는 윌리엄스버그, 제임스타운, 그리고 요크타운은 18세기에 형성된 이래 미국 역사의 초창기에 중요한 역할을 한 유서 깊은 도시들이다. 세 도시가 가까운 거리에 삼각형으로 놓여 있어 이 세 도시를 '히스토릭 트라이앵글'이라 부른다.

영국이 처음으로 이곳에 식민지를 개척하기 시작했으며, 나중에는 조지 워싱턴이 요크타운 전투에서 영국군에게 이김으로써 미국 독립의 꿈을 이룬 곳이기도 하다. 풍부한 역사적 유적 외에도 테마파크, 세계적 수준의 쇼핑가, 버지니아 최고의 골프 코스 등이 자리하고 있어 최고의 가족 휴가지로 손꼽힌다.

관광 정보
www.historictriangle.com/

교통 정보
자동차
이 지역 전체를 돌아보려면 자동차를 이용하는 것이 가장 편리하다. I-64를 달리다가 리치먼드와 노폭 사이의 238번 출구로 빠져나오면 표지판이 나온다. 버지니아에서 손꼽히는 경관을 자랑하는 컬로니얼 파크웨이를 달리면 윌리엄스버그와 제임스타운, 요크타운까지 갈 수 있다.

그레이하운드 Greyhound 800-231-2222
워싱턴 D.C.에서 윌리엄스버그까지 하루 다섯 차례 운행한다. 버스는 윌리엄스버그까지만 운행하기 때문에 제임스타운이나 요크타운까지 둘러볼 계획이라면 자동차를 이용하는 것이 낫다.

앰트랙 Amtrak 468 N. Boundary St, Richmond, 757-229-8750
하루에 두 차례씩 워싱턴 D.C.와 윌리엄스버그 사이를 운행한다. 역에서 사적지까지는 걸어서 갈 수 있다.

시내 교통
컬로니얼 윌리엄스버그에서 인근 관광 명소와 쇼핑가 등으로 가는 시내버스 WAT(757-259-4093, www.williamsburgtransport.com)가 다닌다.

콜로니얼 윌리엄스버그 Colonial Williamsburg

800-246-2099, www.colonialwilliamsburg.com

식민지 시절 정치, 문화, 교육 등 모든 면에서 가장 크고 번성했던 도시로 1699년부터 1780년까지 버지니아의 주도였다. 버지니아 식민지 시대의 시가지를 그대로 보존하기 위해 남아 있던 80여 동의 건물을 개보수하고 당시 모습 그대로 건물들을 추가로 재건한 것이 오늘날의 콜로니얼 윌리엄스버그다. 건물은 물론 거리, 정원, 간판, 사람 등 모든 것을 당시 그대로 재현시켜 살아 있는 박물관으로 만들었다. 초대 대통령 조지 워싱턴, 토머스 제퍼슨 등이 살았던 당시의 거리도 그대로 남아 있다.

완벽하게 재현된 거리에 총, 가발, 마차 바퀴 등 일상용품과 사치품을 만드는 기술자들, 공연을 벌이고 있는 배우와 음악가들, 군사 훈련에 몰두하고 있는 민병대원, 전통적인 방식대로 손님에게 응대하는 선술집 주인 등이 등장하고, 교회의 종탑에서 종이 뎅그렁 뎅그렁 울리는 가운데 마차가 거리를 달리는 모습을 보면 마치 영화 세트 같은 느낌이 드는 곳이다.

주 의사당 The Capitol

www.history.org/almanack/places/hb/hbcap.cfm

1704년부터 1780년까지 버지니아 주 의회가 열렸던 곳으로 식민지 시절의 의회는 조지 워싱턴, 토머스 제퍼슨, 리차드 헨리 리, 패트릭 헨리 등 미국 건국의 선각자들을 길러내는 훈련소 역할을 톡톡히 해냈다. 그후 1776년 5월 15일 이들은 바로 이곳에서 미국 독립을 결의하게 된다. 현재의 건물은 세 차례나 화재로 소실된 1704년의 것을 본따 복원한 것이다.

1770년 법정 Courthouse

식민지 시대의 형사재판을 다루는 법정을 구경할 수 있다. 1932년까지 실제 범죄와 노예 관련 사건 등을 다루는 법정으로 사용됐다고 한다. 벤자민 월러Benjamin Waller라는 인물이 이 법정 계단에서 독립선언문Declaration of Independence을 낭독했다.

구치소 Public Gaol

식민지 시절에는 범죄자를 투옥하는 것이 일반적인 처벌 방법은 아니었지만 재판을 기다리는 사람이나 도망친 노예와 같은 경우에는 이곳에 몇 달씩 감금되어 있었다고 한다. 밀짚으로 만든 침대, 차꼬와 쇠줄 등이 당시의 모습 그대로 전시되어 있다.

총독 관저 Royal Governor's Palace

1720년에 세운 영국 총독 관저. 1775년 마지막 총독 던 모어 Lord Dunmore경이 식민지 독립군의 공격에 직면해 새벽에 도주하기까지 이곳에 거주했다. 미국 독립 후에는 버지니아 주지사의 관저로 사용됐는데, 패트릭 헨리와 토마스 제퍼슨 등 7명의 주지사가 이곳에서 살았다. 1781년에 화재로 소실된 것을 그 자리에 새로 복원했다.

정신병원 Public Hospital

1773년에 문을 연 '정신이상자를 위한 공공병원'으로 미국 최초의 정신병원. 드와이트 윌리스 장식미술 전시관DeWitt Wallace Decorative Arts Gallery의 입구이기도 하다.

부시 가든 윌리엄스버그

Busch Gardens Williamsburg
Busch Gardens Blvd, Richmond
757-253-3369, www.buschgardens.com
윌리엄스버그에서 동쪽으로 3마일 지점에 위치. 영국, 스코틀 랜드, 프랑스, 독일, 이탈리아 등 17세기의 유럽 국가들의 문화와 풍습이 6개 공원에 재현되어 있다. 또 롤러코스터, 범퍼 카, 워터 라이드 등 다양한 놀이기구를 즐길 수 있다.

제임스타운 Jamestown

www.jamestown.org

워싱턴 D.C.에서 2시간 정도 내려가는 곳에 위치. 영국의 첫 영구 식민지로 영국인이 최초로 인디언들과 교류한 곳 이다. 1934년 고고학자들이 발굴 작업을 시작, 100개가 넘는 건물 터와 시가지, 항아리 공장과 벽돌 공장, 우물, 그리 고 제임스 요새 터 등을 발견했다. 디즈니 만화영화의 주인공이 된 인디언 처녀 포카혼타스의 고향이기도 하다.

제임스타운 아일랜드 Jamestown Island

청교도들이 플리머스에 도착하기 13년 전 1607년 5월 13일, 104명의 영국인들을 태운 세 개의 범선이 이곳으로 들어와 미 대륙에 영구 정착한 첫 관문이다. 실제로 식민지가 있었던 섬으로 콜로니얼 파크웨이 서쪽 종단 점에서 대륙과 분리되어 있다. 부서진 벽돌 조각들이 17 세기의 주택, 선술집, 가게, 주 의사당 등 건물 터의 흔 적으로 보여주고 있는 이곳을 답사하는 루프 드라이브 Loop Drive는 방문객 센터에서 출발. 대략 5마일 정도 거리로 1,500에이커에 달하는 숲과 습지를 지난다.

제임스타운 정착촌 Jamestown Settlement

757-253-4838, www.historyisfun.org
버지니아 주정부가 운영하는 실내 및 야외 박물관. Powhatan Indian Village로 들어가면 17세기 초 버지니 아 해안가에 살았던 32개 인디언 부족들의 문화와 생 활상을 엿볼 수 있다. 제임스 요새James Fort는 1607 년 봄 이주민들이 처음 이곳에 도착한 이후 지은 집을 복원한 것으로, 여기서 조금 더 가면 104명의 이주민들 이 타고 온 세 척의 배(Susan Constant호, Godspeed 호, Discovery호)가 전시되어 있고, 그중 수잔 콘스탄트 호에는 올라가 볼 수 있다.

요크타운 Yorktown

미국 독립전쟁 당시 최후의 결전장으로 윌리엄스버그에서 14마일 북동쪽에 있다. 당시의 전쟁터는 국립공원으로 지정되어 있으며, 독립전쟁과 미국의 건국에 이르는 과정을 보여주는 박물관이 있다. 요크타운 구 시가지도 둘러볼 만하다. 윌리엄스버그에서 자동차로 갈 때는 콜로니얼 파크웨이를 타고 동쪽 끝까지 가면 된다.

요크타운 전쟁터 Yorktown Battlefield

Rte. 238 off Colonial Pkwy.
매일 9~17, 성인 $10
757-898-2410, www.nps.gov/ner/york

1781년 영국군이 마침내 미국과 프랑스 연합군에 항복한 격전지. 방문객 센터에 있는 박물관에는 조지 워싱턴 장군이 사용했던 오리지널 야전 텐트가 있다. 또 입체 모형과 전장 지도, 그리고 워싱턴의 승리를 보여주는 영화를 볼 수 있다. 지붕 위 전망대에 올라 주변을 살펴보면 당시의 전쟁 상황을 짐작하는 데 도움이 된다.

요크타운 승전 센터 Yorktown Victory Center

200 Water St, Yorktown
성인 $19.95, 6~12세 $9.25
757-253-4838, www.historyisfun.org

영화와 전시물을 통해 요크타운을 자세히 소개한다. 독립군 숙영지에서는 관광객들도 포병대원으로 참가할 수 있으며, 당시의 응급 처치를 배울 수 있다.

쉐난도 국립공원
Shenandoah National Park

동부 지역 단풍 관광지로 첫손가락에 꼽히는 쉐난도 국립공원은 환상적인 스카이라인 드라이브Skyline Drive 외에도 주변에 루레이 동굴을 비롯 쉐난도 동굴, 버클리 온천 등 다양하게 보고 즐길 수 있는 명소들이 많다. 쉐난도라는 이름은 '별들의 딸' 또는 '높은 산의 강' 이라는 뜻의 인디언 말에서 유래했다. 특히 스카이라인 드라이브는 미국에서도 가장 아름답다는 '10대 드라이브 코스' 중 하나다. 공원 내에는 하이킹 트레일이 잘 개발되어 있고 캠핑과 바이킹, 승마 산책도 즐길 수 있다.

스카이라인 드라이브 Skyline Drive

쉐난도 국립공원을 동서로 양분하는 왕복 2차선인 스카이라인 드라이브는 총 길이 105마일로 1931년부터 8년간 만들어졌다. 또 북부 메인 주에서 남부 조지아 주에 이르는 2,144마일의 애팔래치안 트레일이 100마일 정도를 함께 달린다. 제한 속도가 시속 35마일이지만 피크 시즌인 가을 단풍철에는 과도한 교통량 때문에 그보다 훨씬 천천히 달릴 수밖에 없다.

전망대 Overlooks

드라이브 도중 만나는 75군데의 전망대에서 동서로 펼쳐진 탁 트인 전망을 맘껏 감상할 수 있다. 망원경을 가져가면 구석구석 자세히 관찰할 수 있다.

그중에서도 레인지뷰Range View 17마일 지점에서는 쉐난도의 남쪽 산의 정상들을 대부분 볼 수 있다. 스토니 맨Stony Man은 마운틴의 전체적인 모습을 보기에 가장 적합한 장소. 또 올드랙 뷰Old Rag View에서는 동쪽으로 올드랙 마운틴이 그대로 드러난다.

화이트 오크 캐년 White Oak Canyon

올드랙 바로 옆에 있는 코스. 45~46마일 지점에 있는 혹스빌 갭Hawksbill Gap 주차장에서 출발해 원점으로 돌아오는 일주 코스. 물이 흐르는 협곡을 따라 8마일 정도 걷는 코스로, 크고 작은 폭포가 등산객의 발길을 멈추게 한다. 길이 가파르고 바위가 많다.

림버로스트 Limberlost

이 코스의 가장 높은 곳과 낮은 곳의 차이는 300피트밖에 안 될 정도로 평탄한데다 길이도 1.2마일이라 노인이나 어린이도 손쉽게 다녀올 수 있다. 중간에 가문비나무가 많이 자라 색다른 분위기를 연출한다. 스카이라인 드라이브 43마일 지점에 주차하고 올드랙Old Rag 방화로로 입구로 들어가면 이정표가 보인다.

숙소

손톤 갭Thornton Gap과 스위프트 런 갭Swift Run Gap 사이에 있는 센트럴 디스트릭은 가장 잘 개발된 곳이면서 동시에 가장 볼거리가 많은 구역이다. 최고봉들이 밀집해 있어 최고의 전망을 즐길 수 있다. 위치상으로도 500마일에 이르는 하이킹 트레일의 중간 지점쯤 되는 곳으로 여기에 숙소가 있다. 대부분의 관광객들이 Big Meadows나 Skyland에 여장을 풀고 주변 관광이나 하이킹에 나서므로 숙소 예약은 빨리 할수록 좋다.

캠핑장

공원 대부분의 지역에서 캠핑을 할 수 있다. 입구의 안내소에서 캠핑 허가(무료)를 받아야 한다. 51마일 지점의 해리 버드 방문객 센터Harry F. Byrd Visitor Center (540-999-3283) 옆에 최대 규모이자 가장 인기 있는 빅 메도우즈Big Meadows 캠핑장이 있다. 봄철에는 캠핑장이 들꽃으로 온통 뒤덮이는 아름다운 곳이다.

관광 정보

3655 U.S. Hwy, 211 East Luray, 540-999-3500
www.nps.gov/shen

쉐난도 국립공원 인근

스카이라인 동굴 Skyline Caverns
US 340 S, Front Royal
성인 $16, 7~13세 $8
540-635-4545, www.skylinecaverns.com
7천 년에 1인치씩 자란 종유석들이 캐피털 돔, 무지개 트레일, 요정의 호수, 대성당 홀 등 갖가지 모양의 작품을 선보인다. 스카이라인 드라이브 북쪽 입구에서 서쪽으로 2마일 떨어진 곳에 있다.

엔드리스 동굴 Endless Caverns
1800 Endless Caverns Road, New Market
매일 9~17, 성인 $16
540-896-CAVE, www.endlesscaverns.com

1879년 토끼를 쫓던 두 명의 소년이 발견한 이후 1920년 일반에 공개되기 시작했다. 이름처럼 동굴은 끝이 없이 계속되는 것처럼 보인다. 많은 동굴 탐험가들이 그 끝을 찾는데 실패하곤 했다. 동굴 내 조명이 더욱 장관을 연출한다.

쉐난도 동굴 Shenandoah Caverns
261 Caverns Rd. 성인 $22, 6~14세 $10
540-477-3115, 888-422-8376
www.shenandoahcaverns.com
장구한 세월 동안 지하수에 녹은 방해석 결정이 만든 예술작품에 첨단 조명 기술이 더해져 장관을 연출한다.

그랜드 동굴 Grand Caverns
Grand Caverns Dr, Grottoe 매일 9~17, 성인 $18, 어린이 $11
888-430-CAVE, www.grandcaverns.com
쉐난도 국립공원 지상에 스카이라인 드라이브가 있다면 지하에는 그랜드 동굴이 있다고 할만큼 유명한 곳. 특히 신부의 베일Bridal Veil, 스톤월 잭슨 장군의 말 Stonewall Jackson's Horse, 단테의 지옥Dante's Inferno 등이 유명하다. 이름에서 짐작할 수 있듯이 규모 면에서도 상상을 초월한다. 대성당 홀Cathedral Hall이라 불리는 지역은 길이가 무려 280피트, 높이가 70피트나 된다.

루레이 동굴 Luray Caverns
US 211, Luray
성인 $23.00, 6~12세 $11
540-743-6551, www.luraycaverns.com
스카이라인 드라이브에서 서쪽으로 9마일
떨어진 US 211 상에 위치. 수백만 년 동안
흘러내린 지하수가 석회암을 깎고 퇴적시켜
만들어낸 자연의 걸작. 전 세계에서 유일한
'종유석 파이프 오르간'이 있어 매 시간마다
자동 연주되는데, 특별한 경우에는 손으로
연주하기도 한다.

블루리지 파크웨이 | BLUERIDGE PARKWAY

828-298-0398, www.nps.gov/blri

쉐난도 국립공원 스카이라인 드라이브가 끝나는 애프턴 마운틴에서 시작, 남쪽 노스 캐롤라이나 체로키까지 장장 469마일의 거리. 217마일 지점을 기준으로 북쪽은 버지니아, 남쪽은 노스 캐롤라이나에 속한다. 스카이라인 드라이브와 블루리지 파크웨이를 합산하면 총 길이가 무려 2천 리(574마일)에 달한다. 1930년대 대공황 당시 실업자가 대량으로 쏟아져 나오자 정부가 이들에게 일자리를 마련해 주기 위해 쉐난도와 스모키 마운틴을 잇는 레저용 자동차도로 블루리지 파크웨이를 건설할 계획을 세웠다. 공사가 처음 시작된 것은 1935년으로 노스캐롤라이나와 버지니아 경계선 부근, 마지막 공사인 그랜드파더 마운틴 구간이 완성된 것이 1987년이다. 1960년대부터 공사가 끝난 구간들이 일반에 공개되면서 미국 내에서도 손꼽히는 명소로 각광을 받기 시작했다.

WEST VIRGINIA
웨스트버지니아

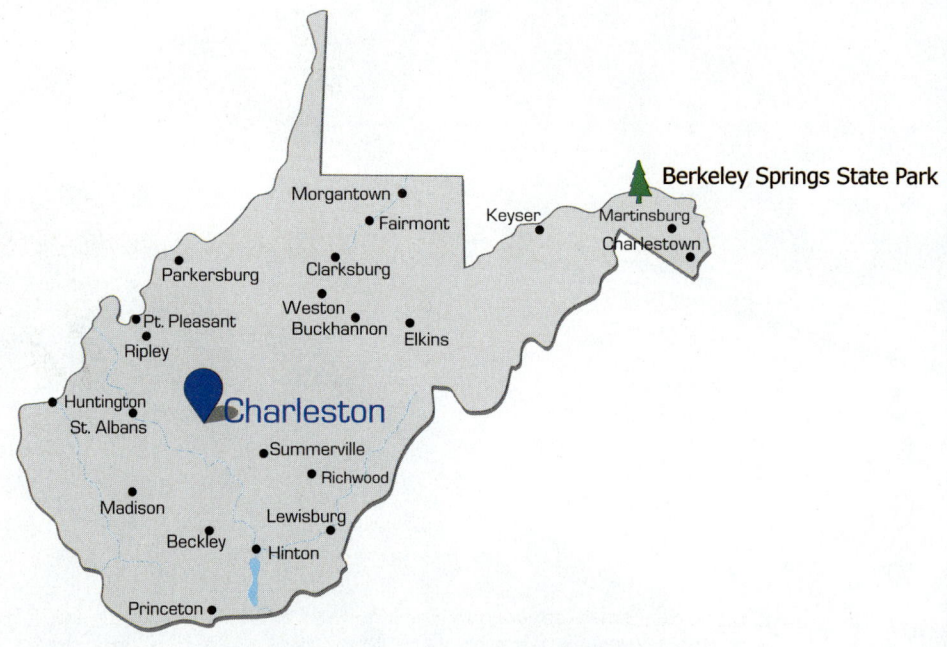

Berkeley Springs State Park

Morgantown
Fairmont
Keyser
Martinsburg
Charlestown
Parkersburg
Clarksburg
Weston
Pt. Pleasant
Buckhannon
Elkins
Ripley
Charleston
Huntington
St. Albans
Summerville
Richwood
Madison
Lewisburg
Beckley
Hinton
Princeton

주 전체가 애팔래치아 산맥의 산악 지형으로 이루어져 있는 웨스트버지니아는 1863년에 버지니아 주로부터 갈라지면서 미국의 35번째 주가 되었다. 당시 주도는 휠링이었다. 한동안 주청이 찰스턴과 휠링을 오가다가 1885년 찰스턴으로 주도를 옮겼다.

주도 찰스턴
별칭 Mountain State
웨스트버지니아 주 관광청 www.wv.gov

버클리 스프링스 주립공원
Berkeley Springs State Park

질병이 치유되는 샘물

버클리 스프링스는 산 많기로 유명한 웨스트버지니아의 조용한 온천 마을. 토마스 제퍼슨의 부친이 1747년에 직접 그린 지도에 '병을 고치는 샘물Medicine Springs'로 표기했던 지역. 또 조지 워싱턴도 16세 때인 1748년 이 지역에 조사단의 일원으로 첫 방문, 따뜻한 온천욕을 경험한 후 자주 찾았으며, 1776년에는 정부 요인들과 공동으로 이 지역을 사들여 온천 지역으로 개발했다. 지금도 마을에 있는 주립공원에는 조지 워싱턴이 온천욕을 즐겼다는 웅덩이가 남아 있어 눈길을 끈다. 온천욕을 즐길 수 있는 Bath House(www.bathhouse.com, 800-431-4698)의 일반 사용료는 $40. 온천욕 외에 다양한 상품이 있지만 그중 라스톤이라는 마사지 서비스가 유명하다. 1~4명이 함께 들어갈 수 있는 야외 욕조가 있다.

쿨폰트 Coolfont

18330 Village Center Dr, Suite 200, Olney, 240-779-8000, www.coolfont.com
3개의 대형 온천 수영장을 갖춘 곳으로 특히 태국, 중국식 마사지와 부부 마사지 등 이색적인 마사지를 제공한다. 마사지는 의사의 간단한 진맥 후 실시하는데 60분에 70달러, 1시간 반에 105달러.

아타샤 스파 Atasiaspa 877-258-7888, www.atasiaspa.com

1998년에 문을 열어 최신식 시설을 갖추고 있으며 태국식 마사지로 유명하다. 월풀, 스파, 마사지, 피부 관리 등을 포함하는 패키지 상품은 1인당 $110~200 정도.

관광 정보

#2 S. Washington St, Berkeley Springs, 304-258-2711, www.berkeleyspringssp.com

뉴잉글랜드 지역

NEW ENGLAND

신대륙의 발판, 미국 역사의 시발점인 뉴잉글랜드는 미국 문화 역사의 보고일 뿐만 아니라 하버드를 비롯한 미국 최고의 대학들이 태어난 곳으로 세계 최고 수준의 대학과 박물관, 역사적인 기념물들이 산재해 있다. 유럽에서 건너온 개척자들이 뿌리내린 지역이므로 전체적인 분위기는 유럽을 닮아 있다. 여기에 청교도들의 가치관과 생활방식이 가미되어 미국적인 문화를 만들어냈으며, 그 본모습을 만날 수 있는 곳이 또한 뉴잉글랜드 지역이다.

자연 경관 또한 빼어난 아름다움을 지녀서 대서양을 따라 이어진 아름다운 해안선, 코네티컷 강의 깊은 계곡, 버몬트와 뉴햄프셔의 삼림 지대, 메인의 아카디아 국립공원 등 생활에 지친 현대인의 마음을 평온하게 달래주는 고즈넉한 풍경들이 그림처럼 펼쳐져 있다. 뉴잉글랜드 지방은 사계절 모두 여행의 즐거움을 누릴 수 있는 곳이다. 한적한 봄철에는 꽃소식을 따라 남에서 북으로 해안선을 따라 오르는 여행, 여름에는 시원한 북부 해변이나 내륙 지방의 호숫가와 산악 지대에서의 휴가, 가을에는 아름답기로 유명한 뉴잉글랜드의 불타는 단풍 속으로 떠나는 드라이브, 눈 내리는 겨울철에 만끽하는 스키 여행 등 언제나 즐거움과 낭만이 기다리고 있다.

Inside New England

매사추세츠	보스턴 / 케임브리지 / 세일럼 / 플리머스 / 케이프 코드 / 버크셔 구릉지대
코네티컷	하트포드 / 미스틱 / 뉴헤이븐
로드아일랜드	프로비던스 / 뉴포트
버몬트	몬필리어 / 벌링턴
뉴햄프셔	▲화이트마운틴 국립 삼림지
메인	오거스타 / 포틀랜드 / 아카디아 국립공원

매사추세츠

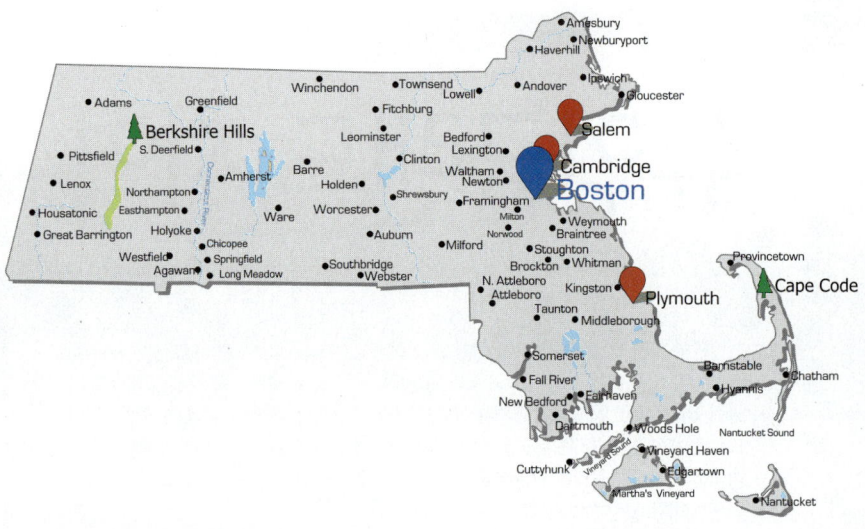

뉴잉글랜드가 미국 문화의 발상지라면 매사추세츠 주는 뉴잉글랜드의 중심이다. 메이플라워 호를 타고 온 영국 청교도들이 주도인 보스턴 동쪽 해변의 플리머스에 상륙함으로써 최초의 이민이 시작되었기 때문이다. 미국 독립 혁명이 최초로 일어난 곳이며, 19세기 전반에는 노예제도 폐지 운동을 주도했다. 최초의 정착민이었던 영국 청교 도의 정신 문화가 깊이 박혀 있지만 이후 아일랜드 이민자들이 늘어나면서 아일랜드 문화도 강하게 자리잡고 있 는 지역이다. 미국 최대의 사과 생산지이며 보스턴을 중심으로 전화, 컴퓨터, 복사기 산업 등이 발달하였고, 미국 에서 수산업이 가장 발달한 곳으로도 유명하다. 농축된 미국 개척시대의 역사를 지닌 대학 도시 보스턴과 영국 식 민지 시대의 모습을 찾아볼 수 있는 플리머스와 세일럼, 케이프코드의 아름다운 해변과 버크셔 언덕의 낭만까지 무지개처럼 다채로운 매력을 지닌 매사추세츠 주는 문화와 예술의 향기에 흠뻑 취해볼 수 있는 미국의 중심, 보 석 중의 보석이다.

주도 보스턴
별칭 Bay State, Old Colony
명물 벤자민 프랭클린, 새무얼 모스, 존 F. 케네디, 롱펠로우
매사추세츠 주 관광청 617-973-8500, www.massvacation.com

역사와 미래가 모두 담긴 미국의 두뇌 Boston

보스턴 1

매사추세츠 주의 주도인 보스턴은 독립전쟁의 도화선이 된 1773년 보스턴 차 사건Boston Tea Party으로 그 역사의 중심이 된 도시. 전쟁이 끝난 후에는 북서 태평양 지역과 중국, 지중해 연안에서 들어오는 쾌속선들의 값진 상품들을 매사추세츠 해안 도시로 실어나르며 지역 경제 성장에 중추적인 역할을 했다. 무려 35개 대학을 품고 있는 초유의 대학 도시답게 하버드가 포함된 케임브리지 일대를 둘러보거나, 프리덤 트레일Freedom Trail을 따라 16개 명소를 관광하거나 보스턴 미술관을 중심으로 미술관이나 박물관 투어를 즐기는 세 가지 루트가 주요 관광 코스다.

관광 정보
보스턴 관광국
2 Copley Place, Ste. 105, Boston, 617-536-4100, www.bostonusa.com

교통 정보
Logan International Airport
One Harborside Dr, East Boston, 800-235-6426, www.massport.com
로간 국제공항에 다수의 국내선 및 국제선 여객기가 취항. 공항에서 시내까지는
지하철이 빠르고 저렴하다. 블루라인을 타면 Government Center까지 10분 내에
도착한다.
열차 South Station, Back Bay Station, North Station 등 모두 3개의 기차역이 있다.
앰트랙(617-482-3660, www.amtrak.com)은 세 역에 모두 정차한다. 뉴욕-보스
턴 구간은 열차 운행이 잦아 편리하지만 내륙 지방으로 여행할 때는 노선이 없
어 불편하다.
그레이하운드 Greyhound
617-526-1801, 800-231-2222, www.greyhound.com
South Station Transportation Center에서 타고 내린다. 지역 노선 및 전국 노선 버
스도 운행되고 있다.
자동차
보스턴 시내만 빼면 뉴잉글랜드 지방을 돌아보는 데는 자동차가 가장 좋은 교통
수단. 보스턴은 뉴욕으로부터 북쪽으로 218마일 떨어져 있다(대략 4시간 30분 소
요). 공항에서 다운타운까지 혹은 Back Bay까지는 대략 18~24달러이며, 교통 사
정에 따라 10~45분 정도 소요된다.

시내 교통
지하철 & 전차
요금 $1.25, 환승 무료, 800-392-6100, 617-222-3200, www.mbta.com
로고 'T'로 더 잘 알려진 Massachusetts Bay Transportation Authority(MBTA)에서
보스턴과 교외 지역에서 지하철, 전차, 버스, 페리, 그리고 통근열차를 운행한다.
버스
T버스와 트롤리trolley가 시가지와 교외 지역을 커버한다. Inner Harbor까지 가는 2
개의 유용한 루트 (T visitor pass로 이용가능)가 있다.
택시
Independence Taxi Operators Association 617-426-8700
Boston Cab 617-536-5010, 617-262-2227
요금도 비싸고 길가에서 잡아타기도 쉽지 않다. 택시 승차장을 찾아가거나 운행
지령실로 전화를 하는 게 좋다.

비콘 힐 & 다운타운 Beacon Hill & Downtown

보스턴 코먼 공원 북쪽으로 보스턴의 역사와 멋을 담은 부촌 비콘힐과 다운타운이 자리잡고 있다.

보스턴 코먼 공원 & 퍼블릭 가든
Boston Common & Public Garden
146 Tremont St.와 West St. 근처
617-426-3115 www.bostonusa.com

1634년 군대 훈련장 겸 소의 방목지로 조성됐으며, 미국에서 가장 오래된 공원으로 알려져 있다. 애초의 목적과 달리 이곳에서 대중 집회가 많이 열려 'park' 대신 'common' 이란 이름이 붙었다. 프리덤 트레일의 공식적인 출발 지점이다. 공원 옆의 대규모 퍼블릭 가든은 아름다운 수목과 연못이 조화된 시민들의 휴식처. 이 두 공원 주변으로 유서 깊은 건물들이 나란히 들어서 있다.

프리덤 트레일 Freedom Trail
www.thefreedomtrail.org

미국의 건국과 보스턴의 역사에 관련된 유적지를 돌아보며 시내 관광을 겸하는 코스로 보스턴을 돌아보는 가장 효과적인 방법이다. 보스턴 광장 관광안내소(146 Tremont St.)에서 지도를 받아 파크 스트리트 T 역에서 출발, 보도에 그려진 붉은 표시선(혹은 붉은 벽돌로 이어진 선)을 따라가면 다운타운을 거쳐 찰스타운의 USS 컨스티튜션호까지 총 2.5 마일에 걸쳐 16개 유적지를 둘러보게 된다.

주 의사당 State House
Beacon Street at Park Street,
월~금 10~15:30
617-722-2000, www.state.ma.us/sec

보스턴 광장 북쪽 보스턴에서 가장 오래된 부촌 비콘힐Beacon Hill의 정상에 자리한 매사추세츠 주 의사당은 1789년에 세워진 아름다운 건물이다. 웅장한 외양에 금빛을 자랑하는 돔이 상징적인 건물의 모습을 연출한다. 무료 투어가 제공되며 독립 전쟁에 관한 유물과 중요 문서들이 보관되어 있다.

올드 코너 서점 Old Corner Book Store
School & Washington Streets, Boston
4~10월 9:30~17:00, 11~3월 10:00~16:00
617-482-6439, www.historicboston.org

1712년에 지어진 붉은 벽돌 건물로 아직까지 서점으로 사용되고 있다. 19세기에는 호손, 에머슨, 롱펠로우, 스토우, 홈즈, 그리고 소로우 등 뉴잉글랜드 지방의 유명 문학가들의 모임 장소로 사용되었고, 디킨스를 포함한 영국의 문인들도 참가했다.

옛 주 의사당 Old State House
연중 9~17 어른 $5, 어린이 $1
617-720-1713
www.bostonhistory.org
원래 타운 하우스로 불리던 곳으로
1713년에 지어졌다. 워터프론트에서
가까운 롱 워프Long Wharf 근처에
위치. 매사추세츠 베이 식민지의 영
국 총독부가 있던 자리이자, 동시
에 매사추세츠 의회가 열리던 곳
이다. 1776년 7월 18일, 타운 하우
스 2층 발코니에서 토마스 크라프
츠Thomas Crafts 대령이 필라델피
아에서 도착한 독립선언서를 보스
턴 시민 앞에서 낭독한 유서 깊은
장소. 지금은 독립전쟁 시절의 역사
유물을 전시하고 있다.

파크 스트리트 교회 Park Street Church
One Park Street Boston, 617-523-3383, www.parkstreet.org
보스턴 광장 바로 건너편에 위치한 이 교회는 1812년 전쟁 당시 화약 보
관 창고로 사용되어 '유황 창고Brimstone Corner'라는 별명을 지닌 역사
의 현장이다. 1829년 윌리엄 로이드 개리슨William Lloyd Garrison이 노
예제도 폐지를 주장하는 최초의 연설을 한 곳이며 3년 후 독립기념일에
최초의 국가 '아메리카'가 처음으로 불려진 곳이다. 인근에 폴 리비어, 존
핸콕, 새뮤얼 애덤스 같은 독립전쟁의 영웅들이 잠들어 있는 올드 그레
너리 묘지Old Granary Burying Ground가 있다. 217피트에 이르는 하
얀 첨탑이 매우 인상적인 건물이다.

킹스 채플 King's Chapel

64 Beacon St, Boston
10~5월 금~토 10~16, 일 13:30~16,
6~9월 월~토 10~16, 일 10:30~16,
617-533-1749, www.kings-chapel.org

프리덤 트레일에서 가장 붐비는 코스 중의 하나. 영국 성공회 교회의 박해를 피해 청교도들은 1630년 보스턴에 정착했다. 50년 후 영국 왕 제임스 2세는 보스턴에 성공회 교구를 세울 것을 명령했다. 성난 보스턴 시민들은 아무도 땅을 팔지 않았다. 총독은 할 수 없이 공동묘지 일부에 자그마한 목조 교회를 세웠고, 이 교회가 점점 성장하여 1741년 석조 건물로 재건축됐다. 새 건물은 1754년 완공됐으며, 독립 후에는 미국 최초의 유니테리언 교회로 바뀌었다.

올드 사우스 집회소 Old South Meeting House

310 Washington St,
4~10월 9:30~17, 11~3월 10~16
성인 $5, 62세 이상 & 학생 $4, 6~18세 $1

617-482-6439, www.oldsouthmeetinghouse.org

1729년에 세워진 이 교회는 보스턴에서 두 번째로 오래됐다. 식민지 시절 보스턴에서 가장 큰 건물로 파뉴 홀에서 열지 못할 정도로 큰 규모의 집회는 여기서 열렸다. 1773년 12월 16일, 보스턴 차 사건의 도화선이 되었던 새무얼 애덤스의 연설이 행해진 역사적인 장소.

보스턴 학살 현장 Boston Massacre Site

Devonshire and State Street intersection MBTA
617-357-8300 www.bostonmassacre.net

1770년 3월 5일 밤, 보스턴 시민들은 토마스 프레스턴 Thomason Preston 대위가 지휘하는 영국군과 대치하고 있었다. 이때 군중이 던진 막대가 영국군을 맞추자 당황한 군인들이 총격을 가하기 시작해 3명은 그 자리에서 즉사하고 2명이 이어 사망했다. 사망자들은 올드 그래너리 묘지에 안장됐으며 폴리비어가 새긴 학살 현장 장면은 보스턴 시민들의 애국심을 불러일으켜 독립운동의 분위기를 고조시켰다. 옛 주 의사당 앞 도로 위에 돌로 둥글게 포장된 지점에 별이 표시되어 있다.

노스엔드 & 찰스타운 North End & Charlestown

노스엔드는 이탈리아 이주민들의 정착지이며, 찰스타운은 유서 깊은 사적지가 많은 곳이다. 프리덤 트레일에서 만날 수 있다.

퀸시 마켓 Quincy Market

4 South Market Street, Boston
월~토 10~21, 일 11~19
617-523-1300, www.faneuilhallmarketplace.com

프리덤 트레일의 파뉴일 홀 바로 옆에 있는 파뉴일 홀 시장Faneuil Hall Market-place은 '축제형 마켓'으로 1976년 재개장한 이래 다른 도시에서도 컨셉을 모방할 정도로 인기 있는 명소가 됐다. 퀸시 마켓은 그 일부로 중앙에 거대한 푸드 코트가 있다. 다른 쪽에는 뉴잉글랜드 최대의 항구 도시답게 해산물 전문 레스토랑과 델리가 많다.

올드 노스 교회 Old North Church

193 Salem St, Boston
연중 9~17, 617-523-6676, www.oldnorth.com

1723년에 세워진 보스턴에서 가장 오래된 교회다. 1775년 4월 18일 저녁, 당시 교회 관리인이었던 로버트 뉴만이 '바다로 오면 두 개, 육지로 오면 한 개'라는 암호를 정한 후 교회 종각에 횃불 두 개를 밝힘으로써 영국군이 바다를 통해 콩코드로 진격한다는 사실을 아군에게 알려 전투를 승리로 이끌었다. 이 전투를 계기로 본격적인 독립전쟁이 시작됐다.

파뉴일 홀 Faneuil Hall

4 South Market Street, Boston,
월~토 10~21, 일 12~18, 617-523-1300
www.faneuilhallmarketplace.com
왕조풍의 첨탑을 가진 자그마한 4층짜리 벽
돌 건물. 식민지 시대 보스턴의 유력한 재
력가였던 피터 파뉼Peter Faneuil이 상가로
지었다가 1742년 보스턴 시에 기증했다. 1층
은 상가, 2층은 타운미팅 홀로 이용되어 인
지세Stamp Act에 반대하는 식민지 대표들
이 '대표 없는 과세'와 영국군의 상륙에 항
의하기 위해 여기서 모임을 가졌다. 독립전
쟁 당시 집회 장소로 사용되어 '자유의 요
람'이라는 별명을 얻었다. 바로 뒷편에 퀸
시 마켓Quincy Market이 있다.

최초의 공립학교 유적 Site of the First School

School Street, Boston
617-357-8300, www.thefreedomtrail.org
1635년 4월 23일 청교도들이 세운 미국 최초의 공립학
교이자 가장 오래된 학교인 Boston Latin School의 유
적지. 처음에는 교장인 필몬 몰몬트Philemon Pormont
의 집에서 시작했으나 후에 이곳으로 이전했다. 1972년
여학생들을 받아들이기까지 엘리트 가정 출신 남학생
들이 공부하는 곳이었다. 새무얼 애덤스와 벤저민 프랭
클린 등이 이 학교를 나왔다. 건너편에 독립선언문을 쓴
프랭클린의 동상이 세워져 있다.

벙커 힐 기념탑 Bunker Hill Monument

Monument Sq, Boston
617-242-5641 www.nps.gov/bost/Bunker_Hill.htm
221피트에 달하는 오벨리스크 모양의 화강암 기념탑
이 우뚝 서 있는 이곳은 미국 독립전쟁 최초의 격전지
이다. 1775년 6월 17일, 고지를 지키던 프레스콧William
Prescott 대령의 민병대 1천여 명은 2천 명에 달하는 영
국군이 두 번이나 공격해 왔으나 두 번 다 물리쳤다. 세
번째 공격을 맞아 방어하던 식민지군은 총알이 떨어져
맨주먹으로 사투를 벌였으나 결국 고지를 내주고 말았
다. 기념탑 앞에는 프레스콧 대령의 동상이 서 있다.

폴 리비어 하우스 Paul Revere House

19 North Square, Boston, 성인 $3, 어린이 $1
617-523-2338 www.paulreverehouse.org

1680년경에 지어진 보스턴에서 가장 오래된 2층 목조 주택으로 은세공업자인 폴리비어가 1770년부터 1800년까지 거주했던 곳. 1775년 4월 18일 밤, 연락병이자 Sons of Liberty 멤버였던 폴리비어는 그 유명한 '미드나이트 라이드Midnight Ride'를 감행, 새무얼 애덤스와 존 핸콕John Hancock에게 영국군이 식민지 독립군 지도자 체포와 무기 화약 창고를 접수하기 위해 출발했다는 정보를 알려 주었다. 이 장면은 나중에 롱펠로Henry Wadsworth Longfellow의 시 「Paul Revere's Ride」에 묘사되어 불후의 명작으로 남았다.

컨스티튜션 호 USS Constitution Ship

617-242-7511
www.oldironsides.com

컨스티튜션 호는 1797년에 건조된 세계에서 가장 오래된 전함이다. 1812년 영국 해군 함대와 겨룬 해전에서 컨스티튜션 호의 단단한 오크 옹벽에 대포알이 되튀자 영국 해군들이 "저 배 옆구리는 쇠로 만들었다"고 하며 놀라는 바람에 올드 아이언사이드Old Ironsides 라는 별명을 얻었다. 기념관에는 전함과 관련된 자료들이 전시됐으며, '올드 아이언사이드'의 건조 및 항해 기록과 보존 방법 등을 볼 수 있다.

백 베이 Back Bay

코먼 공원 서쪽의 백베이 지역은 빅토리아풍의 아름다운 상점과 건물, 주택들이 즐비한 문화의 거리다.

존 핸콕 타워 John Hancock Tower

200 Clarendon St, Boston, 617-572-6420
225미터 높이에 62층 건물로 외관이 모두 유리로 만들어져
어디에서나 가장 잘 눈에 띄는 빌딩이다. 60층 전망대에서
는 보스턴 시내뿐만 아니라 뉴잉글랜드의 전원 풍경까지 볼
수가 있다. 특히 유리에 비친 트리니티 교회의 아름다운 모
습으로 더욱 유명하다.

코플리 광장 Copley Square

Boylston St, Boston
보일스턴 스트리트와 헌팅턴 애비뉴, 세인트 제임스 애
비뉴를 따라 동쪽과 서쪽으로 대략 2블럭 되는 이 광
장은 고층 빌딩과 상점들이 즐비한 가운데 꽃과 나무,
분수가 조성된 공원으로 보스턴 도심의 오아시스 역할
을 하는 곳이다. 미국의 초상화가인 존 싱글턴 코플리
를 기념하기 위해 이름 붙여졌다.

트리니티 교회 Trinity Church

206 Clarendon St, Boston
월~금 10~15:30, 토 9~16, 일 10~17
성인 $6, 16세 이하 무료
617-536-0944, www.trinitychurchboston.org
1877년 헨리 홉슨Henry Hobson에 의해서 건축된 로
마네스크 양식의 트리니티 교회는 미국에서 가상 아름
다운 건물 탑 10위에 드는 건축물로 손꼽힌다. 번 존스
가 디자인하고 윌리엄 모리스가 만든 스테인드 글라스
에는 크리스마스 스토리가 담겨 있다

보스턴 미술관 Museum of Fine Arts

465 Huntington Ave, Boston
월 · 화 10~16:45, 수~금 10~21:45, 토 · 일 10~16:4
성인 $20, 학생 $18, 6세 이하 무료
617-267-9300 www.mfa.org
파리의 루브르, 페테르부르크의 에르미타주, 뉴욕의 메

트로폴리탄 미술관과 함께 세계 4대 미술관의 하나로 손꼽힌다. 미국 회화와 장식예술, 아시아의 문화재 및 인상파 작품을 포함한 유럽 회화 등이 강점.

보스턴 과학 박물관 Boston Museum of Science

1 Science Park, Boston
10~6월 토 9~17, 금 9~21, 7~9월 토~목 9~19, 금 9~21, 성인 $21, 3~11세 $18
617-723-2500, www.mos.org
600개가 넘는 전시물을 통해 신비한 과학의 세계를 온 몸으로 체험할 수 있는 곳. 놀이뿐만 아니라 교육적인 효과도 만점. 공룡에서부터 우주선의 캡슐 등이 인기 있다.

뉴잉글랜드 수족관 New England Aquarium

Central Wharf, Boston
겨울 월~금 9~17 토ㆍ일 9~18, 여름 일~목 9~18, 금ㆍ토 9~19, 성인 $21.95, 3~11세 $13.95
617-973-5200, www.neaq.org
20만 갤런의 바닷물을 담은 거대한 탱크 속에서 7천여 종의 물고기와 포유류들이 한가롭게 노닌다. 자연의 생생한 모습을 입체로 보여주는 Simons IMAX Theatre는 놓치기 아까운 코스(입장료 별도). 블루라인을 타고 수족관 역에서 내린다.

이사벨라 스튜어트 가드너 박물관

Isabella Stewart Gardner Museum
280 The Fenway, Boston
화~일, 성인 $12, 시니어 $10, 18세 이하 무료
617-566-1401 www.gardnermuseum.org
15세기 베네치아풍의 궁전 스타일로 지은 대저택. 유

럽, 미국, 아시아에서 수집한 그림과 조각들이 가득하다. 온실에는 사계절 내내 온갖 기화요초들이 방문객을 맞는다

존 F. 케네디 도서관 및 박물관

John F. Kennedy Library and Museum
Columbia Point, Boston
연중 9~17, 성인 $12, 시니어 $10, 3~7세 $9
617-514-1600, www.jfklibrary.org
도체스터 만Dorchester Bay을 굽어보는 이곳은 미국 35대 대통령 존 F. 케네디의 기념품과 사진을 비롯해 그의 생애와 업적을 담은 오디오 및 비디오 자료들이 풍부하다. 1960년 대통령선거 전부터 쿠바 미사일 위기, 인권운동, 우주 개발 계획, 부인 재클린 케네디에 관한 내용도 담겨 있다.

패트리어트 데이 & 보스턴 마라톤 대회

Patriot's Day & Boston Marathon
40 Trinity Place, 4th Floor, Boston
671-236-1652, www.bostonmarethon.org
매년 패트리어트 데이(4월 셋째 주 월요일)에 벌어지는 전 세계 건각들의 경연. 1775년 4월 18일 노스 엔드로부터 렉싱턴까지 폴 리비어가 심야에 말을 달렸던 장면이 재연된다. 같은 날 전 세계에서 모여든 마라토너들이 홉킨턴Hopkinton에서 보스턴 코플리 광장Copley Square까지 26마일을 달린다.

보스톤 차 사건 박물관

Boston Tea Party Museum
Congress St. Bridge, 2011년 여름 재오픈 예정
617-338-1773, www.bostonteapartyship.com
영국의 차 무역 독점에 반대한 보스턴 시민들이 1773년 12월 16일 밤, 영국의 브릭 비버 2호에 몰래 올라가 342개의 차 상자를 바다에 던진 사건의 현장.

둘러볼 곳 많은 보스턴
편리한 가이드 투어

보스턴 바이 풋 Boston by Foot

77 North Washington Street, Boston, 617-367-2345, www.bostonbyfoot.com
도보 관광의 최적지로 꼽히는 보스턴 시내의 건축물과 역사를 돌아보는 가이드 관광으로, 비영리 단체에서 운영하며 현장에서 관광 가이드에게 티켓을 구입하면 된다. 어린이를 위한 코스 Boston by Little Feet도 있다.

보스턴 덕 투어 Boston Duck Tours

4 Copley Place, Suite 4155, Boston
성인 $31, 3~11세 $20, 617-267-3825, www.bostonducktours.com
가장 이색적인 보스턴 관광의 추억을 안겨 줄 보스턴의 명물. 2차 세계대전 당시 사용된 수륙 양용차를 개조해 만든 'Duck'을 타고 보스턴 시내를 둘러본다. Boylston Street의 프루덴셜 센터 또는 과학 박물관Museum of Science 앞에서 30분마다 출발. 80분 간의 시내 관광을 마치면 찰스 강에 뛰어들어 베이신을 한 바퀴 돈다.

보스턴 하버 크루즈 Boston Harbor Cruises

One Long Wharf, Boston
13~64세 $39.95, 4~12세 $31.95, 617-227-4321, www.bostonharborcruises.com
보스턴 내항과 외항을 모두 일주하는 보스턴 최대의 역사 관광 크루즈. 90분 소요. Long Wharf에서 오전 11시, 오후 1시와 3시에 출발. 오후 6시 또는 7시에 출발하는 선셋 크루즈도 있다. 성수기에는 추가로 운행한다

하버드와 MIT의 대학 도시 Cambridge

케임브리지

찰스 강을 사이에 두고 보스턴과 마주보고 있는 케임브리지는 1636년 미국 최초로 설립된 하버드 대학교를 비롯, 숱한 과학 인재들을 배출하며 인류의 역사를 바꾸어 온 매사추세츠 공과대학MIT과 아이비리그의 유명 대학들이 자리잡고 있는 미국 교육의 상징이다. 전 세계에서 찾아온 3만여 학생들이 도시의 활력을 유지하는 원동력이다. 캠퍼스 투어를 마친 후 하버드 스퀘어를 찾아 세계의 별식을 맛보며 길거리 공연이나 쇼핑을 즐기는 것도 빼놓을 수 없는 재미.

케임브리지 관광국 www.cambridge-usa.org

하버드 대학교 Harvard University

Massachusetts Hall, Cambridge, 617-495-1573, www.harvard.edu

1636년에 설립된 미국에서 가장 오래된 대학. 존 F. 케네디를 비롯한 6명의 대통령과 33명의 노벨상 수상자를 배출했다. 세계 각국에 포진한 하버드 유학파들로 인해 하버드 출신은 미국뿐만 아니라 전 세계의 지도층을 형성하고 있다는 말이 나올 정도로 절대적인 권위를 자랑한다. 하버드의 주요 관광 명소는 하버드 야드라고 부르는 캠퍼스로 18~19세기에 세워진 유명한 건물들이 밀집해 있다.

롱펠로우 하우스

하버드 대학 미술관

32 Quincy Street, Cambridge
화~토 10~17, 성인 $9, 18세 이하 무료
617-495-9400, www.artmuseums.harvard.edu
하버드 대학에는 포그 미술관, 부시 라이징어 박물관,
아서 M. 새클러 미술관이 있다.

》 포그 미술 박물관 Fogg Art Museum

17세기 네덜란드와 플랑드르 지방의 풍경화, 19세기 영
국과 미국의 회화, 18세기부터 인상파에 이르기까지 프
랑스 회화, 현대 조각 등 전시.

》 부시 라이징어 박물관
Busch-Reisinger Museum

7세기부터 오늘날까지의 40만 점의 예술품 소장, 특히
칸딘스키 등 독일의 표현주의 작가들의 작품들을 많이
소유하고 있다.

》 아서 새클러 박물관
Arthur M. Sackler Museum

아시아 및 이슬람 세계의 예술작품과 고대의 예술품
을 수집 전시한다.

하버드 자연사 박물관

Harvard Museum of Natural History
26 Oxford St, Cambridge
연중 9~17, 성인 $9, 3~18세 $6
617-495-3045, www.hmnh.harvard.edu
하버드 자연사 박물관에는 식물학 박물관, 비교동물학,
광물학 & 지질학 박물관, 피바디 고고학 & 민족학 박물
관 등 4개 박물관이 있다.

》 식물학 박물관 자연과 인간에 관한 방대한 자료를
전시. 800여 종의 유리꽃(glass flowers)으로 유명.

》 피바디 고고인류학 박물관

Peabody Museum of Archaeology and Ethnology
11 Divinity Ave., Cambridge
617-496-1027 www.peabody.harvard.edu
10개의 북미 인디언 문화를 대표하는 5백여 점의 공예
품을 전시. 자연사 박물관 입장권으로 들어갈 수 있다.

롱펠로우 하우스 Longfellow House

105 Brattle Street, Cambridge
성인 $3, 어린이 무료
617-876-4491 www.longfellowfriends.org
헨리 워즈워스 롱펠로우가 살았던 집. 그가 쓰던 책과
가구 집기가 그대로 보존되어 있다. 조지 워싱턴이 독
립전쟁 당시 이 집을 사령부로 사용했다.

매사추세츠 공과대학

Massachusetts Institute of Technology
77 Massachusetts Avenue, Cambridge
617-253-1000 www.mit.edu
1861년 설립된 이래 공학, 이학, 건축학, 인문
과학 분야에서 수많은 공적을 쌓았으며, 유능
한 과학자들을 배출해낸 세계 제일의 공과대
학. 하버드 스퀘어에서 매사추세츠 애비뉴를
따라 동남쪽으로 2마일 지점에 위치하고 있
다. 인포메이션 센터에서 출발하는 무료 캠퍼
스 투어 프로그램을 이용하면 편리하게 MIT
를 돌아볼 수 있다.

아이비리그 대학 탐방

아이비리그Ivy league란 미 명문 8개 대학(Harvard, Yale, Princeton, U-Penn, Columbia, Brown, Dartmouth, Cornell)을 가리키는 말로 이 대학들이 1954년도에 체계적인 스포츠리그를 결성하면서 사용된 말이다. 이 대학들은 스포츠뿐만 아니라 아카데믹의 우수성, 까다로운 입학 조건, 명문 사립대학, 그리고 우수한 학생 및 교수 등의 조건을 갖춘 학교들로 전 세계에 널리 알려져 '꿈의 대학'이라고 불린다. 미 동북부로의 가족 여행을 계획한다면 보스턴을 위시해서 뉴잉글랜드에 소재한 각 아이비리그 대학들을 미리 탐방해본다면 자녀에게 큰 도전과 감동을 줄 수 있을 것이다. 각 대학들은 장래의 입학생들을 유치하기 위해 자체 방문객 센터를 운영, 외부인들의 무료 캠퍼스 투어를 돕고 있다. 입학을 위해 인터뷰를 겸한 투어를 하려면 각 대학 입학사정관과의 인터뷰 날짜를 미리 받아 놓아야 한다.

하버드 대학교 Harvard University

Massachusetts Hall, Cambridge
617-495-1573, www.harvard.edu
1636년 설립, 매사추세 츠 주 케임브리지 소재, 인기 과목은 Social Science, History, Biology. 무료 캠퍼스 투어는 홀리요크 센터Holyoke Center(1350 Mass. Ave, 617-495-1573)에서 시작한다. 여름철에는 하루 4차례(월~토, 일요일은 2차례) 캠퍼스 투어가 있다.

예일 대학교 Yale University

149 Elm Street, New Haven
203-432-2300, www.yale.edu
1701년 설립, 코네티켓 주 뉴헤이븐 소재, 인기 과목은 Social Science, History, Integrated Studies. 미국의 고등교육기관 중 하버드, 윌리엄 엔 메리에 이어 미국에서 세 번째로 오래된 고등교육기관이다. 1701년 목사들이 칼리지어트 스쿨Collegiate School이라는 이름으로 세웠으나 1718년 417권의 서적과 조지 1세 왕의 초상화, 그리고 아홉 더미 상품의 판매

수익을 전부 기증했던 엘리후 예일Elihu Yale의 이름으로 예일 칼리지Yale College로 개명했다.

프린스턴 대학교 Princeton University

Princeton University, Princeton
609-258-3000 www.princeton.edu
1746년 설립, 뉴저지 주 프린스턴 소재, 인기 과목은 Economics, History, Politics. 역사가 오래된 만큼 유명 졸업생이 많은데, 제임스 매디슨과 우드로 윌슨 두 대통령이 프린스턴 대학교 졸업생이다. 또 세계적인 물리학자 알베르트 아인슈타인은 1933년에 미국에 귀화해 평생 프린스턴에서 가르쳤다. 한국인으로는 이승만 초대 대통령이 프린스턴대에서 1910년 국제정치학으로 박사 학위를 받았다

브라운 대학교 Brown University

Brown University, Providence
401-863-1000 www.brown.edu
1764년 설립, 로드 아일랜드 주 프로비던스 소재, 인기 과목은 Social Science, Ethnic Studies, Biology.

하버드

유펜

다트머스

프린스턴

학부The College와 일반대학원Graduate School, 의학대학원Alpert Medical School으로 구성되어 있는데, 모든 전공 분야가 전국 최상위권에 포함된다.

컬럼비아 대학교 Columbia University

2960 Broadway, New York
212-854-1754 www.columbia.edu
1754년 설립, 뉴욕 주 뉴욕시 소재. 인기 과목은 So-
cial Science, History, English. 메인 캠퍼스는 뉴욕
시 맨해튼 모닝사이드 하이츠에 있다. 세계의 중심
인 뉴욕 맨해튼에 있어 광범위한 국제 정치 · 경제
정보를 가깝게 접할 수 있다. 유엔본부와 세계 금
융의 중심지인 월가가 인근에 있으며, 미국대통령
버락 오바마, 투자의 귀재 워렌 버핏이 이 학교 졸
업생.

코넬 대학교 Cornell University

Cornell University, Ithaca
607-254-4636 www.cornell.edu
1865년 설립, 뉴욕 주 이타카에 소재. 인기 과목은
Engineering, Business, Biology. 학생 수가 많은 종
합 대학 중 하나로 미국에서 가장 많은 의사를 배출
하는 대학으로 알려졌다. 학생 수에 비해 교수 숫자
가 가장 많은 학교이기도 하다. 뉴욕 시 캠퍼스는 북
동쪽의 맨하탄에 위치해 있으며, 의학대학원과 의과
학대학원이 위치해 있다. 아이비리그 대학 중 가장
경치가 아름다운 대학.

다트머스 대학교 Dartmouth College

Dartmouth College, Hanover
603=646-1110 www.dartmouth.edu
1769년 설립, 뉴햄프셔 주 하노버에 소재. 인기 과목
은 Social Science, Psychology, History. 엘리자 윌
록Eleazar Wheelock 목사가 세운 학교로 후원자 다
트머스 백작의 이름을 붙였다. 1770년 개강, 1771년
첫 졸업생을 배출했다. 캠퍼스의 상징색인 녹색과
백색 때문에 'The Big Green' 이라고도 불린다. 다
트머스 플랜Dartmouth Plan이라는 독특한 학기제
가 있으며, 제17대 총장으로 한국인 김용 박사가 지
난 2009년에 취임했다.

펜실베이니아 대학교 University of Pennsylvania

3451 Walnut Street, Philadelphia
215-898-5000 www.upenn.edu
1740년 설립, 펜실베이니아 주 필라델피아에 소재.
인기 과목은 Social Science, Business, Engineer-
ing. 흔히 유펜UPenn으로 불리는 연구 중심의 종합
사립대학이다. 조지프 와튼이 설립한 이 대학의 와
튼 비즈니스 스쿨Wharton Business School은 미국
에서 가장 오래되고 우수한 경영대학원이다. 펜실베
이니아 주립 대학교Penn State University와 혼동되
지만 두 학교는 전혀 다른 학교다.

코넬

브라운

3

미국 항구 도시의 원형 Salem
세일럼

보스턴 북동쪽에 있는 세일럼은 미국에서 가장 오랜 역사를 지닌 항구 도시다. 1626년에 마을이 형성된 후 19세기 중엽까지 해양 · 조선의 중심지로 번영했으나 이후 선박의 대형화로 보스턴과 뉴욕에 그 지위를 빼앗겼다.

세일럼 관광국 www.salem.org

피바디 에섹스 박물관 Peabody Essex Museum
161 Essex Street, Salem
화~일 10~17, 성인 $15, 학생 $11, 16세 이하 무료
978-745-9500, www.pem.org
뉴잉글랜드 지역의 대표적인 동양 박물관. 한국 · 일본을 비롯한 아시아 · 태평양 지역 국가의 민속품을 수집, 전시하고 있다. 특히 개화기 한국의 모습이 담긴 작품들을 많이 소장하고 있는데 이 유물들은 2대 관장이었던 E.S. 모스 박사가 1882년 일본에 체류할 때부터 수집한 것이다. 이 가운데 유길준의 유품이 있는데 지난 1994년 국립중앙박물관에서 '유길준과 개화기의 꿈' 이란 테마로 전시되기도 했다.

세일럼 마녀 박물관 Salem Witch Museum
Washington Square North, Salem
연중 10~17, 7·8월 10~19
성인 $8.50, 6~14세 $5.50
978-744-1692, www.salemwitchmuseum.com
1692년에 세일럼에서 실제로 일어났던 마녀 재판을 그대로 재현한 박물관. 당시 수백 명이 체포되었고 그중 유죄 판결을 받은 19명이 교수형을 당했다.

렉싱턴과 콩코드 LEXINGTON & CONCORD
155 Everett St, Salem
978-369-3120 www.concordmachamber.org
보스턴의 북서쪽 약 15마일 떨어진 곳에 위치한 도시로 1775년 4월 19일, 존 핸콕과 새뮤얼 애덤스가 이끄는 독립군과 영국군이 본격적인 충돌을 일으켜 독립전쟁이 시작된 곳으로 유명하다.
렉싱턴에서 독립군과 충돌한 영국군은 다시 서쪽으로 10마일 진격하여 콩코드의 노스 브리지North Bridge에서 긴급 소집된 민병대Minuteman와 전투를 벌였다. 이 전투에서 독립군이 승리, 미국 독립전쟁 사상 최초의 승리로 기록된다.
한편 미국 정치사와 지성사에서 중요한 위치를 차지하는 콩코드는 19세기 중반 거장 에머슨과 소로우, 그리고 호손을 배출, 초월주의Transcendentalism 운동의 중심지로서 '미국의 아테네' 로 불렸다.

플리머스 4

보스턴 I-93 도로 남쪽으로 가다가 1시간 정도 되는 지점으로, Cape Code 가는 길 중간에 있다. 1620년 12월 21일, 메이플라워 호를 타고 대서양을 건넌 102명의 청교도들Pilgrim Fathers이 신대륙에 첫발을 내린 곳이다. 미국 개척사의 첫 장을 연 유서 깊은 마을로 '미국의 고향'이라 할 수 있다. 청교도들의 정착촌을 재현해 놓은 플리머스 플랜테이션Plymouth Plantation과 그들이 타고 온 메이플라워 호, 첫발을 디딘 곳으로 알려진 플리머스 바위 Plymouth Rock가 볼만하다.

플리머스 관광국 www.plymouth-ma.gov

플리머스 플랜테이션 Plymouth Plantation

137 Warren Avenue, Plymouth
연중 9~17:30, 성인 $24, 6~12세 $14
508-746-1622, www.plimoth.org
청교도들이 이곳에 정착할 당시의 생활상을 보여주는 역사 박물관. 문화, 생활습관, 말투 등을 교육받은 20여명의 직원들이 주민과 인디언 의상을 입고 그 시대 사람의 행동양식을 그대로 재현해 흥미를 더한다. 근방에는 이들이 첫발을 내디딘 플리머스 바위Plymouth Rock가 사적지로 지정돼 있다. 여기서 북쪽으로 5분 거리 바닷가에는 메이플라워 호가 있다. 원래의 메이플라워호는 무역선으로 사용되던 중 1624년 파손됐으며, 현재의 배는 1955년 영국인들이 원형을 그대로 본따 만들어 우정의 표시로 미국에 기증한 것이라고 한다.

크랜베리 월드 Cranberry World

225 Water St, Plymouth
508-747-2350
플리머스는 전국 크랜베리 생산량의 절반을 차지할 정도의 크랜베리 왕국. 크랜베리를 기르는 과정과 농기구 등을 보여준다. 크랜베리로 만든 주스나 잼 등의 제조과정도 볼 수 있다. 10월 중순 이전에 플리머스를 방문한다면 크랜베리 축제를 즐길 수 있다.

플리머스 맞은편에 대서양을 향해 둥글게 휜 활 모양을 하고 있는 케이프코드는 메이플라워호를
타고 대서양을 건너온 청교도들이 최초로 본 신대륙의 육지. 깊숙한 만에 의해 대륙에서 분리되
어 바다로 내달리는 케이프 코드는 길이가 장장 70여 마일에 달한다.
여름철에는 작열하는 태양과 함께 다양한 레저 활동을 즐길 수 있는 천혜의 휴양지. 남쪽으로는
아름다운 모래 해변으로 둘러싸인 Martha's Vineyard와 초창기의 고래잡이 타운으로 잘 보존된
Nantucket가 최고의 휴가 관광지로 각광받고 있다.

케이프 코드 관광국 508-759-3814, www.capecodchamber.org

존 F. 케네디 대통령 생가

83 Bills St, Brookline
5~10월 수~일 10~16:30, 성인 $3, 어린이 무료
617-566-7937, www.nps.gov/jofi
존 F. 케네디 가족이 1914년부터 1921년까지 이곳에서 살았으며, 케네디 대통령이 태어난 것은
1917년이다. 케네디 대통령의 모친인 로즈 케네디 여사가 케네디 암살사건 이후 그를 기념하기
위해 1966년 재구입해서 복원, 1969년 연방정부에 기부했다. 이 집 지하 방문객 센터에는 케네디
가의 생활상을 엿볼 수 있는 전시물이 있다. 이곳은 현재 존 F. 케네디 국립 역사 유적지로 지정
돼 국립공원 관리국이 맡아 운영하고 있으며, 연간 약 2만 명의 방문객이 찾고 있다.

케이프 코드 국립 해안공원 Cape Cod National Seashore

솔트폰드–Nauset Rd, at MA 6, Eastham, 508–255–3421,
프로빈스– Race Point Rd, Provincetown, 508–487–1256

해변과 모래언덕, 연못에 습지까지 고루 갖춘 관광 명소로 케네디 대통령이 이 지
역의 아름다움을 보호하기 위해 관리 지역으로 지정했다. 지금도 자연 침식으로
인해 해변의 모래가 계속 유실되고 있어 보호주의자들은 대대적인 식목 프로그램
을 고려하고 있다. 42스퀘어마일의 넓은 지역으로 남동쪽의 차탐 등대Chatham
Lighthouse부터 북쪽의 프로빈스타운Provincetown까지 대부분의 동쪽 해안 지
대를 포함한다.

6 버크셔 구릉지대

매사추세츠 서쪽 내륙 깊숙한 곳에 자리잡은 버크셔 구릉지대는 문화예술을 즐기는 피서객들의 여름 휴양지 또는 스포츠 매니아들의 하이킹 명소, 가을에는 단풍 드라이브 코스, 겨울철은 스키 천국으로 유명하다. 언덕과 호수들로 둘러싸여 시원한 여름철을 날 수 있는 지리적 이점 뿐 아니라 외부 세계와 격리된 이 고장의 매력에 이끌려 많은 문화예술계 인사들이 이곳에서 여름을 지내며 창작의 열기를 걸작으로 승화시켰다.

이러한 문화적 유산을 이어받아 1930년대 이후에는 영화, 댄스, 뮤직 공연 등이 버크셔 지방의 여름 축제로 자리잡았다. 탱글우드Tanglewood, 제이콥스 필로우Jacob's Pillow, 버크셔Berkshire와 윌리엄스타운Williamstown 영화 페스티벌은 매년 여름마다 수십만 명의 관광객을 끌어들이고 있다.

버크셔 관광국 413-443-9186, www.berkshires.org

모호크 트레일 Mohawk Trail

버크셔 지방에서 가장 널리 알려진 멋진 드라이브 코스가 모호크 트레일이다. '루트2'라는 이름으로도 불리며 밀러스 폴스에서 매사추세츠-뉴욕 경계까지 63마일 구간을 일컫는다. 본격적으로 이 도로를 이용하는 사람이 늘어나기 시작한 것은 1914년 자동차 도로가 생기면서부터인데 이는 포드 자동차가 최초의 모델 T 자동차를 팔기 시작한 지 6년 후다. 그해 매사추세츠 의회는 이 길을 멋진 드라이브 코스로 지정함으로써 전국 최초의 공인 드라이브 코스로 선정됐다. 내셔널 지오그래픽도 미국 내 50대 드라이브 코스로 선정할 정도로 이 도로는 전 세계적으로 경치가 아름다운 도로라는 명성을 얻었다.

찰몬트 Charlemont

디어필드 강을 따라 좀 더 서쪽으로 가면 찰몬트라는 곳이 나온다. 한 시인이 "지구상에 이렇게 사랑스러운 곳은 없다"고 노래했을 정도로 아름다운 마을. 여름에는 강변에 위치한 교회에서 콘서트가 열리고 카누를 타는 사람들로 붐빈다. 겨울에는 스키를 타러 몰려드는 방문객이 많다. 북동부 지역 인디언 부족들은 이 마을 동쪽에 있는 인디언 플라자에 모여 전통 무용을 즐기고 자신들이 직접 만든 수공예품을 팔기도 한다.

디어필드 민속촌 Deerfield Village

84B Old Main Street
성인 $12, 6~17세 $5, 6세 이하 무료
413-775-7214, www.historic-deerfield.org
그린필드 바로 남쪽에 위치한 뉴잉글랜드에서 가장 잘 보존된 민속촌이다. 시내 거리를 따라 65채나 되는 18~19세기 주택과 빌딩이 남아 있으며 그중 스테반스 하우스Stebbins House 와 쉘던 하우스Sheldon House 등 14채를 일반에 공개하고 있다. 방문객 센터는 시내 중심가 홀 태번Hall Tavern에 있다.

후삭 터널 Hoosac tunnel

건설 당시 건축학의 신비라고 불렸을 정도로 화강암 바위 지대를 뚫어 힘들게 만들어진 것으로 유명하다. 길이 5마일의 이 터널을 건설하는데 25년이 걸렸으며, 그 와중에 200명 가까운 인부의 목숨을 앗아갔다. 이 터널이 완공됨으로써 보스턴과 뉴욕 올버니를 잇는 기차 길이 완성됐다.

헤어핀 턴 Hairpin turn

머리핀처럼 생긴 회전 지역이라고 해서 '헤어핀 턴'이라는 이름이 붙었다. 행글라이더들이 많이 찾는 웨스턴 정상Western Summit에서 바라보는 석양도 무척 아름답다. 헤어핀 턴은 웨스턴 정상에서부터 시작된다. 밑으로 내려오면서 길이 지그재그로 구불구불하다. 그중 180도 완전히 방향을 바꾸는 지점 때문에 이러한 이름이 붙었다.

그레이록 마운틴

Mount Greylock State Reservation
877-422-6762, www.mass.gov/dcr/parks

높이 3,491피트로 매사추세츠 주에서 가장 높은 곳에 위치, 전망대에 서면 뉴욕 캐츠킬과 아디론댁, 버몬트 최고의 그린 마운틴, 화이트 마운틴 등 뉴햄프셔의 고봉들이 모두 시야에 들어와 가을 경치 감상에 제격이다. 산 꼭대기까지 오르는 도로는 10마일로 1만2천 에이커에 달하는 울창한 숲이라서 단풍 관광지로는 매사추세츠에서도 최고로 꼽힌다.

월든 호수 보호 구역

Walden Pond Reservation
915 Walden St., Concord
978-369-3254 www.mass.gov/dcr/parks/walden
월든 호수Walden Pond는 매사추세츠 주 출신의 사상가이자 문학가 헨리 데이비드 소로우Henry David Thoreau가 1845년 7월부터 1847년 9월까지 약 2년간 생활한 곳이다. 이곳에서의 경험이 그의 책 「월든 Walden」에 그대로 반영되고 있다. 소로우가 당시 하버드대 교수였던 친구 에머슨과 서신 교환을 나눈 곳으로도 유명한 이곳은 환경보존 운동의 산실이라고 할 수 있다. 아름다운 호수는 보는 각도에 따라 파란색, 녹색, 노란색으로 보인다. 근처에는 그가 살던 오두막을 재현해 놓았으며, 기념품 가게도 있다.

셸번 폴스 Shelburne Falls

연어가 많이 잡힌다고 해서 '샐몬 폴스'라고도 한다. 여기서 놓쳐서는 안 될 것이 바로 유명한 꽃다리Flower Bridge. 길이 400피트의 다리 위에 하나 가득 꽃이 심겨져 있어 세상에서 가장 아름다운 다리로 불린다. 뿐만 아니라 디어필드 강에 의해서 형성된 얼음 구덩이의 신기한 모습을 보기 위해 매년 3만5천 명 이상이 이곳을 방문한다.

CONNECTICUT
코네티컷

코네티컷 주는 아이비리그 대학 중 하나인 예일 대학교Yale University 등 유명 대학들이 소재한 곳으로 유명하다. 1인당 연간 소득이 미국 최고일 정도로 소득 수준과 교육 수준이 높다. 모히칸 인디언이 살던 코네티컷의 남부 해안 지방은 곳곳에 산재한 유서 깊은 타운들 사이로 하이테크 산업 도시들이 새롭게 번창하고 있다. 주도는 하트포드이며, 주요 도시는 뉴헤이븐, 뉴런던, 뉴브리튼, 노위치, 스탬퍼드, 워터베리, 던배리 및 브리지포트가 위치해 있다. 내륙 지방의 중심이자 주도인 하트포드는 드넓게 펼쳐진 농장 지대 한가운데에 우뚝 솟은 마천루의 스카이라인이 인상적인 도시다.

주도 하트포드
별칭 헌법의 주 Constitution State
명물 최초의 성문 헌법, 웹스터 사전, 공중전화, 캐서린 헵번, 랄프 네이더
코네티컷 주 관광청 800-282-6863, www.ctbound.org

우리에게도 친숙한 작가 마크 트웨인이 "내가 본 도시 중 가장 잘 만들어진 멋쟁이 도시" 라고 예찬했던 하트포드 는 코네티컷의 주도로 북부 코네티컷 강 연안에 있다. 18세기 이래 보험업이 발달하여 '미국의 보험센터'라는 별명 으로 더 잘 알려져 있다.

관광 정보

하트포드 관광국

505 Hudson St, Hartford, 860-270-8081,800-282-6863 www.ctbound.org

교통 정보

Bradley International Airport

Schoephoester Road, Windsor Locks, 860-292-2000, www.bradleyairport.com

그레이하운드 Greyhound

피터팬, 보난자 등 시외버스가 유니언 역과 북동부 도시들을 연결.

앰트랙 Amtrak One Union Pl, at Spruce St, 860-247-5329

뉴욕에서 하트포드까지 2시간 반만에 도착. 유니언역.

마크 트웨인 하우스

Mark Twain House & Museum

351 Farmington Ave.

월~토 9:30~17:30, 일 12~17:30

17~64세 $15, 65세 이상 $13, 6~16세 $9

860-247-0998 www.marktwainhouse.org

인근 교외 지역에 있는 마크 트웨인 하우스Mark Twain House는 그가 1874년부터 1891년까지 가장 왕성하게 작품 활동을 하던 시기에 거주한 곳으로, 유명한 소설 「톰소여의 모험」과 「허클베리 핀의 모험」 등 역작들이 바로 여기서 탄생했다. 당시 그의 이웃에는 「엉클 톰스 캐빈」의 작가 스토우 부인Harriet Beecher Stowe 등 남북전쟁 후 오늘날 미국의 모습을 형성하는 데 기여한 문인, 정치인, 종교인들이 많이 살았다. 스토우 부인의 집(77 Forest St, Hartford, 성인 $16, 6~12세 $8, 5세 이하 무료, 860-522-9258, www.harrietbeecher-stowecenter.org) 역시 지금은 박물관으로 일반에 공개되고 있다.

리버밸리 라이맨 과수원 Lyman Orchards

Junction of Routes 147 & 157, Middlefield

11~8월 9~18, 9~10월 9~19

860-349-1793, www.lymanorchards.com

1741년에 세워진 유서 깊은 과수원으로 하트포드 남쪽에 위치하고 있다. 코네티컷 미들필드의 리버밸리 중심부에 있으며, 한인 사회에서는 사과따기 명소로 유명하다. 코네티컷 주에서는 가장 큰 실내 시골 장터로도 유명하다. 여기서 매일 구워내는 각종 파이와 빵, 과자는 물론 치즈, 샐러드, 피자 등 1,500가지 상품을 팔고 있다. 방문객들에게 큰 인기를 끌고 있는 옥수수밭 미로찾기는 4에이커에 이르는 옥수수밭에 미로를 만들어 놓은 것.

스프링필드 농구 명예의 전당

Naismith Memorial Basketball Hall of Fame

1000 West Columbus Ave, Springfield

7~8월 월~금 10~18, 겨울 일~금 10~17, 토 10~17

성인 $16.99, 65세 이상 $13.99, 5~15세 $11.99

413-781-6500, www.hoophall.com

동부 매사추세츠 내륙 지방에서 코네티컷 강을 따라 북쪽 모호크 트레일로 가는 도중에 있는 스프링필드에 농구 팬이라면 꼭 가보고 싶은 농구 명예의 전당The Naismith Memorial Basketball Hall of Fame이 있다. 네이스미스 메모리얼 농구 명예의 전당은 1891년 당시 YMCA 소속 운동선수들의 체력 강화와 연습을 위해 농구를 고안한 제임스 네이스미스Naismith 박사의 이름을 딴 곳. 이곳에서 매직 존슨, 래리 브라운, 케이 바우 등 농구의 거장들을 모두 만날 수 있다.

명예의 전당에는 한때 이름을 날렸던 293명의 농구선수 및 코치 등을 기념하기 위해 그들에 대한 상세 정보를 제공하는 '명예의 링Honors Ring'이 있다. 이 외에도 200석 규모의 극장과 도서실, 필름 보관실 등이 있다. 농구의 과거와 현재를 모두 보고 배울 수 있을 만큼 방대한 전시물이 매니아들을 기다리고 있다. 모두 둘러보려면 2~3시간은 족히 걸린다.

윅햄 파크 Wickham Park

1329 West Middle Tpke, Manchester

입장료 차 1대당 월 · 화 $3, 수~금 $4, 주말 및 휴일 $5

860-528-0856 www.wickhampark.org

뉴잉글랜드에서 가장 큰 정원이자 세계에서 가장 큰 정원 중 하나다. 240에이커의 공원에는 10에이커의 면적의 정원, 파노라믹 뷰, 삼림지, 연못 등 6개 영역이 독특한 자연미를 제공한다. 도보 트레일, 새 사육장, 피크닉 에어리아, 스포츠 시설물, 통나무로 지어진 오두막, 운동장, 스낵바, 등도 있다.

탈코트 마운틴 주립공원

Talcott Mountain State Park

57 Gun Mill Road, Bloomfield

860-242-1158

코네티컷 북동쪽에 있는 탈코트 마운틴은 특히 과거에 유명 가문인 하트포드가 1914년 여름 별장으로 지은 높이 165피트의 휴블레인 타워Heublein Tower가 유명하다. 아이젠하워 장군과 배우협회 회장이었던 레이건이 대통령이 되기 전에 손님으로 머문 기록이 있는 이곳 정상에서 바라보는 전망이 무척 아름답다. 타워까지는 1.25마일로 걸어서 올라가면 약 40분이 걸린다.

등산객은 자연보호 구역에서 사슴, 여우, 토끼 등 야생 동물이나 딱따구리 칠면조 독수리, 대머리 독수리 등을 목격할 수 있다. 또 5월에는 바위 틈에서 자라나는 아네모네, 백합화 등을 발견할 수 있다. 이밖에 여름 지역 역사 박물관, 타워까지 1.5마일 하이킹이 가능하며 피크닉 장소도 있다.

역사의 신비를 간직한 휴양지 Mistic
미스틱 2

과거 고래잡이 포구이자 조선업의 중심지인 미스틱은 뉴잉글랜드에서 가장 뛰어난 매력을 지닌 곳으로 국내 최대 규모의 미스틱 해양 박물관Mystic Seaport Museum이 있어 이 지역 역사와 문화를 한눈에 둘러볼 수 있다. 전형적인 뉴잉글랜드 타입의 판자 지붕을 인 갤러리와 골동품 가게들이 줄지어 선 다운타운이 인상적. 이 지역을 그림으로 남긴 현대 인상파 작가 윌리엄 노스의 작품을 전시하고 있는 미스틱 미술협회Mystic Art Association Gallery (9 Water St, 860-536-7601)에 들러 미스틱의 다양한 풍경을 먼저 살펴보는 것도 유익한 경험이 될 것이다. 미스틱강을 가로지르는 도개교는 여름철이면 매시간 15분마다 열리고 닫히면서 여행객의 시선을 끈다.

관광 정보
미스틱 관광국 Olde Mistick Village, Mystic, 860-536-1641, www.mysticinfo.com

교통 정보
자동차 미스틱에서는 자동차가 가장 편리한 교통 수단. 뉴욕에서 자동차를 이용해 I-95를 타고 90번 출구 - 27번 도로 남쪽으로 나가면 미스틱 해양 박물관이 오른쪽으로 보인다.
열차 앰트랙(800-872-7245 www.amtrak.com)이 뉴욕 펜 스테이션에서 출발. 보스턴에서도 앰트랙이 미스틱까지 운행한다. 1시간 45분 소요.

미스틱 해양 박물관 Mystic Seaport, The Museum of America and the Sea

75 greenmanville Ave, Mystic
3~10월 9~17, 11월 9~16, 성인 $25, 65세 이상 $22, 6~17세 $15
860-572-0711, 888-536-3575, www.mysticseaport.org
17에이커에 480여 척의 선박이 전시된 전 세계에서 가장 큰 해양 박물관. 최후의 목조 포경선 Charles W.
Morgan 호를 포함해 19세기형 범선에 올라가 볼 수 있다. 77피트짜리 아미스타드호Amistad는 아프리카
노예를 미국에 팔아넘기던 노예선으로, 스티븐 스필버그 감독의 영화를 통해 널리 알려졌다. 그 외에도
역사적인 주택들, 항해와 관련된 장구 컬렉션, 공예가가 작업하고 있는 곳을 둘러볼 수도 있다. 북쪽으로
1마일쯤 떨어진 곳에는 또 하나의 명물인 해양 수족관이 있다.

미스틱 수족관 및 연구소

Mystic Aquarium & Institute for Exploration
55 Coogan Blvd, Mystic
12~3월 10~17, 4~10월 9~18, 11월 9~17
성인 $28, 60세 이상 $25, 3~17세 $20
860-572-5955, www.mysticaquarium.org
3,500여 개의 표본과 34개의 바다 생물 전시관이 압
권이다. 알래스카 해안 전시관에는 잉글랜드 지방에서
유일하게 존재하는 흰돌고래를 볼 수 있다. 펭귄 전시
관에서는 아프리카 검은발 펭귄African black-footed
penguins의 생활 모습이 생생하게 재현되어 있다.

미국 해군 전함 노틸러스 잠수함 박물관

USS Nautilus/ Submarine Force Museum Groton
1 Crystal Lake Rd, Groton
5~10월 9~17, 11~4월 9~16, 화 휴관
860-694-3174, www.ussnautilus.org
세계 최초의 원자력을 이용한 선박으로 예전 모습 그대
로 재현해 둔 잠수함이다. 미 해군의 객실, 접이식의 싱
크대, 임원들의 거실, 제어실, 승무원들의 식당 등 역사
의 현장을 재현하고 있다.

폭스우드 카지노 Foxwoods Casino and Resort

Rte-2, Ledyard, 800-752-9244
www.foxwoods.com

미스틱 북쪽으로 15~30분만 자동차로 달리면 코네티컷에서 가장 붐비는 관광지인 카지노가 있다. 가장 성공적인 벤처로 꼽히는 폭스우드 리조트 카지노는 해마다 수백만 명의 방문객이 몰려든다.

Mashantucket Pequot 인디언이 설립한 이 카지노는 6,500대 이상의 슬롯 머신, 350개의 테이블 게임, 블랙잭, 룰렛, 크랩(주사위 도박), 포커, 바카라 등은 물론 3,200석의 빙고 게임장을 갖추고 있다. 이들 도박 시설 외에도 24개의 레스토랑을 비롯, 상점, 극장, 댄스클럽, 놀이공원 등이 들어서면서 관광객이 급증하자 이곳에 암트랙 역까지 새로 생길 정도.

미스틱에서 즐기는 색다른 이벤트들

유서 깊고 매력적인 도시 미스틱에서 철마다 마련되는 즐거운 이벤트들을 여행 스케줄에 넣어 보자. 한층 풍요롭고 활력 넘치는 여행 시간을 만들 수 있다.

코네티컷 동화구연 축제 Connecticut Storytelling Festival

270 Mohegan Ave, New London
860-439-2764, www.connstorycenter.org

전국의 이야기꾼들이 모여 재주를 겨루는 연례행사. 코네티컷 칼리지 부설 코네티컷 동화 센터에서 주최. 4월 마지막 주. 참고로 2012년에는 4월 27~29일 열린다.

예일-하버드 조정 경기 Yale-Harvard Regatta

하버드 대학과 예일 대학은 스포츠 활동으로도 서로 강력한 라이벌이다. 하버드는 미국 내에서 가장 강력한 조정팀이 있는 것으로 유명하다. 1800년대 코네티컷의 템즈 강에서 시작된 유서 깊은 이 보트 경기는 대학간 스포츠 경기로는 미국에서 가장 오랜 역사를 자랑한다. 6월초 토요일 오후에 열린다.

파우와우 인디언 축제 Pow Wow Festival Parade

91 Wintechog Hill Rd, North Stonington
입장료 $4~18, 800-224-CORN, www.schemitzun.com

미스틱에서 가까운 노스 스토닝톤North Stonington에서는 매년 9월 말 대규모 인디언 축제가 열린다. 파우와우Powwow 축제는 북동부 지역과 캐나다 동부에 흩어져 살던 인디언들의 축제로 영적 지도자나 치료사들이 병의 회복과 사냥의 성공을 비는 의식.

지난 10여 년간 계속 개최된 이 축제 Schemitzun(The Annual Feast of Green Corn and Dance)는 그 명성이 널리 알려져 매년 2만 명의 구경꾼이 몰린다. 전국에서 3천 명 이상의 인디언이 선보이는 춤의 종류만 40여 가지로 500개 부족에서 최고의 댄서들이 참가한다.

3 뉴헤이븐

예일 대학만으로도 행복하다 New Haven

1638년 청교도들에 의해서 세워진 뉴헤이븐은 퇴락한 산업 도시로서의 면모와 예일 대학교 캠퍼스의 젊은 활기가 묘하게 공존하는 도시다. 예일은 다른 아이비리그 캠퍼스와 달리 앵글로색슨 중심의 백인계인 WASP의 분위기와는 다소 거리가 있다. 흑과 백, 멕시칸과 아시안까지 어울려 다양한 인종들이 사이좋게 공존하는 것이 큰 특징. 고풍스런 건물들이 둘러선 그린 광장New Haven Green에서부터 관광을 시작해서 예일 캠퍼스를 둘러본 후 최고 수준의 박물관들을 차례로 구경하는 것이 좋다. 게다가 입장료도 공짜. 뉴헤이븐에 며칠 머물 계획이라면 프리 브로드웨이 공연의 거점인 이곳에서 공연예술을 관람하는 것도 좋은 추억이 된다.

관광 정보
뉴헤이븐 관광국 203-946-8200, www.cityofnewhaven.com

교통 정보
자동차 I-91과 I-95의 합류지점에 위치하고 있어 자동차로 가기가 쉽다.
열차 워싱턴-뉴욕-보스턴으로 이어지는 열차 노선상에 있어 예일 캠퍼스에서 동남쪽으로 여섯 블록 떨어진 유니언 역에 정차하는 앰트랙을 이용할 만하다. 뉴욕에서 갈 때는 메트로-노스 간 통근열차(203-497-2089, 800-638-7646)를 이용하는 편이 앰트랙보다 편리하다.
기타 그레이하운드, 보난자, 피터팬 등 시외버스는 45 George St.에 있는 터미널에 정차한다.

시내 교통
뉴헤이븐은 시내 주차 사정이 대단히 좋지 않다. 일단 도착하면 택시 Metro Taxi(203-777-7777)를 타고 목적지로 이동하는 편이 낫다.

트리니티 교회 Trinity Church
129 Church St, New Haven
203-624-3101, www.trinitynewhaven.org
뉴헤이븐이 '최초'들로 이루어진 도시라는 것을 실감나게 해주는 곳. 1752년 뉴헤이븐에서 처음으로 시작된 미국 성공회에 소속된 트리니티 교회는 1812년 미국 최초로 고딕 양식으로 지어졌다. 건축 당시부터 관광 명소로 인기.

예일 대학교
149 Elm St, 203-432-2300, www.yale.edu
예일 대학교는 자체 방문객 센터를 운영하고 있는데 1시간짜리 무료 캠퍼스 투어에 참가해 피바디 박물관 등 다양한 시설을 둘러보면 예일의 독특한 문화를 좀 더 쉽게 이해할 수 있다. 방문객 센터에서 월~금 오전 10시 30분과 오후 2시, 토~일요일은 오후 1시 30분에 출발.

》 예일 대학교 아트 갤러리
Yale University Art Gallery
1111 Chapel St, New Haven
화~토 10~17, 9~6월 매 · 주 · 목 10~20, 일 1~18
203-432-0600, www.yale.edu/artgallery
1832년 설립된 이 박물관은 10만 점이 넘는 영구 소장품을 보유하고 있으며, 국내에서 가장 오래된 대학 박물관. 예술의 역사를 한눈에 조감할 수 있다. 가이드 투어, 공개 강좌, 가족 프로그램, 콘서트 등 다양한 행사가 열린다.

리처상을 수상한 '파충류의 시대' 벽화가 3억 년 전의 선사시대를 생생하게 그려내고 있다. 그 외에도 고대 이집트, 안데스 및 대평원 등 다양한 고대의 문명을 둘러볼 수 있다.

》 예일대학교 뮤직 인스트루먼트 컬렉션

Yale University Collection of Musical Instruments

15 Hillhouse Ave, New Haven

6~9월 화~금 1~16, 금 1~17, 7~8월 휴관

도네이션 입장료 $2

203-432-0822, www.yale.edu/musicalinstruments

관광객들에게 잘 알려져 있지 않은 명소 중 하나. 1천여 점의 악기들이 다른 공예품과 함께 전시됐다. 세계적으로도 가장 크고 중요한 박물관. 음악을 사랑하는 이들에게는 놓치기 아까운 명소다.

피바디 자연사 박물관

Peabody Museum of Natural History

170 Whitney Ave, New Haven

월~토 10~17, 일 12~17

성인 $7, 65세 이상 $6, 3~18세 이상 $5

203-432-5050, www.peabody.yale.edu

공룡 화석을 영구 전시해 놓은 흥미진진한 박물관. 퓰

예일 영국 미술 센터 Yale Center for British Art

1080 Chapel St, New Haven

화~토 10~17, 일 12~17

203-432-2800, www.yale.edu/ycba

영국 국내를 제외하고는 가장 중요한 컬렉션을 전시하고 있는 영국 미술 전문 박물관. 회화, 조각, 판화, 드로잉을 물론 희귀 장서까지 갖추고 있다.

바이넥 희귀 장서 도서관

Beinecke Rare Book and Manuscript Library

121 Wall St, New Haven

화~토 10~17, 일 12~17

203-432-2977, www.library.yale.edu/beinecke

예일 캠퍼스 한가운데 자리한 이 도서관에는 구텐베르크 활자로 찍은 성경 등 희귀한 서적들이 보관되어 있다. 전 세계적으로도 가장 큰 규모를 자랑하는 도서관.

RHODE ISLAND
로드아일랜드

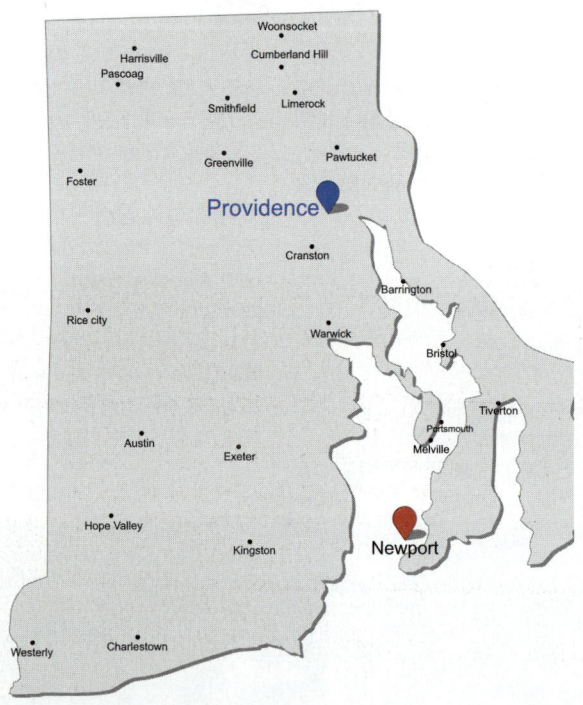

미국 50개 주 가운데 가장 크기가 작은 주이지만 공식 이름 The State of Rhode Island and Providence Plantations 은 가장 길다. 로드아일랜드Rhode Island라는 이름 때문에 주 전체를 섬으로 오해하기 쉬우나 주의 대부분은 육지 에 있다. 1636년 로저 윌리암스가 양심의 자유와 정교 분리를 내세우며 프로비던스를 세웠고, 1647년 프로비던스 와 포츠머스, 뉴포트, 워릭이 합쳐 로드아일랜드가 되었다. 1774년에 노예제도를 반대한 첫 번째 주가 되었고, 1776 년 영국에 대해 독립을 선언하였다. 1790년에 미국의 13번째 주가 되었다.

주도 프로비던스
별칭 Plantation State
명물 독립선언, 노예 제도 폐지,
로드아일랜드 주 관광청 401- 222-2601, www.visitrhodeisland.com

프로비던스 1

로드아일랜드의 주도 프로비던스는 뉴잉글랜드에서 세 번째로 큰 도시지만 정작 인구 밀도는 가장 희박한 도시 중 하나다. 주력 산업인 섬유와 보석 산업의 퇴조로 사양길을 걷던 프로비던스는 지난 1990년대 10년간 대대적인 재개발 프로젝트를 통해 2000년 잡지 「머니」가 선정한 '북동부에서 가장 살기 좋은 도시'로 재탄생했다. 이 프로젝트로 복개된 프로비던스 강을 완전히 드러내 4에이커에 달하는 푸른 녹지대 워터플레이스 공원Waterplace Park으로 탈바꿈했다.

또 뉴다운타운에 5억 달러 이상을 투입해 건설한 프로비던스 플레이스몰Providence Place Mall에는 백화점을 비롯해 150개 이상의 아울렛, 14개의 상영관을 가진 초대형 극장, 수많은 레스토랑이 들어서 인파를 끌어들이며 지역 경제 부흥에 박차를 가하고 있다.

프로비던스에는 아이비리그의 하나인 브라운 대학교, 로드아일랜드 디자인 스쿨RISD이 있다.

세계 제일의 요트 천국 Newport

뉴포트

미국 제일의 휴양지이자 '세계 제일의 요트 천국' 으로 부호들의 호화 맨션이 즐비한 부호촌 중 하나인 뉴포트는 피츠제럴드의 소설과 영화「위대한 개츠비The Great Gatsby」가 탄생한 곳이다. 18세기부터 사업으로 부를 쌓은 거부들, 철도왕, 석탄왕, 금융업자 등 당대의 실력자들이 이 섬의 매력에 이끌려 몰려들었다. 이들은 해안선을 따라 땅을 사들여 유럽식 궁전을 본뜬 '여름 별장'을 지었는데, 200개가 넘는 당시의 저택들은 전성기 때와 마찬가지로 여전히 건재하다.

19세기 황금시대The Gilded Age를 거치면서 뉴포트는 미국에서 가장 부유한 가문들의 여름 휴양지로 이름을 떨쳤다. 오늘날 뉴포트는 아메리카컵 요트 대회뿐만 아니라 세계 정상급의 재즈, 블루스, 포크, 그리고 클래식 뮤직 페스티벌이 열리는 문화의 도시로 명성을 날리고 있다.

관광 정보

뉴포트 관광국 401-849-8048, 800-976-5122, www.gonewport.com

교통 정보

그레이하운드 Greyhound
800-231-2222, www.greyhound.com
맨해튼의 포트 오소리티 버스 터미널에서 하루 12회 출발. 출발 시간에 따라 4시간 10분 ~ 6시간 소요.
보난자 Bonanza Bus Lines
800-556-3815, www.bonanzabus.com
포트 오소리티 터미널에서 하루 5회 출발. 3시간 45분 가량 소요.
RIPTA 셔틀버스 프로비던스 버스터미널과 다운타운의 케네디 플라자를 연결하는 셔틀버스RIPTA, Rhode Island Public Transit Authority를 이용하면 뉴포트까지 가는 로컬 버스로 갈아탈 수 있다 (1시간 10분 소요). 이 버스는 뉴포트 게이트웨이 방문객 센터(23 America's Cup Ave.)에서 정차한다.
시내 교통
오션 드라이브를 제외하면 뉴포트에서는 걷는 것이 기본. 특히 여름철에는 교통정체가 심하므로 도보 관광을 즐기는 것이 좋다. 자동차를 게이트웨이 방문객 센터에 주차한 후 시내를 일주하는 트롤리 버스를 타고 주요 관광 명소를 찾아다니면 된다.

뉴포트 클래식 크루즈
Classic Cruises of Newport

Bannister's Wharf, America's Cup Ave
401-847-0298, www.cruisenewport.com
뉴포트 항이나 Narragansett Bay를 돌아보는 선상 관광. 1시간여 소요. 모터 요트인 럼 러너Rum Runner II 관광은 18달러(겨울철은 운행하지 않음). 19세기 범선 모양을 하고 있는 Madeleine 관광은 27달러이다.

뉴포트 역사학회 가이드 워킹 투어
Newport Historical Society Guided Walking Tours

82 Touro St. 성인 $12, 12세 이하 $5
401-846-0813, www.newporthistorical.org
약 75분간 히스토릭 힐Historic Hill, 포인트Point, 클리프 워크Cliff Walk 등을 돌아본다. 뉴포트 역사 박물관 Museum of Newport History에서 출발. 티켓은 Brick Market(127 Thames St, 401-841-8770)에 있는 박물관에서 구입 가능.

뉴포트 워크 Newport Walks

270 Bellevue Ave
401-841-8600, www.ghostsofnewport.com
일상적인 90분 짜리 투어 외에도 저녁 8시경 등불을 들고 출발하는 고스트 투어Ghost tour(5월~할로윈까지), 토요일 오후 5시에 출발하는 공동묘지 투어graveyard walking tour도 있다. 게이트웨이 방문객 센터에서 티켓을 구입하거나 전화로 예약.

맨션 관광 Mansion Tour

424 Bellevue Ave, Newport
성인 $49 이상
401-847-1000
www.newportmansions.org
뉴포트 해안가에 줄지어 서 있는 대저택은 집이라기보다 차라리 성채에 가깝다.

뉴포트에서만 즐길 수 있는
호화로운 맨션 관광

뉴포트 맨션 보존위원회에서는 관광객들에게 주요 맨션을 유료로 개방한다.

브레이커스 Breakers
여러 곳을 둘러볼 시간적 여유가 없다면 이 저택을 놓치지 않는 것이 좋다. 철도 갑부 밴더빌트가 13에이커의 대지 위에 지은 이탈리안 르네상스 스타일 별장. 볼룸을 비롯 방이 70여 개에 달하는 대저택으로, 뉴포트 여름 별장 중 가장 크다.

마블 하우스 Marble House
이 집을 짓고 장식하는 데 수많은 종류의 대리석들이 사용돼 이런 이름이 붙었다. 1892년 완공 당시 건축비만 1천1백만 달러. 밴더빌트의 손자 윌리엄 밴더빌트가 아내의 39번째 생일 선물로 주었다고 한다.

로즈 클립 Rose Cliff
베르사이유에 있는 프랑스 국왕의 정원을 모델로 지은 집. 뉴포트에서는 가장 크고 화려한 볼룸을 갖고 있다. 영화 「위대한 게츠비」의 촬영지로도 유명.

샤토 쉬르 메르 Chateau-sur-Mer
1852년에 완공된 이 대저택은 1890년대 밴더빌트의 저택이 지어지기까지 뉴포트에서 가장 큰 저택이었다. 이탈리안 스타일의 이 집은 중국 무역상 윌리엄 쉐퍼드 모어William Shepard Wetmore를 위해 지어졌다. 그가 죽은 후 아들 조지 피바디 모어가 프랑스식 스타일로 리모델링해 오늘날의 모습으로 바뀌었다. 조지 모어는 후에 로드 아일랜드 주지사와 연방 상원의원을 지냈다. 1969년 뉴포트 역사보존위원회가 이 집을 구입했다.

비치우드 The Astor's Beechwood
영국 빅토리아 시대 건축 양식, 아스터가의 후손들이 뮤지컬 형식으로 맨션을 소개한다.

벨코트 캐슬 Belcourt Castle
프랑스 루이 13세 스타일. 1891년 건축, 유럽과 아시아 각국의 진귀한 보물들을 보유하고 있다. 스테인드 글라스와 나무 조각품, 황금으로 치장한 대관식용 마차를 놓치지 말 것.

뉴포트 겨울 축제 Newport Winter Festival
2월 중순, 401-847-7666
www.newportevents.com/winterfest
뉴잉글랜드 최대라는 명성에 어울리게 화려한 축제. 모래조각과 얼음조각 컨테스트를 비롯, 150여 개의 부대행사가 열린다.

성 패트릭스 데이 축제
St. Patrick's Day Celebration
3월, 401-845-9123
www.newportirish.com/parade.html
뉴잉글랜드에서 가장 긴 퍼레이드 행렬을 자랑하는 축제. 자매 도시인 아일랜드의 킨세일Kinsale을 기념하는 먹거리 축제도 열린다.

뉴포트 재즈 페스티벌 Newport Jazz Festival
8월 중순, 401-847-3700
www.newportjazzfest.net
전설적인 연주자와 떠오르는 샛별들이 참가하는 세계적으로 유명한 이벤트. 대부분의 콘서트가 뉴포트 항구를 내려다보는 포트 애덤스 주립공원Fort Adams State Park에서 열린다.

뉴포트 국제 보트쇼
Newport International Boat Show
250 Thames St, Newport 9월 중순,
401-846-1115, www.newportboatshow.com
북동부 지방 최대의 수상 in-water 보트쇼에 수백 척의 범선과 동력선들이 참가한다.

뉴포트 맨션의 크리스마스
Christmas at the Newport
401-847-1000, www.newportmansions.org
마블 하우스, 엘름 저택, 브레이커즈 등 최고급 맨션들이 예쁘게 치장하고 관광객을 맞는다.

포트 애덤스 주립공원 Fort Adams State Beach
Harrison Ave,
401-847-2400, www.riparks.com/fortadams.htm
1799년부터 1945년까지 군사기지로 사용되었던 곳으로 1965년 주립공원으로 선정되었으며, 제2대 대통령 존 애덤스를 기리기 위해 그의 이름을 붙였다. 1812년 전쟁 당시 미국의 수도가 불탄 뒤 군사 기물들을 이곳으로 옮겨 놓은 이 요새는 1824년 건축을 시작 완공까지 33년이 걸렸다. 피크닉 장소로도 유명한 이곳에서는 해마다 뉴포트 재즈 페스트벌과 포크 페스티벌이 열린다. 해변에서 낚시를 즐기기에 좋고, 역사 유적지 투어도 가능하다. 노동절에는 클래식 요트 경주대회가 열려 100척 이상이 경주에 참가한다.

VERMONT
버몬트

단풍이 아름답기로 유명한 버몬트 주는 1609년 프랑스 탐험가 사무엘 드 샹플레인Samuel de Champlain이 이곳을 여행, 프랑스 땅으로 선포했으나 1963년 영국 소유가 되었다가 1791년 미국의 14번째 주가 되있다.
남부 지역의 타운들은 대부분 18세기 초에 최전방 부대 주둔지로 출발했다. 이후 지방의 산물을 코네티컷 강을 따라 대서양으로 실어내는 본격적인 교역소로 변신하면서 성장하기 시작했고, 19세기에는 제조업이 가세함으로써 오늘날의 기초를 닦았다.1823년 버몬트와 뉴욕 시를 잇는 샹플레인 운하가 만들어져 이곳을 통해 농산물이 뉴욕으로 운송된다. 미국에서 가장 작은 주도인 몬필리어와 버몬트의 가장 큰 도시이자 국제적인 도시인 벌링턴Burlington이 유명하다. 특히 북동부 버몬트는 가장 인구밀도가 낮은 산악 지대로서 시간조차 멈춘 듯한 목가적인 전원 풍경 속으로 드라이브하는 즐거움이 있다.

주도 몬필리어
별칭 Green Mountain State/Red Clove
버몬트 주 관광청 802-828-3676, www.travel-vermont.com

스키어들의 꿈의 메카 Montpelier

몬필리어 1

몬필리어Montpelier는 미국에서 가장 자그마한 주도로 19세기에는 벌링턴 다음 가는 주요 도시였으나 현재는 행정 관련 산업과 보험 비즈니스의 중심지. 에리플 슈거와 메이플 시럽의 산지이며, 노위치 대학, 뉴잉글랜드 요리학교 등이 유명하다. 북서부 산악 지방의 중심지라는 위치상의 이점으로 '스키의 메카'로도 불린다.

몬필리어 관광국 www.montpelier-vt.org

몬필리어의 주요 스키 리조트

킬링턴 리조트
Killington Central Reservations

4763 Killington Rd, Killington
800-621-6867, www.killington.com

동부 지역 최대 규모의 스키장으로 통상 이 지역에서는 가장 먼저 문을 연다. 킬링턴은 '동부의 야수'라는 뜻으로 스릴을 즐기는 스키어들에게 인기다. 모두 7개의 산봉우리와 190개 트레일로 구성돼 있으며 리프트는 29개.

통상 추수감사절 이전까지 대부분의 트레일이 문을 연다. 주로 자연설을 이용하기 때문에 스키 타는 재미가 인공설과는 다르다. 숙박 시설은 모두 리프트에서 멀지 않은 곳에 있다.

오키모 마운틴 리조트
Okemo Mountain Resort

77 Okemo Ridge Rd, Ludlow
866-706-5366, www.okemo.com

버몬트 남부 루드로Ludlow에 있는 오키모 마운틴은 실력파 스키어들에게는 별로 흥미를 못 끌지만 중급자들은 한번 가보면 홀딱 반할 정도로 더없이 좋은 슬로프로 꾸며져 있다. 초급자나 스노우보드광들에게도 추천할 만하다. 수직으로 최고 2,150피트의 높이를 갖춘 스키장으로 꼭대기에서 아래까지 거의 모든 코스의 넓이와 경사가 일정하다. 또 서로 거의 교차하지 않아 도중에 속도를 줄여야 하는 부담없이 홀가분하게 즐길 수 있다.

매직 마운틴 리조트
Magic Mountain Ski Resort

802-824-5645, www.magicmtn.com

킬링턴과 오키모 등 유명 스키장에서 가까이 위치한 아담한 스키장. 그러나 슬로프가 긴 트레일들로 짜여져 있는데다 나무 사이를 달릴 수 있는 오솔길도 곳곳에 만들어져 있어 스키를 즐기기에 더없이 좋다. 인근 스키장에 비해 리프트 이용료가 훨씬 저렴하다.

제이 피크 리조트 Jay Peak Resort

4850 VT Route 242, Jay
802-988-2611, www.jaypeakresort.com

캐나다 국경과 인접한 곳에 위치한 관계로 이용객이 많지 않아 한적하게 맘껏 솜씨를 뽐낼 수 있다는 장점이 있다. 가격 역시 상대적으로 싸다. 평균 100인치 이상의 눈이 내려 뉴잉글랜드 그 어느 스키장보다 많은 자연설에서 스키를 즐길 수 있다. 주변에는 큰 부담없이 묵을 수 있는 숙소들이 많다.

마운트 스노우 리조트
Mount Snow Resort

39 Mount Snow Rd, West Dover
800-451-4211, www.mountsnow.com

버몬트 남부에 위치해 있어 뉴욕에서 갈 때 1~2시간 정도 덜 걸리는 게 장점이라면 장점. 약간 남쪽에 위치해 있지만 오픈 시기는 통상 추수감사절 이전으로 늦지 않은 편.

벌링턴 2

인구는 많지 않지만 평균 나이 37세 정도의 젊은 도시인 벌링턴은 미국 질병통제예방센터CDC가 발표한 가장 건강한 도시다. CDC의 보고서에 따르면 '스스로 건강하다' 고 응답한 주민의 비율이 92%로 미국 대도시 가운데 가장 높다. 또 운동하기 가장 좋은 도시 중의 하나이며, 비만도와 당뇨 수치 등 주민들의 각종 건강 지표도 가장 적당한 지역으로 선정됐다. 또한 샴플레인 호수에 접한 벌링턴은 시민의 약 40%가 대학 졸업 이상의 고학력자들로 자전거와 스키, 하이킹 등 다양한 레저 활동을 즐긴다.

프래그마티즘이라는 미국의 실용주의를 탄생시킨 존 듀이가 탄생한 벌링턴에서는 6월이 되면 40개 이상의 열기구를 타고 하늘을 비행하는 풍선 축제Balloon Festival가 열린다.

벌링턴 관광국 60 Main St, 802-863-3489, www.ci.burlington.vt.us

www.linkvermont.com/townsvill/lakechamplainislands

뉴욕과 버몬트의 경계에 위치한 샴플레인 호수는 1609년 프랑스의 탐험가 사무엘 드 샴플레인이 발견했다. 길이 150마일, 넓이 490스퀘어마일에 달하는 이 호수는 미국에서 여섯 번째로 큰 담수호. 이 호수에 떠 있는 3개의 섬이 연출하는 풍광과 가을철 뉴욕 주 애디론댁Adirondack 주립공원이 보이는 호수 북쪽의 단풍 향연은 보는 이들이 현기증을 느낄 정로로. 근처에는 특히 한국전 참전하는 다리, 이곳 출생인 몰몬교 창시자 조셉 스미스를 기념하는 공원, 해상 박물관, 크고작은 15개의 공원이 있다.

NEW HAMPSHIRE
뉴햄프셔

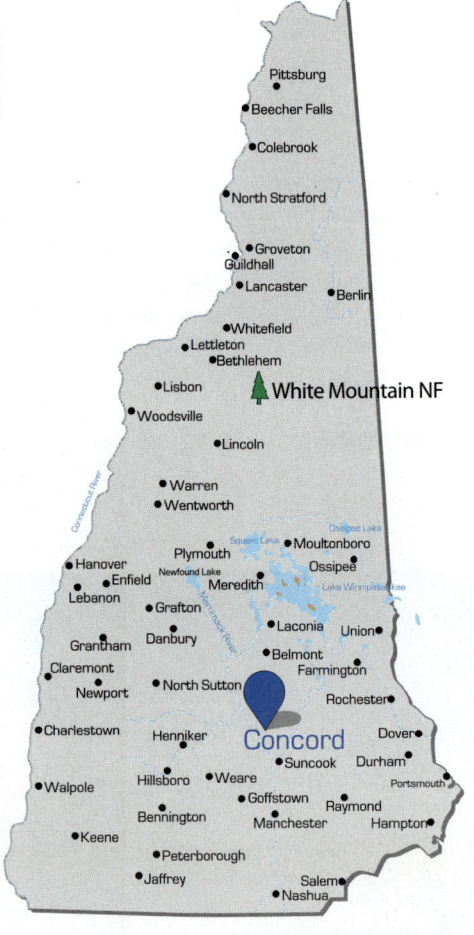

뉴햄프셔는 '큰바위 얼굴Great Stone Face' 의 고향으로 유명하다. 화이트 마운틴 입구에 있는 프랑코니아 노치Franconia Notch 주립공원에 있는 사람 얼굴 모양의 화강암 바위로, 나다니엘의 단편소설로 인해 널리 알려진 명물이었으나 안타깝게도 지난 2003년 소실되었다.

미국 동북부인 뉴잉글랜드 지역의 여러 주들처럼 산, 호수, 강 등 빼어난 자연 풍광을 자랑하며 관광산업이 주 수입원이다. 특히 화이트 마운틴 국립삼림지와 주변 지역은 많은 관광객을 끌어들이는 뉴햄프셔의 매력 포인트. 뉴잉글랜드 최고의 단풍관광지와 스키장들이 이곳에 몰려 있다.

1778년에 미국의 9번째 주가 되었으며, 미국 50개 주 가운데 면적으로 43번째, 인구로 41번째의 작은 주지만 대통령선거 중 가장 먼저 열리는 뉴햄프셔 예비선거로 유명하다. 하노버 시에는 아이비리그 대학 중 하나이자 한국인 김용 총장이 이끌고 있는 다트머스 대학이 있다.

주도 콩코드
별칭 Granite State
뉴햄프셔 주 관광청 603-271-2665, www.visitnh.gov

화이트 마운틴의 가을 풍경

화이트 마운틴 국립 삼림지
White Mountain National Forest

가을 단풍과 겨울 눈, 절정의 신비경을 만난다

뉴햄프셔 화이트 마운틴 지역은 야외 레크리에이션과 스포츠의 천국이다. 4천 피트가 넘는 고봉만 48개에 달하는 화이트 마운틴 국립 삼림지에는 77만 에이커에 달하는 삼림 및 암석 지대, 100개가 넘는 폭포, 수십 개에 달하는 호수가 있는데, 미국 내에서 6번째로 큰 위니패사키 호수Lake Winnipesaukee 안에는 200여 개가 넘는 섬들이 있다.

오솔길을 따라 내달리는 마운틴 바이커들, 생태계를 연구하는 조류 관찰자, 자연과 함께 숨쉬는 것을 즐기는 하이커들, 온 세상이 하얗게 바뀌는 겨울철 스키와 스노우보드를 즐기기 위해 모여드는 스키어들이 일년 내내 들끓지만 가을철 단 며칠 동안 온 산과 계곡을 불태우는 울긋불긋한 단풍만큼 많은 관광객들을 끌어들이는 것은 없다.

높은 산을 넘고 깊은 계곡을 지나거나 단풍에 젖은 호수를 따라 일주하는 단풍 드라이브 코스는 물론 단풍 열차, 단풍 유람선, 그리고 단풍 케이블카까지 모두 한곳에서 즐길 수 있다. 북동부 지역에서 가장 높은 워싱턴 마운틴Mount Washington 정상을 열차나 자동차로 올라가 발 아래 펼쳐진 단풍 바다를 바라보거나, 고요한 수면에 비친 단풍과 산자락에 얽힌 단풍의 고운 자태를 굽어보는 장관은 영원한 추억으로 남을 것이다.

단풍 열차

깎아지른 듯한 산 중턱에 난 철로 위를 달리면서 멀리 내려다보는 단풍의 바다와 울긋불긋한 산들이 바로 눈앞에 펼쳐지는 등 뉴햄프셔의 가을을 만끽할 수 있는 절호의 기회. 여름철에는 호젓한 낭만을 만끽할 수 있는 여름철 선셋 트레인Sunset Train으로 운행하기도 한다.

노스 콘웨이 단풍 열차 North Conway Scenic Railroad

성인 $14~52, 4~12세 $10~37
800-232-5251, www.conwayscenic.com

16번 도로상에 있는 노스콘웨이라는 아기자기한 마을에서 출발. 노스콘웨이 단풍 열차에는 밸리 트레인Valley Trains과 노치 트레인Notch Trains 두 종류가 있다. 밸리 트레인-콘웨이 왕복 코스는 총 11마일에 55분 소요, 노스 콘웨이-바트렛 코스는 총 21마일로 1시간 45분 소요, 노치 트레인은 왕복 5시간 걸리며 베비안 역까지 연장 코스는 5시간 30분 소요. 노스 콘웨이 단풍 열차는 아름다운 가을 경치가 파노라마처럼 이어지는 화이트 마운틴 지역을 감상하기에 제격이다.

호보 단풍 열차 Hobo Railroad

성인 $14, 4~12세 $10
603-745-2135, www.hoborr.com

112번 도로상에 있는 링컨이라는 마을에서 출발, 페미 강Pemi River과 샛강을 따라 15마일 정도의 Franconia Notch로 나갔다 돌아온다. 1시간 20분 소요 출발 역은 메레디스Meredith와 위어스 비치Weirs Beach.

산악 열차 Mount Washington Cog Railway

13~64세 $62, 65세 이상 $57, 4~12세 $39
800-922-8825, www.thecog.com

워싱턴 마운틴 코그 레일웨이로 1869년 처음 운행. 세상에서 가장 오래된 관광용 기차이자 세계 최초의 산악 열차다. 북동부 지역에서 가장 높은 워싱턴 마운틴 꼭대기까지 올라가며 정상에 머무는 20분을 포함해 왕복 3시간 소요. 세상에서 가장 가파른 철로를 따라 달리는 기차로 다른 곳에서는 느낄 수 없는 추억을 안겨 준다. 302번 도로상에 있는 브레튼 우드라는 마을에서 출발. 첫차와 막차를 이용할 경우 할인 혜택이 있다.

위니패사키 호수 여름 풍경

단풍 드라이브 코스
Mount Washington Auto Road
Route 16, Pinkham Notch, Gorham
603-466-3988,
www.mountwashingtonautoroad.com

'뉴잉글랜드의 지붕'인 워싱턴 마운틴 정상(6,288피트)
까지 차로 간다고 해서 '하늘에 이르는 도로' 라는 별명
이 붙은 가파른 산악 도로를 따라가면 단풍의 또 다른
멋을 느낄 수 있다. 정상에서 일출과 일몰을 보는 것도
특별한 경험이 될 것이다. 겨울철에는 스노우코치 밴
을 이용해 정상에서 눈에 덮인 설국을 감상할 수도 있

다. 고햄이라는 마을에서 16번 도로를 따라 남쪽으로 8
마일쯤 가면 '워싱턴 마운틴 오토 로드' 라는 이정표가
나온다. 유료 도로이며, 운전자 $23, 추가 성인 1인당
$8, 5~12세 $6.

캐논 마운틴 케이블카
Cannon Mountain Aerial Tramway
9 Franconia Notch State Park, Franconia
603-823-8800, www.cannonmt.com

뉴햄프셔에서 가장 아름다운 단풍을 볼 수 있는 또 다
른 방법은 캐논 마운틴Cannon Mountain 정상까지 오

르는 케이블카. 정상 (4,180피트)까지는 8분이 걸린다. 정상에 산책로와 전망대, 식당 등이 있어 가을 절경을 맘껏 즐기다 내려올 수 있다. 5월 말부터 10월 중순까지 운행, 왕복 성인 $13, 6~12세 $10.

위니패사키 호수 단풍 유람선
Cruise Lake Winnipesaukee

211 Lakeside Ave, Weirs Beach, Laconia
603-366-5531, www.cruiseNH.com
뉴햄프셔에서 가장 큰 호수인 위니패사키Winnipesau-
kee(위대한 영혼의 미소라는 뜻)를 둘러보는 마운트 워
싱턴 크루즈(길이 230피트로 1,200명 승선). 1872년 처
음 출항한 이래 130여 년간 운항하고 있다. 화이트 마운

틴 지역에서 3번 도로를 따라 자동차로 30분 정도 내려
가면 만나는 위어스 비치Weirs Beach에서 출발.
뉴잉글랜드에서 가장 아름다운 크루즈라는 명성을 지
닌 만큼 호수 지역 단풍 구경으로는 세계 정상급으로 꼽
힌다. 호수의 연안만 283마일로 주변을 3개의 산이 둘
러싸고 있는데다 호수 안에는 단풍에 불타는 264개의
섬이 있어 온갖 절경을 연출한다. 2시간 30분 소요, 성
인 $23, 4~12세 $12.

관광 정보

71 White Mountain Drive, Campton
603-536-6100, www.visitwhitemountains.com

화이트 마운틴 일대의 스키 명소

뉴햄프셔의 화이트 마운틴 일대는 사계절 레저 천국이다. 여름철 하이킹과 워터 스포츠, 가을철의 단풍 관광, 겨울이면 스키 천국으로 변신한다. 화이트 마운틴에는 뉴햄프셔 최고의 스키장들이 즐비하다.

캐논 마운틴 Cannon Mountain

9 Franconia Notch State Park, Franconia,
603-823-8800 www.cannonmt.com
뉴햄프셔 지방에서 가장 오래된 스키장 중 하나로 브레튼 우즈와 마찬가지로 화이트 마운틴 지역에 있어 산세가 수려하다. 뉴잉글랜드 스키 박물관 등 주변에 즐길거리가 수두룩하다. 넓이 160에이커에 인근 스키장처럼 크지 않지만 수직 높이는 2,100피트로 꽤 가파른 편이라 스키를 즐기는 묘미를 충분히 느낄 수 있다. 난이도가 높은 전문가 코스로도 잘 알려져 있지만, 중급 이하의 실력자들이 즐길 수 있는 완만한 슬로프도 많다.

워터빌 밸리 Waterville Valley

1 Ski Area Road, PO Box 540, Waterville Valley
603-236-8311, www.waterville.com
화이트 마운틴 중앙에 위치한 뉴햄프셔 최고 수준의 스키장. 주말이나 평일 구분 없이 동일하게 적용하는 리프트 이용료도 스키어들로부터 큰 인기를 끌고 있다. 홀리데이 시즌을 제외하면 늘 싼 편이다. 수직 높이 2천 피트, 넓이 255에이커에 52개의 트레일로 만들어졌다. 주변에 스케이트장은 물론 식당 등 거의 모든 편의시설을 갖춘 리조트 빌리지이다.

룬 마운틴 Loon Mountain

60 Loon Mountain Rd, Lincoln
800-229-LOON, www.loonmtn.com
수직 높이가 2,100피트에 넓이는 275에이커에 이른다. 뉴잉글랜드에서는 스키 타기에 최고 수준의 적설량이 자랑거리다. 곤돌라에서 걸어서 갈 수 있는 정도의 거리에 마운틴 클럽이라는 숙소가 있다. 사우나와 실내 수영장, 헬스클럽 등을 갖추고 있다.

브레튼 우즈 Bretton Woods

603-278-3300, www.brettonwoods.com

총 62마일에 이르는 크로스컨트리 트레일 절반 정도가 화이트 마운틴 국립
산림지에 위치해 있어 빼어난 경관을 자랑한다. 초보자와 중급자용으로 설계
됐지만 약간의 스릴도 느낄 수 있도록 가파른 지역이 섞여 있는 등 초보자들
에게 제격. 주변에서는 아이스 스케이팅과 스노우튜빙, 썰매타기도 즐길 수
있다. 바로 옆에 있는 트윈 마운틴은 스노우모빌의 명소. 이 외에 말썰매와
뉴잉글랜드 스키 박물관도 있다. 숨막힐 듯 멋있는 겨울 경치를 감상하고 싶
다면 스노우코치SnowCoach라는 겨울 관광용 특수 밴을 타고 워싱턴 마운
틴 정상까지 올라갔다 오는 것도 멋진 경험이 될 것이다

MAINE
메인

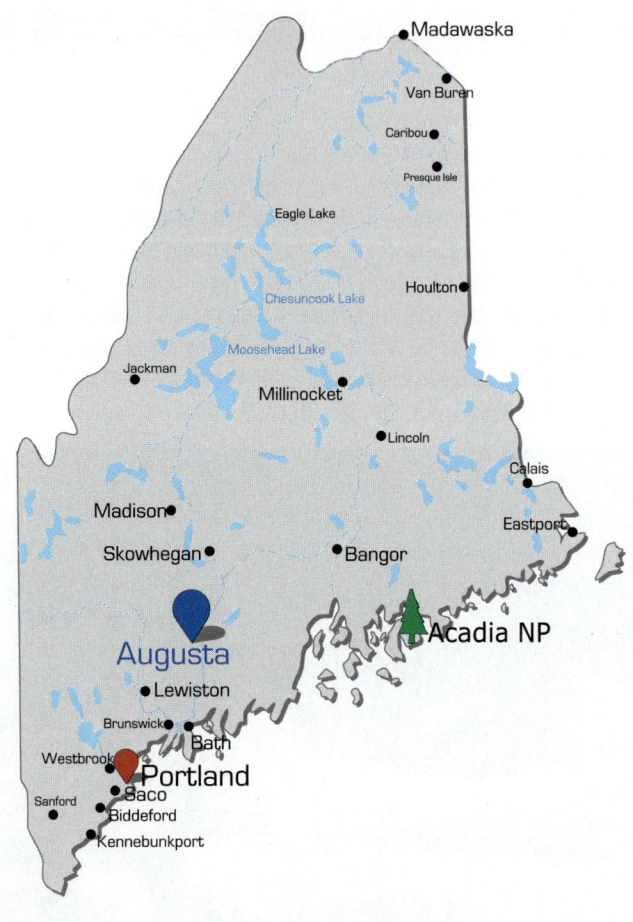

뉴잉글랜드에서 가장 넓은 면적을 차지하는 메인 주는 북으로 캐나다와 국경을 맞대고 있다. 인구 밀도가 가장 희박한 동부의 주 가운데 하나이며, 바위 투성이 해안이 대서양으로 들고 나며 225마일이나 뻗어 있다. 1820년에 매사추세츠 주에서 분리되어 미국의 23번째 주가 되었다. 당시 주도는 포틀랜드였으나 1827년 오거스타로 바뀌었다.

남부 해안 지방은 인구가 많고 잘 보존된 역사 유적지들과 60여 개의 등대가 있다. 또 수마일에 달하는 아울렛몰로 번창하는 도시도 많고 여름 휴양지도 많다. 반면 북쪽 내륙 지방은 짙은 삼림 지대와 호수들로 사람이 거의 살지 않아 야생 생태계가 그대로 보존되고 있다. 이런 자연환경으로 인해 메인에서는 포틀랜드 시내만 빼고는 자동차가 가장 요긴한 교통수단이다. 보스턴–포틀랜드 사이를 운행하는 앰트랙과 시외버스가 있다.

주도 오거스타
별칭 Pine Tree State
메인 주 관광청 888–624–6345, www.visitmaine.com

울창한 수목의 천국 Augusta
오거스타 1

광활한 대지가 펼쳐져 있는 메인 주 내륙 지방은 소나무, 가문비나무, 전나무 등 빽빽한 수목들의 세상이다. 메인 주 남부에 있는 오거스타는 수백년 동안 목재 산업의 중심지 역할을 했다. 이곳을 여행하려면 자동차로 가는 것이 좋은데 해안 지방에서 갈 때 뱅거Bangor 지역을 벗어나면 목재 회사들의 사유 도로(유료)가 많고 악천후에 유실되기 쉬운 자갈 포장길이 많다는 것이 단점. 또한 막다른 도로가 많아 상세한 교통지도가 필수.

애팔래치안 트레일의 시작되는 지점이라 하이킹의 최적지이자 스키의 천국으로도 명성을 날리고 있는데, 톱클라스의 슈거로프Sugarloaf 스키장이 인근에 있다. 일부러 이곳을 목적지로 택할 필요는 없지만 스쳐 지나갈 때라면 주립 박물관Maine State Museum과 주 의사당Maine State House에서 메인과 오거스타의 역사를 살펴볼 수 있다.

오거스타 관광국 16 Cony St, Augusta, 207-626-2365, www.augustamaine.go

메인 내륙의 스키 명소

메인 북부 내륙 지방은 뉴잉글랜드의 지붕 화이트 마운틴을 뉴햄프셔와 함께 공유한다. 겨울철이면 하얀 설국으로 변하는 이 고장은 가파른 슬로프를 내달리며 스릴을 만끽하는 스키어들이나 크로스컨트리를 즐기는 사람들로 북적댄다.

슈거로프 Sugarloaf

5092 Access Rd, Carrabassett Valley
800-THE-LOAF, www.sugarloaf.com
동부에서는 가장 높은 산 꼭대기에서 출발하는 슬로프를 갖춘 뉴잉글랜드 최고의 스키장. 해발 4,200피트 높이에서 시작해 수직으로 2,800피트 아래까지 내달리는 짜릿함은 비할 바 없다. 미국 스키 대표팀도 이곳에서 연습하는 것을 볼 수 있을 정도로 고난도 코스가 많다. 그 외에 스노우보드가 전 지역에서 허용되며 크로스컨트리와 스케이트뿐만 아니라 개썰매, 말썰매, 스노우모빌, 얼음 낚시 등도 즐길 수 있다.

선데이 리버 Sunday River

207-824-3000, www.sundayriver.com
슈거로프보다 남서쪽에 위치. 보스턴에서는 차로 3시간쯤 걸린다. 8개의 산봉우리에 127개의 트레일로 꾸며져 있다. 언제나 재미있는 이벤트가 기다리고 있다.

쇼니 피크 Shawnee Peak

119 Mountain Rd, Bridgton
207-647-8444, www.shawneepeak.com
메인 주 남동쪽에 위치. 뉴햄프셔 주 경계와 가까이에 있다. 보스턴에서는 차로 2시간 반 정도 걸린다. 메인 주 최고의 스키장 선데이 리버와 슈거로프에 비해 크기가 절반에 불과하지만 슬로프가 풍성하게 눈으로 덮여 있어 스키를 즐기기에는 전혀 손색이 없다. 부담없는 가격도 장점. 온라인 티켓 구입시 할인 혜택이 있다.

2 메인 주 최대의 도시 Portland
포틀랜드

메인 주 최대의 도시로 한때 메인의 주도였다. 1632년 최초로 도시가 건설된 이래 조선업과 내륙 지방의 목재 수출로 급성장. 남부 해안 지방의 중심 도시로 자리잡았다. 시인 롱펠로우의 고향으로 그가 살던 집이 그대로 보존되어 있다. 메인의 북부 내륙이 주로 산악 지형이어서 여름철 시원한 바닷가를 찾는 사람들은 포틀랜드로 몰려든다. 뉴욕에서 자동차로 갈 때는 I-95와 US-1를 이용하면 포틀랜드 시내로 쉽게 접근할 수 있다. 포틀랜드 국제공항 Portland International Jetport 에 대다수의 대형 항공사가 취항하고 있어 장거리 여행에 적합하다.

포틀랜드 관광국 305 Commercial St, 207-772-5800, www.visitportland.com

포틀랜드 헤드 등대 Portland Head lighthouse

1000 Shore Rd, Cape Elizabeth
207-799-2661 www.portlandheadlight.com/home.html
미국에서 가장 오래된 등대. 1791년 조지 워싱턴에 의해 설
치됐다. 지금은 메인 주의 등대 역사 박물관으로 활용되고
있다. 5마일 더 남쪽에도 역시 조지 워싱턴이 설치한 등대
Cape Elizabeth Lighthouse가 하나 더 있다.

롱펠로우 하우스

Wadsworth-Longfellow House

485 Congress St, Portland
성인 $8, 어린이 $3, 207-774-1822
www.hwlongfellow.org/house_wlh_overview.shtml
1786년에 지어진 튼튼한 벽돌 건물로 1866년의 대화재
와중에도 파괴되지 않았다고 한다. 건축 당시에는 시내
에서 멀리 떨어진 외곽이었으나 지금은 상업 지구의 한
가운데에 있다. 아름다운 정원을 꼭 구경하도록.

포틀랜드 미술관 Portland Museum of Art, PoMA

7 Congress Square
207-775-6148, www.portlandmuseum.org
메인 주에서는 가장 오래되고 가장 큰 박물관. 18세기
부터 현재까지 미국과 유럽의 예술작품 1만7천여 점
이 전시되어 있다. 미술관에서 포틀랜드 만을 굽어보
는 조망이 일품.

키터리 아울렛 Kittery Outlets

306 State Rd, Kittery
207-548-8379, 888-548-8379
www.thekitteryoutlets.com
뉴햄프셔 포츠머스Portsmouth에서 북쪽으로 다리를
건너 10분만 가면 뉴잉글랜드 최대 최고의 쇼핑 천국
키터리 아울렛Kittery Outlets이 있다. 뉴햄프셔와 메
인의 경계 지점에 위치한 키터리 아울렛에는 120개의
스토어가 U.S. 1번 도로 양쪽으로 1마일에 걸쳐 펼쳐
져 있다.
가까운 뉴잉글랜드 지방은 물론 멀리 캐나다에서 오는
쇼핑객도 많아 키터리 아울렛 협회가 국내 및 해외 쇼
핑객을 위해 그룹 투어 상품을 개발할 정도로 선풍적
인기. 아웃도어 라이프를 위한 모든 것을 취급하는 Kit-
tery Trading Post에서는 Patagonia, Columbia, North
Face, Woolrich 등 유명 브랜드의 레포츠 의류에서부
터 전문 장비와 액세서리까지 구할 수 있다.

아카디아 국립공원
Acadia National Park

캐딜락 마운틴을 품은 동부 최초의 국립공원

미대륙의 동북부 끝, 캐나다와 국경을 맞대고 있는 메인 주에 있다. 내셔널 파크지만 아카디아가 마운틴 데저트 아일랜드Mountain Desert Island와 스쿠딕 반도Schoodic Peninsula, 아일 오 홉트Isle au Haut에 걸쳐 있고 바다와 섬, 그리고 해안의 기암괴석들이 연출하는 풍경이 너무도 아름다워 '해양공원'이라고도 부른다.

1900년대 초에 접어들면서 이 섬의 수려한 경관 덕택에 이름이 널리 알려지자 보스턴 섬유 재벌의 상속자이자 환경보호론자인 조지 도어George Dorr와 하버드대 총장 찰스 엘리엇Charles Eliot이 부호 록펠러John D. Rockefeller, Jr.의 전폭적인 지원을 받아 대규모 부지에 공공 위락시설을 만들기 시작했다. 후에 이 공공시설은 정부에 기증되었고 1919년 국립공원으로 승격되면서 라파예트 국립공원Lafayette National Park으로 명명되었다. 그 후 1929년 아카디아 국립공원으로 이름을 바꿨다. 현재 공원 면적은 3만5천 에이커로 마운트 데저트 아일랜드를 대부분 포함한다.

조단 폰드 Jordan Pond

캐딜락 마운틴 산자락에 자리잡고 있는 큰 호수. 그 위쪽에 있는 이글 레이크보다 조금 작아 연못(Pond)이란 이름이 붙었지만 둘레가 3마일에 달하는 큰 호수다.

캐딜락 마운틴 Cadillac Mountain

미동부 대서양 연안에서 가장 높은 정상 중 하나(1,532피트)인 이곳에서 내려다보는 일출이 장관. 침엽수들이 빼곡히 들어서 하늘을 가리고 있는 산 밑을 지나 향나무군이 뿜어내는 내음을 맡으며 구불구불 정상에 오르면 시야가 탁 트이며 여명의 북대서양이 한눈에 들어온다.

특히 프렌치맨 베이Frenchman Bay의 크고 작은 섬들과 대서양 파도가 어울리며 빚어내는 일출 장면은 가히 천하제일경이다.

선더 홀 Thunder Hole

수억 년의 세월 속에 파도가 바위 속에 파놓은 소리 구멍. 파도가 들어올 때마다 바위에 난 구멍 속의 공기가 빠져나오며 천둥소리Thunder를 낸다 하여 붙여진 이름이다.

조단 폰드 하우스 Jordan Pond House

14 West Eden Ave, Bar Harbor
207-276-3610, www.thejordanpondhouse.com
공원 최고의 명소. 1870년대초 조지와 존 조단이 만든 식당으로 아카디아의 역사와 함께하면서 많은 이들의 사랑을 받는 곳. 이 식당을 찾았던 유명인들 중에는 윌리엄 하워드 태프트 대통령을 비롯 카네기 가문과 록펠러, 퓰리처, 포드 가문 사람들이 있으며, 그 명성이 해외로까지 알려져 세계 각국의 유명인들이 찾아오곤 한

다. 이곳의 음식 문화는 전통적인 '조단 폰드' 스타일로 오늘날까지 이어지고 있다. 또 스리랑카 실론 섬에서 재배되는 고급 홍차를 수입해 이곳에서 제공하는 조단 폰드 차Tea는 맛과 향이 일품인 최상품으로 알려졌다.

캠핑장

국립공원 관리사무소에서 운영하는 캠핑장이 블랙우즈Blackwoods Campground와 시월Seawall Campground 두 곳에 있다. 블랙우즈는 306개 자리가 있으며, 사용료는 20달러로 연중 개장하며 예약이 가능하다. 10월에는 214개 자리가 있고 사용료는 10달러부터 선착순으로 제공된다. 상세한 개장 일정 및 요금은 웹사이트(www.nps.gov/acad/camping.htm) 참조. 이외에 톰슨 아일랜드 방문객 센터(207-288-3411)에서 14개 사설 캠핑장에 관한 최신 정보를 제공한다.

가는 길

뉴욕 시에서 475마일 거리로 차로 8~10시간 소요. 95번 도로는 다소 지루하지만 1번 도로는 볼 것이 많다. 여름 휴가철에는 1번 도로의 교통 정체가 심하므로 Bangor로 가는 메인 턴파이크를 탄 후, I-395로 접어들어 루트 1A, 이어 남쪽으로 계속 진행해서 Ellsworth로 가면 해안가 도로의 정체를 피할 수 있다.

항공편은 보스턴에서 매일 출발해 마운트 데저트 섬 바로 맞은편에 있는 트렌튼 공항Trenton Airport에 도착하는 항공기를 이용한다.

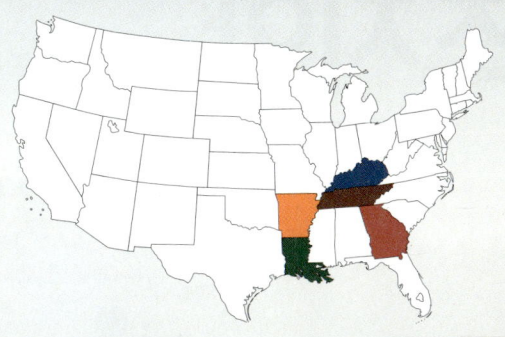

남부 지역
THE SOUTHS

뉴올리언스의 재즈 선율에 깨어 일어나는 아침. 남북전쟁 이전의 고풍스런 저택과 농장을 둘러보며 뜨거운 남부의 햇살 아래서 팝콘처럼 터지는 목화를 바라보는 신비스런 순간을 경험할 수 있는 곳. 남부 지방에서만 맛볼 수 있는 여유로운 순간들이다.
내슈빌의 한적한 바에서 푹 빠져들 수 있는 무명 가수의 열창, 미시시피 델타의 블루스, 그리고 켄터키 고원 지대의 외로운 목동들의 노랫소리도 이 지방의 매력이다.
여름철 남부의 기후는 무덥고 끈적끈적한 것이 특징. 특히 아열대성 기후를 보이는 해안 지대와 사우스캐롤라이나, 조지아, 미시시피, 그리고 루이지애나에서는 더욱 심하다.
반면 북부 지역은 산악 지대로 시원하고 건조한 기후를 보인다. 남부 지방을 여행하기에 좋은 철은 6월부터 9월까지다. 봄철에도 온화한 기후와 만개한 꽃들로 장관을 이루며 가을철에는 산악 지대의 단풍이 대단한 볼거리를 제공한다.

Inside The Souths

조지아 애틀랜타 / 서배너
루이지애나 뉴올리언스
아칸소 ▲핫 스프링스 국립공원
테네시 멤피스 / 내슈빌 / ▲그레이트 스모키 마운틴 국립공원
켄터키 루이스빌 / ▲매머드 케이브 국립공원
플로리다 탤러해시 / 마이애미 / 트 로더데일 / ▲에버글레이즈 국립공원 / ▲비스케인 국립공원 / 키 웨스트 / 올랜도 / 세인트 오거스틴 / 모스키토 라군

GEORGIA
조지아

전 세계적으로 유명한 소설과 영화 「바람과 함께 사라지다」의 배경으로 가장 먼저 떠올려지는 조지아는 남과 북의 지리적 문화적 차이가 두드러진 특징을 지니고 있다. 북부는 산악 지대이며 남부는 비옥한 토양으로 뒤덮인 평야 지대다. 남북전쟁 시절의 모습을 간직하고 있는 듯 남부 조지아는 여전히 목화와 복숭아, 너트와 콩 등의 농작물을 생산하는 농촌 지대와 연안의 아름다운 섬들이 모여 전형적인 남부의 풍광을 드러낸다. 역사적으로 인종 차별 문제로 인한 변화가 많았던 곳으로서, 마틴 루터 킹 주니어 목사와 지미 카터 대통령 같은 인물들이 이곳에서 배출되었다.

주도 애틀랜타
별칭 Empire State of the South, Peach State
명물 「바람과 함께 사라지다」, 코카콜라, 마틴 루터 킹 주니어, CNN, 지미 카터 대통령
조지아 주 관광청 404-962-4000, 800-847-4842, www.georgia.org

남부를 대표하는 도시 애틀랜타는 우리에게 소설과 영화 「바람과 함께 사라지다」의 배경으로 더욱 친숙하다. 애틀랜타는 1864년 남북전쟁 때 윌리엄 셔먼 장군이 이끄는 북군의 방화로 도시의 90% 이상이 불에 타서 잿더미가 된 역사가 있는데, 전쟁이 끝난 후 남북부의 화해를 상징하는 '신 남부'의 본보기로 재건되면서 기계화된 영농과 비즈니스 중심지가 되었다.

1960년대 초반에 마틴 루터 킹 목사가 이끄는 저항 운동으로 흑백 분리 정책Segregation이 폐지될 때까지 눈에 보이지 않는 인종 차별은 지속되었다. 애틀랜타는 20세기 뉴스 혁명을 불러일으킨 CNN 센터와 세계인의 음료인 코카콜라의 고향이기도 하다. 지역의 경제 부흥에 힘입어 지난 세기말 10년 동안 인구가 거의 40%나 급증했으며, 「포천」지가 선정한 전 세계 상위 500개 기업 중 450개 이상이 이곳에 자리를 잡고 있을 정도로 번창하고 있다.

관광 정보
애틀랜타 관광국 404-521-6600, www.atlanta.net

교통 정보
Hartsfield Atlanta International Airport
6000 North Terminal Parkway,
Atlanta, 404-530-6600, www.atlanta-airport.com
세계 최대 규모의 하츠필드 애틀랜타 국제공항은 남부 지방의 허브 공항이자 국제 항공 교통의 중심지. 세계에서 가장 번잡한 공항이다.
MARTA, Metropolitan Atlanta Rapid Transit Authority
404-848-5000, www.itsmarta.com
Atlanta Airport Shuttle
404-524-3400, www.theatlantalink.com
공항과 다운타운 호텔을 연결하며, 20~30분 간격으로 수시 운행.
택시
Atlanta Taxi Cab Association 404-753-7759
Checker Cab Company 404-351-1111
앰트랙 Amtrak
1688 Peachtree St, N.W. Atlanta 404-881-3067, www.amtrak.com
크레슨트Crescent호가 애틀랜타-뉴욕(19시간 소요), 애틀랜타-뉴올리언스(11시간 소요) 간을 매일 운행.
그레이하운드 Greyhound
232 Forsyth Street Southwest, Atlanta 404-584-1728, www.greyhound.com
뉴올리언스(10시간 소요), 마이애미(16시간 소요), 뉴욕(19시간 소요) 등지를 오갈 수 있다.

기타 정보
피치트리 트롤리 Peachtree Trolley
191 Peachtree Street, 32nd Floor, Atlanta, www.peachtreecorridor.com
다운타운과 미드타운의 관광 명소를 여유 있게 돌아볼 때 좋다.
도보 관광
404-688-3353, www.preserveatlanta.com
애틀랜타 보존센터Atlanta Preservation Center에서 운영하는 시내 도보 관광은 버스 투어보다 더 생생한 경험을 안겨 준다.

다운타운

조지아 주 의사당 Georgia State Capitol

100 Washington Street Southwest, Atlanta
404-656-2844, www.sos.state.ga.us

애틀랜타의 정치 중심지로 금색 돔이 시선을 끈다. 워싱턴 D.C. 국회의사당의 축소판이랄 수 있는 건물로 황금빛 돔의 위에 자유의 여신상 조각상이 있는 르네상스 건축 양식의 건물이다. 인근 골드러시 마을Dahlonega에서 채취한 금으로 단장했다. 무료 투어에는 의회와 주 정부의 활동을 보여주는 영화 상영도 있다. MARTA를 타고 E1 Georgia State 역에서 하차한다.

코카콜라 월드 World of Coca-Cola

121 Baker St, NW Atlanta
월~토 9~17, 일 12~18
404-676-5151, www.woccatlanta.com

코카콜라가 단순한 음료수가 아니라 세계의 가장 주요한 문화 아이콘의 하나라는 것을 실감할 수 있는 곳. 1886년 코카콜라가 만들어진 때부터 최근에 이르기까지 코카콜라의 역사를 한눈에 볼 수 있다. 전 세계 코카콜라의 이미지가 담긴 영상과 코카콜라의 생산 모형을 상영해 준다. 높이 16피트의 코라콜라 분수와 그 분수에서 한 컵 가득 음료를 담아 마시는 재미를 놓칠 수 없다.

언더그라운드 애틀랜타 Underground Atlanta

50 Upper Alabama St, Atlanta
414-523-2311, www.underground-atlanta.com

레스토랑과 카페, 나이트 클럽과 바 등 각종 엔터테인먼트 시설이 밀집되어 있는 애틀랜타의 심장부. 원래 이 지역은 철도 교통의 요충지로 19세기 말부터 철도 선로를 덮듯이 도로가 계속 건설되는 바람에 '언더그라운드' 애틀랜타가 탄생했다. 이름은 '언더그라운드'이지만 실제로는 지하가 아니다. 도시 범죄 등으로 인해 한동안 폐쇄되었다가 재개장하면서 옛 것과 새 것이 한데 어우러진 독특한 명소로 재탄생했다. 전철을 타고 Five Points 역에서 하차.

CNN 센터 CNN Center

190 Marietta Street Northwest, Atlanta
예약 필수, 월~금 8:30~17, 404-827-2300, www.cnn.com
20세기 '뉴스의 혁명'을 몰고 온 뉴스 전문 케이블 채널 본사. 50분짜리 CNN 투어가 유명하여 관광 명소가 됐다. 세계에서 가장 빠르고 권위 있는 뉴스가 어떻게 진행되는지를 엿볼 수 있는 CNN 헤드라인 뉴스 데스크와 컨트롤 룸을 돌아보는 것도 흥미진진하다.

애틀랜타 사이클로라마
Atlanta Cyclorama & Civil War Museum

800 Cherokee Ave. SE Atlanta
404-624-1071, www.webguide.com
남북전쟁 당시 이 도시의 운명을 결정지은 1864년 7월 22일에 벌어진 '애틀랜타 전투'를 재현하는 쇼. 1893년에 공연을 시작한 이래 지금까지 이어오고 있는 미국 내 최장기 공연물이다. 높이 42피트, 둘레 358피트에 달하는 초대형 원통 속에 설치된 관람석에 앉으면 원통형 캔버스에 그려진 그림을 배경으로 그 앞에 놓인 시가지와 대포 등의 모형이 배경과 적절하게 조합되어 해설에 따라 달라지며 전투 장면을 만들어낸다. 남북전쟁 박물관Civil War Museum이 같은 곳에 있다.

카터 대통령 기념관
Jimmy Carter Presidential Center

453 Freedom Parkway, Atlanta
404-331-3942, www.cartercenter.org
조지아의 땅콩밭 출신의 지미 카터Jimmy Carter 대통령의 업적을 담은 사진과 자료들을 전시하고 있다. 도서관과 정원은 관광객들도 들어가 볼 수 있다. 온화하고 소박한 카터 대통령의 이미지에 걸맞게 이곳의 시설들은 모두 기증을 받아 만들었다고 한다. 파이브 포인츠 역에서 하차한 후 16번 버스를 타고 가면 된다.

미드타운

REV. MARTIN LUTHER KING, JR.
1929 ~ 1968
"Free at last, Free at last,
Thank God Almighty
I'm Free at last."

CORETTA SCOTT KING
1927 ~ 2006
"And now abide Faith, Hope,
Love, These Three; but the
greatest of these is Love."
1 Cor. 13:13

마틴 루터 킹 목사 역사 지구 Martin Luther King, Jr. National Historic Site
450 Auburn Ave. NE Atlanta, 404-331-5190, www.nps.gov/malu
미국 인권운동 사상가 마틴 루터 킹 목사의 생가와 묘지, 기념 센터 등이 모여 있다.
킹 목사가 어린 시절을 보냈던 집, 그가 설교했던 교회도 포함되어 있으며 킹 센터The King
Center에는 킹 목사의 업적과 인권운동에 관한 자료와 더불어 유색인종을 위한 국가연합 메달,
노벨 평화상, 카터 대통령이 수여한 메달 등이 나란히 전시되어 있다. 킹 목사의 묘는 물이 가득
한 풀 안에 세워져 있다. 묘비명은 그의 연설에서 따온 '마침내 자유Free at last'.

로드 투 타라 박물관 Road to Tara Museum
104 North Main St, Jonesboro
770-478-4800, www.visitscarlett.com
다운타운에서 남쪽 10분 거리에 「바람과 함께 사라지
다」전용 박물관이 있다. 영화의 주인공인 비비안 리 등
의 스타들이 묵었던 조지언 테라스Georgian Terrace
의 지하층에 위치. 원작자인 마거릿 미첼의 자필 원고
와 편지, 영화에 사용되었던 의상과 소도구, 사진 등
을 전시한다.

마거릿 미첼의 집
Margaret Mitchell House & Museum
990 Peachtree St, Atlanta

404-249-7015, www.gwtw.org
마거릿 미첼이 이곳에서 집필 활동을 하면서 명작 「바
람과 함께 사라지다」를 탄생시킨 곳. 지금은 남부 문학
의 중심지로 자리매김하고 있다. 바로 곁에 있는 방문
객 센터에서 스칼렛 이전의 마거릿 미첼 작품들을 둘러
보면서 투어를 시작. 마거릿 미첼이 「바람과 함께 사라
지다」를 집필한 아파트 내부를 둘러본 후 영화 박물관
으로 코스가 이어진다.

스위트 오번 Sweet Auburn
www.sweetauburn.com
옛 흑인 문화 상업의 중심지로 마틴 루터 킹 목사에 관
한 여러 가지 볼거리가 있는 지역이다.

애틀랜타 인근

펀뱅크 자연사 박물관
Fernbank Museum of National History

767 Clifton Road NE Atlanta
월~토 10~17, 일 12~17, 성인 $15, 3~12세 $13
404-929-6400, www.fernbankmuseum.org
다운타운 동쪽 숲속에 자리한 애틀랜타 최대의 박물관. 고화질 비디오나 공룡을 비롯한 다양한 전시물로 지구의 탄생에서부터 현재까지를 보여주는 조지아의 역사A Walk Through Time in Georgia, 5층 건물 높이에 달하는 초대형 아이맥스 극장 등 다양한 전시물이 자연에 대한 궁금증을 풀어준다.

버지니아 하이랜드와 디카투어
Virginia Highland와 Decatur

www.virginiahighland.com
부티크 숍이 즐비하게 늘어선 고급 쇼핑가. Little Five Points에서는 와인이나 중고 의류를 살 수 있다.

스톤 마운틴 파크 Stone Mountain Park

Highway 78 E. Stone Mountain One Day Pass 12세 이상 $27, 3~11세 $21 770-498-5690, 800-401-2407 www.stonemountainpark.com
다운타운에서 동쪽 16마일 거리에 있는 바위산으로 높이가 825피트에 달하는 화강암 덩어리가 지표면 밖에 노출된 것으로는 세계 최대 규모다. 바위산에 남군의 영웅들인 남부연합 대통령 제퍼슨 데이비스Jefferson Davis, 토머스 잭슨Jackson 장군과 로버트 리Robert E. Lee 장군의 모습이 새겨져 있다. 세계에서 가장 큰 부조 작품이라고 할만한 이 기마상은 1923년에 시작하여 1972년까지 50년에 걸쳐 완성되었다. 각종 레포츠 시설이 잘 갖춰진 레크리에이션 지역으로 늘 관광객들로 붐빈다. 스카이 리프트를 이용해 산 정상까지 올라갈 수 있으며 호수에서 관광선 유람을 즐기거나 관광 열차로 인근 지역을 둘러볼 수도 있다. 조지아 주 최대 규모의 캠프장(Stone Mountain Family Campground, 770-498-5710)이 있다.

전통과 쾌락이 공존하는 남북 전쟁의 역사책 Savannah
서배너 1

항구 도시 서배너는 1733년 영국인 제임스 오글소프에 의해 세워진 조지아에서 가장 오래된 도시로 1786년까지 조지아의 주도였으며, 아직도 식민지 시대의 분위기가 그대로 살아 있다. 2,300채 이상의 건축물을 그대로 보존하고 있는 전국 최대의 사적지가 이곳에 있으며, 미국 최초의 계획 도시로 볼거리도 풍성하다. 뉴욕이나 플로리다에서 볼 수 없는 남부 지방의 독특한 분위기를 연출하는 도심의 미니 광장은 멋진 건물과 아름다운 교회 등으로 둘러싸여 있어 관광 도중의 쉼터로도 안성맞춤. 전국 최대·최장의 세인트 패트릭스데이 축제가 열리는 봄에 찾아도 좋다.
한때 면화와 담배 출하 항구로 번성했으며, 지금은 남동부 최대의 무역항이기도 하다. 또한 미국에서 유럽적 분위기를 느낄 수 있는 몇 안 되는 곳 중 하나로 꼽힌다. 1736년 감리교 창시자인 웨슬리가 개척민과 인디언들에게 설교를 하기 위해 이곳에 왔다. 1819년 증기기관선으로는 최초로 대서양을 횡단한 서배너 호가 출항한 곳도 여기다. 남북전쟁 때는 동쪽으로 27킬로미터 떨어진 펄래스키 요새가 1862년 4월 11일 북군에 함락될 때까지 남군의 주요 공급기지였다. 1864년 12월 20일 마침내 셔먼 대령 지휘하의 북군이 서배너를 함락하면서 링컨 대통령에게 이 도시를 파괴하지 않고 크리스마스 선물로 주었다는 일화가 유명하다.

관광 정보
서배너 관광국 301 Martin Luther King Jr. Bivd, 877-728-2662, 912-944-0455
www.savannahvisit.com

교통 정보
Savannah International Airport
400 Airways Ave, Savannah, 912-964-0514, www.savannahairport.com
다운타운 5마일 서쪽에 위치. Coastal Transportation에서 공항과 시내를 연결하는 셔틀버스(912-964-8467, www.coastaltransport.net)를 운행한다.
열차
앰트랙(2611 Seaboard Coastline Dr, 912-234-2611)이 시청에서 4마일 떨어진 곳에 있지만 택시를 이용해야 갈 수 있다. 매일 3편의 실버 서비스 열차가 플로리다의 잭슨빌을 거쳐 마이애미까지 운행한다.
그레이하운드 Greyhound 610 Oglethorpe Ave, Savannah, 912-232-2135

기타 정보
도보 관광 Walk In Savannah Tours 912-238-9255, www.savannahwalks.com
서배너의 역사를 온몸으로 느낄 수 있는 방법으로 관광국에서 추천하는 30여 곳의 명소들을 소개한 도보 투어용 지도를 이용해 관광에 나서면 두 시간 정도로 꼼꼼히 둘러볼 수 있다.
마차 관광 Historic Savannah Carriage Tours 912-443-9333, www.savannahcarriage.com
조지아 주 최초의 도시인 서배너 역사 지구를 마차를 타고 돌아본다. 서배너의 특징인 사각형의 아담한 공원 22곳을 빠짐없이 돌며 건물들의 소개와 설명을 곁들이는 알찬 투어다.

서배너 역사 지구 Savannah historic District

서배너의 거의 모든 명소들이 밀집된 지역으로 리버 스트리트River Street를 중심으로 21개의 각기 다른 성격의 광장이 모여 있다. 리버 프론트Riverfront에는 옛 목화 창고를 개조하여 조성된 수십 개의 레스토랑과 상점, 나이트 클럽 등이 강변을 따라 즐비하여 늘 활기찬 분위기로 여행객을 맞이한다.

서배너 역사 박물관
Savannah History Museum

303 Martin Luther King Jr. Blvd, Savannah
월~금 8:30~17, 토 · 일 9~17
912-651-6825, www.chsgeorgia.org
철도역을 개조한 방문객 센터 바로 뒷편에 있는 박물관. 관내의 소극장에서는 서배너의 역사를 애니메이션과 슬라이드로 설명해 준다. 전시장에는 독립전쟁이나 남북전쟁 때의 무기 등을 진열해 놓았다.

걸스카웃 센터
Juliette Gordon Low Birthplace, Girl Scout Center

10 East Oglethorpe Ave,
Savannah 912-233-4501,
www.girlscouts.org/birthplace
1912년 3월 12일 서배너에서 미국의 걸스카웃을 창립한 줄리엣 고든 로의 생가로 미국 걸스카웃 단원들이 스카웃 정신을 배우기 위해 순례하는 명소.

라운드 하우스 기차 박물관
Roundhouse Railroad Museum

303 Martin Luther King Jr Blvd, Savannah
매일 9~17, 912-651-6823, www.chsgeorgia.org
남북전쟁 이전의 열차 생산 공장과 수리창의 모습을 가장 충실하게 재현한 박물관. 증기기관차와 구식 벨트 구동 기계류, 기관차, 열차 노선 모형 등이 전시되어 있다.

선박 박물관 Ships of Sea Maritime Museum

41 Martin L. King, Jr. Blvd, Savannah
화~일 10~17, 성인 $8, 학생 $6
912-232-1511, www.shipsofthesea.org
대서양을 횡단한 최초의 증기선 '서배너호'의 주인이 살던 집. 범선을 비롯해 특이하게 세공한 배 모형이 많

이 전시되어 있다. 그중 병 속에 든 배의 컬렉션으로는 세계에서도 최고로 꼽히는 곳으로 서배너에서 반드시 들러야 할 곳.

지미 카터 역사 유적지
Jimmy Carter National Historic Site

300 North Bond St, Plains
229-824-4104, www.nps.gov/jica

카터 전 대통령의 고향인 플레인즈Plains에는 지미 카
터 역사 유적지가 있다. 카터 대통령이 소년 시절을 보
냈던 농장은 현재 박물관으로 일반에 공개되고 있다.
카터 대통령의 부모들은 이곳에서 면화와 땅콩, 옥수
수를 경작하며 아이들을 키웠고, 카터 대통령 자신도
퇴임 후 이 근처에서 생활하고 있다. 카터 대통령은
Maranatha Baptist Church에서 주일학교 교사로 아이
들을 가르치기도 한다.

서배너 강 크루즈

Savannah Riverboat Cruises
912-232-6404,
www.savannahriverboat.com
서배너 강의 역사를 들으며 1시간 동안 즐
기는 주간 크루즈와 토요일 정오에 출발
하는 런천 크루즈, 생음악과 뷔페를 함께
하며 즐기는 저녁 크루즈 등이 있다.

LOUISIANA

루이지애나

Lake Providence
Bastrop
Minden
Shreveport Ruston
Monroe
Winnsboro
Winnfield
Ferriday Mississippi River
Natchitoches
Vidalia
Alexandria
Leesville
New Roads Bogalusa
De Ridder Ville Platte Baton Rouge Hammond
Eunice Opelousas
Sulphur Lake Pontchartrain
Lake Charles Crowley Lafayette
Lake Charles Grand Lake New Orleans
New Iberia Raceland Chalmette
White Lake
Morgan City
Houma
Venice
Grand Isle

주도 매그놀리아 Magnolia
별칭 Bayou State, Pelican State
명물 타바스코 소스, 케이준 요리
루이지애나 주 관광청 225-342-8119, 800-633-6970, www.louisianatravel.com

행복한 시간이 계속되게 하라 New Orleans
뉴올리언스 1

미시시피강 유람선 투어
504-586-8777, www.steamboatnatchez.com
느릿느릿 흐르는 미시시피 강의 물결에 몸을 맡기고 2시간 짜리 증기선 Natchez 호에 실려 남부의 정취에 흠뻑 젖어볼 수 있는 기회.

미국 속에 담긴 유럽이며 재즈의 발상지로 유명한 항구 도시 뉴올리언스는 미국에서 가장 멋스러운 풍취를 지닌 도시 중의 하나다. 프랑스와 스페인 문화가 차례로 융합되어 독특한 외양과 색다른 음식 문화로 전 세계인의 사랑을 받고 있는 도시이기도 하다. 루이 암스트롱Louis Armstrong과 젤리 롤 몰튼Jelly Roll Morton 같은 재즈 뮤지션을 탄생시킨 20세기 재즈의 고향으로 거리에 넘쳐 나는 재즈 연주는 물론 수준 높은 재즈 공연이 연일 끊이지 않고, 더불어 세계적인 축제도 쉼없이 열린다. 느긋한 분위기 때문에 '더 빅 이지The Big Easy' 라는 애칭을 갖고 있는 유혹적인 도시의 한쪽, 재즈 선율에 취한 이방인의 발길을 잡는 버번 스트리트의 밤도 매력적이다.

뉴올리언스는 흑인노예 시장이 섰던 항구 도시다. 졸지에 미국으로 끌려온 노예들이 목화밭과 사탕수수 농장에서 부르던 노동요, 구슬픈 블루스, 구원의 기원을 담은 가스펠이 미시시피 강을 타고 부글부글 끓어오르며 흑인의 비애와 희망, 저항을 한데 녹이다 뉴올리언스의 독특한 크레올 문화까지 삼켜냈다. 재즈의 위대한 이름 킹 올리버, 루이 암스트롱. 시드니 베셰가 전부 뉴올리언스 출신. 1920년대에는 이들이 증기선을 타고 미시시피 강을 따라 북부 대도시로 몰려갔고 시카고, 뉴욕이 차례로 재즈의 메카 자리를 물려받았다.

관광 정보

뉴올리언스 관광국 529 St. Ann St. near Jackson Square
504-568-5661, www.neworleansonline.com

교통 정보

Louis Armstrong international Airport
900 Airline Hwy, Kenner, 504-464-0831, www.flymsy.com
Airport Shuttle
504-522-3500, www.airportshuttleneworleans.com
택시 정액요금제. 시내까지 약 20분 소요.
-United Cab 504-522-9771
-Yellow-Checker Cabs 504-525-3311 -White Fleet Cabs 504-822-3800
Public Bus 요금 $2, 504-737-9611, www.neworleanstransportation.com
앰트랙 1001 Loyola Ave, New Orleans 504-528-1610, 800-872-7245
www.amtrak.com
그레이하운드 Greyhound 504-524-7571, www.greyhound.com

시내 교통

시내버스 및 전차 504-248-3900, www.norta.com
교통국RTA에서 운행하는 시내버스와 전차를 이용하면 시내 주요 명소를 돌아볼 수 있다.
그러나 프렌치 쿼터 안쪽으로는 교통망이 잘 연결되지 않으므로 도보로 돌아보는 것이 더 낫다.
St. Charles Streetcar
Canal St.에서 St. Charles Ave와 Riverbend를 지나 Carrollton Ave까지 연결하는 전차로 가든 디스트릭트 관광에 편리하다.
Magazine Line Magazine St를 달려 오듀본 동물원까지 연결한다.
Riverfront Streetcar Esplanade Ave에서 미시시피 강을 따라 Julia St까지 달리면서 프렌치 마켓, 잭슨 광장, 세계무역센터, 리버워크 등 중심가의 관광 명소를 연결한다.

기타 정보

프렌치 쿼터 도보 관광 French Quarter Walking Tour
504-589-2636, www.nps.gov/jela/french-quarter-site.htm
장 라피트 국립 역사공원Jean Lafitte National Historical Park에서 운영하는 무료 투어. 가든 디스트릭트를 돌아보는 코스도 있다.
마차 관광 Carriage ride 504-943-8820, www.neworleanscarriages.com
좁은 골목길을 천천히 달리는 마차를 타고 프렌치 쿼터를 돌아본다. 잭슨 광장에서 출발.
그레이라인 투어 504-569-1401, www.graylineneworleans.com
프렌치 쿼터에서 출발하여 퐁차트레인 호수, 세인트 찰스 애비뉴, 슈퍼돔 등 시내의 주요 관광 명소를 돌아보는 슈퍼 시티 투어. 여기에 미시시피 강 유람선 관광을 추가한 Paddle & Wheel Tour, 교외의 늪지를 보트로 돌아보는 Swamp & Bayou Tour 등이 있다.

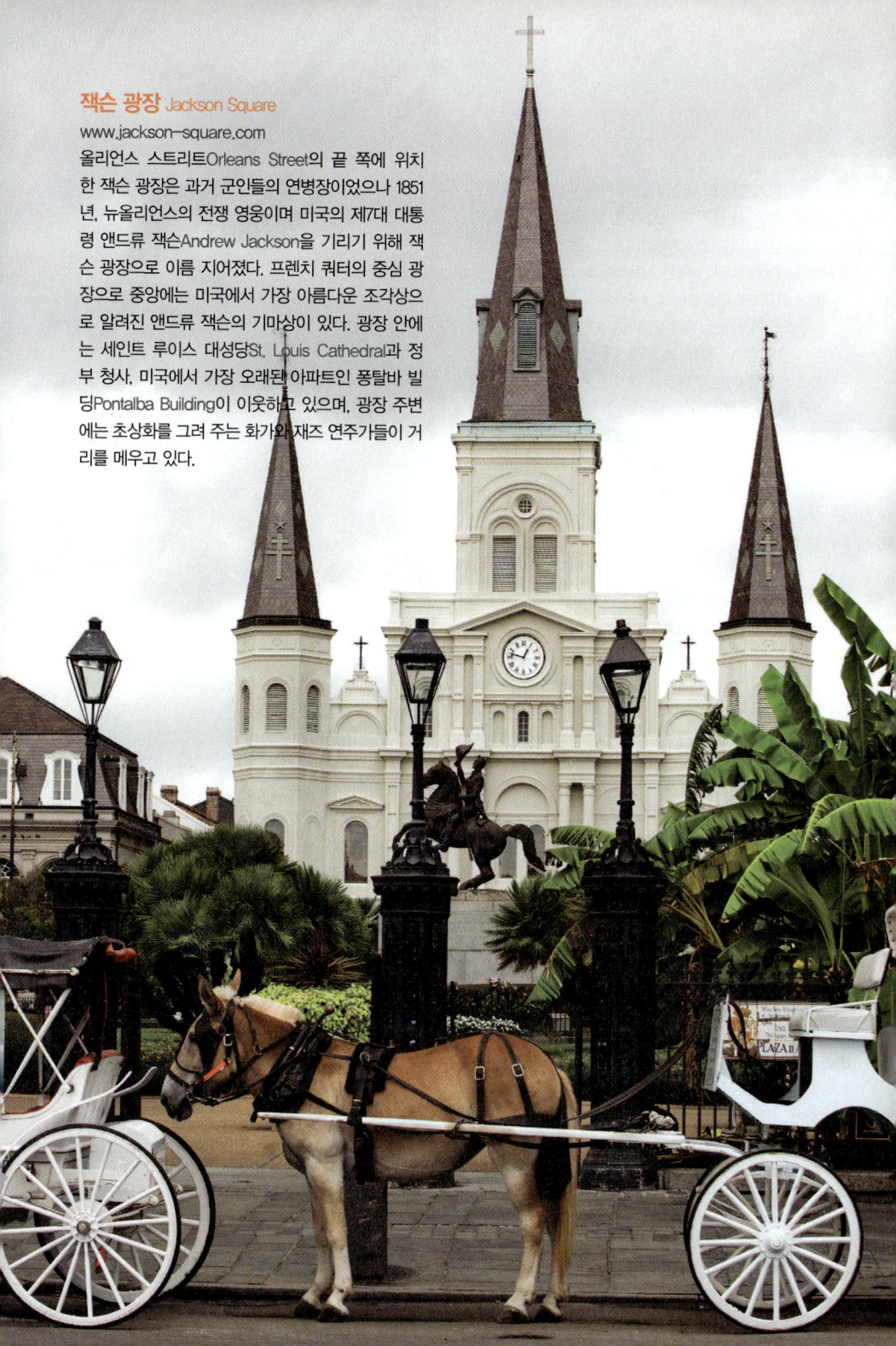

잭슨 광장 Jackson Square

www.jackson-square.com

올리언스 스트리트Orleans Street의 끝 쪽에 위치한 잭슨 광장은 과거 군인들의 연병장이었으나 1851년, 뉴올리언스의 전쟁 영웅이며 미국의 제7대 대통령 앤드류 잭슨Andrew Jackson을 기리기 위해 잭슨 광장으로 이름 지어졌다. 프렌치 쿼터의 중심 광장으로 중앙에는 미국에서 가장 아름다운 조각상으로 알려진 앤드류 잭슨의 기마상이 있다. 광장 안에는 세인트 루이스 대성당St. Louis Cathedral과 정부 청사, 미국에서 가장 오래된 아파트인 퐁탈바 빌딩Pontalba Building이 이웃하고 있으며, 광장 주변에는 초상화를 그려 주는 화가와 재즈 연주가들이 거리를 메우고 있다.

프렌치 쿼터 French Quater

뉴올리언스 관광의 중심지인 프렌치 쿼터는 뉴올린언스의 설립에서 재건에 이르기까지 프랑스 정착민들이 거주하던 지역으로 정식 명칭은 프랑스식의 뷰 카레 Vieux Carre이다. 버번 스트리트Bourbon Street, 로열 스트리트Royal Street, 디케이터 스트리트Decatur Street와 잭슨 광장Jackson Square을 아우르며 조성된 자동차 없는 광장으로 1721년에 건설되던 당시의 프랑스식 건물들은 1788과 1794년 두 차례의 대형 화재로 많이 소실되었다. 지금은 이후 스페인 식민시대와 미국 합병 초기에 지어진 로맨틱한 느낌의 건물들 안에 미술관이나 앤티크숍, 레스토랑과 바 등이 자리하여 언제나 생동감 넘치는 거리 분위기를 만들어내고 있다.

프렌치 마켓 French Market

1008 North Peters St, New Orleans
504-522-2621, www.frenchmarket.org

200여 년의 역사를 지닌 시장으로 프랑스 식민지 시절 인디언이나 흑인 노예를 사고 팔던 곳이다. 잭슨 광장에서 미시시피 강 쪽으로 강 연안을 따라 형성되어 있으며 농산물, 정육, 벼룩 시장 3가지로 구성된 마켓의 풍물이 멋스럽고 이국적이다. 바로 옆에는 150년 전통의 카페 드 몽드Cafe du Monde가 있어 프랑스식 도넛인 베네Beignet와 뉴올리언스 정통식 카페오레를 즐기면서 즐거운 한나절을 만끽할 수 있다.

로얄 스트리트 Royal Street

미시시피 강 반대편으로 한 블록 떨어져 길게 이어진 프렌치 쿼터의 주요 도로. 한때 희곡 「욕망이라는 이름의 전차」의 전차가 달렸다고 한다. 지금은 단지 '욕망Desire'이라고 이름 붙인 버스가 달리고 있을 뿐이다. 거리 주변으로는 화랑, 골동품 상점, 기념품점 등이 즐비하다. 1910년에 대리석으로 지어진 루이지애나 대법원 건물Louisiana Supreme Court Building에는 루이지애나 주 대법원이 들어서 있으며, 로얄 스트리트에서 가장 오래된 건물인 메류 하우스Merieult House(1792)에는 뉴올리언스의 역사 자료가 전시된 박물관 히스토릭 뉴올리언스 컬렉션Historic New Orleans Collection (504-523-4662)이 있다.

버번 스트리트 Bourbon street

로열 스트리트에서 미시시피 강 반대편으로 한 블록 떨어져 있는 버번 스트리트는 카니발이 있는 2월 축제를 즐기는 사람들이 모이는 장소로 유명한 프렌치 쿼터의 중심지다. 수많은 레스토랑과 상점, 나이트클럽이 있으며, 밤이 되면 더욱 생기가 넘친다. 뉴올리언스에서 가장 유명한 재즈 공연장 중의 하나인 프리저베이션 홀Preservation Hall(726 St, Peter St./504-523-8939)에서 뉴올리언스 풍의 전통 재즈를 연주를 감상하는 것도 잊지 말자.

구 조폐국 Old U.S. Mint

400 Esplanade Ave, New Orleans
504-568-6968,
www.lsm.crt.state.la.us/site/mintex.htm

프렌치 쿼터 북동쪽의 1835년에 건축된 붉은 건물. 남북전쟁 당시 월 500만 개의 동전을 만들어내던 조폐국 건물이었으나 현재는 루이지애나 박물관 별관으로 루이 암스트롱이 사용하던 악기 등 재즈의 역사를 알 수 있는 자료들이 전시된다.

뉴올리언스 재즈 감상 명소

프렌치 쿼터 안의 버번 스트리트와 세인트피터 스트리트는 뉴올리언스 재즈 감상의 천국. 라이브 재즈를 감상할 수 있는 명소를 찾아보자.

프레저베이션 홀 Preservation Hall
1961년에 문을 연 이래 뉴올리언스 재즈를 활성화시키는 데 큰 공헌을 하고 있다. 시설은 낡았지만 연주가 시작되면 앉을 틈이 없다.

메종 버번 Maison Bourbon
프레저베이션 홀 뒤쪽에 위치한 재즈 바. 매일 2개의 밴드가 재즈를 연주한다.

스너그 하버 Snug Harbor
수준 높은 재즈를 연주하는 뮤지션들이 출연하는 곳. 재즈 외에도 뉴올리언스 리듬앤블루스도 즐길 수 있다.

피트 파운틴스 Pete Fountain's
고급스러운 분위기. 힐튼 리버사이드 호텔의 3층에 위치. 예약 필수.

뉴 스토리빌 재즈 홀 New Storyville Jazz Hall
높은 수준의 딕시랜드 재즈 연주를 해내는 밴드가 출연하는 명소. 일요일 밤에는 거리의 연주자들이 무대에 서기도 한다.

우르술린 수도원 Old Ursuline Convent
1110 Chartres St, New Orleans, 504-529-3040
미시시피 강 유역에 현존하는 가장 오래된 건물로 프렌치 쿼터 내에 남아 있는 프랑스풍 건축물 중 하나. 잭슨 광장 북동쪽 3블록 거리에 있다.

남부연합 전쟁박물관 929 Camp St, New Orleans
월~토 10~16,

일반 $5, 학생 $4, 12세 이하 $2 504-523-4522
1891년에 지어진 로마 양식의 남부연합 전쟁 박물관은 루이지애나 주에서 가장 오래된 박물관이다. 관내에는 남북전쟁에 관한 회화 및 사진, 전쟁 때 사용되었던 군복 및 무기 등이 전시되어 있다. 링컨Lincoln과 로버트 리Robert E. Lee, 스톤월 잭슨Stonewall Jackson, 남북전쟁 중 남부동맹의 대통령이었던 제퍼슨 데이비스Jefferson Davis의 군복 및 유품을 볼 수 있다.

오듀본 아쿠아리움
Audubon Aquarium of the America
1 Canal St, New Orleans
성인 $18.50, 2~12세 $11.50
800-774-7394, www.auduboninstitute.org
캐널 스트리트Canal Street의 끝쪽 미시시피 강변에
있는 미국에서 손꼽히는 수족관으로 아마존Amazone
강 유역, 미시시피Mississippi 강 유역, 멕시코 만Gulf
of Mexico, 카리브 해 산호초Caribbean Reef 등의 전
시실로 구성되어 있다. 미시시피강과 델타 지역 습지대
의 생태계를 다양하게 재현해 놓았으며, 카리브 해의
암초로 이루어진 터널을 지나가면서 화려한 물고기들
의 모습을 구경할 수 있고, 아이맥스 영화관에서 영화
도 관람할 수 있다.

가든 디스트릭트 투어 Garden Street Tour
캐널 스트리트Canal St.와 캐론딜리트 스트리트Ca-
rondelet St.가 만나는 지점에서 출발하는 세인트 찰스
스트리트카Saint Charles Streetcar를 타고 뉴올리언
스에서 가장 아름다운 주택가 가든 디스트릭트를 감상
해 보자. 참나무와 사이프러스를 심어 놓은 대규모 공
원이 있어 살기 좋은 주택가를 형성한다.
잭슨 애비뉴Jackson Ave.와 루이지애나 애비뉴
Louisiana Ave.에 도착하면 스트리트카에서 내려 직
접 걸으면서 가든 디스트릭트를 감상해 보는 것이 좋
다. 식민지풍 건축 양식의 아름다운 가옥 가운데 1번가
1st St. 1315번지에 위치한 캐롤 크로포드 하우스Car-
roll Crawford House는 정성 들여 만든 아름다운 철
제 발코니가 돋보이고, 1134, 1239, 1331번지의 아름다
운 집들이 시선을 사로잡는다. 동서로는 1번가1st St.에
서 4번 가4th St.까지, 남북으로는 프리타니아 스트리
트Prytania St.에서 캠프 스트리트Camp St.까지 이어

지는 직사각형의 구도를 따라 도보로 산책하며 경치를
감상해 보자. 가든 디스트릭트에서 가장 오래된 집은
프리타니아 스트리트에 위치한 2340번지 집이다. 라파
이에뜨 묘지 근처의 워싱턴 애비뉴Washington Ave.에
있는 유명한 레스토랑인 커맨더스 팰리스Command-
er's Palace도 잊지 말자.
뉴올리언스 시가 운영하는 가든 디스트릭트 무료 가이
드 투어는 한 시간 동안 진행된다. 자세한 설명을 들을
수 있어 관광객들에게 매우 인기가 많다.

뉴올리언스 미술관
NOMA, New Orleans Museum of Art
1 Collins Diboll Circle, City Park
수~일 10:00~16:30
성인 $8, 학생 $7, 3~17세 $4, 3세 미만 무료
504-658-4100, www.noma.org
1911년에 건립된 보자르Beaux-Arts 양식의 뉴올리언
스 미술관은 유럽 및 미국의 회화 작품, 특히 루이지애
나 주 및 아프리카계 미국인 예술가들의 다양한 작품
이 전시되어 있다. 은 그릇, 유리 제품, 일본 에도시대
의 회화 작품, 피터 칼 파베르제Peter Carl Faberg의
보석, 미니 초상화 등 다채로운 작품들을 만날 수 있어
더욱 흥미로운 곳이다.

오듀본 동물원 Audubon Zoological Garden
6500 Magazine St, New Orleans
성인 $13.50, 2~12세 $8.50
504-581-4629, www.auduboninstitute.org
다운타운 남서쪽 오듀본 공원에 있는 미국 5대 동물원
중의 하나로 악어, 보브캣, 붉은 여우, 흑곰, 거북이, 백
색 악어, 코모도 등 2천여 종의 동물들과 함께 루이지
애나 습지대의 생태계를 재현해 놓고 있다.

퐁차트레인 호수 Lake Pontchartrain

www.pontchartrain.net

시 북쪽으로 넓게 자리한 소금 호수. 동서로 64킬로미터, 남북으로 40킬로미터 중앙에는 퐁차트레인 다리가 있는데 물 위에 설치된 다리로 세계에서 가장 길다. 약 39킬로미터의 길이를 자랑하며 1956년에 완성되었다.

놓칠 수 없다!

뉴올리언스 축제와 이벤트

마르디그라 Mardi Gras

www.mardigrasneworleans.com

부활절 46일 전, 금욕 기간인 사순절 전날을 마르디그라데이Fat Tuesday라고 한다. 이 날을 기준으로 약 1개월 전부터 마르디그라 시즌이 시작되는데 일년 중 뉴올리언스가 가장 붐비는 시기로 2월 혹은 3월에 열린다.

세계 최대 규모의 행사 중 하나인 마르디그라 축제는 하루에도 수시로 열리는 퍼레이드에 누구나 분장을 하고 참가해 즐길 수 있다. '지상 최고의 공짜쇼'라 불리우는 마르디그라는 1837년 첫 가장행렬로 처음 시작됐다. 곳곳에서 가장무도회가 열리고 수많은 사람들이 정의, 믿음, 권력을 상징하는 보라색, 녹색, 황금색 옷을 입으며 검은색의 부두voodoo 맥주를 마시고, 킹케이크라는 특별한 케이크를 먹으면서 즐거운 시간을 갖는다. 킹케이크king cake는 아기 예수의 탄생 때 동방박사 세 명이 선물을 들고 경배하기 위해 온 것을 기리는 데서 비롯됐다고 한다. 특히 감비노제과점(www.Gambinos.com)에서 만든 원조를 맛볼 것. 한 달 가까이 계속되는 축제지만 퍼레이드는 마르디그라 당일에 절정을 이루어 사람들은 가장행렬을 향해 "무엇이든 던져주세요Throw me something Mister"라고 외치며 목걸이 등을 받는 전통풍습이 있다.

프렌치 쿼터 축제

French Quarter Festival

504-581-4995, www.fqfi.org

프렌치 쿼터 내에서 열리는 재즈와 음식의 축제. 4월 둘째 주에 열린다.

뉴올리언스 재즈 & 해리티지 페스티벌

New Orleans Jazz & Heritage Festival

504-558-6100, www.jazzandheritage.org

세상의 어떤 음악을 가져와도 재즈로 만들어내고 만다는 재즈의 고향 뉴올리언스에서 40년째 펼치고 있는 음악, 요리, 예술 등의 종합 문화제다. 4월 마지막 주말~5월 첫째 주말 도시 외곽의 경마장에는 전 세계 50만 명 이상의 방문객들이 찾아들어 재즈를 비롯한 자이테코, 케이준, 딕시랜드, 록, 컨추리 뮤직까지 장르를 불문한 음악 축제가 열린다.

ARKANSAS
아칸소

한폭의 그림같은 풍경을 펼쳐보이는 오자크 산맥과 워시타 산맥에서 다양한 자연 스포츠를 즐길 수 있는 서부와 남부의 관문이다. 인디언 말로 '물이 흘러내리는 곳'을 의미하는 아칸소는 천연 온천이 개발되어 관광 명소가 되었으며 핫 스프링스 국립공원을 비롯, 6개의 국립공원과 250만 에이커의 국유림, 50개의 주립공원이 있는 자연의 주The Natural State다. 2차대전의 영웅 맥아더 장군과 빌 클린턴 전 대통령의 고향으로 알려져 있다. 북미 유일의 다이아몬드 광산이 있는 곳이기도 하다.

주도 리틀록
별칭 Bear State, Land of Opportunity, Natural State
명물 빌 클린턴 전 대통령, 맥아더 장군, 작가 존 그리샴
아칸소 주 관광청 501-682-7777, www.arkansas.com

마운트 매거진 시그널 힐 Mount Magazine Signal Hills

마운트 매거진 주립공원은 핫 스프링스 도심을 관통하는 7번 도로를 따라 북상하다가 올라Ola에서 10번으로 바꿔 타고 다시 10마일 정도 서쪽으로 가면 마운틴 매거진 주립공원으로 올라가는 309번 사인이 나온다. 여기서 10마일 산 위에 비지터 센터가 있고 센터 뒷길로 2마일 정도 가면 아칸소 주에서 가장 높은 시그널 힐이 나온다. 시그널 힐로 오르는 길은 떡갈나무가 줄을 이어 있어 아름답다. 매거진 마운틴은 얇은 구들장 같은 돌들이 겹겹이 쌓이면서 절벽을 이룬 곳이 많은데 멀리서 보면 빌딩처럼 보이고, 이 모습 때문에 매거진 마운틴이라고 불리워지게 되었다. 빌 클린턴 전 대통령이 아내인 힐러리와 대학 시절 이 산에 올라 연애를 했다고 전해진다. 18개의 캠프 사이트, 하이킹 코스, 피크닉 장소가 갖춰져 있다.

핫 스프링스 국립공원
Hot Springs National Park

미국 유일의 온천 국립공원

미국의 동남부 아칸소 주 한가운데 있는 핫 스프링스 국립공원은 그림처럼 아름다운 워시토Ouach-ita 산 기슭에 있다.

1832년 온천수의 약효에 대한 소문을 듣고 계속 몰려드는 관광객들 때문에 연방정부에서 이 지역을 연방 보존 구역으로 지정했다가 1921년 국립공원으로 승격시켰다. 건강을 찾기 위해 이곳을 찾는 사람들이 많아지면서 이 지역에는 수많은 온천장이 생겨났다. 온천에 들어가기 전에 의사의 진단을 받은 후 지정된 탕으로 들어가야 하는 미네랄 온천으로 식수로도 사용할 수 있는 미국 유일의 온천 국립공원이다.

공원 안내소

Bath House Row에 있는 Fordyce Bath House 안에 있다. 원래 온천장 건물이었으나 개조해 방문객 안내소로 활용하고 있다. 건물 자체도 훌륭한 관광 명소다. 1915년경에 지은 스페인의 르네상스식 건물에서 대리석과 모자이크 타일 마룻바닥, 스테인드 글라스 천장, 세라믹 분수대 등을 볼 수 있다.

핫 스프링스 지역

공원의 상당 부분이 도시의 한가운데 위치하고 있다는 점에서 다른 국립공원과 구별된다. 공원 면적은 4,800에이커. 핫 스프링스 마운틴의 경사면인 배스하우스로 Bathhouse Row 지역에 온천장들이 밀집해 있다. 샘으로부터 흘러나오는 뜨거운 물은 무공해 천연수다.

공원 북동쪽 산속으로 흡수되어 여과된 빗물은 4~8천 피트에 달하는 지하로 내려가 지열에 의해 화씨 143도로 데워진 후 바위 틈을 통해 지표 밖으로 흘러나온다. 빗물이 여과되어 지열에 의해 데워진 다음 온천물로 바뀔 때까지 약 4000년 가량 걸리는 것으로 추산되고 있다.

핫 스프링스를 최초로 방문했던 유럽인은 에르난도 소토Hernando de Soto로 알려져 있는데, 이미 이 지역 온천수의 효능을 알고 있던 인디언들은 이 지역을 중립

지역으로 선포하고 적대 관계에 있지 않는 모든 사람들이 온천수를 이용할 수 있도록 했다고 한다.

10에이커 지역 내에 47개의 온천이 있으며 매일 막대한 양의 온천수가 흘러나온다. 온천은 한곳에 모아진 다음 온천장과 약수터로 분배된다.

온천장의 방을 이용할 경우 샤워, 욕조, 한증막 및 온습포를 포함해 표준 규격의 욕조에 가득찬 온천물을 사용할 수 있다. 또 등록을 필한 지정 의사들로부터 증세에 따라 처방 온천의 사용을 신청할 수도 있다. 공원 내 3개 지역인 Buckstaff, Fordyce, Libbery Memo-rial·Physical Medicine Center에서 처방 온천이 운영되고 있다.

그랜드 프로미나드 Grand Promenade

배스하우스 로 뒷편에 있는 전망 좋은 산책로인 Grand Promenade는 방문객 센터 뒷편이나 파운틴 스트리트로부터 들어갈 수 있다.

드라이브 코스

웨스트 마운틴, 핫 스프링스, 그리고 노스 마운틴을 연결하는 경관 도로를 달리면서 주변 지역을 돌아볼 수 있다. 핫 스프링스 마운틴 꼭대기에 있는 전망대에 올라서면 온천장 지역을 한눈에 발아래로 굽어볼 수 있다.

캠핑

Gulpha Gorge Campground
43개의 캠핑 사이트가 마련돼 있으며, 선착순으로 제공된다. 피크닉 테이블과 그릴은 설치되어 있지만 샤워 시설은 없다. 핫 스프링스 동쪽 끝에 위치.

관광 정보
101 Reserve St, Hot Springs, 501-624-2701
www.nps.gov/hosp

TENNESSEE
테네시

그레이트 스모키 마운틴이 둘러선 동부에서부터 내슈빌 근처의 중부 고원 지대, 그리고 서부 멤피스 인근의 미시시피 강 주변에 이르기까지 천변만화하는 풍경처럼 테네시의 문화적 토양은 비옥하기만 하다. 덕분에 이곳은 산악지방의 음악으로부터 서부의 컨트리 뮤직, 미시시피 델타 지역의 블루스에 이르기까지 다양한 문화적 색채를 자랑한다. 특히 백인인 엘비스 프레슬리가 흑인들의 리듬을 흡수해 로큰롤의 황제로 우뚝 섰다는 신화적인 성공담은 이 지역이 지닌 문화적 잠재력을 한눈에 보여준다.

주도 아이리스
별칭 Volunteer State
테네시 주 관광청 800-462-8366, www.tnvacation.com

멤피스 시내 전경

엘비스 프레슬리의 영혼이 숨 쉬는 곳 Memphis

멤피스

미시시피 강 동쪽에 자리한 멤피스는 '살기 좋은 땅' 이라는 의미의 고대 이집트 수도에서 이름을 따왔다. 프랑스인들에 의해 개척됐으나 1818년 미국에 접수되면서 미시시피 델타 지역의 면화 거래로 크게 번성하기 시작했다. W.C.핸디의 노래「비일 스트리트 블루스Beale Street Blues」로 멤피스는 블루스의 중심이 되었고, 1950년대 선 레코드 사가 블루스와 소울, R&B, 록 아티스트들을 길러내면서 블루스의 메카가 되었다. 엘비스 프레슬리의 등장은 그에게 '로큰롤의 황제' 라는 칭호와 함께 멤피스에도 커다란 영예를 안겨 주었다. 테네시 주의 남서쪽 귀퉁이에 위치한 멤피스라는 도시가 관광으로 번성하는 것은 엘비스 덕분이라고 해도 과언이 아니다. 한 시대를 풍미했던 가수 엘비스는 14세 때부터 멤피스에서 살며 전 세계 음악사에 이름을 날리다가 42세의 생애를 마감하고 역시 이곳에 잠들어 있다.

관광 정보
멤피스 관광국 47 Union Ave, Memphis 901-543-5300, www.memphistravel.com

교통 정보
Memphis International Airport
2491 Winchester Road, Memphis, 901-922-8000, www.mscaa.com
MATA 901-274-6282, www.matatransit.com
택시 **Yellow/Checker Cab** 901-577-7777 **City Wide Cab** 901-324-4202
20분 이내에 시내에 도착할 수 있다. 멤피스는 남부 교통의 요충지로 남부의 주요 도시까지 8시간 정도 걸린다.
앰트랙 Amtrak 800-872-7245, www.amtrak.com
시카고-멤피스-뉴올리언스 노선을 운행한다. 멤피스에서는 센트럴 역에 정차한다.
그레이하운드 Greyhound 203 Union Ave, Memphis, 901-523-1184, www.greyhound.com
내슈빌(4시간 소요), 아칸소(2시간 소요), 뉴올리언즈(8~10시간 소요) 등지를 수시로 운행.

시내 관광
메인 스트리트 트롤리 547 North Main St, Memphis, 901-577-2640
멤피스 퀸 Memphis Queen
45 S Riverside Dr,(at Monroe Ave) Memphis, 901-527-5694, 800-221-6197,
www.memphisriverboats.net
관광 크루즈와 뮤직 크루즈가 있다. 먼로 애비뉴에서 출발한다.
Blues City Tours 325 Union Ave,(at 3rd St) Memphis, 901-522-9229, www.bluescitytours.com
시내를 둘러볼 수 있는 다양한 버스 투어와 마차 투어가 있다. 비일 스트리트나 피바디 호텔에서 출발한다.

엘비스 기념관 그레이스랜드 Graceland

3754 Elvis Presley Blvd, Memphis
성인 $30, 13~18세 $27, 7~12세 $13, 901-332-3322, 800-238-2000, www.elvis.com

엘비스 프레슬리가 1977년 42세로 세상을 떠날 때까지 살았던 대저택을 중심으로 엘비스의 모든 것이 소개되는 기념 구역. 멤피스 제일의 관광지로 연간 방문객 수가 60만 명을 넘는다. 그의 팬이라면 하루를 꼬박 묵으며 둘러봐야 할 만큼 볼거리가 많다. 그레이스랜드 맨션은 1939년 토마스 모어 부부에 의해 지어진 저택으로 엘비스가 1957년 22살 때 10만 달러를 주고 구입했다. 현대풍 TV 감상실과 열대 분위기가 물씬한 정글룸, 매출 10억 장을 기록한 엘비스의 레코드 모음, 애용했던 무대 의상 등도 전시돼 있다. 저택 옆에는 유명한 명상의 정원이 있는데, 맨션 투어의 마지막 코스로 많은 사람들이 여기서 엘비스의 묘를 참배한다.

엘비스가 애용하던 차와 오토바이 20여 대를 모은 엘비스 프레슬리 자동차 박물관에는 1955년제 핑크색 캐딜락은 물론 페라리나 콘티넨털 마크 IV, 골프 카트까지 있으며 자가용 비행기, 투어 버스, 유품관 등이 있다. 그레이스랜드 안의 전시관은 모두 유료이며, 몇몇 전시관을 하나로 묶은 할인 티켓을 사는 것이 저렴하다.

비일 스트리트 Beale Street

203 Beale St, Memphis
901-526-0115, www.bealestreet.com

멤피스 관광은 전형적 남부 분위기가 물씬 풍기는 다운타운에서 가장 번창하는 비일 스트리트 모퉁이의 엘비스 동상에서 출발한다. 비일 스트리트는 '블루스의 아버지'라고 불리는 핸디(W. C. Handy)가 남부 지방을 방랑하며 떠돌다 이곳 술집 꼭대기에 방을 빌려 살며, 그 유명한 '멤피스 블루스' 등을 작곡했던 거리다.

이 거리와 교차하는 4번가에서 프론트 스트리트까지 가는 도중에 잠시 길거리 음악가들의 연주에 귀를 기울이거나, 화려한 네온사인 사이를 한가롭게 거닐면서 블루스 도시의 분위기를 만끽할 수 있다.

2번가~4번가 사이는 클럽, 레스토랑, 기념품 가게, 네온사인이 반짝이는 블루스의 명소들이 즐비하다.

메인 스트리트와의 교차점에는 오르페움(Orpheum) 극장이 있고, 극장 앞 '명예의 거리(Walk of Fame)'에는 보도에 악보와 유명 블루스 아티스트들의 이름이 새겨져 있다.
2번가 모퉁이 '엘비스 프레슬리' 나이트클럽 앞에 엘비스의 동상이 서 있으며 3번가와 4번가 사이에는 핸디의 동상이 공원과 원형 극장을 바라보고 서 있다. 유명 블루스 뮤지션들의 레코드가 즐비한 멤피스 뮤직 Memphis Music 스토어도 들러볼 곳.

스미스소니언 록 & 소울 박물관
Smithsonian's Rock'n Soul Museum
191 Beale St, Memphis
매일 10~19, 성인 $10, 5~17세 $7
901-205-2533, www.memphisrocknsoul.org
미시시피 델타 지역의 음악을 탄생시킨 사회적, 문화적, 역사적 배경에 대한 진지한 접근이 돋보인다. 바로 옆 깁슨 빌 스트리트 쇼케이스Gibson Beale Street Showcase(145 Lt. George Lee Ave, Memphis, 901-544-7998)의 기타 공장 투어도 볼거리다.

국립 민권운동 박물관
National Civil Rights Museum
450 Mulberry St, Memphis
월,수~토 9~17, 일 1~17, 성인 $13, 4~17세 $9.5
901-521-9699, www.civilrightsmuseum.org
1968년 4월 4일, 마틴 루터 킹 목사가 암살당한 로레인 모텔에 만들어진 박물관으로 그의 업적과 함께 남부 각지에서 일어난 인종 차별 사건이나 흑인 민권운동의 역사 자료들을 전시하고 있다.

머드 아일랜드 공원 Mud Island Park
125 North Front St, Memphis
4~10월 매일 10~17
901-576-6595, www.mudisland.com
다운타운 서쪽 미시시피 강 가운데 있는 머드 아일랜드에는 미시시피 강 하류 지역의 모형 등 독특한 전시물을 볼 수 있는 박물관과 공원, 옥외 콘서트장 등이 있다. 미시시피 강의 조망도 이곳이 가장 아름답다.

브룩스 미술관 Brooks Museum of Art
1934 Poplar Ave, Memphis
월 · 화 휴무, 수 · 금 10~16, 목 10~20, 토 10~17, 일 11~17 성인 $7, 7~17세 $3
901-544-6225, www.brooksmuseum.org
다운타운 동쪽으로 녹음이 짙은 오버톤 공원Overton Park 한편에 중후한 구관과 모던한 신관이 불가사의한 조화를 이루고 있다. 르네상스 시대 르누아르 등 인상파 작가나 미국 현대작가의 작품에 이르기까지 상설 전시물이 다채롭다. 공원 안에 멤피스 동물원(12~59세 $15, 2~11세 $10, 901-276-9453, www.memphiszoo.org)도 있다.

선 스튜디오 Sun Studio
706 Union Ave, Memphis
매일 10~18, 성인 $12
901-521-0664, www.sunstudio.com
1950년대 초반부터 BB 킹과 하울링 울프, 아이크 터너 등의 블루스 아티스트들의 음반을 녹음했고, 1955년 엘비스 프레슬리와 함께 로큰롤을 탄생시킨 산실이다. 30분짜리 투어 프로그램이 마련된다.

슈와브 드라이 스토어
Schwab Dry Goods Store
163 Beale St, Memphis, 901-523-9782
한 시대 이전의 잡동사니 점포를 만나게 되는 곳. 빅 사이즈용 의류에서부터 부두교의 사랑의 미약Voodoo love potions and powders, 엘비스 기념품, 봉고 드럼, 수정구슬, 구두닦이 세트, 옥수수대로 만든 파이프 등 종잡을 수 없을 정도로 다양한 품목들이 발길을 사로잡는다.

즐겨 보자! 멤피스의 다양한 축제

엘비스 프레슬리 생일 축제
Elvis Presley's Birthday Tribute
901-332-3322, www.elvis.com
엘비스 팬들이 전 세계에서 모여드는 대축제. 1월 8일경 그레이스랜드에서 열린다.

마틴 루터 킹 생일 축제
Martin Luther King, Jr.'s Birthday
901-543-5333, www.mlkday.gov
미국 전역에서 공휴일로 삼을 정도로 킹 목사가 끼친 영향은 컸다. 시내 전역에서 축제가 열린다. 1월 중순.

아프리카 문화 축제
Africa in April Cultural Awareness Festival
901-947-2133, www.africainapril.org
아프리카 음악, 무용, 영화, 전시회가 열리며 예술작품과 공예품이 전시된다. 4월 셋째 주 다운타운 지역.

면화 노동자의 날
Cotton Maker's Jubilee
901-458-2500, www.carnivalmemphis.org
아프리카-아메리칸계 후손들이 벌이는 국내 최대 퍼레이드. 면화 왕King Cotton을 뽑는다. 5월 초 다운타운 지역.

아메리카 인디언 파우와우 축제
Native American Pow Wow
901-756-7433, www.powwows.com
6월 중순 캐나다와 미국 전역에서 모여든 아메리카 인디언들이 춤과 음악의 경연을 벌인다.

멤피스 국제 축제
Memphis in May International Festival
901-525-4611, www.memphisinmay.org
해마다 나라를 바꿔가며 한 달 가까이 각종 행사를 벌인다. 음악, 문화, 예술 축제는 물론 비즈니스, 스포츠, 교육 프로그램에 이르기까지 다양한 주제가 펼쳐진다. 음식 축제도 빼놓을 수 없는 명물. 시내 전역에서 벌어지는 축제 기간 동안 100만 명이 넘는 인파가 몰린다. 비일 스트리트 뮤직 페스티벌, 국제 주간, 바비큐 요리 세계 챔피언 대회, 선셋 심포니 연주 등은 놓치기 아까운 볼거리. 5월 한 달 동안 시내 전역.

멤피스 카니발 Carnival Memphis
901-278-0243, www.carnivalmemphis.org
6월 초 시내 전역.

엘비스 주간 Elvis Tribute Week
800-238-2000, www.elvisweek.com
8월 둘째 주가 되면 그레이스랜드와 시내 전역에서 엘비스를 추모하는 축제가 열린다.

노동절 뮤직 페스티벌
Beale Street Labor Day Music Festival
901-526-0110, www.memphis.com/festivals
비일 스트리트 전역에서 멤피스의 음악가들이 노동절을 축하하는 페스티벌을 연다. 노동절 주말.

국제 블루스 경연대회
International Blues Competition
901-527-2583, www.blues.org
전국에서 모여든 블루스 뮤지션들이 벌이는 블루스의 대향연. 11월 한 달 동안 열린다.

2 세계 컨트리 뮤직의 전당 Nashville
내슈빌

'컨트리 음악의 도시' 또는 '뮤직시티 USA' 라는 별명을 가진 내슈빌은 컨트리, 웨스턴 음악의 천국이다. 멤피스에 버금가는 테네시 주 제2의 도시. 시내 곳곳에 그리스풍의 건축물이 많아 '남부의 아테네' 라는 애칭을 얻었지만 음악을 빼놓고는 내슈빌을 말할 수 없다. 음악이 없었다면 내슈빌의 금융, 출판, 관광 등 모든 분야에서 지금과 같은 성장이 불가능했을 것이라고 알려진다. 매년 1천만 명 이상의 관광객을 불러들이는 도시답게 호텔 객실 수도 3만 2천여 개. 오프리랜드 호텔은 카지노가 없는 호텔로는 미국에서 가장 크며, 객실이 무려 2,884개나 된다. 가장 번화한 브로드웨이는 음악 관련 서점과 레코드 상점이 즐비하며, 중고에서부터 신제품에 이르기까지 거의 모든 종류의 기타와 컨트리 관련 용품을 팔고 있다. 밤의 브로드웨이에는 웨스턴풍의 복장을 갖춘 사람들로 들어차 타임머신을 타고 서부 개척 시대로 날아간 듯한 즐거운 착각을 안겨 준다.

관광 정보

내슈빌 관광국 615-259-4700, 800-657-6910, www.visitmusiccity.com

교통 정보

Nashville International Airport

One Terminal Dr, Nashville, 615-275-1675, www.flynashville.com
MTA 버스가 공항과 다운타운을 연결한다. 공항 근처의 호텔은 셔틀버스를 이용한다.

그레이라인 익스프레스

2416 Music Valley Dr, Nashville, 615-883-5555, www.graylinenashville.com
다운타운과 웨스트엔드 방면의 호텔로 편리하게 갈 수 있다. 택시는 정액 요금제이므로 서너 명의 일행
이 있으면 택시가 오히려 저렴하다.

그레이하운드 Greyhound

1030 Charlotte Ave, Nashville, 615-255-3556, www.greyhound.com
멤피스, 애틀랜타, 뉴올리언스 등지를 오간다.

MTA, 시내버스

130 Nestor St, Nashville, 615-862-5950, www.nashvillemta.org
버스 정차장에는 청색과 백색으로 된 표지판이 서 있다. 뮤직 밸리로 가는 익스프레스 버스도 운행한다.

트롤리 버스

615-743-3090, www.nashvilledowntown.com
주중에는 다운타운 주요 지역을 순환하는 무료 트롤리 버스를 이용할 수 있다. 15군데의 정차장에서 타
고 내릴 수 있다.

기타 정보

그레이라인 Grayline 가이드 투어

2416 Music Valley Drive, Nashville, 615-883-5555, www.graylinenashville.com
컨트리 뮤직 명예의 전당 및 박물관, 라이만 오디토리움 등을 돌아보는 투어가 가장 인기.
Nashville Trolley Tours 888-881-3279, www.nashvillesightseeing.com
다운타운의 관광 명소와 뮤직로Music Row의 명소를 둘러본다.

다운타운

디스트릭트 The District

www.thedistrictnashville.org

다운타운 가운데서도 중심 지역을 말한다. 5th Ave를 기점으로 1st Ave의 프린터스 앨리Printers Alley까지, 동쪽의 브로드웨이와 2nd Ave를 잇는 지역이다. 1870년부터 1890년대 말까지 지어진 옛 건물이 즐비하다. 전에는 대부분 창고로 사용됐지만 내부를 개조해 지금은 식당이나 앤틱 숍 등으로 바뀌어 천천히 걸어다니며 보는 것만으로도 눈이 즐거운 곳이다.

테네시 주립 박물관 Tennessee State Museum

505 Deaderick St, Nashville

화~토 10~17, 일 13~17, 무료입장

615-741-2692, www.tnmuseum.org

테네시 주 의사당에서 도보로 2분 거리에 있는 박물관. 도자기, 무기, 그림, 퀼트 등 선사시대 이래 테네시 주의 문화와 역사를 살펴볼 수 있는 갖가지 유물 약 6천 점이 전시되어 있다. 박물관 옆에는 미술품을 전시한 갤러리 Gallery 46도 있다.

컨트리 뮤직 명예의 전당 Country Music Hall of Fame and Museum

222 5th Avenue South, Nashville

매일 9~17, 성인 $19.99, 6~17세 $11.95

615-416-2001, www.countrymusichalloffame.com

내슈빌 컨트리 뮤직에 대한 모든 것을 알아볼 수 있는 곳. 100만 점 이상의 수집품을 보유한 미국 최대의 음악 박물관이다. 전시 공간만 4만 스퀘어피트. 지미 로저스, 행크 윌리엄스, 조니 캐시, 엘비스 프레슬리 등이 애용하던 악기나 무대 의상, 자동차 등을 전시하고 있다. 건물 내 포드극장은 214석 규모의 최신식으로 꾸며졌으며, 전 세계의 컨트리 뮤직에 관한 영화를 상영한다. 인근에 RCA 스튜디오가 있어 박물관 입장료를 내면 동시에 견학할 수 있다.

주 의사당 Tennessee State Capitol

600 Charlotte Ave, Nashville

시내를 내려다볼 수 있는 북쪽 언덕 위에 세워진 그리스 양식 건축물로 워싱턴DC의 연방의사당 건축에 참여한 윌리엄 스트릭랜드가 설계했다. 대리석 벽과 천장의 아치가 중후한 분위기를 자아낸다. 테네시 주 행정의 중심지다.

파르테논 신전 The Parthenon

2600 West End Ave, Nashville, 615-862-8431, www.parthenon.org
1897년 테네시 주 탄생 100주년에 '남부의 아테네'라는 애칭에 따라 세워진 목조 파르테논이
인기를 끌자 아테네 파르테논 신전을 그대로 본떠 실물 크기의 영구적 건조물로 세워진 현대
미술관이다. 1931년에 완성됐으며, 센테니얼 공원Centennial Park 중앙에 서 있다.

웨스트 엔드 West End

www.westendnashville.com
컨트리 뮤직을 탄생시키는 모든 하드웨어들이 총망라
된 지역이다. 엘리스턴 플레이스와 밴더필트 캠퍼스, 센
테니얼 공원 등이 이 지역에 있으며, 뮤직 로 거리에는
수많은 프로덕션들이 모여있다.

뮤직 밸리 Music Valley

www.nashvillemusicvalley.com
토요일 밤의 시골 댄스 파티로 정평이 난 '그랜드 올
오프리' 가 열리는 그랜드 올오프리 하우스Grand Ole
Opry House를 중심으로 박물관과 아이맥스 영화관, 깁
슨 블루그래스 쇼케이스 등이 모여있다.

오프리랜드 쇼 파크 Opryland Show park

2804 Opryland Dr, Nashville
615-871-6779, www.opry.com
다운타운 북동쪽 컴버랜드 강을 따라 형성된 일종의 음
악 공원. 여러 개의 무대에서 컨트리는 물론 록, 가스펠,
블루스, 브로드웨이 뮤지컬 등 폭넓은 음악을 선보여
마치 음악 박람회를 방불케 한다. 특히 컨트리 음악 전
문 장수 프로그램 「그랜드 올오프리Grand Ole Opry」
생방송이 열리는 그랜드 올오프리 하우스는 4,400석
규모. 무명 가수에서 톱 가수들이 노래하던 곳으로 지
금도 수많은 스타들이 등장하는 만큼 꼭 한 번 들러봐
야 할 명소.

그레이트 스모키 마운틴 국립공원
Great Smoky Mountains National Park

자연 생태계의 보고
동부 테네시에서 첫 번째로 손꼽히는 명소. 810스퀘어마일에 달하는 공원 구역이 테네시와 노스 캐롤라이나를 가르는 애팔래치아 산맥을 따라 이어진다. 평균 고도 해발 6,600피트에 달하는 고산준봉들이 어깨를 나란히 하고 있는 이 지역은 남부형 생태계와 북부형 생태계가 만나는 곳으로 10만 종 이상의 동식물들이 서식하는 자연 생태계의 보고. 1934년 공원으로 지정된 후 연간 1천만 명에 넘는 방문객들이 줄을 잇는 미국 내에서도 첫손에 꼽히는 국립공원이다.

뉴파운드 갭 도로 Newfound Gap, US 441
52만 에이커의 국립공원을 가로지르는 산악 도로. 빽빽이 들어선 수목들이 내뿜는 탄화수소와 수증기로 푸르스름한 안개가 산봉우리들을 감싸고 있어 '그레이트 스모키 마운틴'으로 불린다..

클링맨스 돔 & 침니 탑스 Clingman's Dome & Chimney Tops
동북부 아메리카에서 가장 높은 봉우리들이 이 공원 안에 있다. 하늘 높이 우뚝 솟아 있는 장엄한 산들 중 16개 봉우리들은 높이가 6천 피트 이상이며, 주 산맥을 형성하는 대부분의 봉우리들도 해발 5천 피트 이상. 이런 고봉들이 장장 36마일에 걸쳐 웅장하게 솟아 있다.

케이즈 코브 Cades Cove
관광 명소일 뿐만 아니라 역사적 유적지로 유명하다. 원래 체로키족이 살던 곳이나 개척자들에게 밀려 강제로 미시시피 강 서안으로 이주당한 슬픈 역사를 지니고 있다. 11마일의 환상적인 도로를 타고 달리면서 통나무 오두막, 창고, 방앗간을 구경할 수 있다. 테네시의 Laurel Creek Rd.를 이용해 갈 수 있다.

개틀린버그 Gatlinburg
865-436-0504, 800-568-4748, www.gatlinburg.com
인근에서 가장 잘 알려진 타운으로 자그마한 스키장(Ober Gatlinburg Ski Area, 865-436-5423, www.obergatlinburg.com)이 있어 겨울철에도 이용할 수 있다. 방문객 센터에는 공원 담당과 편의 시설 담당 직원이 따로 있다.

관광 정보
107 Park Headquarters Rd, Gatlinburg, 연중 오픈, 무료 입장, 865-436-1200, www.nps.gov/grsm

KENTUCKY
켄터키

인디언 말로 '미래의 땅'을 뜻하는 'Ken-tah-ten'에서 그 이름이 유래된 켄터키는 그 애칭처럼 영하의 날씨에도 푸르름을 잃지 않는 환상적인 잔디 '켄터키 블루 그래스'와 애팔래치아 산맥의 삼림이 어우러진 아름다운 주다. 축복받은 초원의 땅 덕분에 최고 품종의 말을 사육하는 대규모 산업으로 유명하다. 세계적으로 유명한 경마 행사인 켄터키 더비를 비롯 버번 위스키 산지로도 명성이 높으며, 세계 불가사의 중의 하나인 매머드 동굴 국립공원을 비롯한 많은 유적지들이 있다.

주도 프랭크 포트
별칭 Bluegrass State
명물 켄터키 블루그래스, 버번 위스키, 켄터키 더비, 무하마드 알리, 에디슨, 치즈버거
켄터키 주 관광청 800-225-8747, www.kentuckytourism.com

루이빌 1

시민전쟁 당시 연합군의 주요 공급 기지로 활약했던 루이빌은 켄터키 더비로 알려진 도시로서 복싱 챔피언인 무하마드 알리, 영화배우 톰 크루즈, 발명왕 에디슨의 고향이기도 하다. 켄터키 프라이드 치킨의 설립자와 치즈버거가 태어난 도시이기도 하다.

켄터키 더비 Kentucky Derby

세계적으로 명성 높은 경마 대회인 켄터키 더비는 매년 5월 첫째 토요일에 열린다. 미국 3대 경마 대회인 프리크니스 스테이크스 Breakness Stakes, 벨몬트 스테이크스 Belmont Stakes와 함께 미국 3대 경마 대회인 이 대회는 1875년에 처음 개최되어 지금까지 한 번도 경기를 거른 적이 없어 세계에서 가장 오래 이어온 스포츠 행사로 알려진다. 전 세계의 부호들과 왕실 인물들까지 참석하는 전통적인 축제로서 참석하는 여성들의 화려한 모자 패션으로도 유명하다.

처칠 다운스 Churchill Downs

700 Central Ave, Louisville
502-636-4400, www.churchilldowns.com
루이빌에 자리한 미국 주요 경마장으로 '스포츠 사상 가장 위대한 2분'으로 불리는 명성 높은 켄터키 더비 경마는 몇 년 전에 예약해야 좌석을 구할 수 있을 정도다. 켄터키 더비 박물관 Kentucky Derby Museum(704 Central Ave, Louisville, 502-637-1111, www.derby-museum.org)에서는 경마에 관한 다양한 전시물이 마련되며 경주 투어도 즐길 수 있다. 더비 3주 전부터 켄터키 더비 축제가 시작되어 흥을 돋운다.

켄터키 옛집 주립공원 My Old Kentucky State Park

501 East Stephen Foster Avenue, Bardstown
502-348-4840, www.parks.ky.gov

잘 알려진 미국 음악가 스테판 포스터가 가곡 「켄터키 옛집」을 지은 곳으로 바즈타운 Bardstown에 있다. 그 시절의 의상을 차려입은 가이드가 투어를 제공한다.

오스카 게츠 위스키 역사 박물관 Oscar Getz Museum of Whiskey History

114 North 5th St, Bardstown
502-348-2999, www.whiskeymuseum.com
버번 위스키의 90%를 생산하는 켄터키 주의 명물 버번 위스키 전문 박물관. 바즈타운에 있다. 렉싱턴 북쪽 버번 카운티에서 처음 탄생한 이 위스키가 오랜 전통과 품질을 이어온 방법과 맛의 형성 과정을 찬찬히 알아볼 수 있다. 버번 위스키는 바즈타운과 프랭크포트의 수많은 양조장에서 무료 투어를 통해 소개되며 9월 중순의 켄터키 버번 축제가 신나는 볼거리 중 하나다.

매머드 케이브 국립공원
Mammoth Cave National Park

지구에서 가장 큰 동굴

지구에서 가장 규모가 큰 동굴 공원으로 켄터키 주의 남서쪽에 위치하고 있다. 인근의 주요 타운 보울링 그린Bowling Green의 북동쪽, 케이브 시티Cave City의 서쪽, 그리고 파크 시티Park City의 북서쪽을 포함하는 5만2천 에이커의 공원 대부분은 자연 그대로 보존되어 다양한 조류와 야생의 동식물들이 서식하고 있다.

공원 안내소

동굴을 소개하는 영화를 상영하며 관광 예약과 오지 캠핑 허가서도 발급한다.

지구상에서 가장 긴 매머드 동굴

지구상에서 가장 긴 동굴로 현재까지 탐사된 통로의 길이만 350마일이다. 약 4천 년 전에 인간이 거주했던 흔적이 발견돼 고고학계의 관심을 모으기도 했다.
1800년대 초에는 동굴에서 화약의 원료인 초석(질산칼륨)을 400만 파운드나 캐내 공급하는가 하면 1840년대에는 동굴의 맑은 공기와 화씨 54도로 일정하게 유지되는 온도가 병을 치유할 수 있다고 하여 폐결핵 환자들이 의학 실험을 위해 머물렀다고 한다.
자연적으로 생긴 동굴 입구Natural historic Entrance는 1개뿐이지만 인공적으로 만든 입구 4개를 합쳐 모두 5개의 입구가 있다. 인공 입구의 이름은 각각 Frozen Niagara, Carmichael, Violet City, New Entrance라고 부른다.

체력에 맞는 다양한 탐험 코스 선택

동굴은 지상의 빗물과 지하에 흐르는 물줄기에 의해 석회석 지반이 침식당해 형성되었기 때문에 내부의 형태가 변화무쌍하다. 동굴 안의 평균 온도는 화씨 54도 정도. 곳곳에 산재한 동공(방)의 폭은 200피트가 넘는 것도 있으며, 가장 높은 돔은 192피트, 가장 깊이 파인 구덩이는 105피트에 달한다. 동굴 안에는 동굴 귀뚜라미, 눈이 먼 가재 등 빛이 거의 없는 깊은 동굴 속의 환경에 적응한 생물들이 살고 있다.
동굴 관광에 걸리는 시간은 1시간 15분～6시간으로 다양한 코스가 준비되어 있다. 동굴을 탐사하려는 사람은 자신의 체력에 적절한 코스를 직접 선택할 수 있다. 동굴 안의 길은 미끄러우므로 잘 미끄러지지 않는 튼튼한 신발은 필수. 복장도 간편하게 준비하는 것이 좋다. 공

원 안내소에서 예약하면 된다.

캠핑 & 숙소
877–444–6777, www.recreation.gov
Headquarters Campground
뜨거운 물이 나오는 샤워장, 세탁장, 매점 등이 봄부터
가을까지 운영된다.
Houchins Ferry Campground
일년 내내 오픈.
Maple Springs Group Campground
승마용 말을 동반한 캠퍼나 단체 캠핑 전용 사이트.

공원 안내소 인근에 호텔이 있어 편리하게 이용할 수
있다.
Mammoth Cave Hotel
270–758–2225
호텔 및 캐빈 등이 공원 내 명소에 위치해 있다. 또 레
스토랑과 커피숍, 패스트푸드점 이용 가능

관광 정보
1 Mammoth Cave Parkway Mammoth Cave,
KY 42259, 270–758–2180, www.nps.gov/maca

FLORIDA
플로리다

'세계인의 휴양지' 플로리다는 반짝이는 햇살 아래 빛나는 하얀 백사장과 푸른 바다, 세계 최고의 테마파크를 갖춘 매력적인 관광지다. 휴양지의 대명사가 된 마이애미 비치, 천혜의 자연 환경을 최고의 관광 상품으로 만든 키웨스트, 우주 시대를 선도하는 케네디 우주 센터의 최첨단 기술력, 데이토나 비치의 박력 넘치는 자동차 경주, 유니버설 스튜디오, 디즈니 월드, 시월드가 망라된 다양한 테마파크 등 자연과 인공이 절묘하게 어우러져 늘 신선한 즐거움이 넘친다. 마이애미와 남부 플로리다는 따뜻하고 건조한 기후로 겨울에 가장 많은 인파가 몰리지만 북쪽 팬핸들과 잭슨빌 지역은 여름철이 성수기다.

주도 탤라하시
별칭 Sunshine State
명물 오렌지, 해변, 테마공원
플로리다 주 관광청 850-488-5607, 888-735-2872, www.flausa.com

신구 의사당이 보이는 탤라하시 타운타운

1

플로리다의 주도 Tallahassee

탤라하시

플로리다의 주도로서 주의 대부분을 차지하는 플로리다 반도가 아닌 북서쪽 구릉지대인 팬핸들Panhandle에 위치하여 조지아나 앨라배마와 가깝다. '관광천국 플로리다'의 명성과는 다소 다르게 비교적 한산한 분위기를 지닌 곳이지만 옛 주의사당, 플로리다 역사 박물관, 플로리다 주립대학 등이 있어 운치 있는 소도시의 풍모를 지녔다. 19세기 스페인풍의 매력적인 도시 펜사콜라Pensacola, 짧은 봄방학 동안 대학생들이 몰려드는 파나마 시티 비치Panama City Beach가 인근에 있다.

탤라하시 관광국
106 E Jefferson St, Tallahassee
800-628-2866, www.visittallahassee.com

마이애미 2

온화한 기후, 모래가 반짝이는 해변, 그 위로 쏟아지는 햇살은 플로리다를 상징하는 풍경이면서 동시에 마이애미의 전형적인 모습이다. 1백여 년 전 추운 겨울을 피해 남쪽으로 내려오는 미국인들의 피한 휴양지로 명성을 얻기시작한 마이애미는 이제 전 세계인의 관광 휴양지로 자리잡았다. 유럽 이주민 정착 이전에 살았던 세미놀 인디언의 말로 '달콤한 물Sweet Water'이라는 의미를 지닌 마이애미는 플로리다 반도 남동부 비스케인 만 연안에 자리하여 중남미로 가는 항공 허브로도 중요한 역할을 한다. 1980년대 마이애미 비치의 아르데코 구역을 복원하면서 사우스 비치SoBe는 세계 최고의 멋쟁이 도시로 변신, 관광객들의 시선을 사로잡고 있다. 마이애미 비치 시티는 본토에 있는 마이애미와 비즈케인 만을 사이에 두고 4마일 가량 떨어져 있다.

관광 정보

마이애미 관광국

701 Brickell Ave, Suite 2700

305-539-3000/800- 933-8448, www.MiamiandBeaches.com

교통 정보

MIA, 마이애미 국제공항 Miami International Airport

Perimeter Rd & NW 20th St, Miami, 305-876-7000, www.miami-airport.com

공항에서 시내로 갈 때는 Super Shuttle(305-871-2000)을 이용한다.

그레이하운드 Greyhound

Bayside 100NW 6th St, 305-379-7403

Central 4111 NW 27th St, 305-871-1810

애틀랜타, 뉴욕 등지를 오간다. Fort Lauderdale, Jacksonville, Key West, Orlando, Tallahassee, Tampa 등 인근 주요 도시를 오가는 노선이 많아 이용에 편리하다.

열차

Silver Meteor, Silver Star, Silver Palm 열차편이 뉴욕과 마이애미를 오간다.

앰트랙(8303 NW 37th Ave, 305-835-1222, www.tri-rail.com)의 통근열차는 팜비치,

포트 로더데일과 마이애미 공항 등지를 오갈 때 좋은 교통수단.

택시 -Yellow Cab 305-444-4444

시내 교통

MDTA, Metro-Dade Transit(305-770-3131)에서 운영하는 메트로버스나 다운타운을 순환하는 모노레일 Metromover, 그리고 Hialeah - 마이애미 다운타운 - Kendall까지 운행하는 Metroailline을 이용하면 된다.

기타 정보

가이드 투어

플로리다 관광 패키지 상품을 내놓고 있는데 이를 이용하면 비용을 절약할 수 있다.

그레이라인 투어(800-394-6935, www.grayline.com)에서는 올랜도와 탐파로 가는 여행 상품도 제공한다.

시티 투어

-Go America Tours 305-945-7036 -Flamingo Tours 305- 948-3822

올드 타운 트 롤리 투어 Old Town Trolley Tours

303 Front Street, Key West, 성인 $29부터, 4~12세 $14, 4세 이하 무료

305-874-8687, www.trolleytours.com/key-west

다운타운 주변과 코코넛 그로브, 코럴 게이블스 등 10여 곳의 관광 포인트를 돈다.

아르데코 지구 도보 관광

1234 Washington Ave. (Suite 207), 305-672-2014, www.mdpl.org

마이애미 디자인 보호연맹Miami Design Preservation League에서 진행하는 건축물 기행.

마이애미 다운타운 Miami Downtown

베이사이드 시장 Bayside Market place

Fourth and Biscayne Blvd, Miami
305-577-3344
www.baysidemarketplace.com

마이애미의 참맛을 느낄 수 있는 명소 중의 명소. 100개 이상의 상점과 30여 개의 레스토랑이 성업 중. 남부 플로리다의 생활상을 직접 느껴볼 수 있다. 마이애미 부둣가를 걸으며 예술가들의 작품들을 감상하는 시간을 보내는 것도 좋다.

메트로데이드 문화 센터 플라자
Metro-Dade Cultural Center Plaza

101 West Flagler St, Miami
화~금 10~17, 토일 12~17, 305-375-2665
스페인풍의 성채를 닮은 이곳에 남부 플로리다 역사박물관과 마이애미 예술 박물관이 있다. 영화 「메리에겐 뭔가 특별한 것이 있다」의 배경. 베이사이드 시장 바로 옆에 있다.

남부 플로리다 역사 박물관
Historical Museum of Southern Florida

101 West Flagler St, Miami
화~금 10~17, 토일 12~17, 성인 $8, 6~12세 $5
305-375-1492, www.hmsf.org
남부 플로리다의 화려한 색채 감각이 돋보인다. 세미놀 인디언, 유럽의 탐험가와 개척자들의 생활을 느껴볼 수 있다.

마이애미 예술 박물관 Miami Art Museum

101 West Flagler St, Miami
화~금 10~17, 토 · 일 12~17, 성인 $8, 12세 이하 무료
305-375-3000, www.miamiartmuseum.org

리틀 하바나 Little havana

쿠바를 옮겨다 놓은 듯한 이국적인 분위기가 가득한 리틀 하바나는 쿠바인들이 모여 사는 지역으로 카스트로 체제를 거부하는 쿠바 난민들이 찾아들기 시작해 지금까지도 꾸준히 유입 인구가 늘어나는 지역이다.

코코넛 그로브 Coconut Grove

3015 Grand Ave, Miami 305-444-0777
www.coconutgrove.com
마이애미 남쪽에 위치한 코코넛 그로브는 멋쟁이들의 집합처. 지중해풍의 코코워크Co-coWalk는 최신 유행을 이끄는 쇼핑몰로 고급 레스토랑과 바, 극장 등이 밀집해 있다.

카이에 오초 Calle Ocho

다운타운 서쪽 SW 27 애비뉴와 12 애비뉴 사이의 8번가 지역(SW 8th St.)은 리틀 하바나의 심장부로 유명한 카이에 오초Calle Ocho. 8번가라는 뜻의 이 거리는 라틴 뮤직이 거리 가득 흐르는 가운데 시가와 빵, 신발과 작은 가구 등 없는 것 없이 판다. 이곳에서 쇼핑을 즐길 때는 스패니시 사전을 지참하는 것이 묘미. 3월 둘째 주 일요일에는 플로리다의 대표적인 축제 카이에 오초 오픈 하우스Calle Ocho Open House가 열려 수십만의 인파가 모여든다.

호세 마르티 공원 Jose Marti Park

351 S.W. 4th Street
1895년에 사망한 쿠바의 독립 영웅 호세 마르티를 기념하기 위해 만들어진 곳이며, 역시 독립 투쟁에 공을 세운 군인 막시모 고메즈를 위한 막시모 고메즈 공원 Maximo Gomez Park이 15번가에 조성되어 있다.

라틴 아메리카 아트 뮤지엄

Latin American Art Museum

2206 SW 8th St, Miami, 무료 입장
305-644-1127, www.latinartmuseum.org
1991년에 설립된 히스패닉 및 라틴 아메리카 예술에 관한 전시만 하는 전문 박물관.

코럴 게이블스 Coral Gables

1920년대에 스페인풍의 계획 도시로 개발된 고급 주택가로 다운타운 마이애미의 남서쪽에 위치해 있다. 중심지가 미라클 마일Miracle Mile로 반마일 남짓한 짧은 거리지만, 고급 부티크와 헤어샵, 선물가게들이 줄지어 서 있는 고급 쇼핑가. 최근에는 대형 체인점들도 들어서기 시작했다. 메릭 파크Merrick Park는 거대한 고급 쇼핑몰로 인기있는 쇼핑 명소. Ponce de Leon Blvd.와 Le Jeune Road 사이.

베네시안 풀 Venetian Pool

2701 De Soto Blvd, Miami
305-460-5356
코럴 게이블스 근처에 산호암으로 만들어진 독특한 야외 수영장으로 국립 역사 지구에 등록된 명소. 이름에서 알 수 있듯이 이탈리아 베네치아의 운하를 본따 돌다리와 폭포, 동굴 등으로 꾸며져 있다.

사우스 마이애미 South Miami

페어차일드 열대 정원
Fairchild Tropical Garden
10901 Old Cutler Rd, Miami
성인 $20, 6~17세 $10, 5세 이하 무료
305- 667-1651
www.fairchildgarden.org
미국 본토 최대의 열대 식물원. 각종 과일
을 주제로 한 이벤트를 수시로 개최한다.

비즈카야 박물관 & 정원
Vizcaya Museum & Gardens
3251 South Miami Ave, Miami
연중 9:30~16:30, 화요일 휴관
305-250-9133, www.vizcayamuseum.org
시카고의 실업가이자 백만장자였던 존 디어링John
Deering의 겨울 별장으로 비즈케인 만을 내려다보
는 절경에 1천여 명의 인부가 동원되어 지어졌다.
70여 개의 방을 갖춘 이탈리아 르네상스 양식의 저
택 내부에는 유럽 지역의 예술작품과 골동품, 유럽
에서 들여온 클래식한 고가구들로 가득하며, 특별
히 동쪽 발코니에서 내려다보는 조망이 일품이다.
별장 건물 남쪽으로는 콜롬비아의 건축가인 디에고
수아레즈Diego Suarez가 설계한 프랑스식 정원과
이탈리아 정원이 아름답게 꾸며져 있다.

코럴 캐슬 Coral Castle
28655 South Dixie Highway, Miami
일~목 8~18, 금~토 8~20,
성인 $9.75, 7~12세 $5, 6세 이하 무료
305- 248-6345, www.coralcastle.com
'에드' 라는 애칭으로 불리는 어느 불행한 사나이
의 사랑 고백이 담긴 곳. 라트비아 출신의 Edward
Leedskalnin이라는 사람이 결혼식 하루 전날 취소
통보를 받고 20년 이상 혼자서 만들었다는 산호로
만든 거대한 건축물이다. 9톤이나 되지만 살짝 밀
어도 열리는 문, 정교한 해시계, 하트 모양의 테이
블 등 신기한 조형물이 가득하다. 코럴 캐슬의 비
밀에 매료된 마니아들의 웹사이트까지 등장할 정
도로 인기.
마이애미에서 1번 도로를 타고 키 웨스트 방향으로
가거나, 플로리다 턴파이크를 타고 5번 출구(288th
St.)로 나가 오른쪽으로 2마일 가량 진행한 후 157th
Ave.에서 우회전하면 된다.

마이애미 비치 Miami Beach

푸른 하늘과 하얀 모래밭 위로 우뚝 솟은 현대 감각의 빌딩들, '마이애미' 하면 떠올리는 상징적 풍경이 이곳에 있다. 마이애미 비치는 마이애미 시티의 동쪽 비스케인 만을 사이에 두고 남북으로 길게 뻗은 반도로 총 10마일의 모래밭을 따라 고층 빌딩들이 솟아 있다. 해변은 21번가에서 53번가까지를 말하지만 가장 인기 있는 곳은 산책을 즐기는 이들로 붐비는 21번가~46번가 사이. 키 웨스트가 저녁 노을로 물드는 낙조의 명소라면 여기는 대서양에서 떠오르는 아침 햇살이 장관이다.

아르데코 지구 Art Deco District

1000 Ocean Dr, Miami Beach
305-531-3484, 305-672-2014, www.mdpl.org
6~23번가에 걸친, 오션 드라이브Ocean Dr.와 콜린스 애비뉴Collins Ave. 워싱턴 애비뉴Washington Ave.를 중심으로 한 지역으로 1920년대에서 1940년대 사이에 건설된 아르데코 스타일의 건축물이 밀집해 있다. 워싱턴 애비뉴에는 고급 레스토랑과 쿠바풍의 카페들이 즐비하고 에스파뇰라 거리Espanola Way는 지중해풍의 건물들이 아름다워 명소로 손꼽히는 지역이다. 마이애미 디자인 보호연맹Miami Design Preservation League에서 도보 관광을 주관한다.

배스 미술관 Bass Museum of Art

2121 Park Ave, Miami Beach
수~일 12~17, 성인 $8, 6세 이하 무료
305-673-7530, www.bassmuseum.org
세계적으로 유명한 일본인 건축가 아라타 이소자키가 설계한 미술관으로 아르데코 지구 안에 있다. 15세기부터 현대에 이르는 유럽의 작품을 상설 전시한다.

콜린스 애비뉴 Collins Avenue

다운타운 마이애미의 Flagler 스트리트가 각종 할인상점들의 천국이라면, 아르데코 지구의 콜린스 애비뉴는 사우스비치의 쇼핑 명소. 최첨단을 달리는 패션들을 눈으로 훑어보는 것도 관광의 묘미. 링컨 로드 쪽은 좀 더 차분한 분위기로 대서양에 면한 카페와 영화관들이 있다. 키 비즈케인 다운타운 마이애미 남쪽에 위치한 유료 도로인 Rickenvacker Causeway를 건너가면 된다.

오션 드라이브 Ocean Drive

마이애미 비치의 남쪽 오션 드라이브는 사우스 비치 South Beach의 중심 거리로 활기가 넘치는 곳이다. 아름다운 호텔 건물들과 오션 비치의 황홀한 풍경을 만끽하며 휴양지다운 행복감을 맛볼 수 있는 낭만의 거리다. 밤이면 클럽과 바들이 넘쳐 나는 방문객들로 흥청거린다.

마이애미 해양 수족관 Miami Seaquarium

4400 Rickenbacker Causeway, Biscayne
연중 9:30~18:00, 성인 $37.95, 3~9세 $27.95
305-361-5705, www.miamiseaquarium.com
TV 스타가 된 돌고래 플리퍼와 범고래 롤리타가 사는 곳. 상어와 매너티 등 해양 생물들의 생태를 관찰할 수 있다. 돌고래 수영 쇼 등 어린이들에게 흥미로운 프로그램도 마련되어 있다.

도랄 골프 리조트 & 스파

Doral Golf Resort and Spa
4400 Northwest 87th Ave
305-592-2000, www.doralgolf.com
마이애미 국제공항 바로 근처에 있다. 해마다 도랄 라이더 오픈이 열리는 명소로 국내에서도 난코스로 손꼽힌다. 운동을 마친 후에는 스파에서 피로를 싹 씻어낼 수 있다. 스파 레스토랑에서 제공하는 저지방 요리도 일품. 일찍 예약하는 게 좋다.

3 Fort Lauderdale
포트 로더데일

포트 로더데일은 '미국의 베니스' 라는 별명에 걸맞게 시내를 가로지르는 운하가 압권이다. 총연장 500킬로미터에 달하는 이 운하는 주요 호텔과 관광 명소를 잇는 고속도로와도 같다. 운하를 따라 늘어선 호화 저택들은 따뜻한 기후를 찾아 북에서 내려오는 부자들의 겨울 별장. 유람선을 타고 호화 저택들의 안마당을 구경하는 재미가 쏠쏠하다.

마이애미에서 자동차로 갈 때는 해안선을 따라 33마일 가량 북쪽으로 달리면 된다. US-1을 이용하면 시간을 단축할 수 있다. 하루 10여 차례 출발하는 그레이하운드를 이용하면 1시간 가량 걸린다. 시내에서는 운하를 통해 이동하며 드라이버의 재치 있는 주변 풍경 소개를 들을 수 있는 워터택시 혹은 워터버스(954-467-6677,www.watertaxi.com)가 흥미로운 관광 수단.

포트 로더데일 관광국
100 East Broward Blvd, Suite 200, Fort Lauderdale
954-765-4466, www.sunny.org/meetings/meet-the-team

정글 퀸 리버보트 Jungle Queen Riverboat
801 Sea Breeze, Fort Lauderdale
954-462-5596, www.junglequeen.com
운하를 따라 가며 주변의 호화 저택을 배 위에서 바라
보는 관광. 약 3시간 소요. 예약 필수. 출발은 Bahia Mar
요트 센터.

보넷 하우스 Bonnet House
900 North Birch Rd, Fort Lauderdale
화~토 10~16, 일 11~16, 월요일 휴관
성인 $20, 6~12세 $16, 6세 이하 무료
954- 563-5393, www.bonnethouse.org
화가 프레드릭 바틀렛Frederic Clay Bartlett의 별장 겸
작업용 스튜디오. 이 지역에서 관광객에게 공개되는 유
일한 저택. 예약 필수.

팜 비치 Palm Beach
45 coconut Row, Fort Lauderdale
561-655-3282
www.palmbeachchamber.com
세계에서 가장 호화로운 섬인 팜 비치는
부호들의 겨울 별장이 즐비한 곳이다. 최
고급 명품 숍이 즐비한 워스 애비뉴Worth
Ave.가 눈길을 사로잡고 철도 재벌인 헨
리 플래글러가 지은 저택 화이트 홀 맨션
에 들어 있는 헨리 모리슨 플래글러 박물
관Henry Morrison Flagler Museum도 볼
거리다.

에버글레이즈 국립공원
Everglades National Park

유네스코 지정 야생 동물 보호 대습지

에버글레이즈 국립공원은 플로리다의 남서부 일대에 광범위하게 펼쳐져 있는 아열대성 기후를 띤 습지대. 미국 내에서 세 번째로 규모가 크며, 자연 경관 때문이 아니라 다양한 생물을 보호하기 위해 설치된 유일한 국립공원이다.

마이애미에서 30마일 정도 떨어진 곳에 있어 플로리다 관광에서 빼놓을 수 없는 명소이며, 지난 1947년에 국립공원으로 지정됐다. 북미 대륙에서는 유일한 아열대 보호 구역이기도 한 이곳은 1976년 국제 생물권Biosphere 보호 구역으로 지정됐고, 1978년에는 야생 동물 보호 구역으로 지정됐다. 이어 1979년 유네스코의 세계유산 목록에 등록됐으며, 1987년 람사르 조약(국제 습지 조약)에 의해 세계의 주요 습지 가운데 하나로 지정되기도 했다.

공원 안에는 맹그로브 숲과 갈대가 우거진 소택지, 참억새류의 풀이 자라고 있는 평원, 소나무 숲, 활엽수림 등이 펼쳐져 있으며, 바다와 하구도 포함되어 있다.

또 수심 1피트 정도밖에 안 되는 미국 최대의 담수호 오키초피 호가 있는가 하면 1천여 종의 온대 식물과 열대 식물, 700종이 넘는 동물이 함께 서식하고 있다. 몸길이가 20피트까지 자라는 악어의 일종인 미시시피 카이만은 이 공원의 상징적 존재로 앨리게이터와 크로커다일 등 두 종류 악어가 공존하고 있는 곳은 전 세계에서 이곳뿐이다.

에버글레이즈에는 다양한 조류가 많이 서식하는 것으로 유명한데 노랑부리 저어새, 황새, 왜가리, 해오라기 등 특히 다리가 긴 새들이 많다.

공원을 돌아볼 때는 모기가 사계절 극성을 부리므로 강력한 방충제는 필수. 악어를 자극하거나 먹이를 주는 것은 절대 금지. 플라밍고 근처에서는 멸종 위기에 처한 아메리칸 크로커다일도 볼 수 있다. 방울뱀, 늪 살모사, 산호 뱀 등 독사류가 살고 있으므로 긴 옷을 입고 두터운 양말과 목이 긴 하이킹 부츠를 신을 것.

에어보트 투어

뒤쪽에 커다란 선풍기 모양의 팬을 설치해 이를 돌려 생기는 추진력으로 물 위를 달리는 특이한 모양의 관광용 보트로 굉음을 내며 늪지대를 멋지게 누비고 다닌다. 모터로 팬을 돌리기 때문에 몹시 시끄러워 탑승하기에 앞서 나눠 주는 작은 귀마개를 해야 한다. 에어보트를 타고 갈대 등이 무성한 늪지대를 쏜살같이 달리는 재미가 그만이다.

빌리 스왐프 사파리 야생공원
Billie Swamp Safari Wildlife Park

800- 949-6101, www.seminoletribe.com/safari

플로리다 전체 면적의 5분의 1 정도를 차지할 정도로 규모가 어마어마한 에버글레이즈 공원 일대를 최단시간에 제대로 구경하기 위한 가장 좋은 방법은 빌리 스왐프 사파리에 참가하는 것. 빅 사이프러스Big Cypress 세미놀 인디언 보호 구역 안에 자리잡고 있다.

세미놀 인디언은 현재 그 수가 기껏해야 3천여명에 불과한데, 여섯 군데의 인디언 보호 구역에 흩어져 살고 있다. 이들은 자신들의 구역 중 2천 에이커를 관광객들에게 개방해 여기서 벌어지는 관광 수입으로 생계를 이어가고 있다.

마이애미 북쪽에 위치한 포트로더데일과 플로리다 서해안 항구 도시 네이플스를 연결하는 75번 도로상에 있다. 14번 출구로 나가 19마일쯤 북쪽으로 가면 된다. 이 도로는 에버글레이즈 국립공원 한가운데를 가로지르기 때문에 자동차 여행만으로도 에버글레이즈를 피부로 느낄수 있다.

스왐프 버기 Swamp Buggy

마차 혹은 개조한 트럭 모양의 관광용 차량인 스왐프 버기는 지붕이 있어 햇볕을 피하기에 제격. 높이 7피트의 스왐프 버기를 타고 진흙탕과 깊은 물을 거침없이 달려 에어보트로는 가기 힘든 에버글레이즈 늪지 곳곳을 누비고 다니며 그곳에 살고 있는 동식물을 볼 수 있다.

악어 쇼

사육사가 무시무시한 악어를 토닥이고 입맞춤하는 등 마치 애완동물 다루듯 한다. 악어 쇼와 함께 플로리다에 서식하는 100여 종의 뱀도 볼 수 있다. 이 외에도 수공예품 만들기 등 세미놀 인디언 문화를 직접 체험할 수 있는 다양한 이벤트가 준비되어 있다.

전통 주택 치키 Chickee 숙박

세미놀 인디언들은 늪지대라는 지역적 특성에 적응하기 위해 나무와 나무 사이에 매단 해먹이나 물보다 겨우 몇 인치 정도 올라온 뭍에 치키를 짓고 살고 있다. 악어나 야생 돼지가 기어들어오는 것을 막기 위해 지상에서 3피트 정도 높이에 지은 치키는 사이프러스 나무와 야자나무 잎으로 만들어 마치 우리네 전통 초가집을 연상케 한다.

캠핑

Big Cypress RV Resort 800-437-4102

빌리 스왐프 사파리 근처에 위치. RV 차량용 및 텐트용 캠핑장 외에 캐빈도 마련되어 있다. 수영장, 야구장, 미니골프장 등 다양한 편의 시설, 그리고 세탁 시설이 마련되어 있어 편리하다.

아타티키 박물관 Ah-Tah-Thi-Ki Museum

34725 West Boundary Road - Clewiston
연중 9~17, 성인 $9, 5~18세 $6
863-902-1113, www.ahtahthiki.com

빌리 스왐프 사파리 인근에 위치한 이 박물관은 세미놀 인디언의 역사를 한눈에 볼 수 있는 곳. 구슬로 만든 어깨 가방이라든가 모카신(뒷축없는 신발), 전통의상, 거북이 등껍질로 만든 음향 기구 등 플로리다 세미놀 인디언들이 만든 독특한 수공예품으로 가득하다.

이 외에 사냥, 요리, 여행, 결혼, 민요, 신앙 등을 엿볼 수 있는 전시물이 많다. 박물관 극장에서는 초기 유럽 이민자들과 영토 싸움을 벌이던 장면을 보여준다.

세미놀 인디언 마을과 산책로

40001 State Rd. 9336, Homestead
305-242-7700, www.nps.gov/ever

세미놀 인디언 마을을 복원해 놓은 곳에 1.5마일에 이르는 산책로가 있어 에버글레이즈에 서식하는 나무와 풀 등 이곳 자연 생태계는 물론 세미놀 인디언들의 생활상을 엿볼 수 있다. 갖가지 모양의 치키와 함께 그들의 전통 게임도 구경할 수 있다.

도중에 있는 야외 원형 극장에서는 세미놀 인디언과 에버글레이즈 공원에 대한 재미있는 얘기를 들려준다. 배가 출발할 때쯤 만나는 스왐프 워터 카페에서는 악어 꼬리로 만든 너깃(Nugget)과 메기, 개구리 뒷다리 등 세미놀 전통 음식을 판다.

관광 정보

40001 State Road 9336, Homestead, 입장료 차 1대당 $10, 305-242-7800, www.nps.gov/ever

비스케인 국립공원
Biscayne National Park

환상의 산호초 공원

마이애미 대도시권의 남단에 700㎢에 걸쳐 조성된 해양 공원으로 총면적의 96%가 산호초 바다. 1980년 국립공원으로 지정됐다. 끝없이 이어진 열대 지방 특유의 홍수림으로 해안선은 마치 에머랄드로 띠를 두른 것처럼 보인다. 그 속에서 자라는 산호초와 아열대 해양 생물들의 자태는 감탄을 절로 자아낸다. 이곳을 둘러보는 가장 좋은 방법은 바닥이 유리로 된 보트를 타고 도는 투어에 참가하는 것.

자동차를 이용해 US 1번 도로를 남하, 137번가(S.W. 137th Ave.)에서 좌회전한 후 플로리다 턴파이크를 지나 5마일 정도 더 달리면 노스 캐널 드라이브North Canal Drive가 나온다. 여기서 좌회전 후 조금 더 달리면 공원 입구가 나온다. 마이애미 다운타운에서 약 1시간 정도 소요.

관광 정보

9700 SW 328 St, Homestead, 305-230-1100, www.nps.gov/bisc

미국 최남단의 섬. 예전에 스페인령이었던 키 웨스트는 플로리다 남쪽, 미국 최남단의 작은 섬으로 플로리다 키 열도Florida Keys의 마지막 섬이다. 플로리다 키 열도는 마이애미 지역에서 키웨스트까지 약 150마일에 걸친 US 1도로를 따라 수많은 섬들로 구성되어 있으며, 40여 개의 다리들이 섬들을 연결한다. 키의 관문이며 제일 큰 섬인 키라르고에서 북미 대륙 최남단의 마지막 섬인 키 웨스트까지 거리가 약 120마일. 섬과 섬을 연결하는 다리 위를 달리는 해상 고속도로Overseas Highway를 따라가며 끝없이 펼쳐지는 에머랄드빛 산호초의 바다가 환상적이다.

키 웨스트는 지리적으로 쿠바에 인접해 있어 담배 산업을 비롯, 쿠바로부터 받은 영향도 강하다. 1822년 미국령이 된 후 군사 요충지로 중시되다가 1938년 해상 고속도로가 완성되면서 세계적인 관광지로 발전했다. 19세기에 지어진 호화로운 대저택, 역사적인 건물, 민예품과 미술 공예품, 유행에 민감한 부티크, 해변 산책 등 관광객들을 사로잡는 매력이 무궁무진하다. 문호 어네스트 헤밍웨이와 헤밍웨이의 친구인 도스 파소스도 이 섬에서 다수의 명작을 남겼다.

관광 정보
키 웨스트 관광국 402 Wall 5t, Key West
800-352-5397, www.fla-keys.com

교통 정보
미국 동부 연안을 종단하는 Fwy. I-95번 도로가 끝나는 지점이 마이애미. 여기서부터 다시 남쪽으로 이어지는 US 1번 도로를 타고 종점까지 달리면 그곳이 바로 키 웨스트다.
가이드 투어 시내는 직접 차를 운전하고 다니는 것보다 트롤리나 콘치 투어 트레인을 이용하는 것이 편하다. 시내에서 쉽게 볼 수 있으며 흥미를 끌 만한 명소들을 중심으로 돈다. 시내 렌탈점에서 자전거나 오토바이를 빌려 타는 것도 관광의 재미를 더한다.
Old Town Trolley 305-296-6688
Conch Tour Train 305-294-5161

키 웨스트 타운 비치

듀발 스트리트 Duval Street

섬을 남북으로 가로지르는 다운타운의 번화가. 북쪽 끝은 각종 유람선의 출발점으로 맬로리 광장과 접해 있다. 1마일 가량 되는 거리를 레스토랑과 카페, 각종 선물용품점 등이 늘어서 있다. 대부분의 관광 명소가 이 도로 주변에 몰려 있다.

헤밍웨이의 집 Hemingway Home & Museum

907 Whitehead St, Key West
매일 9~17, 성인 $12, 어린이 $6
305-294-1136, www.hemingwayhome.com
키 웨스트의 풍경과 정서를 그처럼 더 잘 표현할 수 없다는 「노인과 바다」의 작가 헤밍웨이가 살았던 아름다운 스페인풍의 석조 저택. 그는 이 집에서 살면서 「누구

를 위하여 종은 울리나」, 「킬리만자로의 눈」 등 대작을 남겼다. 서재의 책상에는 그가 사용했던 타자기를 비롯해 쿠바와 아프리카, 유럽 각지에서 모은 다양한 수집품들이 전시돼 있다. 정원은 헤밍웨이가 각지에서 모아 심은 나무 등이 자라고 있다.

해리 트루먼의 리틀 백악관 박물관
Harry Truman Little White House Museum

111 Front St, Key West
매일 9~17, 성인 $15, 5~12세 $5
305-294-9911, www.trumanlittlewhitehouse.com
맬로리 광장 부근에 있다. 제33대 대통령 해리 트루먼이 재임 시절 휴가를 보내던 곳으로 '작은 백악관' 이라는 별명을 얻었다.

세븐마일 브리지 Seven Mile Bridge

Mile Marker 47, Florida

말 그대로 길이가 7마일에 달하는 거대한 다리. 오른쪽
으로는 코발트빛 멕시코 만, 왼쪽으로는 대서양이 끝없
이 펼쳐진다. 하늘도 바다도 푸른빛으로 하나가 되는
최고의 드라이브 코스.

서든모스트 Southernmost

Whitehead St & South St, Key West

southernmostpointusa.com

듀발 스트릿 남쪽 바다와 접한 막다른 지점에 미국의
최남단임을 보여주는 표식이 있다. 사람 키보다 높은
팽이 모양의 상징물이 있을 뿐 다른 볼거리는 없지만
여기서 기념 촬영을 해야 키 웨스트에 다녀왔다고 자랑
할 수 있을 정도의 명소임은 분명하다.

맬로리 광장 Mallory Square

300 Duval St, Key West, 305-292-7700, www.mallorysquare.com

듀발 스트리트와 더불어 하루 종일 사람들로 붐빈다. 특히 광장 끝에 있는 부두는 수평선을 빨갛게 물들이는 낙조를 보기 위해 매일같이 관광객들이 찾는다. 석양 무렵이면 거리의 예술가들이 펼치는 공연도 대단한 볼거리. 수평선에서 일몰이 시작될 무렵 돛을 펼친 요트들이 수면 위를 가로지르는 모습은 저절로 감탄을 자아낸다.

5 올랜도

3면이 바다로 둘러싸인 플로리다는 날씨가 일년 내내 좋아 미국인들 뿐만 아니라 전 세계적으로도 가장 가고 싶은 여행지 1순위로 꼽힌다. 올랜도는 플로리다 반도의 중앙에 위치한 '세계인의 리조트'. 특히 디즈니 월드는 대표적인 리조트 시설로 가족 단위 테마 여행을 꿈꾸는 이들에게 제격. 세계 곳곳에 위치한 디즈니 월드 중에서 올랜도의 디즈니 월드가 최고로 꼽힌다.

관광 정보
올랜도 관광국
8723 International Dr, Suite 101, Orlando
407-363-5872, www.orlandoinfo.com
전화나 메일로 요청하면 공식 가이드북과 시설 안내책자
등을 보내준다. 이 패키지 안에는 호텔, 렌터카, 관광명소
등에서 500달러 상당의 할인 혜택을 받을 수 있는 매직카
드Magicard가 포함되어 있다. 배달에 3주 가량 소요.

교통 정보
올랜도 국제공항 Orlando International Airport
One Airport Blvd, Orlando, 407-825-2001
디즈니 월드는 공항에서 25마일 가량 떨어져 있다. Mears
Transportation(324 West Gore St, Orlando/ 407-423-
5566)에서 주요 테마파크까지 셔틀 밴이나 버스를 운행
한다.
그레이하운드 Greyhound
555 N John Young Parkway 407-292-3440)
마이애미, 잭슨빌, 탐파 등지를 연결한다.
앰트랙 Amtrak
800-USA-RAIL, www.amtrak.com
워싱턴 D.C.와 마이애미까지 매일 운행한다. 다운타운 올
랜도와 윈터 헤이븐에 정차.
자동차 Fwy I-4도로가 남북을 관통한다. I-95나 데이토
나 비치로 가려면 I-4E를 타고, 델피로 가려면 I-4W.를
타면 된다.
택시 대부분 테마파크나 리조트 근방에 몰려 있다.
-Yellow Cab 407- 699-9999
-Ace Metro 407-855-0564

기타 정보
숙박
다양한 옵션을 갖춘 올랜도의 숙박 시설은 대부분 키시
미Kissimmee의 US 192와 오프 I-4가 만나는 International
Dr.를 따라 위치하고 있다. 시 관광국과 협력 관계인 센트
럴 예약 서비스Central Reservation Service(800-555-
7555, 407-740-6442, www.CRSHotels.com)를 통해 호
텔을 예약할 수 있다. 서비스는 무료.

월트 디즈니 월드 WDW

Walt Disney World resort Lake Buena Vista
1일 1파크 성인$79, 3~9세 $68
407-934-7639, 407-824-2222
disneyworld.disney.go.com

누구나 환영받고 누구나 즐길 수 있는 테마 파크의 원
조. 월트 디즈니 월드는 크게 매직 킹덤, 엡코트Epcot
센터, 디즈니-MGM 스튜디오, 애니멀 킹덤 등 4개의 테
마 공원과 블리자드 비치 및 타이푼 라군 등 2개의 워
터파크로 구성되어 있다. 이 외에도 다운타운 디즈니와
보드워크가 있어 다양한 레포츠와 오락을 제공한다.
공원 안에서는 중간중간 셔틀카나 모노레일을 이용해
돌아다니면 된다.

매직 킹덤 파크 Magic Kingdom Park

보통 월트 디즈니 월드 하면 매직 킹덤을 말할 정도로
대표적인 테마 공원. 우리에게도 친숙한 캐릭터인 미키
마우스, 구피, 알라딘 등을 쉽게 만날 수 있다. 공원 한
가운데를 가로지르는 메인 스트리트를 중심으로 모험
랜드, 프런티어랜드, 자유 공원, 환상의 나라 등 7개의
테마 지역으로 나뉘어져 있다.

디즈니 MGM 스튜디오 Disney-MGM Studios

디즈니와 MGM 영화사가 만든 영화나 애니메이션을
소재로 꾸민 영화 공원. 「스타워즈」, 「미녀와 야수」, 「인
디에나 존스」 같은 유명 영화를 테마화. 실제 영화 속으
로 들어가는 듯한 착각을 불러일으킨다. 어린이들보다
어른들이 더 좋아하는 명소의 하나. 규모는 매직 킹덤
이나 앱코트 센터보다 작지만 보고 즐길거리는 훨씬 더
다양하다. 스튜디오 안을 돌아다니는 영화 캐릭터들이
어느 틈엔가 관객들 뒤에 다가와 놀래킨다.

애니멀 킹덤 Animal Kingdom

자연 호수와 인공 운하가 디스커버리 섬을 중심으로 이
어져 있다. 페리나 모터보트를 타고 주변 동물 공원을
왕래. 미키마우스 복장을 한 디즈니 캐릭터들과 함께
야생 지역을 도는 킬리만자로 사파리와 정글 탐험, 그
리고 라이언킹 쇼도 인기. 섬 주변에는 오아시스, 아
프리카, 아시아, 사파리 빌리지 등이 자리잡고 있고, 디
스커버리 섬에서는 전 세계적으로 희귀한 동식물 수백

종을 구경할 수 있다.

엡코트 센터 EPCOT Center

2000년 새 밀레니엄을 축하하는 테마 공원으로 디즈
니가 창조해 낸 미래 사회의 실험적 모델EPCOT, Ex-
perimental Prototype Community of Tomorrow. 크
게 미래의 세계Future World와 월드 쇼케이스World
Showcase로 나뉘어져 있다.

퓨처 월드는 밀레니엄에 새로 부상할 캐릭터와 인류가
직면해 있는 에너지, 교통, 식량 문제 등을 참신한 방법
으로 보여주며, 월드 쇼케이스에는 국경을 초월한 각국
의 전통 문화와 특산 음식들이 즐비하다. 먼저 가까운
퓨처 월드를 둘러본 호수 뒤쪽의 각국 기념관으로 가는
것이 순서. 점심을 먹기 전에 퓨처 월드를 둘러보고 월
드 쇼케이스로 가서 식도락을 즐기는 것이 좋다.

유니버설 올랜도 & 시월드 Universal Orlando & Sea World

1000 Universal Studio Plaza, Orlando 유니버설 스튜디오 1일권 $99.99
407-363-8000, www.universalorlando.com
새로운 타운을 형성하고 있는 영화 산업을 기반으로 한 명소. 서부의 할리우드가 플로리다로 옮겨 오고 있다는 평이 나올 정도로 급성장하고 있다. 영화 산업 자체가 최첨단 기술을 바탕으로 한 종합 엔터테인먼트 산업인 까닭에 하나의 도시를 형성할 정도의 파워가 나오는 것. 올랜도 다운타운에서 남서쪽에 위치. 자동차로 갈 때는 Fwy. I-40의 30-B 출구로 나와 북쪽으로 가다가 만나는 Universal Blvd.를 따라가면 된다.

유니버설 스튜디오 플로리다
Universal Studio Florida

할리우드의 유니버설 스튜디오와 어깨를 나란히 하는 관광 명소. 영화 제작을 위한 최첨단 기술이 집약된 시설이기도 하다. 이보다 앞서 만들어진 디즈니 월드의 MGM 스튜디오와는 치열한 경쟁 관계. MIB(Men In Black), 「ET」, 「죠스」, 「트위스터」, 「백투더퓨쳐」 등 인기 영화가 테마로 꾸며져 있다.

모험의 섬 Islands of Adventure

짜릿한 스릴을 만끽할 수 있는 최첨단 시설이 집약된 곳. 어린이들에게는 Seuss 박사의 이야기 책을 바탕으로 꾸민 Seuss Landing이 인기. 헐크 코스터나 쥬라기 공원 리버 어드벤처 등 다양한 탈것도 준비되어 있다. 좀 더 아찔한 자극을 원한다면 전혀 새로운 스릴을 주는 3D 입체 시뮬레이터 스파이더맨의 모험을 놓치지 말 것.

시월드 Sea World

7007 Sea World Dr, 1파크 성인 $78.95, 어린이 $68.95
800-327-2424, 407-351-3600 www.seaworld.com
바다에 사는 다양한 동물들이 모인 세계 최대의 바다 공원. 남녀노소를 불문하고 동물을 좋아하는 사람에게는 최고의 테마 파크. 펭귄, 열대어, 해우Manatees, 바다표범과 바다사자 등 다양한 동물들이 살고 있다. 관람객이 직접 바다표범과 가오리에게 먹이를 줄 수도 있어 인기. 길 건너편에 있는 Discovery Cove(800-423-8368, 877-434-7268, www.discoverycove.com)에서는 해양 동물들과 함께 스노클링을 즐길 수 있다. 돌고래와 함께 수영을 즐기는 특별 프로그램도 마련되어 있다(1인당 $229, 인원 제한으로 예약 필수). 올랜도에서 I-4를 타고 가다가 72번 출구로 나오면 된다.

다운타운 올랜도 Downtown Orlando

올랜도를 찾는 관광객들이 헷갈리기 쉬운 한 가지. 디즈니 월드가 먼저냐, 올랜도가 먼저냐 하는 것인데 이곳에 디즈니 월드가 생기기 이전부터 올랜도는 존재하고 있었다. 1830년대 세미놀 인디언과의 전쟁 중에 전사한 Orlando Reeves의 이름을 따 명명된 올랜도는 테마파크의 왕국일 뿐만 아니라 최고 수준의 박물관과 아름다운 공원들이 산재한 관광지다.

악어 동물원 Gatorland

14501 South Orange Blossom Trail, Orlando
성인 $19.99, 어린이 $11.99
407-855-5496, 800-393-5297, www.gatorland.com
플로리다의 애완동물이라 불리는 악어. 5천 마리가 넘는 악어가 살고 있는 이곳의 정문은 커다란 악어 입이다. 아슬아슬한 악어 레슬링 쇼가 인기. 악어 꼬리를 튀긴 악어 스낵 Gator Bite은 이곳에서만 맛볼 수 있는 별미이며, 악어 가죽으로 만든 벨트나 지갑, 핸드백, 부츠 등이 가득한 선물용품 가게도 있다. 올랜도와 키시미의 중간 지점.

올랜도 사이언스 센터

Orlando Science Center & John Young Planetarium
777 E Princeton St, Orlando
목~화 10~17, 성인 $17, 3~11세 $12
407-514-2000, www.osc.org
동남부 지역 최대의 과학 센터. 공룡 발굴 현장과 같은 전시장, 대형 영화, 플라네타리움, 레이저 쇼 등이 인기다. Loch Haven Park 주변에 위치.

케네디 우주 센터 Kennedy Space Center

SR 405, Kennedy Space Center
매일 9~18, 성인 $41, 3~11세 $31
866-737-5235, www.kennedyspacecenter.com
정부가 우주 개발 계획을 발표하면서 재차 활기를 띠고 있는 케이프 케너베럴의 케네디 우주 센터는 미국의 막강한 국력을 과시하는 전시장이나 다름없다. 풍부한 자원과 최첨단 기술, 세계 최고의 두뇌가 결합되어 창조해낸 이곳은 '달나라 산책의 꿈을 현실로 만든 곳. 현재의 미션은 '화성 여행'이다.
일찍 도착해 우주선 발사대와 조립 빌딩을 포함, NASA의 우주기지를 둘러보는 버스 투어부터 시작하는 게 제대로 관람하는 비결(약 2시간 소요). 우주선 조립 공장과 아폴로 우주선을 싣고 갔던 새턴 V로켓, 우주왕복선 발사대를 볼 수 있는 LC-39 전망대 등을 방문한다.
메인 빌딩으로 돌아오면 아이맥스 영화 「Space Station 3D」와 'The Dream Is Alive', 화성 여행 쇼Mad Mission to Mars를 관람한 후 진짜 우주비행사들과 만나보는 시간이 준비되어 있다. 로켓 가든에서 엄청난 크기의 실물 로켓들을 둘러보며 우주시대를 실감해 보는 것도 좋은 경험.

>> 우주비행사 명예의 전당
Astronaut Hall of Fame

우주비행사들의 업적은 물론 우주 개발 계획의 기념물, 인터랙티브 전시물이 인기. 아이들에게 최고의 놀이터이자 교육장.

>> 우주선 발사 장면 관람

방문객 센터에서 우주선 발사 광경을 직접 목격할 수 있는 특별 프로그램도 마련되어 있다. NASA 홍보국의 홈페이지(www-pao.ksc.nasa.gov/kscpao/schedule/schedule.htm)에서 발사 스케줄을 체크한 후 방문객 센터에 전화나 온라인으로 신청할 것.

그러나 우주선 발사 과정은 그리 간단하지 않다. 최첨단 기술력을 동원한 우주선 제작 과정과 마찬가지로 우주선 발사에는 세밀한 주의가 필요하기 때문. 따라서 인디언 리버 건너편에 있는 Jetty Park Campground에서 느긋하게 캠핑을 즐기면서 덤으로 우주선 발사 장면을 볼 수 있다면 최상의 선택. 맥주와 쌍안경은 필수.

데이토나 비치 Daytona Beach

126 East Orange Ave, Daytona Beach
www.daytonabeach.com

전 세계적인 자동차 경주의 중심지. '데이토나 500', '펩시 400'과 같은 유명 레이스를 보기 위해 마니아들이 몰려든다. 가히 예술 수준의 모터 스포츠는 레이싱 마니아가 아니더라도 한 번 볼만한 광경. 해변가의 모래밭은 자동차나 오토바이로 달려도 바퀴가 빠지지 않을 정도로 단단하게 다져진 지역이어서 새하얀 모래 위를 달리는 특이한 경험을 선사한다.

올랜도에서 Fwy. I-4를 타고 북서쪽으로 약 1시간 30분 정도 달리면 된다. I-95와의 교차점에서 SR-400(Beville Rd.) – US 1(Ridgewood Ave.)을 거친 후 Broadway 또는 Main St.를 따라 돌면 된다. 매일 수차례 운행하는 그레이하운드 버스를 이용해도 된다.

〉〉 데이토나 인터내셔널 스피드웨이
Daytona International Speedway

1801 W. International Speedway Blvd.
386-253-7223, www.daytonaintlspeedway.com

데이토나 비치의 상징적 존재. 이곳을 전 세계에 알린 바로 그 레이스인 '데이토나 500'은 매년 2월 중순에 개최된다. 그 외에도 3월, 7월, 10월 등 8주 동안 박력 넘치는 레이스가 펼쳐진다. 경기가 없을 때 진행되는 트램 투어는 트랙을 따라 돌며 자세한 해설을 곁들이는 인기 투어이므로 놓치지 말 것.

〉〉 데이토나 USA Daytona USA 1801 W. International Speedway Bl, Daytona Beach

성인 $24.99, 6~12세 $19.99
386-681-6800, www.daytona500experience.com

정말 실감나는 인터랙티브 전시물들이 가득하다. 데이토나 500에서 우승한 레이스카가 먼지를 둘러쓴 그대로 전시되어 있는 것도 볼 수 있다. 방문객 센터에 있다.

〉〉 비치 드라이브 Beach Drive

데이토나 비치에서 가장 볼 만한 것은 역시 끝없이 이어지는 백사장. 그 위를 달리는 묘미는 경험해 보지 않은 사람은 상상 불허. 비치를 따라 뻗은 1번 도로(A1A) 옆에는 'Beach Access'라는 표지판이 곳곳에 서 있다. 비치 드라이브의 입구에서 입장료를 지불하면 된다.

'젊음의 샘' 이 전설처럼 숨어 있는 휴양지 St. Augustine

세인트 오거스틴

1565년 스페인 탐험가인 돈 페드로 메넨데즈 데아빌레가 세워 미국에서 가장 오래된 도시의 이름을 얻게 된 세인트 어거스틴은 그 역사의 흔적 덕분에 유럽 도시의 향취가 가득한 곳이다.

라이트너 박물관 Lightner Museum

플로리다 주에 철도를 놓은 헨리 플래글러가 1887년에 지었던 호텔 알카사르Hotel Alcazar 건물을 출판인인 오토 라이트너Otto C. Lightner가 사들여 빅토리아 시대의 컬렉션을 전시하고 세인트 오거스틴 시에 기증했다. 스페인 르네상스 양식의 멋스러운 건물에 빅토리아풍의 컬렉션과 악기, 스테인드 글라스와 컷글라스 등의 유리 공예, 1800년대의 회화와 가구 등이 전시되어 있다.

때 묻지 않은 국립 자연 보호 지역 Mosquito Lagoon

모스키토 라군 7

마이애미나 올랜도, 데이토나 비치와 코코아 비치 등 유명 관광지가 좋기는 하지만 북적거리는 분위기가 도심과 별다를 바 없어 휴식에는 마이너스. 이럴 때는 문명의 때가 덜 묻은 동부 해안의 모스키토 라군과 아폴로 비치를 찾아보자. 끝없이 펼쳐진 해변과 환초들뿐. 인공의 흔적은 물론 인적조차 드물다.

블랙 포인트 와일드 라이프 드라이브
Black Point Wildlife Drive
321-861-0667, merrittisland.fws.gov

모스키토 라군과 아폴로 비치로 가기 위해 지나는 406번 도로는 바닷물이 들어와 형성된 해수 습지 사이를 지난다. 이 도로를 달리다 보면 곳곳에 차를 세우고 낚시에 열중하고 있는 사람들을 쉽게 볼 수 있다. 도로 왼편에 '블랙 포인트 와일드라이프 드라이브' 표지판이 서 있는 곳이 자연 관찰 전용도로 입구. 표지판 외에 눈길을 끌만한 것은 아무것도 없어 무심코 지나치기 쉽다. 이 도로를 따라 대머리독수리 서식지, 모기 서식 조절지, 진흙 평지 등 10여 가지 전망 장소가 설치되어 있다. 자전거를 타고 다니면서 천천히 관찰하는 것이 가장 좋은 방법. 자동차 소음에 동물들이 달아나거나 물속으로 숨어버려 제대로 관찰하기가 힘들기 때문이다. 일단 자연보호 구역 내로 들어가면서 마실 물과 씻을 물을 넉넉하게 준비하는 것이 안전.

아폴로 비치
137 Harbor Village Lane, Apollo Beach
813-645-1366, www.apollobeachchamber.com

모스키토 라군과 아폴로 비치는 국립 자연보호 지역으로 지정되어 있는 메릿 아일랜드의 일부. 케네디 우주센터에서 해변을 따라 북쪽으로 10마일 정도 떨어진 곳에 아폴로 비치가 있다. 간간히 나오는 표지판과 지도를 참고하며 길을 달리다 보면 자그마한 공원 입구. 아폴로 비치의 바닷물은 데이토나 비치나 코코아 비치의 그것과 비교가 힘들 정도로 깨끗하고 투명하다. 파도가 조금 높은 편이지만 수심이 얕아 어린이들도 쉽게 수영을 즐길 수 있다. 고운 모래는 모래찜질에 제격.

놓칠 수 없다!

해우 Manatee 서식지

메리트 아일랜드 국립 야생 보호지|Meri Island National Wildlie Refuge는 멸종 위기의 초식성 포유동물인 매너티|Manatee의 서식지로 유명하다. 402번 도로를 따라 동쪽으로 달리다가 3번 도로를 만나면 북쪽으로 간 다음, 2마일 가량 더 달리면 하울오버 캐널 브리지가 나오고 '매너티 관찰 지역'이라는 표지판을 볼 수 있다. 국제 보호 동물로 지정돼 있는 매너티는 듀공과 더불어 인어를 연상시키는 수생 동물로 몸길이 2.5~4.6미터, 몸무게가 2천 파운드까지 나가는 포유류. 자연보호 지역 내에만 300여 마리가 서식하고 있는 것으로 알려졌으며, 이는 동부 해안에 서식하는 전체 매너티의 절반에 해당한다.

하와이

HAWAII

Inside Washington DC & Mid Atlantic

오아후 호놀룰루 / 와이키키 / 노스 쇼어 / 윈드와드 오아후 / 리와드 & 센트럴

하와이 섬 힐로 / 코나

마우이 할레아칼라 국립공원

몰로카이

카우아이

HAWAII
하와이

하와이 제도는 8개의 큰 섬과 130개의 작은 섬으로 이루어진 군도다. 북태평양 중심부에 자리잡고 있는 하와이 제도는 지리적으로 멕시코 중부와 같은 위도상에 있어 아메리카 대륙과 아시아를 연결시켜 주는 항공, 해운 등의 교통의 요충지이자 아시안 이민자들과 미국 본토인들이 빚은 동서양의 교차 문화, 하와이 원주민들이 간직하고 있는 폴리네시아 전통 문화가 어우러져 있는 곳이다. 화산 분출로 형성된 이곳 하와이 제도에서 가장 큰 섬은 '빅 아일랜드'라고 불리는 하와이 섬으로, 킬라우에아Kilauea 산에서는 지금도 화산이 용암을 분출하고 있다.

마우이 섬은 매년 미국 내 10대 아름다운 지역으로 선정되면서 세계적인 휴양지로 알려져 오늘날 가장 빠르게 성장하고 있다. 한센병 환자를 위해 평생을 바친 ㄷ미앤 신부에 관한 이야기로 주목받게 된 몰로카이 섬은 다섯 번째로 큰 섬으로, 파인애플 농장, 그리고 하늘을 찌를 듯이 높은 곳에 위치한 절벽에서 흘러내리는 모아울라 폭포가 장관. 가장 유명한 섬은 오아후 섬. 매년 6백만 명 이상의 관광객들이 제일 먼저 도착하는 이곳이 바로 하와이를 상징하는 와이키키 해변과 화산 분화구로 만들어진 다이아몬드 헤드, 그리고 주도인 호놀룰루가 있는 섬이다. 하와이의 관광 시즌은 12월 초순부터 4월 초순까지다.

주도 호놀룰루
별칭 Aloha State
명물 훌라댄스, 서핑, 우쿨렐레
하와이 주 관광청 2770 Katakana Ave., Suite 801, Honolulu, 800-464-2924, www.gohawaii.com

1

하와이의 마법이 시작되는 곳 Oahu

오아후

하와이 하면 와이키키Waikiki 해변을 연상하는 사람이 많지만 와이키키는 섬이 아니다. 하와이 제도 북쪽에 위치한 오아후 섬 남쪽 해안에 있는 약 1.9마일 정도의 작은 지역이다. 오아후 섬은 총면적 604스퀘어마일로 제주도보다 조금 작지만, 하와이의 주도인 호놀룰루Honolulu가 있는 행정 중심지이자 군항 진주만Pearl Harbor이 있고, 주 전체 인구의 대부분이 이곳에 살고 있다. 오아후 섬 한 군데만 며칠을 소요해도 그 모습을 다 찾아볼 수 없을 정도로 많은 역사, 산업, 문화, 교육적 관광 명소들이 산재해 있다. 주도 호놀룰루에는 각종 박물관, 미술관, 역사의 유적, 식물원, 수족관, 공원, 기타 오락 시설들만 해도 헤아릴 수 없을 정도로 많다. 쿨라우Koolau 산맥 뒤쪽에 뻗어 있는 아름다운 해안선, 거기에 이어지는 북쪽 해안의 큰 파도, 광대한 파인애플 농장, 조용한 웨스트 코스트, 동남부의 산호초 등 곳곳에 매력이 넘친다.

오아후 관광국 www.visit-oahu.com

호놀룰루 Honolulu www.honolulu.gov

하와이어로 '보호받는 곳place of shelter'을 의미하는 '호놀룰루Honolulu'는 하와이의 주도이다. 인구의 절반 이상이 아시안이고 그 중의 4분의 1은 일본인이다. 하와이 원주민은 약 16%, 백인은 인구의 5분의 1을 차지한다. 하와이 왕국의 초대 국왕 카메하메하 1세가 1803년부터 1811년까지 살았던 이곳은 1845년 하와이의 정식 수도가 되었으며, 하와이가 미국 영토가 되었을 때 주도가 되었다. 하와이 대학교의 소재지인 호놀룰루는 크게 두 개의 지역으로 나누어 볼 수 있는데, 하나는 다운타운으로 중심의 비즈니스 지역이고, 다른 하나는 세계적인 휴양지인 와이키키 해변이다.

이올라니 궁전 Iolani Palace
364 South King St, Honolulu
월 9~16, 화목 10:30~16, 수·금·토 12~16
성인 $12, 어린이 $5 808-522-0832,
www.iolanipalace.org
하와이 최후의 국왕 칼라카우아가 즉위 8년
째인 1882년에 지은 빅토리아 스타일의 왕궁
이다. 1893년 왕정이 폐지되기까지 칼라카우
아 왕과 그의 여동생이자 하와이 왕조의 마지
막 왕 릴리우오칼라니 여왕이 살았던 궁전이
다. 릴리우오칼라니 여왕이 하와이 왕조와 작
별을 고하면서 불렀다는 '알로하 오에'와 함
께 하와이 왕조의 한을 간직한 곳이다. 미국
내에 있는 유일한 궁전이다.

주 청사 Hawaii State Capitol
415 S, Beretania St, Honolulu 월~금 7:45~16:30
808-586-0178, www.capitol.hawaii.gov
이올라니 궁전의 산 쪽에 있는 하와이 권력의 상징. 화
산을 형상화한 원추형 건물로 태평양 한가운데 놓인 하
와이를 의미하듯 건물 주변이 연못으로 둘러싸여 있다.
매년 1월 셋째 주 수요일 주 의회가 시작되는 첫날에는
음악과 춤의 축제가 펼쳐진다. 주 청사 안에는 하와이
에서 존경받는 인물인 다미안 신부의 동상이 있으며,
누구나 자유롭게 출입할 수 있다.

할로나 고래 분수 구멍 Halona Blow Hole
www.oahu.aloha-hawaii.com
하나우마 만에서 북동쪽으로 약 5킬로미터 떨어진 곳
에 위치한 용암 동굴이다. 가파른 절벽의 해안으로 가
는 도중에 있어 파도가 들이치면 바위 틈새로 바닷물
이 밀려 올라오는 것이 마치 고래가 물을 뿜는 것 같
아서 고래 분수 구멍이라는 이름이 붙었다. 물이 솟아
오르는 높이가 5~6미터나 된다. 맑은 날은 몰로카이
섬이 보인다.

알로하 타워 Aloha Tower
700 Bishop St, Honolulu
808-586-2530, www.alohatower.org
1926년 호놀룰루 항구의 9번 부두에 세워진
시계탑으로 하와이의 관문이자, 호놀룰루항의
상징이다. 높이 56미터의 네모탑 시계 정면에
'ALOHA' 란 글자가 적혀 있다. 외국 배가 입
항하면 로열 하와이언 밴드에 의해서 '알로하
오에' 가 흐르고, 관광객이나 마중 나온 사람
과 선물을 파는 사람들로 북새통을 이루었다
고 한다. 9층이 박물관, 10층에 전망대가 있으
며, 타워를 둘러싼 2층짜리 마켓 플레이스에는
다양한 상점과 레스토랑이 들어차 있다.

대왕 동상 카메하메하
King Kamehameha Statue

957 Punchbowl St, Honolulu, 808-522-1333

하와이 제도를 통일한 카메하메하 1세의 동상으로, 이올라니 궁전Iolani Palace 앞에 있는 킹 스트리트King Street에 있다. 1781년 하와이의 유력한 추장이 되어 1795년까지 거의 모든 섬들을 정복한 카메하메하 대왕은 1810년 하와이 제도를 통합하고 새 왕조를 창시하였다. 쿡 선장이 하와이 제도를 발견한 100주년을 기념하여 이탈리아에서 주조된 동상이 운반 도중에 침몰했기 때문에 다시 만들어 세웠다. 그 후 원래의 동상도 인양되어, 왕의 탄생지인 카파아우Kapa au에 세워져 있다. 매년 6월 11일 대왕의 탄생 기념일에 화려한 퍼레이드가 개최된다.

비숍 박물관 Bishop Museum

1525 Bernice St, Honolulu

수~월 9~17, 화 폐관, 성인 $17.95, 4~12세 $14.95

808-847-3511, www.bishopmuseum.org

버니스파우아히 비숍 박물관Bernice Pauahi Bishop Museum. B.P. 비숍은 카메하메하 왕가 직계의 마지막 후손에 해당하는 여왕으로 남편인 C.R .비숍이 그녀를 기념하기 위해 1889년에 세운 것이다. 하와이를 포함한 폴리네시아 문화권의 인류학·생물학·자연과학의 학술적 수집품이 전시된다. 태평양 지역에 관한 연구기관으로는 세계 제일이다.

호놀룰루 미술 아카데미
Honolulu Academy of Arts

900 South Beretania St, Honolulu

화~토 10~16:30, 일 1~17, 성인 $10, 12세 이하 무료

808-532-8700, www.honoluluacademy.org

워드 거리 모퉁이에 서 있는 흰 건물이 하와이 최대의 미술관인 호놀룰루 미술관이다. 서양회화, 동양미술, 폴리네시아 미술작품 등이 전시됐다. 2층 전시장에서는 세계 미술가들의 전시회가 항상 열린다. 특히 동양미술로는 도자기, 불상 및 불화에 이르기까지 미국에서 가장 훌륭한 작품들을 소장하고 있는 것으로 알려져 있다. 내부 정원은 조각과 꽃들로 장식되어 산책하기에 알맞다.

카와이아하오 교회 Kawaiahao Church

957 Punchbowl St, Honolulu

808-522-1333, www.kawaiahao.org

카메하메하 왕 동상에서 와이키키 비치 사이에 있는 산호초로 건축된 교회로 호놀룰루 최초의 영국 성공회 교회이다. 3천 개의 파이프를 자랑하는 거대한 오르간, 2층의 갤러리에 전시된 역대 하와이 왕들의 초상화 등이 장중한 분위기를 자아낸다.

차이나타운 China town

818 Keeaumoku St, Honolulu
808-948-6111, www.chinatownhi.com

중국인들이 노동자로 하와이에 첫발을 밟은 것은 1788년 12월. 이후 계속 유입이 늘어나 1884년에는 호놀룰루의 중국인 노동자 수가 이미 5,000명이 넘었다. 포트 스트리트 몰의 서쪽, 마우나케아 거리와 킹 거리가 교차하는 곳에 형성되었으며, 이 타운을 중심으로 시장, 음식점, 과자점, 한약국 등이 모여들어 성시를 이루고 있다.

하와이 대학 University of Hawaii

2444 Dole St, Honolulu
808-956-8111, www.hawaii.edu

하와이 주립 종합대학으로, 마노아, 힐로, 웨스트오아후 캠퍼스에 3개의 4년제 종합대학, 하와이, 호놀룰루, 리워드, 카피올라니, 마우이 등 7개 지역에 흩어져 있는 2년제 커뮤니티 칼리지가 속해 있다.
1907년 국유지를 교부받아 세워진 농업공과대학이 전신으로 1902년 13개 학부, 10명의 학생으로 개교. 특히 열대 농업, 해양학, 아시아, 태평양 연구로 유명하다. 호놀룰루에 있는 캠퍼스는 1972년부터 마노아Manoa 라는 지명을 붙여 마노아 캠퍼스라고 부른다. 이곳에 있는 한국학 센터의 활발한 연구 활동과 동서 문화 교류로 인

해 하와이 대학은 세계 한국학의 메카라고 불린다.

펀치볼 국립묘지 Punchbowl National Cemetery

2177 Puowaina Dr, Honolulu
연중 무휴 8:30~18:30, 무료 입장
808-532-3720, www.hawaiiweb.com

1949년 진주만 공격으로 사망한 776명의 전사자가 최초로 묻힌 국립묘지. 제1차·제2차 세계대전, 한국전쟁, 베트남전쟁에서 전사한 군인 등 총 2만천여 명의 유해가 안치되어 있는데, 특히 한국전에서 행방 불명된 8천여 명의 군인을 포함 총 28,778명 이름이 기록된 10개의 무명용사의 묘Courts of the Missing가 있다. 다이아몬드 헤드나 코코 헤드와 마찬가지로 화산 분화 활동에 의해 만들어진 고지대로, 전망대에서는 다이아몬드 헤드와 호놀룰루 시가지가 한눈에 펼쳐진다.

칼라카우아 거리 Kalakaua Avenue

칼라카우아 거리는 다이아몬드 헤드로 향하는 2마일 거리의 도로다. 와이키키의 심장이라고 할 만한 거리로서 해변에서 가장 가깝다. 다양한 쇼핑 상점과 즐비한 최신식 호텔과 레스토랑, 휴양지의 정취를 한층 돋우는 자유분방한 사람들로 와이키키의 이미지를 한눈에 보여주는 화려한 곳이다.

누아누 팔리 전망대 Nuuanu Pali Lookout

연중 9~16, 입장료와 주차 무료 www.hawaiiweb.com

호놀룰루 다운타운에서 북동쪽 5마일 지점에 조성된 전망대로 카네오해 방향의 절경을 감상할 수있는 명소다. 카메하메하 대왕이 하와이의 통일을 위해 오아후군과 격전을 치른 곳이며 '팔리' 란 고개라는 뜻으로 해발 300미터 높이에 바람이 강하게 불어 일명 바람산이라고도 부른다. 맑게 날에는 오아후 섬 동북쪽인 카네오헤, 카일루아와 몰로카이 섬까지 볼 수 있다.

와이키키 Waikiki www.visit-oahu.com

오아후 섬 남부에 위치한 와이키키에는 10개의 비치가 포함된다. 중심지는 와이키키 비치와 칼라카우아 애비뉴 Kalakaua Ave로서 와이키키 비치의 하얀 백사장과 일광욕이나 서핑을 즐기는 사람들, 다이아몬드 헤드Diamond Head의 풍경은 그림 엽서로도 잘 알려져 있다. 한낮의 해수욕은 말할 것도 없고 황혼녘 아름다운 석양을 뒤로 하고 걷는 해변은 더욱 낭만적이고 황홀하다. 공항에서 차로 15분 거리다.

다이아몬드 헤드 Diamond Head

연중 6~18, 입장료 차 1대당 $5

와이키키 비치 동쪽 바닷가에 우뚝 솟은 높이 232미터의 분화구로, 호놀룰루 어디서든 볼 수 있어 나침반으로도 불린다. 화산 활동으로 생긴 분화구 중앙의 분지에는 주 방위군의 지하 벙커가 있다. 용암동굴과 99개의 계단, 나선형의 계단, 제2차 세계대전 터널이라고 불리는 곳을 지나면 정상에 도달한다. 분화구 꼭대기의 암석들이 햇빛을 받아 반짝이는 것이 다이아몬드처럼 보인다고 해서 다이아몬드 헤드라는 이름이 붙여졌다.

카피올라니 팍 Kapiolani Park

3902 Paki Ave, Honolulu
808-545-4344, www.kapiolanipark.org
140에이커 규모의 대형 공원으로 하와이에서 가장 오래된 공원이다. 와이키키의 호텔 등과 인접해 있으므로 걸어서 산책할 수 있다. 카피올라니는 하와이 왕조의 번성기를 이뤘던 칼라카우아 왕의 왕비 이름이며, 공원 바로 앞에는 와이키키 비치가 펼쳐져 있다.

알라 모아나 해변 공원

Ala Moana Beach Park
1201 Ala Moana Blvd, Honolulu
와이키키 서쪽에 펼쳐진 넓이 76에이커의 해변은 암초 지대를 인공적으로 개간하여 만들었다. 알라모아나 해변에서는 수영과 서핑을 즐길 수 있고, 매립지인 매직 아일랜드에는 테니스 코트와 야구장이 조성되어 한인들의 피크닉 장소로도 애용된다.

노스 쇼어 North Shore 808-924-0266, www.northshoreoahu.org

오아후 섬의 최북단에 있는 카후쿠Kahuku에서 할레이와Haleiwa로 이어지는 카메하메하 하이웨이 도로변 일대를 말한다. 세계적인 서핑지로 매년 1월에서 3월에는 세계 프로서핑대회가 열린다. 와이키키에서 차로 1시간 10분.

폴리네시아 문화 센터

Polynesian Cultural Center
55-370 Kamehameha Highway, Laie,
성인 $45, 어린이 $35 800-367-7060,
www.polynesia.com
약 420에이커에 이르는 민속촌으로, 1963년 10월 12일에 오픈했다. 뉴질랜드, 피지, 하와이, 마르케사스, 하파 누이, 사모아, 타이티 그리고 통가 등 태평양에 산재한 폴리네시아 섬들의 생활 양식과 문화 등을 8개 마을에 재현한 곳이다. 폴리네시아 문화 센터를 관광하려면 우선 카누를 타고 이곳을 한 바퀴 도는 것이 좋은데, 약 30분 정도 걸린다. 훌라댄스, 불춤, 하와이 민 속음식을 경험할 수 있는 이브닝쇼가 매일 열린다. 이 문화 센터에서 일하고 있는 댄서나 뮤지션·가이드들은 모두 몰몬교의 브리검영 대학Brigham Young University 하와이 분교에 재학중인 폴리네시안 원주민 학생들이다.

윈드와드 오아후
Windward Oahu

보도인 사원 Byodo-In Temple

47-200 Kahekili Highway, Kaneohe
연중 9~17, 성인 $3, 어린이 $1
808-239-9844, www.byodo-in.com

1968년 일본 이민자들이 하와이에 도착한 지 백년 된
것을 기념하기 위해 지어진 절이다. 950년에 지어진 일
본 우지에 있는 절을 그대로 모방해서 만든 절로, 못을
전혀 사용하지 않은 건축물이다. 팔리의 아주 아름다운
절벽이 뒷 배경으로 자리 잡고 있는 이곳은 결혼식장으
로도 자주 사용되고 있는데, ABC TV 시리즈물인「로스
트Lost」에서 김윤진의 고향으로도 나왔다.

하나우마 베이 Hanauma Bay

2015 Kapiolani Blvd, Honolulu
월~금 7~16:30, 성인 $3, 12세 이하 무료
808-395-2211, www.honolulu.gov

'구부러진 곳' 이라는 의미의 하나우마Hanauma는 오아후 섬 동남부의 명소로, 완만한 곡선을 이루는 해변은 엘비스 프레슬리가 나온 영화 「블루 하와이」의 촬영지로 더욱 유명하다. 아름다운 산호초와 수만 마리의 열대어로 눈부시게 아름다운 바다를 끼고 있는 하나마 베이는 세계적인 스노클링 명소로, 물안경과 핀만 있는 수영 초보자도 맑고 투명한 바닷물 속의 스노클링을 즐길 수 있다.

카일루아 비치 Kailua Beach

526 Kawailoa Road Kailua, Oahu 808-263-5959,
www.hawaiiweb.com/oahu/beaches/kailua_beach_park.htm

와이키키의 반대편에 위치하는 해변으로 바람에 날릴 정도로 곱고 부드러운 모래사장이 유명한 세계 10대 비치 중의 하나다. 수심은 비교적 낮고 바람은 강해 윈드서핑과 카이트 서핑을 하는 사람들이 몰려든다. 주변에 미군 해병 기지가 들어와 있으며, 2008년과 2009년 오바마 대통령이 이곳에서 크리스마스 휴가를 보내 언론들이 '겨울 백악관' 이라고 부르는 집이 있다.

리와드 & 센트럴 Leeward & Central

전함 미주리 호 U.S.S. Missouri Battleship

63 Cowpens St, Honolulu
연중 8~16, 성인 $20, 4~12세 $10
808-455-1600, www.ussmissouri.com

1944년에 건조된 전함으로 일본의 항복문서 조인식이 이곳에서 거행되었다. 2차대전의 영웅 전함으로 한국전 당시 인천상륙작전에도 투입됐다.

1992년 퇴역한 후 1998년 하와이 진주만에 영구 정박, 기념관으로 일반에 개방되고 있다. 이 전함을 관람하기 위해서는 펄하버(진주만) 내 애리조나 기념관에서 입장권을 구입해 셔틀버스를 타고 이 전함이 정박돼 있는 건너편 포트 아일랜드로 가서 입장할 수 있다.

한국어 안내원도 있다. 전함 미주리 호의 자랑은 3개의 16인치 포, 하나의 무게가 2,700파운드가 나갈 정도로 거대한 포의 사정거리는 23마일. 또 걸프전에서 사용했던 토마호크 크루즈 미사일 발사대도 볼 수 있다.

애리조나 호 기념관 USS Arizona Memorial

1 Arizona Memorial Place, Honolulu
연중 7~17, 무료 입장
808-422-0561, www.nps.gov/pwr/usar

1941년 일본군의 진주만 기습으로 침몰된 전함 애리조나 호의 선체 위에 철근 콘크리트로 지어진 해상 구조물로 당시 희생된 1천여 명의 병사들을 추모하는 기념관이다.

부두에서 멀지는 않으나 미해군에서 운항하는 배를 타고 5분 정도 가야 하기 때문에 관광객이 많은 계절에는 충분한 시간 여유를 갖고 방문해야 한다.

수장된 애리조나 호와 함께 태평양전쟁, 걸프전쟁을 승리로 이끌었던 미주리 호가 나란히 서 있는 모습이 이채롭다. 부근에는 태평양전쟁 당시 활약한 잠수함과 그 속에서 근무한 병사들을 추모하기 위해 마련된 서브마린 메모리얼 파크Submarine Memorial Park도 있다.

돌 파인애플 플랜테이션
Dole Pineapple Plantation

64-1550 Kamehameha Hwy, Wahiawa
808-621-8408, www.dole-plantation.com
파인애플의 왕으로 불리는 제임스 드러먼드 돌
James Drummond Dole이 1900년에 첫 번째 파
인애플 농장을 세웠던 곳. 하와이의 파인애플 역
사, 즉 돌Dole 회사의 역사를 말해 주는 자료가 전
시되어 있는 곳이다.
2에이커가 넘는 면적에 14,000여 개가 넘는 하와
이 특유의 화려한 색깔의 식물들이 가득한 1,7마
일에 달하는 자이언트 파인애플 가든 미로Pine-
apple Garden Maze는 세계에서 가장 큰 미로로
1998년 기네스북에 올랐다. 가든 미로에 입장하려
면 성인 $6, 어린이 $4를 지불해야 한다.

하와이 제도의 8개 섬 중 가장 크기 때문에 '빅아일랜드Big Island' 라고도 부른다. 면적은 다른 7개 섬 면적을 합한 것보다 넓다. 중앙에 나란히 있는 2개의 산, 즉 해발 13,677피트의 마우나로아와 해발 13,796피트의 마우나케아는 하와이 제도에서 최고의 높이를 자랑한다.

섬의 동서남북이 각기 다른 모습을 하고 있고, 섬을 일주하는 도로가 연결돼 있어 렌터카로 드라이브하기에 가장 알맞은 섬이다. 겨울철의 마우나 케아는 눈이 쌓여서 스노 스키를 즐길 수 있다. 낚시 보트를 빌리면 코나Kona 근해에서 블루 머린을 비롯한 대어를 낚을 수 있다.

힐로 Hilo 808-961-5797, www.bigisland.org

하와이 섬의 정치, 경제적인 중심지로, 오하우 섬에 있는 호놀룰루에 이어 하와이 제도 제2의 도시다. 섬의 관문인 국제공항이 위치하고 있으며, 미국에서 비교적 비가 많이 오는 지역에 속하고 있어 '비의 도시' 라는 별명도 얻었다. 카메하메하 애브뉴Kamehameha Ave를 중심으로 오래된 건물들이 보존되고 있어 고풍스러운 분위기를 풍기며 케아베 거리Keawe St.는 레스토랑과 상점, 은행 등이 들어선 현대적인 거리다. 라이만저 기념관Lyman House Memorial Museum이나, 세인트 죠셉 교회St. Joseph' s Church 등이 하일리 스트리트에 자리하고 있다. 난초의 도시로도 유명하며, 인근에 레인보우 폭포와 아카카 폭포는 손꼽히는 절경이다.

나니 마우 가든 Nani Mau Garden

421 Makalika St, Hilo
연중 10~15, 성인 $10, 3~10세 $5
808-959-3500, www.nanimaugardens.com
힐로에서 약 3마일 정도 떨어진 곳에 있으며, 53에이커 규모의 정원으로 하와이에서 자생하는 거의 모든 꽃과 식물이 길러지고 있다. 특히 난은 2천여 종이 있으며, 진귀한 약용 식물과 아름다운 열대꽃들이 사람들의 마음을 사로잡는 꽃의 공원이다. '나니 마우(Nani Mau)' 라는 말은 하와이어로 '영원한 아름다움' 을 뜻한다.

오키드 오브 하와이 Orchids of Hawaii

2801 Kilauea Ave, Hilo
800-323-1449, www.orchidsofhawaii.com
힐로는 난(蘭)의 도시. 힐로의 난 식물원을 둘러보는 것도 즐거움을 더해 준다. 킬라우에아 거리를 곧장 남하하여 작은 다리를 건너면 왼편에 있다. 꽃꽂이용 꽃이나 화분종자 등도 살 수 있다.

푸우코홀라 헤이아우 국립 역사 유적지
Puukohola Heiau National History Site

62-3601 Kawaihae Rd, Kawaihae
808-882-7218, www.nps.gov/puhe

하와이 제도 통일의 꿈을 꾸고 있던 카메하메에게 카우아이에서 온 점쟁이가 그 꿈을 이루려면 이곳에다 헤이아우(성전)를 지으라는 말을 듣고 1791년에 건축했다.

라이만 미션 하우스 박물관
Lyman House Memorial Museum

276 Haili St, Hilo
월~토 10~16:30 성인 $8~10, 6~17세 $3
808-935-5021, www.lymanmuseum.org

하와이 초기 라이만 선교사가 1839년에 지은 아름다운 하와이식 목조 건축물로 당시의 가구·세간과 생활도구가 진열됐다. 박물관 1층에는 빅 아일랜드에 이주해 온 중국인·일본인·포르투갈인·한국인·필리핀인의 문화를 연대순으로 진열하고 있다.

2층은 각국의 전통 미술품이나 예술품, 또한 캡틴 쿡과 선교사에 관한 역사적 자료가 전시됐다. 지질학적인 측면에서 본 킬라우에아 화산의 전시물이나 마우나 케아 산정의 기상 관측소 및 천문학 관련 전시물도 흥미 깊다. 아래층 갤러리에서 테마별로 특별 전시한다.

하와이 열대 식물 가든
Hawaii Tropical Botanical Garden

27-717 Old Mamalahoa Highway, Papaikou
808-964-5233, www.htbg.com

이곳은 식물원이라기보다는 열대자연 특별 보존 지역 Tropical Nature Preserve and Sanctuary이다. 약 30분마다 가이드 딸린 워킹 투어로만 원내에 들어간다. 약 1마일의 산책은 폭포와 바다와 산이 있는 변화를 만끽하게 한다. 투어를 포함하여 약 2시간의 여유가 있어야 충분하다.

하와이 화산 국립공원

입장료 차 1대당 $10
808-985-6000, www.nps.gov/pwr/havo/

하와이 섬 최대의 관광지로, 공원 내에는 지금도 용암을 분출하고 있는 활화산이 2개-마우나로아Mauna Loa,(4,171미터)와 킬라우에아Kilauea(해발 1,222미터)가 있다. 킬라우에아 화산의 칼데라는 직경이 약 4.5

아카카 폭포 주립공원
Akaka Falls State Park

akaka falls rd, off hwy 19, Honomu
800-464-2924
www.hawaiistateparks.org/parks/hawaii

마우나 케아의 경사면에 있는 아카카 폭포와 카후나 폭포가 있는 아카카 폭포 주립공원. 이곳은 빅 아일랜드의 유명한 관광 포인트다. 아카카 폭포는 420피트 아래 낭떠러지로 떨어지는 장관을 연출한다. 128미터의 수직 폭포로 일직선으로 낙하하는 물줄기가 장관이며, 더욱 신비로운 것은 이 지역의 암반이 약해 수만 년 동안 폭포에 의해 웅덩이가 파이면서 폭포가 조금씩 이동해 간다는 것이다.

아카카 폭포와 카후나 폭포, 두 폭포를 연결하는 6킬로미터의 하이킹 코스에는 야생의 난과 다양한 관엽 식물과 열대 식물, 그리고 대나무 숲이 있어 녹색이 풍부한 자연을 즐길 수 있다. 24시간 개방하므로 피크닉에도 적당하다. 계곡을 드라이브할 때 바짝 긴장하여 이 폭포를 놓치지 않도록 잘 살필 것.

킬로미터이고, 깊이는 120미터로 그 안에 여러 개의
분화구가 있다.

가장 큰 분화구는 할레마우마우Halemaumau로서 지
름이 약 800미터로, 끊임없이 연기와 가스가 분출되고
있다. 분화구 앞에 설치된 전망대에서 용암이 바다로
스며들어 바다에서 커다란 연기 기둥으로 솟아오르는
모습을 보기 위해 수많은 일파가 모여든다.

또 국립공원 내에 있는 서스톤 용암 동굴Thurston
Lava Tube은 화산 분출 후 급랭으로 인해 생긴 용암동
굴(지름 약 4미터, 길이 160미터)로 동굴 주위 화산 지
대의 대표적인 식물 고사리가 군락을 이루고 있다.

서스톤 용암 동굴

와이피오 계곡 Waipio Valley

www.naturalhighs.net

하와이 섬의 북동쪽에 있는 하마쿠어 해
안에 있는 계곡으로, 길이가 6마일 폭이 1
마일, 그리고 2,000피트 이상 되는 절벽으
로 둘러싸인 곳이다. 계곡 한가운데 울창
한 숲이 있고, 강물까지 흐르는 전형적인
하와이의 전원 풍경이다.

킬라우에아 화산 국립 공원 Kilauea Volcano National Park

킬라우에아 화산을 중심으로 한 하와이 화산 국립공원으로 지금도 수년에 한 번씩 화산 분출이 발생하는 살아있는 화산 공원이다. 일본의 활화산과 달리 위험성이 적어서 분화가 시작되면 화구를 따라 분화구를 일주하기 위해 관광객이 오히려 증가한다. 림로드를 돌면(1시간~3시간 소요), 서스톤 용암 터널과 키라웨아 · 이키 화구, 하레마우마우 등을 볼 수 있다. 킬라우에아 화구는 직경 4.5킬로미터, 깊이 120미터의 거대한 칼데라로 그중 가장 큰 분화구가 하레마우마우와. 하레마우마우와는 "양치의 집" 이라는 의미로, 불의 신 페레가 살고 있는 곳이라 전해지고 있다. 화구 동쪽에 있는 서스톤 용암 터널은 흘러나온 용암의 표면이 먼저 굳어진 상태에서 안쪽으로 용암이 흘러나와 터널을 이루게 되었다고 한다.

놓칠 수 없다!

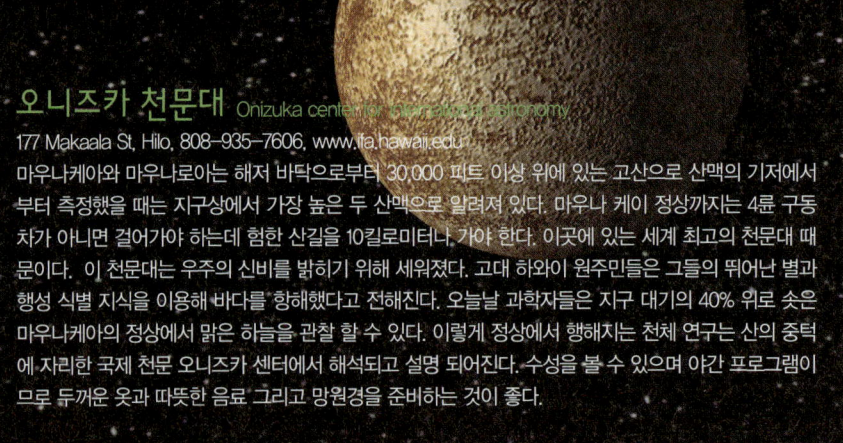

오니즈카 천문대 Onizuka center for international astronomy

177 Makaala St, Hilo, 808-935-7606, www.ifa.hawaii.edu

마우나케아와 마우나로아는 해저 바닥으로부터 30,000 피트 이상 위에 있는 고산으로 산맥의 기저에서부터 측정했을 때는 지구상에서 가장 높은 두 산맥으로 알려져 있다. 마우나 케이 정상까지는 4륜 구동차가 아니면 걸어가야 하는데 험한 산길을 10킬로미터나 가야 한다. 이곳에 있는 세계 최고의 천문대 때문이다. 이 천문대는 우주의 신비를 밝히기 위해 세워졌다. 고대 하와이 원주민들은 그들의 뛰어난 별과 행성 식별 지식을 이용해 바다를 항해했다고 전해진다. 오늘날 과학자들은 지구 대기의 40% 위로 솟은 마우나케아의 정상에서 맑은 하늘을 관찰 할 수 있다. 이렇게 정상에서 행해지는 천체 연구는 산의 중턱에 자리한 국제 천문 오니즈카 센터에서 해석되고 설명 되어진다. 수성을 볼 수 있으며 야간 프로그램이므로 두꺼운 옷과 따뜻한 음료 그리고 망원경을 준비하는 것이 좋다.

코나 Kona 808-329-7787, www.hawaiiweb.com

하와이 섬의 옛 수도로서 하와이의 전통과 역사를 지닌 유서 깊은 장소들이 많이 있다. 세계 최고의 열대 휴양지로 하와이 섬 관광의 중심지다. 도시 이름은 카일루아지만 오아후 섬에도 같은 지명이 있기 때문에 지역 전체의 명칭인 코나와 합하여 카일루아 코나라고 불린다.

비가 많이 내리는 힐로와는 대조적으로 건조한 기후이다. 코나 앞바다는 마치 거대한 호수처럼 잔잔해 해양 스포츠와 낚시의 천국으로 철인 3종 경기의 본고장으로 유명하다. 리조트 지역으로서 좋은 조건을 갖춘 알리이 로드를 중심으로 호텔과 쇼핑센터가 모여 있다. 중심지는 호텔 킹 카메하메하에서부터 힐튼 호텔 사이.

또한 코나는 커피의 산지로 유명한 곳이다. 1825년 설탕 재배업자 존 윌킨슨John Wilkinson이 브라질 리오에서 오아후 섬 모아나 밸리로 들여온 커피 종자가 우연히 코나 지역에 심어지게 되었고, 코나 지역의 비옥한 화산 토양과 커피가 자라기에 좋은 기후로 인해 코나 지역 특유의 고급 커피가 만들어져, 오늘날 하와이 경제에 막대한 영향력을 끼치고 있다. 소설가 마크 트웨인도 「하와이로부터의 편지」라는 글에서 '코나 커피의 맛과 향은 그 어느 것과 비교할 수 없을 만큼 향기롭고 그윽하다' 고 평했다고 한다.

카일루아 부두 Kailua Pier

75-5660 Palani Rd, Kailua-Kona
808-329-2911

하루 종일 활기에 넘쳐 있어 목적 없이 부두에서 서성거리기만 해도 여러 가지로 즐거운 곳이다. 피싱 보트를 비롯하여 각종 크루즈와 유람선 선착장으로, 타고 내리는 관광객이나 여러 배들을 바라보고 있기만 해도 대단히 재미있다.

호텔 킹 카메하메하가 있는 부근은 역사적인 장소이기도 하다. 초가지붕의 '아후에나 헤이아우' 는 옛날의 신전을 복원한 카마카호누(거북의 눈) 집으로, 카메하메하 대왕이 말년에 살던 곳이라고 한다. 1819년 대왕이 사망했을 때 시종이 적에게 모욕당하는 것을 두려워하여 왕의 유골을 어딘가에 숨겼다고 하는데 현재도 알려지지 않고 있다.

푸우호누아 오 호나우나우 국립 역사 공원

Pu'uhonua o Honaunau National Historical Park
입장료 차 1대당 $5
808-328-2326, www.nps.gov/puho

'도피의 도시' 푸우호누아 호나우나우Pu'uhonua Honaunau는 화와이 원주민들에게는 신성시 되는 장소로 전쟁 중에 어린이들을 피난시키고 금기를 어긴 사람이나 패잔병들이 피신해 오면 사제들의 보호를 받으며 목숨을 부지할 수 있었던 곳이다. 코나 남쪽에 위치하며 1700년대 후반의 하와이의 상황을 충실히 재현하기 위해 많은 원주민 아티스트와 장인들이 모여 1961년에 조성된 공원이다. 공원 내부는 주로 물고기가 있는 호수와 카누를 탈 수 있는 장소가 있는 궁전과 신전이 있는, Pu'uhonua Honaunau 두 군데로 나뉘어 있다. 빅아일랜드인 하와이 섬에 총 6곳, 각 섬에 한 곳씩 있다. 매해 7월 1일에 열리는 문화 페스티벌에서는 하와이언 훌라 댄스, 게임 등 다양한 문화예술 행사가 펼쳐진다.

모쿠아이카우아 교회 Mokuaikaua Church

75-5713 Alii Dr, Kailua-Kona
808-329-0655, www.mokuaikaua.org

1823년 하와이 섬에 상륙한 선교사가 1836년 카메하메하 대왕 2세에게 받은 토지 위에 용암석으로 지은 교회로 하와이에서 가장 오래된 교회다. 교회 입구의 아치와 하얀 첨탑이 아름다운 이 건물은 하와이산 목재로 지어진 최초의 건물이기도 하다.

훌리헤에 궁전 Hulihee Palace

75–5718 Ali'i Dr, Kailua–Kona

수~토 10~15, 성인 $6, 어린이 $1

808–329–1877 www.huliheepalace.com

카알루아만이 내려다보이는 해변에 세워져 있는 2층
건물로 1838년 하와이 초대 총독 존 애덤스 쿠아키니
의 저택으로 만들어졌으며, 그 후 1916년까지는 하와
이 왕조 최후의 왕인 칼라카우아 왕의 별장으로 사용
되면서 궁전으로 불리워졌다. 현재는 왕가의 가구와
집기류가 전시된 박물관으로 사용된다.

오아후 섬에서 동남쪽으로 74마일, 하와이 섬들 중에서 두 번째로 크다. 표주박형의 섬으로 원래 마우이 섬은 2개의 섬이었다. 화산 활동 결과 유출된 용암이 2개의 섬을 연결하여 현재의 마우이 섬이 됐다. 최근 한국에서도 신혼 여행지로 각광 받고 있는 이 섬의 캐치 프레이즈는 'The Valley Island', 즉 바다와 산을 동시에 즐기는 변화와 풍부한 자연을 자랑한다는 것이다. 옛날 하와이의 수도였던 라하이나는 역사도 있고 관광객을 수용하는 제반 시설도 뛰어나다.

마우이 섬의 메인 터미널로 하와이언 항공과 알로하 항공의 제트기, 커뮤터 에어라인스 등이 발착하는 카훌루이 공항Kahului Airport에서 세계적인 휴양지 카아나팔리 지역의 호텔까지는 약 27마일 거리로 택시를 이용할 수도 있지만 Gray Line의 셔틀버스가 편리하다. 한편 카아나팔리의 북쪽, 카팔루아에 신축된 웨스트 마우이 공항West Maui Airport을 이용하면 카아나팔리가 훨씬 가깝다.

마우이 관광국 800-525-6284, www.visitmaui.com

월~일 10~16:30, 성인 $3, 808-661-8527
라하이나 항구 부두에는 길이 28미터의 아름다운 범선 카르타지안 2세Carthagian II가 정박하고 있다. 제임스 미치너 원작 「하와이」를 영화화할 때 사용됐는데, 내부는 현재 고래 박물관으로 되어 있다. 매년 겨울부터 봄에 걸쳐서 흑고래가 라하이나 바다로 내려가는데, 그 슬라이드나 비디오를 볼 수 있다. 고래잡이를 위한 도구류가 전시되어 있고, 고래 노래가 녹음된 테이프를 들을 수 있는 것도 진기하다.

라하이나 Lahaina 항구

648 Wharf St, Lahaina
888-310-1117, www.visitlahaina.com

하와이의 수도였던 라하이나는 와이키키 다음으로 번화한 곳으로, 현재 마우이 섬에서 가장 사랑받는 관광지다. 19세기에 고래잡이 기지로 영화를 누렸던 이곳은 도시의 대부분이 국립 유적지로 지정되어 있다. 가장 유명한 밴연 트리Banyan Tree는 수령 100살을 넘은 고목으로 1873년 기독교 포교 50주년을 기념하기 위해 윌리엄 스미스라는 사람이 심었는데 높이 약 18미터로, 나무 밑에서 미술품과 공예 전람회를 비롯한 다양한 이벤트가 행해진다. 부두에는 각종 유람선, 낚싯배들이 정박해 있고, 라하이나와 몰로카이 섬으로 가는 정기적인 연락선 등이 부산스럽게 움직이고 있어 멋과 낭만이 어우러진 관광지로서 늘 활기가 넘친다.

>>영화 세트 같은 중심가

라하이나의 중심가인 프런트 거리를 걷고 있으면 문득 이곳이 영화 세트가 아닌가 하는 생각이 들기도 한다. 목조 발코니가 있는 레스토랑과 컬러풀한 장식의 창문, 산호나 조개류의 액세서리 상점·티셔츠 상점·다이브 숍·카페·갤러리·선물 상점 등과 햇볕에 그을린 사람이 오가는 모습은 마치 영화의 한 장면 같다.

>>사탕수수 열차 Sugar Cane Train

사탕수수 운반에 사용되던 증기 기관차가 라하이나와 카아나팔리 사이를 달리고 있다. 1883년형 모델을 2대(Myrtle과 Anaka) 복원하여 관광 열차로 쓴다.
1일 5회 왕복하며 파이어니어 인 앞에서 역까지 2층 버스가 무료로 태워다 준다. 기차는 사탕수수밭 가운데를 달리기 시작하여 오른쪽으로 마우이 산을 보면서 30번 길을 따라 나아간다. 우쿨렐레와 노랫소리, 증기 기관차 소리가 카아나팔리 리조트와 골프 코스의 초원을 통과하는 왕복 약 1시간의 기차 여행이다.

카아나팔리 Kaanapali

808-244-3530, www.kaanapaliresort.com

오아후 섬에 와이키키 해변이 있다면 마우이 섬에는 카아나팔리가 있다. 하와이 왕조의 최초의 수도였던 라하이나에서 4마일 북쪽에 위치하며 황금의 6마일이라고 불리는 흰모래의 해변가에 고급 호텔이 줄지어 있는 리조트 타운이며 '하와이 리조트의 기적'이라고까지 불린다. 록펠러가 지었다는 카팔루아 베이 호텔 등 고급 호텔에 머물면서 골프·테니스·해양 스포츠를 즐길 수 있다.

고래 박물관 Whalers Village Museum

2435 Ka'anapali Pkwy, Bldg H-6, Lahaina
연중 10~18, 808-661-4567
www.whalersvillage.com

카아나팔리 지구의 중심인 고래 박물관은 야외 고래 박물관과 쇼핑센터가 종합된 독특한 건물이다. 실물 크기의 고래뼈 전시를 비롯하여 옛날 고래잡이에 관한 갖가지 자료 100여 점이 빌리지 내에 전시되어 있다. 20곳이 넘는 토산품점이나 부티크·서점·수퍼마켓·영화관 그리고 레스토랑 등 세련된 상점이 줄지어 있다. 카아나팔리를 순회하는 지트니와 라하이나에 가는 버스도 이곳에서 출발한다.

카팔루아 비치 kapalua beach

카팔루아 베이 호텔 아래에 있는 미국에서 가장 아름다운 해변으로 선정된 비치다. 비치는 잔잔해서 스노우쿨링에 적당하다. 카팔루아 리조트 내를 베이 빌라 방면에서 네빌리 방면으로 진행, 베이 클럽 레스토랑 근처. 베이 호텔에서도 내려갈 수 있다.

이아오 니들 Iao needle

54 South High St. 101 Wailuku 808-984-8109

이름 그대로 바늘처럼 뾰죽하게 생겨 하늘로 곧게 뻗어 있는 686미터의 산으로, 주위의 길게 뻗은 계곡의 생김새와 각양각색의 하와이 나무들과 조화를 이뤄 특이한 경치를 이룬다. 작가 마크 트웨인이 '태평양의 요세미티' 라고 불렀던 명소다. 계곡의 상징인 첨봉 이아오 니들이 색다른 장관을 연출하며, 산의 북동 경사면이므로 비가 많고 안개가 자주 낀다.

와이메아 캐년 주립공원 Waimea Canyon State Park
3060 Elwa St #306, Lihue 808-274-3444
www.kokee.org/waimea-canyon
1778년 쿡 선장이 하와이 섬들을 발견하고 처음 상륙한 지점이 마우이 섬
의 서남쪽에 있는 와이메아Waimea. 여기서 와이메아 계곡길을 따라 10
여마일 북쪽으로 올라가면 3,400피트 높이에 있는 전망대에 도달한다.
붉은색의 절벽과 푸른색 길의 열대성 식물이 만들어내는 10마일 길이의
캐년은 말로 표현하기 힘든 황홀한 경치를 보여준다.

하나 하이웨이 Hana Highway
아름답기로 정평이 나있다. 카훌라이에서 하나(Hana)로 가는 길은 커브
가 617개, 다리가 56개나 되는 굴곡이 많은 도로이나 중간 중간에 아름
다운 계곡에서 떨어지는 폭포, 해변 등을 볼 수 있는 마우이가 자랑하는
절경 중의 하나이다.

할레아칼라 국립공원
Haleakala National Park

입장료 개인당 $10, 808-572-4400, www.nps.gov/hale

달 표면처럼 생긴 세계 최대의 휴화산 국립공원. 할레아칼라의 분화구 크기는 둘레 33.5킬로미터, 길이 약 12킬로미터, 넓이 4킬로미터, 관측소로부터 분화구 바닥까지 914미터로 웅장하고 거대한 규모의 화산이다. 하와이 화산 국립공원에 일부가 포함되었으나 1960년에 완전히 분리되었다.

천체 관측소

공원 비지터스 센터 반대쪽으로 돔 모양의 건물과 포물선 안테나 등이 보인다. 이곳이 '사이언스 시티' 라고 불리는 천문대다. 하와이 대학 · 미시간 대학 · 스미소니언 연구소 등의 연구원들이 달 · 별 · 태양 관측뿐만 아니라 인공위성이나 미사일을 추적하는 스테이션으로 사용되고 있다.

은검초 Silverswords

할레아칼라산 분화구 근방에서 주로 군생하는 대단히 희귀한 식물로 은으로 된 검과 같이 생겼다고 해서 붙여진 이름이다. 신기하게도 사람의 손이 닿으면 죽는다고 전해져 신비감을 더하며, 산양이나 사람으로부터 철저하게 보호되고 있다.

4

호젓한 하와이의 맨 얼굴 Molokai
몰로카이

몰로카이 베이

하와이 제도 중 다섯 번째로 큰 섬으로서 동서로 길게 뻗어 동쪽에는 카마쿄우 산이, 서쪽에는 마우나로아 고원 지대에 아프리카와 인디언 희귀 동물들의 서식처이며 보호 구역인 몰로카이 농장 야생공원Molokai Ranch Wildlife Park이 있다. 한때 델몬트와 돌 회사의 파인애플 농장 개발로 활기찬 섬이었으나 농장들이 폐쇄되었다. 그후 섬 서쪽에 호화 호텔인 셰라턴 몰로카이 건설이 이루어지자 몰로카이 섬은 다시 활기를 찾기 시작했다. 관광 산업에 조금씩 힘을 기울여 감에 따라 인구 감소 현상도 사라지게 됐다. 칼라우파파 국립 역사 공원Kalaupapa National Historical Park은 세계에서 가장 높은 해안 절벽으로 둘러싸인 곳으로, 1866~1969년까지 한센병을 앓고 있는 사람들이 격리되어 거주했던 지역이다. 이들에 대한 이야기를 담은 벨기에 신부 다미앤의 이야기로 몰로카이 섬은 세상에 알려지게 되었다.

몰로카이 관광국 800-800-6367, www.molokai-hawaii.com

카우나카카이 Kaunakakai

www.hawaiiweb.com/molokai

공항에서 8마일 정도 떨어져 있는 카우나카카이는 몰로카이 섬의 주요 도시. 중심가인 알라 말라마 거리를 따라서 크고 작은 상점들이 늘어서 있는 조그마한 도시이다. 페인트가 벗겨진 목조 건물이 늘어서 있는 거리는 마치 서부극 세트장 같다.

길을 오가는 사람들은 소박하고 친절하며 관광지의 요란함이 전혀 없어 다른 섬에는 없는 편안함을 느낄 수 있다. 이런 점 때문에 몰로카이 섬이 우정의 섬Friendly Island으로 불리는 것인지도 모른다.

칼라우파파 국립 역사 공원

Kalaupapa National Historical Park

공항에서 46호선으로 카우나카카이로 가는 도중에 47호선의 교차점이 있다. 좌회전하여 47호선으로 들어가는 언덕길을 계속 올라간다. 뒤쪽을 보면 파인애플 농장과 푸른 바다가 펼쳐져 있다.

쿠알루푸우(델몬트 회사의 마을)를 지나 굽이굽이 언덕길을 올라가면 팔라아우 주립공원에 도착한다. 주차 지역부터 2개의 오솔길이 나 있는데, 오른쪽 길로 약 3분 정도 가면 칼라우파파 전망대가 나온다.

세인트 필로메나 가톨릭 교회

St. Philomena Catholic Church

www.nps.gov/kala

원래는 칼라우파파 만에 있던 목조로 지은 작은 예배당으로, 1873년 칼라와오Kalawao에 도착한 다미엔 신부가 세운 교회다. 다미엔과 한센씨 병을 앓고 있던 교인들이 이 교회를 두 번 증축했으며, 1889년 조셉 듀턴 신부가 다미엔 신부 사후에 완공했다. 새롭게 지은 새 교회 옆에 옛 예배당의 일부가 남아 있다. 이 교회 묘지에 다미앤 신부의 오른손이 묻혀 있다. 다미앤 신부는 사후 120년이 지난 2009년에 하와이 최초로 성자 반열에 올랐다.

할라바 계곡

세계에서 가장 원시적인 삼림 지대의 하나이다. 섬의 동쪽 끝에 위치한 원형 모양의 계곡으로 외딴 북쪽 해안에 접해 있다. 몰로카이에서 도로로 진입할 수 있는 유일한 계곡이기도 하다.

딕시 마루 비치 Dixie Maru Beach

몰로카이 섬의 서쪽 끝에 위치하고 있는 비치로 신비로운 금색의 모래사장으로 유명하다. 하와이의 원주민은 '카브카헤루' 라고 불렀으나, 현재는 근처에서 침몰한 일본 선박의 이름을 따서 딕시 마루 비치Dixie Maru Beach로 부르고 있다.

카푸아이와 코코넛 그로브

Kapuaiwa Coconut Grove

카메하메하 대왕이 5천 그루가 넘는 야자나무를 심었던 곳으로 지금은 수백 그루의 야자수가 해안선을 따라 즐비하게 늘어서 장관을 이룬다. 하와이의 주요 관광지에서는 사전에 야자수 열매를 떨어뜨리지만, 이곳은 야자 열매를 자연 상태 그대로 놓아두므로 떨어지는 야자 열매를 맞을 수도 있어 조심해야 한다. 야자수 열매 사이로 보이는 해변과 바다는 비교할 수 없이 로맨틱하다.

5

꿈결 같은 휴식이 기다리는 가든 아일랜드 Kauai

카우아이

섬 전체가 울창한 수목에 뒤덮여 '정원의 섬Garden Island' 이라 불린다. 카우아이 섬 한가운데 솟아 있는 해발 5208피트의 와이알레알레 산은 그 봉우리가 항상 비구름 속에 숨어 있다.
'가든 아일랜드' 라는 별명으로 불리는 것처럼 섬 전체가 정원 같은 아름다움을 보여 준다.
'리틀 그랜드 캐년' 이라 불리는 와이메아 계곡, 코코넛 숲, 시다의 동굴, 영화 「주라기 공원」이 촬영된 하날레이 만, 그리고 뮤지컬 「남태평양」이 촬영된 루마하이 비치 등과 같이 할리우드의 영화 무대로 사용된 곳도 적지 않다. 아름다운 자연을 이용한 휴양지 개발이 활발하여 섬 북부에는 27홀의 골프 코스를 중심으로 콘도미니엄을 배치한 프린스빌 리조트, 남쪽에는 나윌리 윌리와 포이푸에 해안 리조트도 개발됐다.

카우아이 관광국 800-262-1400, kauaidiscovery.com

리후에 Lihue
808-45-3971, www.kauaidiscovery.com
카우아이 섬의 행정의 중심지로, 섬에서 가장 큰 도시지만 높은 빌딩은 없다. 지방정부 정사 · 소방서 · 경찰서 · 재판소 등의 행정 관서와 컨벤션 홀 · 은행 · 쇼핑센터 · 드라이브 인 상점 · 레스토랑 등이 줄지어 있는 아담한 분위기의 도시다. 라이스 거리와 에이와의 스트리트에 있는 카우아이 박물관을 관람할 수 있다. 박물관은 2개의 건물로 나뉘어져 있는데, 라이스관에는 6000년 전부터 19세기까지의 섬의 역사를 알 수 있는 과학적인 자료가 전시되어 있다.

루마하이 비치 Lumahai
영화 「남태평양」과 「블루 하와이」의 촬영지로 카우아이

에서 가장 아름다운 해변 중 하나다. 하나레이의 타운에서 달리는 약 4킬로미터 길은 좁고 구불구불한 커브가 계속 이어진다. 그중 언덕의 커브를 이루는 지역이 루마하이이며, 차를 세우고 언덕 위에서 파두치는 비치를 내려다볼 수 있는 장소가 있다.

포이푸 Poipu
www.poipukapili.com
카우아이 섬 남쪽 도시로, 1835년에 하와이 최초로 사탕수수 재배에 성공한 도시다. 과거의 번영을 알리듯 가로수도 크고, 안정된 분위기의 민가들이 줄지어 있다. 현재는 Old Koloa Town이라고 하는 쇼핑 거리가 조성되는 등 관광지로 발전하고 있다. 도시를 벗어나 포이푸 로드를 남쪽으로 내려가면 포이푸의 리조트 지구가

와일루아 폭포 Wailua Falls
www.hawaiiweb.com

리후에 근처에 있는 쌍둥이 폭포로, 매해 세계에서 가장 아름다운 폭포 7위 안에 선정된다. TV 프로그램 「환타지 섬」의 첫 장면에 등장하면서 유명해진 높이 24미터가 넘는 웅장한 이 폭포는 헬리콥터 등으로만 접근이 가능한 대부분의 폭포와는 달리 도로 가까이에 있어서 더욱 인기 있는 명소다. 원주민 남자들이 용맹함을 증명해 보이기 위해서 폭포 위에서 아래로 떨어지곤 했다고 한다.

나온다. 맑은 날이 계속되고 해안선이 아름다운 카우아이 섬 남해안은 호텔·콘도미니엄·레스토랑 등이 해마다 늘어나고 있다.

하나카피아이 비치 Hanakapiai Beach
www.hawaiiweb.com/kauai
하나카피아이 강물이 바다로 흘러드는 곳에 위치한 아름다운 비치로, 칼랄라우 트레일의 시작 2마일 구간에 해당되는 지점이다. 폭포까지는 강을 따라 약 1.5마일 정도 오르면 되는데, 그 앞에 펼쳐진 해안 절벽과 그 밑에 있는 동굴이 어우러져 독특한 분위기를 만들어낸다.

하나레이 전망대
카우아이 섬에서 가장 유명한 아름다운 풍경을 볼 수 있는 곳으로 하나레이 전망대가 있다. 여기에서 보이는 경치를 '하나레이 내셔널 와일드 라이프 레퓨지'라고 하며, 야생 보호 지역과 토란밭, 하나레이 강, 멋진 무지개 등을 한꺼번에 바라볼 수 있는 환상적인 장소다.

캡틴 쿡 상륙 지점 Captain Cook's Monument
www.letsgo-hawaii.com/captcook
카우아이 섬 서쪽에 있는 호프가드 팍Hofgard Park에는 하와이의 역사를 바꿔 놓은 영국인 탐험가 제임스 쿡이 하와이에 첫발을 디딘 곳이라고 알려진 지점에 그

의 동상과 기념탑이 세워져 있다. 쿡 선장은 1778년 1월 20일 레졸루션과 디스커버리라는 이름의 두 배를 이끌고 선원들과 함께 카우아이 섬에 도착했다. 그는 탐험을 계속하던 중 사소한 논쟁 끝에 1779년 빅아일랜드에서 살해 당했다. 이곳에 세워진 동산은 그의 고향인 영국 화이트바이Whiteby에 있는 동상을 복제한 것.

칼랄라우 전망대 Kalalau Lookout
808-335-9975, www.hawaiiweb.com
4,000피트의 높이에 있는 전망대에 올라서면 눈앞에 나 팔리Na Pali까지 끝없이 펼쳐지는 칼랄라우 계곡이 장엄하게 펼쳐진다. 날씨가 좋을 경우에는 멀리 태평양이 바라보인다. 전망대에서 2.5마일 내려간 오른쪽에는 밀림을 개간한 코케에 주립공원 센터가 있다.

와이메아 캐년 Waimea Canyon

www.hawaiiweb.com/kauai

태평양에 있는 가장 큰 캐년으로, 마크 트웨인은 이곳을 '태평양의 그랜드 캐년Grand Canyon of The Pacific' 이라고 표현했다. 대자연의 힘으로 몇 만 년에 걸쳐 만들어 낸 대지의 조각이 펼쳐져 있다. 길이가 10마일, 넓이가 2마일이나 되는 대협곡이 6만여 년에 걸쳐서 바람이나 비, 흐르는 물에 깎여서 여러 가지 모양을 보여주고 있다. 태양광선의 상태에 따라 색깔이 변하고 때로는 계곡 밑에서 안개가 섞인 차가운 바람이 불어오기도 하는 신비한 곳으로, 와이메아 협곡 전망대Waimea Canyon Lookout , 칼랄라우 전망대Kalalau Lookout , 프우 오키라 전망대Puu O Kila Lookout 등이 마련되어 있다. 와이메아 협곡 전망대로부터 칼랄라우 전망대로 향하는 길에 코케에 주립공원Kokee State Park과 레스토랑이 있다. 공원 내에는 코케에 박물관Kokee Museum이 있어 와이메아 협곡의 동식물이나 협곡이 만들어지는 과정을 견학할 수 있다.

슬리핑 자이언트

잠자는 거인의 모습을 닮았다고 해서 슬리핑 자이언트라는 이름이 붙여진 이곳은 카파아 마을에 전망대가 있다. 적의 습격에 당황했던 메네후네족(전설의 소인)이 거인에게 도움을 부탁하려고 자고 있던 거인에게 돌을 던져 깨우려 했다는 전설이 전해진다. 결국 거인이 깨어나 적을 물리쳐 주었는데, 메네후네족이 거인에게 다시 찾아가 보니 돌을 삼켜 죽어 있었다고 한다.

스미스 트로피컬 파라다이스
Smith Tropical Paradise

174 Wailua Rd, Kapa'a Kauai
연중 8:30~16, 성인 $6, 3~12세 $3
808-821-6895, www.smithskauai.com

와일루아 강을 따라 약 30에이커에 이르는 광대한 부지가 펼쳐진 열대 식물원으로서 야생의 공작이나 남국의 새가 방목되어 있고, 5만 종 이상의 열대 식물이 자라고 있다. 폴리네시아나 필리핀의 마을을 돌아다니는 트램 투어도 마련되어 있으며, 저녁에는 늪에 둘러싸인 야외 극장에서 쇼를 즐길 수 있다.

양치 동굴 Fern Grotto

www.to-hawaii.com/kauai/attractions/
fern-grotto.php

와일루아 강 상류에 있는 이 동굴은 결혼을 앞둔 젊은 이들이 소망하는 꿈의 결혼식장. 카우아이 섬 최대의 관광지로 전에는 왕족들만 결혼식이나 파티를 개최할 수 있었던 신성한 장소였다. 이곳에서 애인과 손을 잡으면 영원한 사랑이 약속된다는 전설 때문에 이곳에서 결혼식을 올리는 커플이 증가하고 있다.

30분마다 와일루아 강에서 떠나는 유람선이나 카약을 타고 갈 수 있다. 동굴에 도착하면 유람선 승무원들이 하와이안·웨딩 노래를 연주하는데, 아름다운 하모니가 천연 음악당처럼 동굴 안에서 울려퍼진다.

마니니호로 동굴 Maninihoro Cave

북해 기슭 하에나 주립공원의 비치 뒤에 있는 동굴로, 다른 동굴들과는 달리 건조한 동굴로 드라이 케이브라 불린다. 폭과 깊이 모두 수십 미터인 이 동굴은 유명한 양치의 동굴보다 단연 깊고, 흥미진진하다. 빛이 들어오지 않는 안쪽은 지구 안쪽으로 들어선 경이로움을 느끼게 하며, 메네후네(전설상의 소인)인들은 물고기를 훔쳤던 악마를 잡아 감금했던 장소로 전해 내려오고 있다

칼라카우 전망대

나파리 해안의 절벽과 북해 기슭의 푸른 바다를 내려다볼 수 있는 전망대로서, 해발 1,143미터의 전망대에서 절벽이 바다까지 단번에 내리고 있어 고소공포증이 있는 사람이라면 발 밑도 떨릴 정도다. 눈 아래에 골짜기는 이전에는 하와이 사람들이 타로 감자를 재배하며 살았다고 한다. 또한 이 근처는 코케에 주립공원의 일부로, 야생의 꽃들과 들새의 모습도 즐길 수 있다.

와일루아 강 Wailua River
3060 Elwa Street #306, Lihue 808-274-3444

와일루아 강은 카우아이 섬에서 가장 폭이 넓은 강으로, 상류에는 낭만적인 시다 동굴이 있다. 시다 동굴로 가는 유람선 투어를 하고 있는 곳이 스미스 모터보트 서비스Smith's Motor Boat Service(808-821-6895)와 와이알레 알레 보트 투어Waialeale Boat Tours(808-822-4908). 양쪽 모두 와일루아 강이 와일루아 만으로 흘러드는 하류 에 사무실과 티켓 매장이 있다. 보트는 09:00부터 15:30까지 30분~1시간 간격으로 출항한다. 와일루아 마리나 에서 유람선으로 약 20분, 와일루아 주립공원의 작은 부두에 도착할 때까지 가이드가 전설이나 경치를 이야기 해 준다. 보트가 계류장을 떠나면 오른편은 야자나무, 왼편은 수면 위로 무성해 있는 나무들과 황색의 꽃이 해질녘에 는 붉은색으로 바뀌면서 흩어진다.

알래스카

ALASKA

Inside Washington DC & Mid Atlantic

앵커리지 ▲케나이 피요르드 국립공원 / ▲레이크 클라크 국립공원 / ▲랭겔 세인트 엘
리어스 국립공원 / 코디악 섬

주노 글레이셔 베이 국립공원

알래스카 내륙 페어뱅크스 / 타키트나 / 부시지대 / ▲드날리 국립공원

ALASKA
알래스카

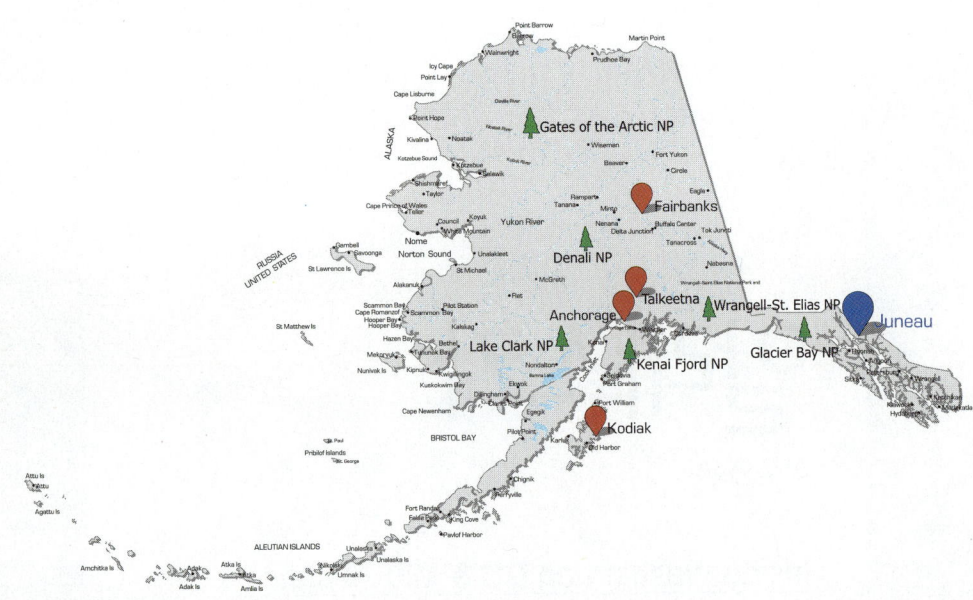

거대한 땅 알래스카는 미국에서 가장 큰 주다. 미국 본토의 1/5에 한반도의 7배 면적, 3천 개의 강과 3백만 개의 호수, 알래스카 산맥의 주봉이며 북미주 최고봉인 매킨리McKinley 산 등 거대하고도 수려한 자연 환경을 지닌 지구상의 '마지막 개척지' 다. 주민의 대부분이 에스키모인들로 구성되어 있는 알래스카 북쪽은 북극해 지역으로부터 북부 알래스카의 동서로 뻗어 있는 브룩스Brooks 산맥 사이로 툰드라 및 황량한 산간 지역이다. 해안은 알래스카 산맥과 알래스카 걸프Gulf of Alaska 사이의 지역으로서 비옥한 땅과 지하자원이 많은 곳이다. 또한 동북 아시아에서 밀려오는 온난한 해류 덕분에 연안 근해에는 연어, 대구, 넙치, 청어, 대합 및 새우들이 많이 살고 있고 앵커리지는 알래스카에서 가장 큰 항구 도시다. 눈, 오로라, 스키, 개썰매, 에스키모, 연어, 곰, 고래, 빙하가 함께하는 곳, 그 넓은 대륙의 누구도 흉내낼 수 없는 독특함이 일상을 벗어나 새로운 체험을 꿈꾸는 여행자들을 언제나 설레게 만드는 알래스카만의 매력이다.

주도 주노
별칭 The Last Frontier 마지막 개척지
명물 에스키모, 개썰매, 맥킨리산
알래스카 주 관광청 907-465-2010, 907-929-2200, www.travelalaska.com

발길 닿는 곳마다 감탄을 부르는 알래스카의 관문 Anchoragei

앵커리지

알래스카 주의 최대 도시로, 주 인구의 절반이 항구인 이곳에 거주한다. 앵커리지가 도시로서의 면모를 갖추기 시작한 것은 1941년 제2차 세계대전 발발로 군부대가 이곳에 주둔하기 시작하면서부터. 국제공항이 개설된 것은 1951년이다.

동서로 이동하는 비행기들의 중간 기착지라 '하늘의 도시'로 불리기도 하는 앵커리지는 거리가 바둑판 눈금 모양으로 정비되어 동서 도로는 알파벳 순, 남북 도로는 숫자가 매겨져 있다. 그 아름다운 거리로 해서 전국 도시상을 두 번씩이나 수상했다. 1964년에 일어난 대지진으로 구 앵커리지는 일부 없어졌지만, 지금도 당시의 건물들이 사용되고 있다. 앵커리지에서 열리는 각종 축제와 행사가 관광객들을 더욱 끌어들이고 있는데, 특히 3월 초순에서 중순 사이에 70마리 이상의 개(dog)들이 앵커리지에서 놈Nome에 이르는 1,049마일 길에서 펼치는 Iditarod 개썰매 대회가 백미다.

앵커리지 관광국 524 W. Fourth Ave, Anchorage, 907-276-4118, 800-478-1255, www.anchorage.net

포티지 글래시어 Portage Glacier

알래스카에서 가장 유명한 명소 가운데 하나로, 앵커리지 다운타운에서 남쪽으로 50마일 거리에 있다. 포티지 호수를 따라 걸으며 손에 잡힐 듯 가까이에서 빙하를 볼 수 있어 환상적인 체험과 경이로움을 맛보게 된다. 이 빙하는 추게치 산맥Chugach National Forest에서 시작해 길이 27마일, 폭이 평균 2마일 정도.

앵커리지 역사 박물관

Anchorage Museum of history and art

625 C St, Anchorage

9월 중순~5월 중순 화~토 9~18, 일 12~18,

5월 초~9월 중순 9~18, 성인 $10, 3~12세 $7

907-929-9200, www.anchoragemuseum.org

앵커리지 다운타운에 위치. 1968년에 오픈, 알래스카 작가들의 회화 작품 60점과 역사적인 유물 2,500점을 전시해 놓고 있다. 알래스카 역사에 관한 작품과 에스키모, 인디언 등에 관한 약 1,000여 점의 작품이 전시되어 있다.

알래스카 식물원 Alaska Botanical Garden

3701 Tudor Rd, Suite 203 Anchorage

성인 $5, 2세 이하 무료

907-770-3692, www.alaskabg.org

허브 가든, 바위 가든, 다년생 식물 가든, 야생 식물 가든 등이 있어 1,100개의 다양한 식물들과 알래스카에서만 자라는 150여 종의 식물들을 감상할 수 있다. 그중 허브 가든은 세계적인 수준. 110에이커 자연 산림지에 자리잡고 있으며, 가장 적당한 방문 시기는 6월과 8월. 공원 측에서는 이 기간 중에 매일 오후 1시에 투어를 제공한다.

포터 마쉬 Potter Marsh

슈워드 하이웨이Seward Hwy를 타고 남쪽으로 10마일 거리인 앵커리지 교외에 자리한 조류 보호 지역으로, 물새를 관찰하기에 더없이 훌륭한 명소다. 7월 중에는 연어가 산란하는 모습을 볼 수도 있으며, 바람이 많이 부는 지역이므로 옷을 따뜻하게 입도록 하고 쌍안경을 지참하는 것도 필수다. 입장은 무료.

알래스카 기록 영화관

Alaska Experience Theater

333 W. 4th Ave, Anchorage

월~목 10~18, 금 9~18

907-272-9076, www.alaskaexperiencetheatre.com

앵커리지 다운타운에 위치. 알래스카의 관광 명소를 기록 영화를 통해 보여준다. 3D를 통해 북극이나 각종 동식물들, 그리고 1964년에 일어난 알래스카 대지진 등의 기록을 보여준다. 또 저녁 식사로 알래스카의 별미인 구운 연어를 먹으면서 영화를 감상할 수도 있다.

공연 예술 센터

Alaska center for the Performing Arts

알래스카 기록 영화관 옆에 위치한 극장으로 350석, 800석, 2,100석 규모의 3개 공연장이 구비되어 미국 21대 공연 극장 중의 하나로 손꼽힌다. 극장 투어는 월요일과 수요일에 있으며, 입장료는 1달러이다.

레이크 후드 수상 비행장

Lake Hood Air Harbor

세계에서 가장 규모가 큰 수상 비행기 기지로 800여 대에 달하는 개인 비행기와 에어 택시가 비즈니스, 낚시, 관광 등의 목적으로 이착륙하느라 늘 붐비는 곳이다. 남쪽 해안가에는 알래스카 항공 유물 박물관이 세워져 구형 항공기들이 전시되어 있다.

캡틴 쿡 공원

Resolution Park Captain Cook Monument

영국의 탐험가 제임스 쿡James Cook이 1778년 알래스카에 정박하고 마지막 항해를 한 지 200주년을 기념하기 위해 만들어진 공원과 동상이다. 앵커리지 다운타운 끝자락에 위치하며, 봄과 가을에는 때때로 벨루가 Beluga 고래가 나타나기도 한다.

지진 공원 Earthquake Park

4306 West Northern Lights Blvd, Anchorage
907- 276-4118

1964년 3월 27일 앵커리지를 강타한 9.2도 대지진 당시의 지각 변동 모습을 재현해 놓은 공원이다. '금요일 대지진Good Friday' 이라고도 불리며, 북미 최대의 지진으로 오후 5시 36분에 발생 5분만에 알래스카를 아수라장으로 만들어버렸다. 이 공원은 그때 당시의 지각 변동 모습을 그대로 보존, 지진이 얼마나 무서운 자연 재해인가를 생생하게 보여준다.

토니 노울즈 코스탈 트레일

Tony Knowles Coastal Trail

앵커리지 다운 타운에서 해안가를 따라 킨사이드 공원Kincaid Park에 이르는 레크리에이션 트레일. 앵커리지는 아름다운 자전거 트레일 시스템을 가지고 있으며 이 중 10마일 거리의 토니 노울즈 코스탈 트레일이 가장 장관을 이루는 부분이다. 날씨가 맑은 여름 저녁에는 사람들로 붐비며, 특히 웨스트체스터 라군Westchester Lagoon 주변은 더하다. 이 트레일은 지역 주민들에게는 잠자는 숙녀로 알려진 Mt. Susitna와 Mt. McKinley의 아름다운 조망을 제공한다. 여름에는 Cook Inlet 앞바다에서 흰돌고래를 볼 수도 있다.

크로 크릭 광산 Crow Creek Mine

5월 중순~9월 중순 매일 9~18
성인 $15, 12세 이하 $5, 금 채취 $20
907-229-3105, www.crowcreekmine.com

앵커리지에서 시워드Seward 하이웨이를 타고 남쪽으로 약 1시간 정도 지나면 금을 캐던 광산이 있다. 알래스카 남부의 중앙 지대에서는 가장 많은 금을 채취할 수 있던 곳으로 한 달에 700온스의 금을 캐내기도 했다. 지금은 개인 소유로 입장료를 받고 관광객에게 오픈하고 있는데, 날씨가 좋다면 하루 정도 이곳에서 금을 채취해 볼 수 있다. 앵커리지의 역사의 현장에서 찬물에 발을 담그고 금을 채취해 보는 이색적인 재미를 즐길 수 있는 곳이다.

에클루트나 역사 공원

Eklutna Village Historical Park

907-688-6026

옛 러시안 정교회의 공동 묘지이며 교회가 들어선 공원으로 아타바스칸Athabascan의 토착 문화에 러시아 정교 선교사들이 들여온 이국 문화가 절묘하게 혼합되어 새롭게 정착된 모습을 찾아볼 수 있는 명소다. 앵커리지 다운타운에서 북쪽으로 20분 거리의 이글 리버 북쪽에 자리하고 있으며, 특히 팔머Palmer 또는 마타누스카 밸리Matanuska Valley로 가는 중이라면 잠깐 들러 보기에 좋다.

알리에스카 리조트 Alyeska Resort

1000 Arlberg Ave, Girdwood
907-754-1111, www.alyeskaresort.com

앵커리지의 남쪽 45분 거리에 있는 거드우드Girdwood는 알리에스카Mount Alyeska산의 본거지이자 스키 리조트가 조성된 관광지다. 이 리조트는 올림픽 경기 수준의 알파인 스키의 본거지로 연중 운행되는 케이블카를 타고 알리에스카 산 정상에 올라 계곡과 투나게인 암의 눈부신 절경과 함께 짜릿하고 환상적인 스키를 즐길 수 있다. 노르딕 스키, 봅슬레이드 등도 또한 가능하지만, 여름에는 스키를 탈 수 있을 만큼 춥지는 않다. 아름다운 전망을 감상하기 위해 스키와는 별도로 리조트의 정상까지 운행되는 트램을 이용할 수도 있다. 정상까지 소요 시간은 6분이며 탑승 요금은 $16. 정상에서 식사도 가능하다. 여름에는 알리에스카 산 정상으로 올라가는 리프트도 있다. 요금은 약 $20.

케나이 피요르드 국립공원
Kenai Fjord National Park

케나이 반도 남동쪽 58만 에이커 규모의 케나이 피요르드 국립공원은 미국에서 가장 큰 4개의 빙원 중의 하나인 하딩 아이스필드Harding Icefield와 빙하에 깎여서 울퉁불퉁해진 피요르드식 연안의 산맥들로 구성되어 있다. 고래, 바다표범, 돌고래, 해달 등 26종의 해양 포유 동물들이 서식하며, Harding Icefield에서부터 흐르는 빙하들 중 가장 접근하기 쉬운 엑시트 글라시에Exit Glacier는 시워드Seward의 북쪽 12마일 지점에 위치한다. 엑시트 글라시에부터 하딩 아이스필드까지는 하루가 소요된다. 이곳에 서식하는 흰머리 독수리, 큰사슴, 곰과 산양 같은 야생 동물들을 만날 수도 있다. Seward로부터 자동차, 비행기 또는 보트를 타고 갈 수 있으며 Kenai Peninsula의 마을에서 임대 비행기를 구할 수 있다. 앵커리지와 시워드 사이의 버스 노선과 비행기 노선도 이용할 수 있다.

관광 정보 907-422-0500, www.nps.gov/kefj

레이크 클라크 국립공원
Lake Clark National Park

불과 얼음이 만나는 곳

앵커리지에서 남서쪽 150마일 정도 떨어진 곳에 위치한 이 국립공원은 특이하게도 4개의 활화산과 클라크 호수, 빙하가 둘러싸고 있어 불과 얼음이 만나는 지구상의 희귀한 명소다. 400만 에이커 규모로, 1980년에 국립공원으로 지정됐다.

거대한 빙원들이 덮고 있어 접근이 불가능할 것처럼 보이는 이 공원은 피그미트 산맥에 의해서 해안 평야 지대와 서쪽의 호수 및 툰드라 지대로 양분되어 있다.

빙하가 녹아서 형성된 강물과 시냇물들이 모이는 클라크 호수는 최고 수심 지역은 302미터에 달해 청정한 수질을 유지하므로 붉은 연어들이 산란하는 지역으로도 유명하다. 공원 서쪽의 호수와 강가에서 연어, 송어, 북극해 살기 등의 낚시를 즐길 수 있다. 공원 인근으로 갈수록 생활용품들이 부족하므로 인근 도시 케나이나 호머, 앵커리지에서 필요한 물품들을 미리 준비하는 것이 좋다.

공원 접근은 경비행기에 의해서만 이루어진다. 앵커리지Anchorage를 비롯한 알래스카 내의 상업용 비행기 회사에 문의해야 한다.

관광 정보 240 West 5th Ave, Suite 236, Anchorage, 907-644-3626, www.nps.gov/lacl

랭겔 세인트 엘리어스 국립공원
Wrangell–St. Elias National Park

미국에서 가장 큰 국립공원으로 매사추세츠, 로드아일랜드, 코네티컷 주를 모두 합한 것보다 많은 규모다. 옐로스톤의 6배 크기로 1982년 유네스코에 의해 세계 문화유산으로 지정됐다. 1885년에 알래스카의 내륙을 탐사했던 헨리 앨런Lt. Henry Allen. 이 찾아온 지 15년 후 두 명의 광부가 케네코트 글레이셔Kennecott Glacier 위쪽에 있는 초록색 광물 공작석 절벽Malachite Cliffs을 발견하면서 이 지역은 세계 최대의 구리 광산으로 변모했다. 낚시, 산책, 뗏목타기와 같은 스포츠를 즐길 수 있고 산양과 기타 야생 동물들도 흔히 만난다. 12,010피트의 Mount Drum, 14,163피트의 Mount Wrangell 및 16,237피트의 Mount Sanford의 아름다운 경관들을 구경할 수 있는 공원의 서쪽 경계선을 따라 금광의 전설들과 함께 생겨난 Richardson Hwy.와 Glenn Hwy.를 이용하면 된다.

관광 정보 Mile 106.8 Richardson Highway 907-822-5234, www.nps.gov/wrst

코디악 섬
Kodiak Island

미국에서 두 번째로 큰 이 섬은 알래스카 만에서 100마일 정도 떨어진 곳에 있다. 섬의 대부분이 거대 규모의 코디악 국립 야생 보존 지역으로 지정되어 있으며, 특히 키 3미터에 몸무게가 675킬로그램이나 되는 세계에서 가장 큰 불곰의 서식지로 유명하다.

1804년 시트가sitka로 옮기기 전까지 알래스카의 수도였던 코디악 다운타운에 있는 바라노프Baranov 박물관은 1808년에 초대 러시아 총독 바라노프의 이름을 따서 지어졌으며, 북미주에서는 가장 오래된 러시아식 건물이다.

코디악 관광국 907-486-4782, www.kodiak.org

2 주노

알래스카의 역사를 노래하라 Juneau

알래스카의 주도이며 부동항인 주노는 빙하의 침식으로 들쑥날쑥한 해안선인 피요르드가 발달한 아름다운 가스티오 해협에 위치해 있다. 주노의 양쪽편을 담당하는 마운트 주노와 마운트 로버트는 아름다운 경관을 제공할 뿐만 아니라 차가운 바람과 동토층으로부터 도시를 보호해 주고 있다. 1880년 조세프 주노와 리차드 해리스가 금을 발견하면서 마을이 형성되고 광산의 중심지로 부상했으나 1944년경 알래스카 주노 금광이 폐쇄되면서 상대적으로 어업, 관광업이 활성화되어 특히 연어 통조림 산업의 중심지가 되었다. 1970년 운하 건너편 섬에 있는 더글라스 섬과 합병하여 미국에서 면적이 가장 넓은 도시가 되었으며, 2시간 거리의 시애틀과 캐나다 밴쿠버로 오가는 유람선의 중요 요충지면서 각종 관광 프로그램들이 시작되는 기점이기도 하다. 다른 알래스카의 골드러시 타운과는 달리 화재를 겪지 않아 당시 건축물들을 잘 유지하고 있으며, 구 시가지의 풍광이 멋스럽다.

주노 관광국 888-581-2201, www.traveljuneau.com

로버트 산 케이블카 Mt. Roberts Tramway

490 South Franklin, Juneau, 5~9월 월 12~21, 화~
목 8~21, 금·토 9~21
성인 $27, 6~12세 $13.50
888-820-2628, www.alaska.net/~junotram

주노 다운타운에서 1,750피트 높이의 로버트 산Mt.
Roberts을 연결하는 케이블카로 1996년에 오픈했다. '
레이븐'과 '이글'이라는 두 대의 케이블카가 한 번에
60명씩 시간당 1,050명을 운송한다. 정상의 트램 터미
널에는 전망대가 있어 주노 시의 아름다운 스카이라인
과 다이내믹한 산맥의 풍경들을 한눈에 내려다볼 수
있다.

멘델홀 빙하 Mendenhall Glacier

8510 Mendenhall Loop Rd, Juneau
입장료 $3, 907-789-0097
www.fs.fed.us/r10/tongass/districts/mendenhall

주노에서 가장 가까운 거리에 있는 빙하로, 로드 아일
랜드 주보다 더 큰 빙원에서 시작됐다. 1.5마일 넓이
의 이 빙하는 처음에는 존 무어John Muir에 의해 어크
빙하Auke Glacier로 명명됐으나 1892년 미국 연안 측
량협회의 감독관이었던 코윈 멘델홀Thomas Corwin
Mendenhal을 기념해 멘델홀 빙하로 이름이 바뀌었다.
푸른빛이 감돌아 더욱 신비스러운 멘델홀 빙하와 연어
부화장 탐사가 주노 관광의 하이라이트다.

케치칸 Ketchikan

907-225-6166, www.visit-ketchikan.com

케치칸은 틀링깃 인디언들이 여름 시즌에 연어 낚시를 위해 머물렀던 작은 도시다. 틀링깃 인디언들의 언어로 'Kichzaan', 즉 '연어 시내Salmon Creek'라는 데에서 그 명칭이 유래되었다. 제1차 세계대전까지 금과 구리 채굴, 그리고 연어 낚시가 주요 수입원으로 자리 잡게 되었다. 1930년대 케치칸에는 연간 연어 2백만 통을 생산해내는 11개의 통조림 회사가 있었다고 한다. 케치칸의 옛 모습을 만날 수 있는 곳으로는 보델로 로우 산책로를 꼽을 수 있는데, 구 시가지의 모습을 만날 수 있는 곳이다. 또 다른 볼거리는 토템 유적 문화 센터로 틀링깃과 하이다 마을 근처에서 발견된 토템 기둥들을 볼 수 있다.

싯카 Sitka

907-747-5940, www.sitka.org

과거 러시아와 알래스카의 주도였던 싯카는 러시아 정복자들과 틀링킷 인디언 원주민의 투쟁의 역사가 서려 있는 곳이다. 1741년 러시아의 선박 세인트 폴 호가 싯카에 도착하면서 시작된 힘겨운 역사는 1799년 알렉산드르 보라노프가 해달 가죽 무역 산업을 위해 보라노프 섬에 아크앤젤 생 미셸을 요새로 세우고 인디언들에게 무자비한 무력을 행사하며 진행되었다. 분노한 틀링깃 인디언들은 그들의 정복자들을 제거하고 저항했으나 보라노프가 무력을 재충전하여 포트를 전부 불태운 다음 새로운 아크 엔젤을 재건하며 무산되었다. 이후 이곳은 '태평양의 파리'로 거듭나 60여 년 이상 북아메리카 대륙에 세워진 러시아 제국의 주도가 되었다. 1867년 러시아가 알래스카를 미국에 720만 달러에 팔면서 미국령이 되었으며, 뉴 아크 앤젤은 싯카라는 이름으로 바뀌었다. 싯카는 틀링깃 인디언 언어로 '이곳, 이 땅 This Place'이라는 뜻으로, 1900년까지 알래스카 주의 주도였다.

스카그웨이 Skagway

907-983-2289, 888-752-4929, www.skagway.org

스카그웨이라는 이름은 알래스카 남부 인디언족인 틀링깃족이 이 지역을 '북풍의 집'이라는 의미의 '스카구아Skagua' 라고 부른 것에서 유래되었다. 인사이드 패시지의 가장 윗부분에 위치하고 있는 스카그웨이는 골드러시 때 캐나다와 클론다이크 지역을 찾아가는 사람들의 기착지로 번성했다. 약 2만여 명의 개척자와 광부들이 스카그웨이에서 화이트패스로 이동하면서 사금을 캐기 위해 강을 찾아왔는데, 이들 중의 상당수가 스카그웨이에 정착하여 도시의 규모가 커졌다. 1888년에 지어진 무어 선장의 오두막이나, 골드러시 묘지, 가파른 언덕을 오르는 화이트 패스&유콘 기차 등도 체험할 수 있다.

글레이셔 베이 국립공원
Glacier Bay National Park

청백색 빙하의 축제

페어웨더 레인지Fairweather Range의 눈 덮인 봉우리에서 글레이셔 베이Glacier Bay 국립공원의 강 어구까지는 청백색의 빙하가 흐르고 있다. 328만 에이커의 글레이셔 베이 국립공원은 크로스 사운드에서부터 캐나다 국경선까지 펼쳐져 있는 광활한 지역이다. 길이 60마일, 폭 2.5~10마일의 글레이셔 베이는 두께가 5천 피트에 달하는 얼음으로 가득 차 있다. 세계에서 가장 인상적인 파도 모양의 빙하들과 빙하로부터 분리되어 떠다니는 빙산들을 볼 수 있어 어디에서도 맛볼 수 없는 환상적인 체험을 하게 된다. 5월 말부터 9월 중순까지 9시간 반이 소요되는 보트 여행에 나서면 때때로 바다표범과 고래들을 만날 수 있다. 이곳은 비행기와 보트에 의해서만 갈 수 있다. 6월부터 9월 초까지 주노발 알래스카 에어라인을 이용하도록 한다. 임대 선박과 비행기 및 보트를 구할 수 있는 구스타부 마을과 공원 본부를 연결하는 총 10마일의 도로가 있다.

관광 정보 1 Park Rd, Gustavus 907-697-2230, www.nps.gov/glba/

3 알래스카 내륙

페어뱅크스 Fairbanks 907-456-5774, www.explorefairbanks.com

앵커리지로부터는 북쪽으로 360마일, 북극권으로부터는 남쪽으로 불과 150마일 거리에 위치하는 무역과 교통의 중심지로 알래스카에서는 앵커리지 다음으로 큰 도시다. 알래스카 주립대학 페어뱅크스 분교University of Alaska Fairbanks가 이곳에 소재하고 있으며, 5월 중순에서 7월 사이에는 하루 20시간 이상 해가 떠 있어 겨울철 오로라 Aurora와 인근 드널리 공원, 그리고 온천을 즐기기 위해 수많은 관광객이 찾아드는 곳이다.

타키트나 Talkeetna 907-733-2330, www.talkeetnachamber.org

알래스카 주 앵커리지의 북쪽으로 약 200킬로미터 지점에 위치한 타키트나는 북미의 최고봉인 맥킨리 산의 게이트 웨이로 통하는 곳이다. 산의 정상은 타키트나의 다운 타운에서 불과 60마일 떨어져 있을 뿐이지만 도로를 통한 접근 경로가 없고 산의 슬로프로 이동할 수 있는 수단은 비행기뿐이라서 타키트나는 항공 교통의 중심적인 역할을 한다. 연간 수십 개 나라에서 수천 명의 등산가들이 이곳을 찾아와 맥킨리 등정을 시도하고 있으며, 등반의 시작과 끝은 바로 여기 타키트나에서 이루어진다.

드날리 국립공원
Denali National Park

알래스카 남부 9,375스퀘어마일에 이르는 넓은 지역으로 잔잔한 호수, 만년설 봉우리와 툰드라 지형의 경관을 볼 수 있다. 20,320피트 높이의 북미 최고봉 매킨리McKinley를 비롯해서 포라커 Foraker(17,400피트), 실버트론Silverthrone(13,220피트) 및 러셀Russel(11,670피트)과 같은 높은 산들이 있다.

매킨리 최고봉의 위용

초기 인디언들이 'Denali(높은 산)'라고 불러온 맥킨리 산의 대부분은 1년 내내 얼음과 눈으로 덮여 있으며, 날씨가 좋을 때는 공원 도로에서도 관측할 수 있다.

드날리 공원의 빙하들은 알래스카 레인지Alaska Range 기슭에서 시작되는데, 북쪽으로 흐르고 있는 알래스카의 최대 빙하인 멀드로우Muldrow는 매킨리 산의 두 봉우리 사이에서 시작, 공원 도로 근처까지 계속된다.

여름에는 썰매를 끄는 개들의 전시회가 열리며, 눈이 충분하게 쌓인 10월부터 4월 사이에는 개가 끄는 썰매 여행을 할 수 있다. 공원 입구 반마일 북쪽 입구로부터 알래스카의 경관과 야생 동물들을 구경하면서 네나나Nenana 강을 따라 가는 뗏목 여행을 하는 드날리 레프트 어드벤처(Denali Raft Adventures 907-683-2234), 네나나 리버 캐년Nenana River Canyon을 통과, 2시간이 소요되는 아울 레프팅Owl Rafting(907-683-2684), Toklat River까지 사진을 찍으면서 할 수 있는 툰드라 야생 투어Tundra Wilderness Tour(907-276-7234, 683-2215) 등을 즐길 수 있다.

관광 정보

입장료 차 1대당 $20, 907-683-2294, www.nps.gov/dena

게이츠 오브 더 아크틱 국립공원
Gates of the Arctic National Park

4175 Geist Rd, Fairbanks, 907-692-5494, www.nps.gov/akr/gaar/

북극권 북쪽에 위치한 8,500만 에이커의 이 국립공원은 뾰족한 봉우리들과 드문드문 자라고 있는 수목들, 순록, 큰사슴, 늑대와 곰들이 함께 서식하는 자연보호 구역이다. 옐로스톤 국립공원의 4배나 되는 크기로, 사람의 발이 거의 닿지 않은 진정한 황야를 탐험할 수 있는 최고의 장소다.

1920년대 후반까지도 지도상에 이름조차 적혀 있지 않았던 이 공원에서 휴가 중이던 삼림 감독관 밥 마샬에 의해 비로소 이름이 지어지고 국립공원으로까지 지정되었다. 그림처럼 펼쳐져 있는 강과 호수에서 카누 또는 뗏목을 즐길 수 있으며 비틀즈Bettles, 콜드풋Coldfoot, 코츠부Kotzebue에서 출발하는 에어 택시를 이용하여 찾아간다.

이곳은 공원의 동쪽 가장자리로 난 Dalton Highway가 유일한 공원 접근 도로다. Fairbanks와 Bettles Field에서 임대 비행기를 이용하는 것이 편하다.

부시 지대 The Bush

산타 마을 Santa Claus House

101 St, Nicholas Dr, North Pole

1월 초~4월 중순까지 토 10~18, 일 12~17, 4월 중순~5월 말까지 월~토 10~18,
5월 말~9월 중순까지 매일 8~20, 9월 중순~10월 말까지 월~토 10~18, 일 12~18, 11~12월까지 매일 10~18
907-488-2200, 800-588-4078, www.santaclaushouse.com

핀란드만이 아니라 미국에도 산타 마을이 있다. 편지를 보내면 답장도 보내준다. 1년 내내 캐롤송이 흘러나오는 산타 하우스에 들어가면 산타 할아버지와 산타 할머니가 관광객들을 반긴다. 각종 크리스마스 장식품이 전시된 이곳에서 가장 눈에 끄는 것은 백인종, 황인종, 흑인종 등 다양한 인종의 산타, 개를 끌고 다니는 흰옷 입은 산타 등이 있고, 루돌프 사슴도 네 마리나 살고 있다. 이 집 앞에 세워진 산타는 50피트 크기로 세상에서 가장 큰 산타다.

색 인

색 인

[ㅎ]